本教材配有以下教学资源：
✓ 教学课件
✓ 习题答案

U0742833

"十三五"国家重点出版物出版规划项目

过程控制与自动化仪表

谌海云　何道清　杨秋菊　编

机械工业出版社

本书以生产过程自动化系统结构为主线，根据新工科人才培养的需要，弱化控制理论的定量分析，着重强调控制理论的定性分析和工程意义，突出自动化仪表控制系统的基本技术，兼顾不同生产工艺过程的特点，较系统地介绍生产过程自动化系统中各类自动化仪表（检测仪表、控制仪表和执行仪器）的结构原理、工作特性、选用方法以及自动控制系统的基本原理、组成类型、控制特性、设计方法和运行管理技术，并对近年来生产自动化过程中发展起来的新型仪表、先进控制系统和计算机控制系统做了简要介绍，最后结合实际生产过程设计、分析典型设备（过程）的控制方案。本书各章后附有相当数量的习题与思考题供选用，并在附录给出习题与思考题中计算与设计题的参考答案。

本书可作为高等院校自动化、仪器仪表、石油化工、冶金电力、环境与能源等相关本科专业学习过程控制与自动化仪表课程的教材，也可供高专高职院校相应专业选用，还可供从事仪表及自动化的工程技术人员参考。

本书配有免费的教师授课电子课件及企业培训课件，欢迎选用本书作教材的老师发邮件到 jinacmp@163.com 索取，或登录 www.cmpedu.com 注册下载。

图书在版编目（CIP）数据

过程控制与自动化仪表/谌海云，何道清，杨秋菊编 . —北京：机械工业出版社，2021.9（2024.8 重印）

"十三五"国家重点出版物出版规划项目

ISBN 978-7-111-69283-6

Ⅰ.①过… Ⅱ.①谌…②何…③杨… Ⅲ.①过程控制仪表—高等学校—教材②自动化仪表—高等学校—教材 Ⅳ.①TP273②TH86

中国版本图书馆 CIP 数据核字（2021）第 203507 号

机械工业出版社（北京市百万庄大街 22 号　邮政编码 100037）

策划编辑：吉　玲　责任编辑：吉　玲　王　荣

责任校对：陈　越　张　薇　封面设计：鞠　杨

责任印制：刘　媛

涿州市般润文化传播有限公司印刷

2024 年 8 月第 1 版第 5 次印刷

184mm×260mm · 18 印张 · 456 千字

标准书号：ISBN 978-7-111-69283-6

定价：55.00 元

电话服务　　　　　　　　　网络服务

客服电话：010-88361066　　机 工 官 网：www.cmpbook.com

　　　　　010-88379833　　机 工 官 博：weibo.com/cmp1952

　　　　　010-68326294　　金 书 网：www.golden-book.com

封底无防伪标均为盗版　　　机工教育服务网：www.cmpedu.com

前　言

生产过程自动化就是根据基本控制理论，采用自动化仪表及装置来检测、显示、记录和控制生产过程中的重要工艺参数，以代替操作人员的直接操作，使整个生产过程能自动地维持正常运行状态；当受到外界干扰的影响而偏离正常状态时，又能自动地调回到规定的数值范围内；而且还能数据上传，为生产过程信息化提供准确、可靠的工程数据，提高现代生产过程的运行管理水平，更好地保证生产安全，延长设备使用寿命，降低能量消耗和生产成本，为生产企业带来良好的经济效益和社会效益。

随着科学技术的迅速发展，生产过程的自动化程度越来越高，对自动化仪表与控制技术的依赖性越来越大，特别是在生产过程连续性、大型化、复杂化的石油、化工、冶金、电力等行业，生产工艺、设备、控制与管理已逐渐成为一个有机的整体，自动化仪表与控制技术显得尤为重要。

本书以生产过程自动化系统结构为主线，根据新工科人才培养的需要，弱化控制理论的定量分析，着重强调控制理论的定性分析和工程意义，突出自动化仪表控制系统的基本技术，兼顾不同生产工艺过程的特点，较系统地介绍生产自动化过程中各类自动化仪表（检测仪表、控制仪表和执行仪器）的结构原理、工作特性、选用方法以及自动控制系统的基本原理、组成类型、控制特性、设计方法和运行管理技术，并对近年来生产自动化过程中发展起来的新型仪表、先进控制系统和计算机控制系统做了简要介绍，最后结合实际生产过程设计、分析典型设备（过程）的控制方案。

本书可作为高等院校电气信息、机电工程、仪器仪表、石油化工、冶金电力、环境与能源等类学科相关本科专业学习过程控制与自动化仪表课程的教材，也可供高专高职院校相应专业选用，还可供从事仪表及自动化的工程技术人员参考。

本书由谌海云、何道清、杨秋菊共同编写。在编写过程中，力求做到取材广泛、知识结构体系科学合理，通用性好（带*的章节，可根据不同专业、不同层次或学时作为选讲或自学内容，不影响仪表与自动化技术的基本知识体系）；基本概念清楚、内容深入浅出、文字通俗易懂、图表符号规范、便于学习；注重理论与工程实际相结合，并尽可能反映仪表与自动化技术的发展水平；每章末附有相当数量的习题与思考题供教学使用，以便加深理解、巩固知识，并在附录给出部分习题与思考题参考答案。

为了适应MOOC、翻转课堂等现代教学方式方法改革的需要，充分利用现代电子技术和信息技术，编者设计制作了教学课件，主要包括：课程内容提要及基本要求、知识点学习、形象生动的动画、相关知识与技术的拓展、工程应用实例，便于学生线上线下、课前课后扫码学习和创新能力的培养，提高教材的教学实用性，使读者能深入地掌握生产过程自动化技

IV

术的基本原理及其实际应用的基本技能；课程解题指导和相关教学文档等可配送任课教师作为教学参考使用。

　　教学参考学时：40~48 学时，其中讲课 34~40 学时，实验 6~8 学时。

　　鉴于编者水平有限，恳请读者对书中不妥和错误之处给予批评指正。

编　者

目　录

绪 论

1. 生产过程自动化的概念

生产过程自动化就是在生产过程中，采用自动化仪表及装置来检测、显示、记录和控制生产过程中的重要工艺参数，以代替操作人员的直接操作，使整个生产过程能自动地维持正常状态，当受到外界干扰的影响而偏离正常状态时，又能自动地调回到规定的数值范围内。简单来说，就是用自动化仪表来控制生产过程的方法。

仪表与自动化技术是一门综合性的技术学科，它应用自动控制学科、仪器仪表学科及计算机学科的理论与技术服务于各类生产过程，以实现生产过程的自动化。随着科学技术的迅速发展，现代生产过程的自动化程度越来越高，对自动化仪表与控制技术的依赖性越来越大，特别是对于生产过程连续性、大型化、复杂化的石油、化工、冶金、电力、轻工等行业，生产工艺、设备、控制与管理已逐渐成为一个有机的整体，自动化仪表与控制技术显得尤为重要。仪表与自动化技术已成为各行各业现代化水平的一个重要标志。

生产过程或设备的自动控制，实现了生产工艺参数从测量、显示、记录到控制以及对生产设备的操作和保护等环节，都用自动化仪表及装置按设定的工艺过程来自动完成，从而使生产质量得以提高，并能大大地减轻工人的劳动强度，同时，也能更好地保证生产安全，延长设备使用寿命，降低能量消耗和生产成本，为生产企业带来了良好的经济效益和社会效益。

2. 仪表与自动化技术的发展概况

仪表与自动化技术的发展基于生产的需要、理论的开拓和技术手段的进展这三者的相互推动、相互促进。

工业社会机器生产需要自动化，自动化技术在工业上的应用，一般以瓦特的蒸汽机调速器作为正式起点；控制理论的发展为生产过程自动化提供了自动控制系统的理论基础，PID（比例积分微分）控制规律就是经典控制理论最辉煌的成就之一；工业自动化仪表技术的发展为生产过程自动化提供了必要的物质技术条件。特别是计算机技术、微电子技术、通信技术和网络技术在自动化领域中的应用，提高了自动化系统和仪表的性能，提供了更有效的控制手段。

从自动控制系统结构来看，仪表与自动化技术主要经历了四个阶段。

20 世纪 50 年代的自动控制系统是以将测量、记录和控制功能组合在一起的"基地式"仪表组成的单变量控制系统，像自力式温度控制器、就地式液位控制器等，它们的功能往往限于单回路控制。时至今日，这类控制系统仍没有被淘汰，而且还有了新的发展，但所占的比重大为减少。

从 20 世纪 60 年代开始，随着生产规模的扩大，产生了以功能划分的"单元组合式仪表"，根据控制任务要求，选择相应单元仪表组合起来，构成复杂的自动控制系统。由单元组合仪表组成的控制系统，控制策略主要是 PID 控制和常用的复杂控制系统（例如串级、均匀、比值、前馈、分程和选择性控制等），控制参数由单变量转向多变量以解决生产过程中遇到的更为复杂的问题。

20 世纪 70~80 年代，随着计算机技术的发展及其在仪表中的应用，出现了以微处理器为核心器件的数字化、智能单元组合仪表（包括可编程控制器等）。与模拟式仪表相比，其功能、性能、可靠性、通信等有了显著的提高。而且出现了计算机控制系统，最初是直接数字控制（DDC）实现集中控制，代替常规控制仪表。由于其固有缺陷，未能普及推广就被集散控制系统（DCS）所替代。DCS 在硬件上将控制回路分散化（分散控制），数据显示、实时监督等功能集中化（集中管理），有利于安全平稳生产。就控制策略而言，DCS 仍以 PID 控制为主，再加上一些复杂控制算法，并没有充分发挥计算机的功能和控制水平。

20 世纪 80 年代以后出现了二级优化控制，即在 DCS 的基础上实现先进控制和优化控制。在硬件上采用上位机和 DCS 或电动单元组合仪表相结合，构成二级计算机优化控制。随着计算机及网络技术的发展，DCS 出现了开放式系统，实现多层次计算机网络构成的管控一体化系统（CIPS）。同时，以现场总线为标准，实现以微处理器为基础的现场仪表与控制系统之间进行全数字化、双向和多站通信的现场总线网络控制系统（FCS），它对控制系统结构带来革命性变革，开辟了控制系统的新纪元。

当前仪表与自动化技术发展的一些主要特点是：仪表微型化、智能化、集成化和通信网络化；生产装置实施先进控制成为发展主流；过程优化受到普遍关注；传统的 DCS 正在走向国际统一标准的开放式系统；综合自动化系统（CIPS）是发展方向。

3. 过程控制及仪表自动化课程的性质、任务与要求

本课程为石油、化工、冶金、电力、轻工等工科专业的一门综合性、实践性较强的专业技术课。通过本课程的学习，应能掌握生产自动化过程中各类检测仪表、显示仪表、控制仪表和执行仪器的基本结构与工作原理，了解仪表的特性、安装及应用特点，以便在实际生产过程中能正确选择、使用常用的自动化仪表，并具备简单仪表故障的分析、处理能力。同时，应熟悉生产过程自动控制系统的结构组成、控制特性、设计方法和运行管理，使仪表与自动化技术能够更好地在工业生产中发挥应有的作用。

过程控制与自动化仪表基本知识结构如图 0-1 所示，可供学习参考。

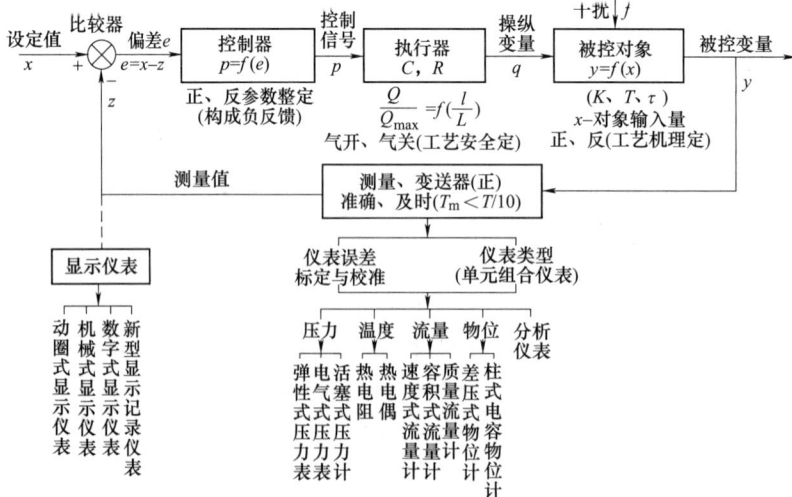

图 0-1 过程控制与自动化仪表基本知识结构

第1章

自动控制系统基本概念

1.1 工业自动化的主要内容

为了实现生产过程的自动化所构成的自动化系统如图 1-1 所示，主要包括自动检测、自动保护、自动操纵和自动控制等环节，现分别予以介绍。

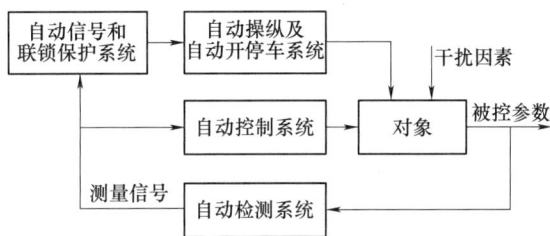

图 1-1 自动化系统

1.1.1 自动检测系统

利用各种检测仪表对主要工艺参数进行测量、指示或记录的，称为自动检测系统。它代替了操作人员对工艺参数的不断观察与记录，因此起到人的眼睛的作用。

1.1.2 自动信号和联锁保护系统

生产过程中，由于一些偶然因素的影响，导致工艺参数超出允许的变化范围而出现不正常情况时，就有引起事故的可能。为此，常对某些关键性参数设有自动信号联锁装置。当工艺参数超过了允许范围，在事故即将发生之前，信号系统就自动地发出声光报警信号，提醒操作人员注意，并及时采取措施。如工况已到达危险状态时，联锁系统立即自动采取紧急措施，打开安全阀或切断某些通路，必要时紧急停车，以防止事故的发生和扩大。它是生产过程中的一种安全装置。例如某反应器的反应温度超过了允许极限值，自动信号系统就会发出声光信号，报警给工艺操作人员以便及时处理生产事故。由于生产过程的强化，往往靠操作人员处理事故已成为不可能，因为在一个强化的生产过程中，事故常常会在几秒钟内发生，由操作人员直接处理是根本来不及的。自动联锁保护系统可以圆满地解决这类问题，如当反应器的温度或压力进入危险限时，联锁系统可立即采取应急措施，加大冷却剂量或关闭进料阀门，减缓或停止反应，从而可避免引起爆炸等生产事故。

1.1.3　自动操纵和自动开停车系统

　　自动操纵系统可以根据预先规定的步骤自动地对生产设备进行某种周期性操作。例如合成氨造气车间的煤气发生炉，要求按照吹风、上吹、下吹制气、吹净等步骤周期性地接通空气和水蒸气，利用自动操纵机可以代替人工自动地按照一定的时间程序扳动空气和水蒸气的阀门，使它们交替地接通煤气发生炉，从而极大地减轻了操作工人的重复性体力劳动。

　　自动开停车系统可以按照预先规定好的步骤，将生产过程自动地投入运行或自动停车。

1.1.4　自动控制系统

　　生产过程中，各种工艺条件不可能是一成不变的。特别是石油、化工、冶金、电力、轻工等行业生产过程，大多数是连续性生产，各设备相互关联着，当其中某一设备的工艺条件发生变化时，都可能引起其他设备中某些参数或多或少地波动，偏离正常的工艺条件，为此，就需要用一些自动控制装置，对生产中某些关键性参数进行自动控制，使它们在受到外界干扰（扰动）的影响而偏离正常状态时，能自动地控制而回到规定的数值范围内，为此目的而设置的系统就是自动控制系统。

　　由以上所述可以看出，自动检测系统只能完成"了解"生产过程进行情况的任务；信号联锁保护系统只能在工艺条件进入某种极限状态时，采取安全措施，以避免生产事故的发生；自动操纵系统只能按照预先规定好的步骤进行某种周期性操纵；只有自动控制系统才能自动地排除各种干扰因素对工艺参数的影响，使它们始终保持在预先规定的数值上，保证生产维持在正常或最佳的工艺操作状态。因此，自动控制系统是生产过程自动化的核心部分，是学习的重点。

1.2　自动控制系统的组成和分类

　　自动控制系统是生产过程自动化的核心，它是在人工控制的基础上产生和发展起来的，下面通过分析、比较人工操作过程与自动控制过程的实际情况，从而了解和分析一般的自动控制系统，掌握其在生产中的应用。

1.2.1　人工控制与自动控制

　　图1-2所示是一个液体贮槽，在生产中常用来作为一般的中间容器或成品罐。从前一个工序来的物料连续不断地流入槽中，而槽中的液体又送至下一工序进行加工或包装。当流入量 Q_i（或流出量 Q_o）波动时，会引起槽内液位的波动，严重时会溢出或抽空，而生产要求液位控制在某一高度 h_0。解决这个问题的最简单办法就是以贮槽液位 h 为操作指标，以改变出口阀门开度为控制手段，如图1-2a所示。当流入量 Q_i 等于流出量 Q_o 时，整个系统处于平衡状态，液位 $h=h_0$。如 Q_i 发生变化，液位 h 也变化。当 Q_i 增大使液位 h 上升，且超过要求的液位值 h_0 时，操作人员应将出口阀门开大，液位上升越多，出口阀门开得越大；反之，当 Q_i 减小使液位下降时，操作人员应将出口阀门关小，液位下降越多，出口阀门关得越小。为了使贮槽液位上升和下降都有足够的余地，选择玻璃管液位计中间的某一点为正常工作时的液位高度 h_0，通过控制出口阀门开度而使液位保持在这一高度上，这样贮槽中就不会出现因液位过高而溢流至槽外，或液位过低而抽空的事故。

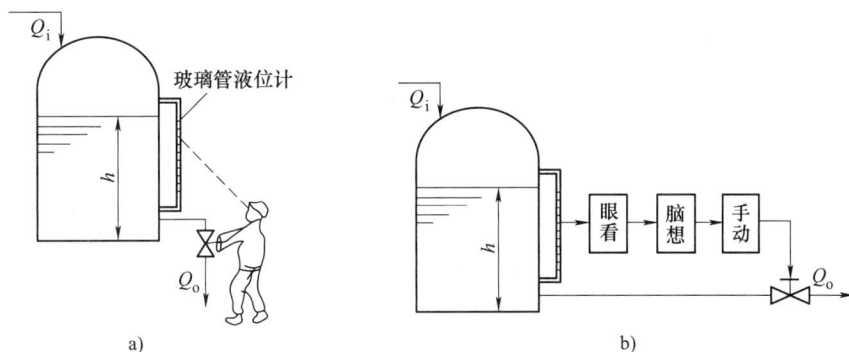

图 1-2　液位人工控制

1. 人工控制

上述控制过程如果由人工来完成，则称人工控制。图 1-2 是液位人工控制的过程。在贮槽上安装的玻璃液位计，随时指示贮槽的液位。当贮槽受到外界的某些扰动，使液位发生变化时，操作人员实施的人工控制的步骤为：

（1）观察（检测）　用眼睛观察玻璃液位计中液位高度，并将信息通过神经系统传递给大脑中枢。

（2）思考（运算）、命令　大脑将观测到的液位与工艺要求的液位加以比较，计算出偏差；然后根据此偏差的大小和正负以及操作经验，经思考、决策后发出操作指令。

（3）执行　根据大脑发出的指令，通过手去改变出口阀门的开度，以改变出口流量，进而改变液位。

上述过程不断重复下去，直到液位回到所规定的高度为止。以上这个过程叫作人工控制过程。在上述控制过程中，控制的指标是液位，所以也称为液位控制。

在人工控制中，操作人员的眼、脑、手三个器官分别担负了检测、运算和执行三个任务，完成了控制全过程。但由于受到生理上的限制，人工控制满足不了现代化生产的需要，为了减轻劳动强度和提高控制精度，可以用自动化装置来代替上述人工操作，从而使人工控制变为自动控制。

2. 自动控制

为了完成人工控制过程中操作人员的眼、脑、手三个器官的任务，自动化装置主要包括三部分，分别用来模拟人的眼、脑、手功能，如图 1-3 所示。

（1）测量元件与变送器　用于测量液位，并将测得的液位转化成统一的标准信号（气压信号或电流、电压信号）输出。

（2）控制器（调节器）　接收测量变送器送来的信号，并与工艺要求的液位高度进行比较，计算出偏差的大小，并按某种运算规律算出结果，再将此结果用标准信号（即操作指令信号）发送至执行器。

（3）执行器　通常指控制阀。它接收控制器传来的操作指令信号，改变阀门的开度以改变物料或能量的大小，从而起到控制作用。

在自动控制过程中，贮槽液位可以在没有人的参与下自动地维持在规定值。这样，自动化装置在一定程度上代替了人的劳动，但必须指出，在自动控制过程中，自动化装置只能按照人们预先的安排来动作，而不能代替人的全部劳动。

1.2.2 自动控制系统的组成

图 1-3 所示的贮槽、变送器、控制器及执行器构成了一个完整的自动控制系统。从图中可以看出，一个自动控制系统主要是由两大部分组成：一部分是起控制作用的全套仪表称为自动化装置，它包括测量元件及变送器、控制器、执行器等；另一部分是自动化装置所控制的生产设备（或过程）。在自动控制系统中，将需要控制其工艺参数的生产设备或生产过程称为被控对象，简称对象。图 1-3 所示的贮槽就是这个液位控制系统的被控对象。石油、化工、冶金、电力、轻工等生产中，各种分离器、换热器、锅炉、塔器、泵与压缩机以及各种容器、贮罐都是常见的被控对象，甚至一段被控制流量的管道也是一个被控对象。一个复杂的生产设备上可能有好几个控制系统，确定被控对象时，就不一定是整个生产设备。例如，一个精馏塔、吸收塔，往往塔顶需要控制温度、压力等，塔底又需要控制温度、塔釜液位等，有时中部还需要控制进料流量，在这种情况下，就只有塔的某一与控制有关的相应部分才是该控制系统的被控对象。

在一个自动控制系统中，以上两部分是必不可少的，除此之外，还有一些附属（辅助）装置，如给定装置、转换装置、显示仪表等。

图 1-4 就是石油天然气生产过程中，进行气、液或油、水分离的分离器液位控制系统结构示意图。

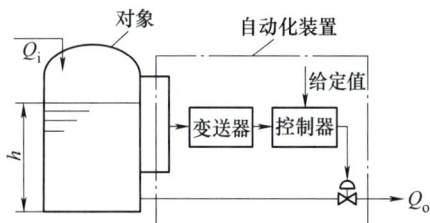

图 1-3　液位自动控制

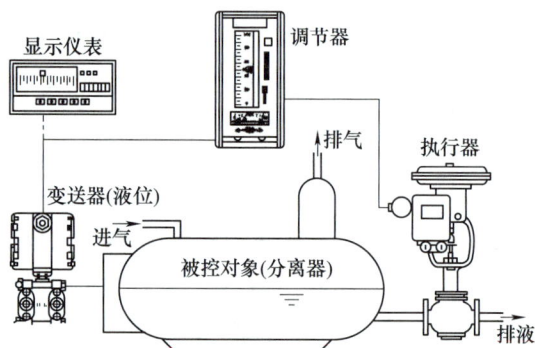

图 1-4　分离器液位控制系统组成示意图

1.2.3 自动控制系统的分类

自动控制系统种类很多，其分类方法主要有：按被控变量来分类，如温度、流量、压力、液位等控制系统；按控制规律来分类，如比例、比例积分、比例积分微分等控制系统；按基本结构分类，如开环控制、闭环控制系统等；在分析自动控制系统特性时，最常用的是将控制系统按照工艺过程需要控制的参数（即给定值）是否变化和如何变化来分类，如有定值控制系统、随动控制系统和程序控制系统三类。

1. 定值控制系统

所谓"定值"就是给定值恒定的简称。工艺生产中，如果要求控制系统使被控制的工艺参数保持在一个生产技术指标上不变，或者说要求工艺参数的给定值不变，那么就需要采用定值控制系统。图 1-3 所讨论的贮罐液位控制系统就是定值控制系统的例子，这个控制系统的目的是使贮罐的液位保持在给定值上不变。在石油、化工、冶金、电力、轻工等生产自动控制系统中要求的大都是这种类型的控制系统。因此我们后面所讨论的,如果未加特别说明,都是指定值控制系统。

2. 随动控制系统(自动跟踪系统)

这类系统的特点是给定值不断地变化,而且这种变化不是预先规定好的,也就是说,给定值是随机变化的。随动控制系统的目的就是使所控制的工艺参数准确而快速地跟随给定值的变化而变化。在石油、化工、冶金、电力、轻工等生产自动化过程中,有些比值控制系统就属于随动控制系统。例如要求甲流体的流量和乙流体的流量保持一定的比值,当乙流体的流量变化时,要求甲流体的流量能快速而准确地随之变化。原油破乳剂是油田和炼油厂必不可少的化学药剂之一,通过表面活性作用,降低乳状液的油水界面张力,使水滴脱离乳状液束缚,再经聚结过程,达到破乳、脱水的目的。为了取得好的脱水效果,在确定出最佳加药比之后,破乳剂的用量就与处理液的量成比例,处理量越大,加入的破乳剂就相应成比例地增加。由于生产中原油处理量可能是随机变化的,所以相对于破乳剂用量的给定值也是随机的,故属于随动控制系统。

3. 程序控制系统(顺序控制系统)

这类系统的给定值也是变化的,但它是一个已知的时间函数,即生产技术指标需按一定的时间序列变化。这类系统在间歇生产过程中应用比较普遍,如冶金工业上金属热处理温度的控制。近年来,程序控制系统应用日益广泛,一些定型的或非定型的程序装置越来越多地被应用到生产中,微型计算机的广泛应用也为程序控制系统提供了良好的技术工具与有利条件。

1.3 工业自动化仪表

工业自动化仪表不同于一般的仪表,是生产过程自动化必要的物质技术基础——自动化装置,即检测仪表与变送器、显示与记录仪表、调节与控制器(调节器)、执行器(调节阀)及其辅助器件和设备的总称。

工业自动化仪表是构成自动控制系统的硬件单元,它反映了自动化技术水平的高低,也反映出工业自动化仪表的发展动向。例如,常规的模拟仪表逐渐升级为以微处理器和微控制器为核心的智能仪表;由于仪表具有智能结构,可采用各种先进的测量理论和技术(如信号处理技术等),得到高性价比的新型仪表;工业自动化仪表可为适应现代计算机控制系统发展〔如分散型控制系统(DCS)和网络控制系统(FCS)〕的需要而具有网络通信能力和可编程能力等。

1.3.1 工业自动化仪表的分类

工业自动化仪表种类繁多,一般分类如下:

1. 按仪表使用的能源分类

①电动仪表(电能);②气动仪表(压缩空气);③液动仪表(少用)。

2. 按信息的获得、传递、反映和处理的过程分类

①检测仪表;②显示(记录)仪表;③控制仪表;④执行器;⑤集中控制装置。

3. 按仪表的组成形式分类

(1)基地式仪表 基地式仪表集变送、显示、控制各部分功能于一体,单独构成一个固定的控制系统。

（2）单元组合仪表　单元组合仪表将检测、显示、控制等功能制成各自独立且外部功能规范化的仪表单元，各单元间用统一的输入、输出标准信号相联系，仪表的通用性好，可以根据实际需要选择某些单元进行适当的组合、搭配，组成各种测量系统或控制系统，因此单元组合仪表使用方便、灵活。单元组合仪表按工作能源的不同，可分为气动单元组合仪表和电动单元组合仪表两大类。单元组合仪表命名与性能：

1）QDZ（"气""单""组"）——气动单元组合仪表。

统一标准气源压力：0.14MPa；

统一标准信号：0.02~0.1MPa（20~100kPa）；

气路导管：$\phi 6 \times 1$ 紫铜管、塑料管、尼龙单管和管缆；

准确度等级：1.0 级、1.5 级。

2）DDZ（"电""单""组"）Ⅱ——Ⅱ型电动单元组合仪表。

统一标准电源：交流 220V；

统一标准信号：现场传输信号 DC 0~10mA；控制室联络信号 DC 0~2V；

准确度等级：0.5 级、1.0 级、1.5 级。

3）DDZ（"电""单""组"）Ⅲ——Ⅲ型电动单元组合仪表。

统一标准电源：DC 24V；

统一标准信号：现场传输信号 DC 4~20mA；控制室联络信号 DC 1~5V；

准确度等级：0.2 级、0.5 级、1.0 级、1.5 级。

电动单元组合仪表采用直流电流为传输信号的主要优点如下：传输过程中易与交流感应干扰相区别，且不存在相移问题，可不受传输线路中电感、电容和负载性质的限制；可以不受传输线及负载电阻变化的影响，适于信号的远距离传送；由于电动单元组合仪表很多是采用力平衡原理构成的，使用电流信号可直接与磁场作用产生正比于信号的机械力；对于要求电压输入的受信仪表和元件，只要在电流回路中串联适当的取样电阻便可得到所需的电压信号，故使用比较灵活。

此外，DDZ-Ⅲ型仪表信号制式符合 1973 年 4 月国际电工委员会（IEC）通过的过程控制系统用模拟信号标准，其优点如下：采用 DC 4~20mA 信号，现场仪表就可实现两线制传输，这两根导线既是电源线，又是信号线，不仅可节省大量电缆线和安装费用，而且还便于使用安全栅，有利于安全防爆；DC 4mA 的仪表电气"活零点"，不仅为变送器提供了静态工作电流，而且不与机械零点重合，有利于识别断电和断线等故障。

4. 按防爆能力分类

（1）普通型　凡是未采取防爆措施的仪表，只能应用在非危险场所。

（2）隔爆型　采取隔离措施以防止引燃引爆事故的仪表即隔爆型仪表。最普通的办法是采用足够厚的金属外壳，其连接处采用符合规定的螺纹。有的情况下，对壳体的材质和壳内空间的尺寸也有规定。这样的仪表，当表内电路出现故障时，其破坏范围被限制在密闭的壳体内，不至于将周围易燃气体引燃引爆。

也有采用充入惰性气体或将电路浸在油中的办法隔离的。其用意是靠惰性气体或油熄灭电火花，并帮助散热降温。同时，使周围易燃物与电路隔离。

（3）安全火花型仪表　这类仪表采用低压直流小功率电源供电，并且对电路中的储能元件（例如电容、电感）严加限制，使电路在故障下所产生的火花微弱到不足以点燃周围的易燃气体。此外，危险区以外发生电路的混触，也有可靠的措施，使高电压、大电流不能进入危险区。安全火花型仪表是电动仪表中防爆性能最好的一类。安全火花型防爆仪表（从原理上讲）可用于一切危险场所，适用于所有的爆炸性混合物，其安全性能也不随时间而变化，维护检修方便，可在运行状态下进行调整和维修。

在 DDZ-Ⅲ 电动单元组合仪表中属于安全火花型防爆仪表的仪表有差压变送器、温度变送器、电气转换器、电气阀门定位器和安全栅等。

1.3.2　工业自动化仪表的信号制和传输方式

仪表自动化控制系统中使用的各类过程自动化仪表，有的安装在现场设备或管道上，比如测量变送器和执行器；有的安装在控制室，比如调节器、记录仪和运算器等。为了把这些过程自动化仪表连接起来，构成功能各异的控制系统，在过程自动化仪表之间应该有一个统一的标准联络信号和适当的传输方式。

1. 信号制

所谓信号制是指在成套仪表系列中，各个仪表的输入、输出采用何种统一的联络信号进行传输的问题。目前过程自动化仪表使用的联络信号一般包括模拟信号、数字信号、频率信号和脉宽信号。

工业自动化仪表所用的联络信号，主要是模拟信号和数字信号，而模拟信号分气动模拟信号和电动模拟信号两类，其中尤以电动模拟信号应用较为广泛，因此本节侧重介绍电动模拟信号。

气动模拟信号在国际上统一采用 20~100kPa 联络信号，如国产 QDZ-Ⅱ 型气动单元组合仪表就采用这种信号制。

电动模拟信号有直流和交流两种，由于直流信号不受交流感应的影响，不受线路的电感、电容及负载的影响，不存在相移等问题，因此世界各国大都以直流信号作为统一的联络信号。

从信号的取值范围来看，下限可以是零，也可以是某一值；上限可以较低，也可以较高。取值的范围应从仪表的性能和经济性全盘考虑确定。

不同的过程自动化仪表，所取信号上、下限值是不同的。例如，DDZ-Ⅱ 型电动单元组合仪表采用 0~10mA 直流电流信号作为统一联络信号，DDZ-Ⅲ 型电动单元组合仪表采用 4~20mA 直流电流信号和 1~5V 直流电压信号作为统一联络信号，组装式综合控制装置采用 0~10V 直流电压信号作为统一的联络信号。

信号下限从零开始，便于模拟量的加、减、乘、除、开方等数学运算，也可以使用通用刻度的指示、记录仪表。信号下限从某一值开始，表明电气零点和机械零点分开，便于检验信号传输线有无断线及仪表是否断电，同时为制作两线制变送器提供了条件。

信号上限高一点，可以产生较大的电磁力，有利于某些过程控制仪表（力平衡变送器）的设计制造；但是上限值过高，在传输导线中的功率损耗增大，导致仪表的电源变压器加大，造成仪表的体积增加。信号上限高一点，对于使用集成运算放大器的某些过程控制仪表，可以降低对集成运算放大器失调参数的要求，有利于仪表的生产和成本的降低，但是上限值过高，对集成运算放大器的输出幅度和共模电压范围的要求也相应地增加。

2. 电信号传输方式

（1）模拟信号的传输　信号传输指的是电流信号和电压信号的传输。电流信号传输时，仪表是串联的；而电压信号传输时，仪表是并联的。

1）电流信号传输。如图 1-5 所示，一台发送仪表的输出电流同时传输给几台接收仪表，所有这些仪表应当串联。DDZ-Ⅱ型仪表即属于这种传输方式。图中，R_o 为发送仪表的输出电阻；R_{cm} 和 R_i 分别为连接导线的电阻和接收仪表的输入电阻（假定接收仪表的输入电阻均为 R_i），由 R_{cm} 和 R_i 组成发送仪表的负载电阻。

由于发送仪表的输出电阻 R_o 不可能是无限大，在负载电阻变化时，输出电流也将发生变化，从而引起传输误差。

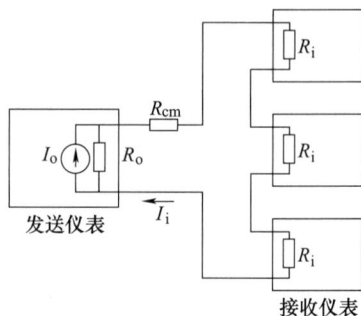

图 1-5　电流信号传输时仪表之间的连接

电流信号的传输误差可用公式表示为

$$\varepsilon = \frac{I_o - I_i}{I_o} \times 100\% = \frac{I_o - \dfrac{R_o}{R_o + (R_{cm} + nR_i)}I_o}{I_o} \times 100\% = \frac{R_{cm} + nR_i}{R_o + R_{cm} + nR_i} \times 100\% \quad (1\text{-}1)$$

式中，n 为接收仪表的个数。

为保证传输误差 ε 在允许范围之内，应要求 $R_o \gg R_{cm} + nR_i$，故有

$$\varepsilon \approx \frac{R_{cm} + nR_i}{R_o} \times 100\% \quad (1\text{-}2)$$

由式（1-2）可见，为减小传输误差，要求发送仪表的 R_o 足够大，而接收仪表的 R_i 及导线电阻 R_{cm} 应比较小。

实际上，发送仪表的输出电阻均很大，相当于一个恒流源，连接导线的长度在一定范围内变化时，仍能保证信号的传输精度，因此电流信号适用于远距离传输。此外，对于要求电压输入的仪表，可在电流回路中串入一个电阻，从电阻两端引出电压，供给接收仪表，所以电流信号应用也较灵活。

电流传输也有不足之处。由于接收仪表是串联工作的，因此，当一台仪表出故障时，将影响其他仪表的工作。而且各台接收仪表一般皆应浮空工作，若要使各台仪表皆有自己的接地点，则应在仪表的输入、输出之间采取直流隔离措施，这就对仪表的设计和应用在技术上提出了更高的要求。

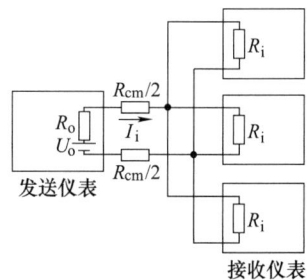

图 1-6　电压信号传输时仪表之间的连接

2）电压信号传输。一台发送仪表的输出电压要同时传输给几台接收仪表时，这些接收仪表应当并联，如图 1-6 所示。DDZ-Ⅲ型仪表即属于这种传输方式。

由于接收仪表的输入电阻 R_i 不是无限大，信号电压 U_o 将在发送仪表内阻 R_o 及导线电阻 R_{cm} 上产生一部分电压降，从而造成传输误差。电压信号的传输误差可用如下公式表示，即

$$\varepsilon = \frac{U_o - U_i}{U_o} \times 100\% = \frac{U_o - \dfrac{R_i/n}{R_o + R_{cm} + R_i/n}U_o}{U_o} \times 100\% \quad (1\text{-}3)$$

$$= \frac{R_o + R_{cm}}{R_o + R_{cm} + R_i/n} \times 100\%$$

为减小传输误差 ε，应满足 $R_i/n \gg R_o + R_{cm}$，故有

$$\varepsilon \approx n \frac{R_o + R_{cm}}{R_i} \times 100\% \tag{1-4}$$

式中，n 为接收仪表的个数。

由式（1-4）可见，为减小传输误差，应使发送仪表内阻 R_o 及导线电阻 R_{cm} 尽量小，同时要求接收仪表的输入电阻 R_i 大些。

因接收仪表是并联的，增加或取消某个仪表不会影响其他仪表的工作，而且这些仪表也可设置公共接地点，因此设计安装比较简单。但并联的各接收仪表，输入电阻皆较高，易于引入干扰，故电压信号不适用于远距离传输。

（2）变送器与控制室仪表间的信号传输　变送器是现场仪表，其输出信号送至控制室中，而它的供电又来自控制室。变送器的信号传送和供电方式通常有如下两种。

1）四线制传输。供电电源和输出信号分别用两根导线传输，如图 1-7 所示。图中的变送器称为四线制变送器，目前使用的大多数变送器均是这种形式。由于电源与信号分别传送，因此对电流信号的零点及元器件的功耗无严格要求。

2）两线制传输。变送器与控制室之间仅用两根导线传输。这两根导线既是电源线，又是信号线，如图 1-8 所示。图中的变送器称为两线制变送器。

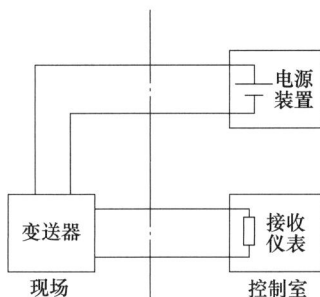

图 1-7　四线制传输接线方式　　图 1-8　两线制传输接线方式

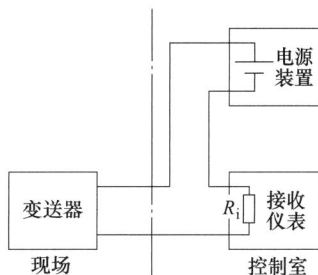

采用两线制变送器不仅可省大量电缆线和安装费用，而且有利于安全防爆。因此这种变送器得到了较快的发展。

要实现两线制变送器，必须采用"活零点"的电流信号。由于电源线和信号线公用，因此电源供给变送器的功率是通过信号电流提供的。在变送器输出电流为下限值时，应保证它内部的半导体器件仍能正常工作。因此，信号电流的下限值不能过低。DDZ-Ⅲ型仪表国际统一电流信号采用 DC 4~20mA，为制作两线制变送器创造了条件。

一只两线制变送器，必须满足如下三个条件：

① 变送器的正常工作电流 I 必须等于或小于变送器输出电流的最小值 I_{omin}，即 $I \leqslant I_{omin}$。通常，两线制变送器输出电流的下限值 $I_{omin} = 4mA$，在此条件下，变送器需能正常工作。

② 在下列电压条件下，变送器能保持正常工作，有

$$U_T \leqslant E_{min} - I_{omax}(R_{Lmax} + r) \tag{1-5}$$

式中，U_T 为变送器输出端电压；E_{min} 为电源电压的最小值；I_{omax} 为输出电流的上限值；R_{Lmax} 为变送器的最大负载电阻值；r 为连接导线的电阻值。

③ 变送器的最小有效功率 P 为

$$P < I_{omin}(E_{min} - I_{omin}R_{Lmax}) \tag{1-6}$$

3. 模拟仪表与电源连接方式

随着模拟仪表普遍采用标准信号，电动变送器输出信号与电源的连接方式普遍采用了两线制，如图 1-9 所示。DC 24V 电源电压和负载电阻 R_L 串联后接到变送器。这种接线方式中，与变送器连接的导线只有两根，这两根导线传送变送器所需的电源电压和 DC 4～20mA 输出电流，故称为两线制。

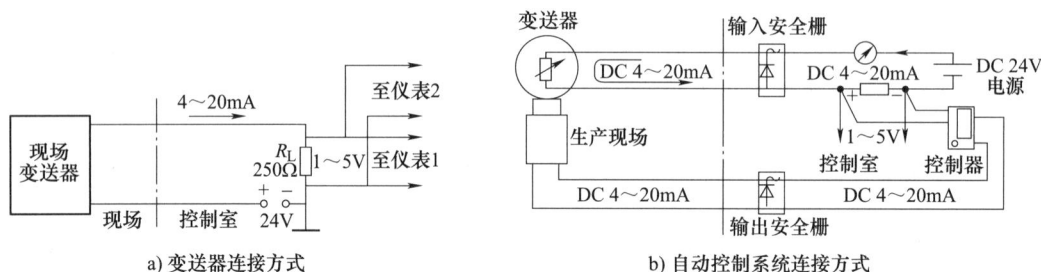

a) 变送器连接方式   b) 自动控制系统连接方式

图 1-9 DDZ-Ⅲ型仪表的接线原理图

两线制变送器不仅可使设备减少，成本降低，安全性能提高，而且还可以节省人力，加快安装速度，在现代自动化生产过程中得到广泛应用。

4. 标度变换

（1）电流输出变送器的标定变换 变送器对被测量的测量范围为 A（$A = A_m - A_0$，A_m 为测量上限，A_0 为测量下限），输出电流信号（I）为 DC 4～20mA（$I_0 = 4mA$，$I_m = 20mA$），当被测量 A_x 输出电流为 I_x 时，则被测量为

$$A_x = (I_x - 4) \times \frac{A}{20 - 4} \tag{1-7}$$

例 1-1 某压力变送器测量范围为 0～6MPa，当测某压力时输出电流为 16mA，则被测压力 p_x 为

$$p_x = (16 - 4) \times \frac{6 - 0}{20 - 4} \text{MPa} = 12 \times \frac{6}{16} \text{MPa} = 4.5 \text{MPa}$$

若某压力变送器测量范围为 0～1.6MPa，当测某压力时输出电流为 16mA，则被测压力 p_x 为

$$p_x = (16 - 4) \times \frac{1.6 - 0}{20 - 4} \text{MPa} = 12 \times \frac{1.6}{16} \text{MPa} = 1.2 \text{MPa}$$

若某加热炉温度变送器测量范围为 0～100℃，当测加热炉内某一时刻温度时，变送器输出电流为 16mA，则被测温度 t_x 为

$$t_x = (16 - 4) \times \frac{100 - 0}{20 - 4} ℃ = 12 \times \frac{100}{16} ℃ = 75 ℃$$

可见，变送器输出信号电流（I）相同时，所表示的被测量却大不相同（4.5MPa、1.2MPa、75℃等），不仅与被测量性质有关，而且还与变送器的测量范围有关。

（2）百分数显示变送器仪表的标定变换 当变送器输出显示为百分数（%）时，变送器对被测量的测量范围 A（$A = A_m - A_0$，A_m 为测量上限，A_0 为测量下限），输出显示为百分数（0%～100%），当测量某一被测量 A_x 输出为 $x\%$ 时，有

$$A_x = A \cdot x\% \tag{1-8}$$

例 1-2　某缓冲罐差压液位变送器，测量范围 $L = 1.6\text{m}$，当测量某一液位 L_x 时，显示 75%，则被测液位为

$$L_x = 1.6\text{m} \times 75\% = 1.2\text{m}$$

若某加热炉温度变送器，测量范围 $t = 100℃$，当测量某一温度液位 t_x 时，显示 75%，则被测温度为

$$t_x = 100℃ \times 75\% = 75℃$$

同样可见，虽然两台变送器输出显示相同（均为 75%），但表示的被测量却不同，分别为液位 1.2m 和炉温 75℃，不仅与被测量的性质有关，而且还与量程设置有关。

5. 电远传变送器的校准

电远传变送器零点校准不影响满刻度，但满刻度校准会影响零点，故需要反复校准。整个量程范围的校准，不能单点校准，应全量程至少均匀分布 5 个点以上统一校准。其他检测仪表的校准方法与此相同。

气体流量计量还存在工况（Q_g）和标况（Q_0）之间的校正。

1.3.3　防爆安全栅*

在石油、化工、冶金、电力、轻工等工业过程的许多生产场合，存在着易燃、易爆的气体、粉尘或其他易燃易爆材料，安装在这种场合的现场仪表如果产生火花，就容易引起燃烧或爆炸，造成巨大的人员和财产损失。为了实现安全长期生产运行，现场仪表的防爆能力已成为仪表性能的重要指标，在这些场合所安装的一切仪表装置应该具有安全火花防爆性能。除气动仪表已应用在易燃、易爆场合外，电动仪表的设计者也考虑了各种防爆措施。

所谓安全火花是指该火花的能量不足以对其周围可燃介质构成点火源。若仪表在正常或事故状态所产生的火花均为安全火花，则称为安全火花型防爆仪表。

气动仪表从本质上说具有防爆性能。但随着工业生产过程的复杂化、大型化的发展对自动化要求的提高，电动仪表和装置逐渐占据了工业生产自动化的统治地位。这种发展趋势的关键技术之一就是解决现场仪表及整个系统的防爆问题。下面简要介绍一些防爆基本知识。

1. 危险场所的划分

按照国家标准《爆炸危险场所防爆安全导则》（GB/T 29304—2012）的规定，将危险场所划分为除煤矿瓦斯气体和/或易燃煤粉环境之外的其他爆炸性危险场所，以及煤矿瓦斯气体和/或易燃煤粉环境之外的其他爆炸性危险场所。对煤矿瓦斯气体和/或易燃煤粉环境之外的其他爆炸性危险场所要求，根据我国具体情况，应按国家现行《煤矿安全规程》有关规定。

根据爆炸性出现的频率和持续时间，对除煤矿瓦斯气体和/或易燃煤粉环境之外的其他爆炸性危险场所进行以下分区：

0 区：可燃性物质以气体、蒸气和薄雾的形式与空气形成的爆炸性环境，连续出现、或长期存在或频繁出现的场所。

1 区：可燃性物质以气体、蒸气和薄雾的形式与空气形成的爆炸性环境，在正常运行条件下偶尔可能出现的场所。

2 区：可燃性物质以气体、蒸气和薄雾的形式与空气形成的爆炸性环境，在正常运行条件下不可能出现，如果出现也仅是短时间存在的场所。

20 区：爆炸性环境以空气中可燃性粉尘云的形式，持续地、或长期地、或频繁地存在的场所。

21 区：爆炸性环境以空气中可燃性粉尘云的形式，在正常运行时偶尔可能出现的场所。

22 区：爆炸性环境以空气中可燃性粉尘云的形式，在正常运行条件下不可能出现，如果出现也是短时间存在的场所。

2. 爆炸性物质的分类、分级与分组

（1）分类　通常将爆炸性物质分为以下三类：

Ⅰ类物质——矿井甲烷；

Ⅱ类物质——爆炸性气体、可燃蒸气；

Ⅲ类物质——爆炸性粉尘、易燃纤维。

（2）分级与分组

1）爆炸性气体的分级与分组（Ⅰ、Ⅱ类）。在标准试验条件下，按照其最大试验安全间隙和最小点燃电流比分级，按照其自燃温度值分组。表 1-1 给出了部分示例。

表 1-1　部分爆炸性气体的分级与分组

类和级	最大试验安全间隙 MESG/mm	最小点燃电流比 MICR	自燃温度组别/℃					
			T_1	T_2	T_3	T_4	T_5	T_6
			$T>450$	$300<T\leqslant450$	$200<T\leqslant300$	$135<T\leqslant200$	$100<T\leqslant135$	$85<T\leqslant100$
Ⅰ	MESG = 1.14	MICR = 1	甲烷					
ⅡA	0.9<MESG<1.14	0.8<MICR<1	氨、丙酮、苯、一氧化碳、乙烷、丙烷、甲醇	丁烷、乙醇、丙烯、丁醇、乙苯	汽油、环乙烷、硫化氢	乙醚、乙醛		亚硝酸乙酯
ⅡB	0.5<MESG≤0.9	0.45<MICR≤0.8	二甲醚、民用煤气、环丙烷	环氧乙烷、环氧丙烷、丁二烯	异戊二烯	二乙醚、乙基甲基醚		
ⅡC	MESG≤0.5	MICR≤0.45	水煤气、氢气	乙炔			二硫化碳	硝酸乙酯

注：最大试验安全间隙与最小点燃电流比在分级上的关系只是近似相等。

2）爆炸性粉尘和易燃纤维的分级与分组（Ⅲ类）。爆炸性粉尘和易燃纤维按照其物理性质分级、按照其自燃温度分组，共分 T1-1、T1-2、T1-3 三组，示例见表 1-2。

表 1-2　爆炸性粉尘的分级、分组举例表

类和级	粉尘性质	自燃温度组别/℃		
		T1-1	T1-2	T1-3
		$T>270$	$200<T\leqslant270$	$140<T\leqslant200$
ⅢA	非导电性可燃纤维	木棉纤维、烟草纤维、纸纤维、亚硫酸盐纤维素、人造毛短纤维、亚麻	木质纤维	
	非导电性爆炸性粉尘	小麦、玉米、砂糖、橡胶、染料、聚乙烯、苯酚树脂	可可、米糖	
ⅢB	导电性爆炸性粉尘	镁、铝、铝青铜、锌、钛、焦炭、炭黑	铝（含油）铁、煤	
	火、炸药粉尘		黑火药	硝化棉、吸收药、黑索金、特屈儿、泰安

3. 防爆仪表的分类、分级和分组

自动化仪表属于低压电气仪表，用于危险场合时，应按照相关电气设备防爆规程管理。按照规定，防爆电气设备可制成隔爆型、本质安全防爆型等10种结构类型。其设备的分类、分级、分组与爆炸性物质的分类、分级、分组方法相同，其等级参数及符号也相同，其中温度等级是按照最高表面温度确定的，对隔爆型是指外壳温度，其余各类型是指可能与爆炸性混合物接触的表面温度。

自动化仪表的防爆结构主要有两种类型：隔爆型，标志为"d"；本质安全防爆型，标志为"i"。下面分别介绍。

（1）隔爆型　隔爆型仪表的特点是，仪表的电路和接线端子全部置于隔爆壳体中，表壳的强度足够大，表壳结合面间隙足够深，最大的间隙宽度又足够窄。即使仪表因事故产生火花，也不会引起仪表外部的可燃性物质发生爆炸。

设计隔爆型仪表结构的具体措施有：采用耐压 $(8\sim10)\times10^2$ kPa 以上的表壳，表壳外部的温升不得超过由气体或蒸气的自燃温度所规定的数值，表壳结合面的缝隙宽度和深度应根据它的容积和气体的级别采取规定的数值等。

隔爆型仪表在安装及维护正常时，处于安全状态。但在揭开仪表表壳时，它就失去了防爆性能。因此，不能在通电运行的情况下打开外壳进行检修或调整。对于组别、级别高的易燃易爆性气体如氢气、乙炔、二硫化碳等，不宜采用隔爆型仪表。这是因为一方面对这些气体所要求的隔爆型仪表的表壳在加工上有困难；另一方面，即使能解决加工问题，但经过长期使用后，由于磨损，很难长期保持要求的间隙，会逐渐失去防爆性能。这些都是隔爆型仪表的弱点。

（2）本质安全防爆型（或安全火花型）　本质安全防爆型仪表是指在正常状态下和故障状态下，由电路及设备产生的火花能量和达到的温度都不能引起易燃易爆性气体或蒸气爆炸的防爆类型。正常状态指电器设备在设计规定条件下的工作状态，在电路的正常断开和闭合时也有可能产生火花。故障状态是指因事故而发生短路、断路、接地及电源故障等情况。

具有本质安全防爆的系统包括两种电路：安装在危险场所中的本质安全电路及安装在非危险场所中的非本质安全电路。为了防止非本质安全电路中过大的能量传入危险场所中的本质安全电路中，在两者之间采用了防爆安全栅，使整个仪表系统具有本质安全防爆性能，如图1-10所示。必须注意，本质安全防爆系统是由在危险场所使用的本质安全防爆型仪表通过防爆安全栅电路连接到非危险场所（包括控制室）构成的。只有这样才能保证在事故状况下在危险场所的现场仪表自身不产生危险火花，从危险场所以外也不会引入危险火花。

本质安全防爆系统的性能主要由以下措施来保证。

1）本质安全防爆仪表采用低的工作电压和小的工作电流。如正常工作时电压不大于 DC 24V，电流不大于 DC 20mA；故障电压不大于 DC 35V，电流不大于 DC 35mA。限制仪表所用电阻、电容和电感参数的大小，以保证在正常及故障条件时所产生的火花能量不足以点燃爆炸性混合物。

2）用防爆安全栅将危险场所和非危险场所的电路隔开。

3）现场仪表到控制室仪表之间的连接导线不得形成过大的分布电感和电容。

本质安全防爆型仪表的防爆性能最好，从理论上讲它适用于一切危险场所和一切易爆气体；其安全性能不随时间而变化；而且维修方便，可在运行状态下进行维修和调整。

本质安全防爆型仪表及与其相关联的电气设备，按照所使用场所的安全程度分为 ia 和

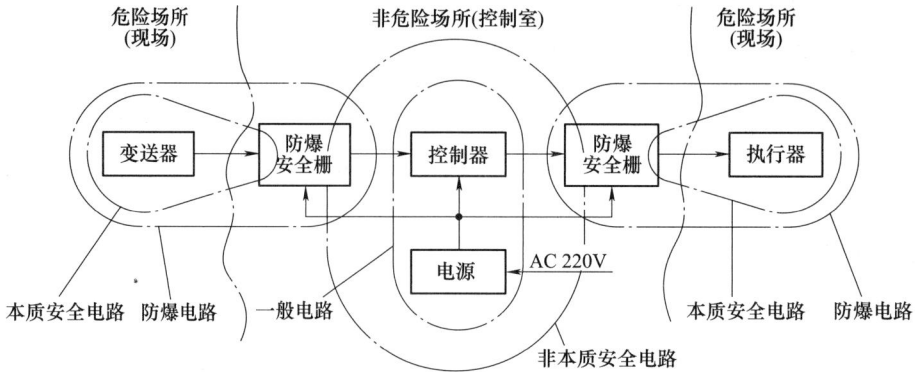

图 1-10   本质安全防爆系统结构简图

ib 两个级别。ia 级适用于 0 区，ib 级适用于 1 区。ia 级比 ib 级的安全程度高。

防爆仪表都有标明防爆检验合格证号和防爆类型、等级等标志的铭牌。典型的标志铭牌上的防爆标志一般分为四段，即 ExABC：Ex 表明此仪表为防爆电气仪表；A 段填入防爆类型，如 d、ia、ib 等；B 段为防爆仪表的类和级，如Ⅰ级、ⅡA、ⅡB、ⅡC；C 段为防爆仪表的表面温度组别，也是其能够适用的危险物质的自燃温度组别，如 T1~T6。例如 Exdia Ⅱ CT6 表示兼有隔爆和本质安全功能、可在ⅡC 级 T6 组以下级别中使用的防爆电气仪表。

本质安全型防爆仪表的性能是靠电路设计来实现和保证的。

（3）防爆安全栅   防爆安全栅放在安全场所的入口处，它不会影响仪表的正常工作，只会起到防止危险能量由安全场所进入危险场所的作用。这样，只需对设置在危险场所的本质安全型防爆仪表和防爆安全栅进行防爆鉴定，而对设置在安全场所的仪表则可不受此限制，只要求它们所使用的最高电压低于防爆安全栅的额定电压。目前用得最多的防爆安全栅有齐纳式安全栅与变压器隔离式安全栅等。

1.4   自动控制系统框图

在研究自动控制系统时，为了能更清楚地表示出一个自动控制系统中各个组成环节之间的相互影响和信号联系，便于对系统分析研究，一般都用框图来表示控制系统的组成和作用。例如图 1-3 所示的液位自动控制系统可以用图 1-11 的框图来表示。每个方框表示组成系统的一个部分，称为环节。两个方框之间用一条带有箭头的线条表示其信号的相互关系，箭头指向方框表示为这个环节的输入，箭头离开方框表示为这个环节的输出。线旁的字母表示相互间的作用信号。

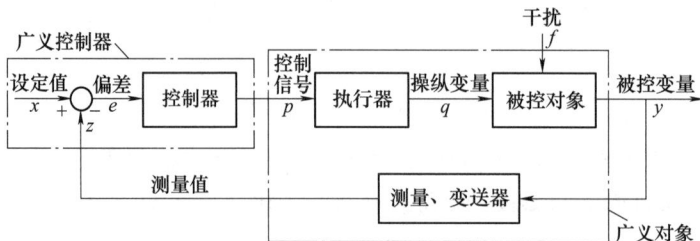

图 1-11   自动控制系统框图

图 1-3 所示贮槽在图 1-11 中用一个"被控对象"框来表示，其液位就是生产过程中所要保持恒定的变量，在自动控制系统中称为被控变量（被调参数），用 y 来表示。在框图中，被控变量 y 就是对象的输出。影响被控变量 y 的因素来自进料流量的改变，这种引起被控变量波动的外来因素，在自动控制系统中称为干扰作用（扰动作用），用 f 表示。干扰作用是作用于对象的输入信号。与此同时，出料流量的改变是由于执行器（控制阀、调节阀）动作所致，如果用一方框表示控制阀，那么，出料流量即为控制阀方框的输出信号。出料流量 q 的变化也是影响液位变化的因素，所以也是作用对象的输入信号。出料流量信号 q 在框图中把控制阀和对象连接在一起。

贮槽液位信号 y 是测量、变送器的输入信号，而变送器的输出信号 z 进入比较机构，与工艺上希望保持的被控变量数值，即给定值（设定值）x 进行比较，得出偏差信号（$e=x-z$），并送往控制器。比较机构实际上只是控制器的一个组成部分，不是一个独立的仪表，在图中把它单独画出来（一般框图中是以○或⊗表示），为的是能更清楚地说明其比较作用。控制器（调节器）根据偏差信号的大小，按一定的规律运算后，发出控制信号 p 送至控制阀，使控制阀的开度发生变化，从而改变出料流量以克服干扰对被控变量（液位）的影响。控制阀的开度变化起着控制作用。具体实现控制作用的变量叫作操纵变量，如图 1-3 中流过控制阀的出料流量就是操纵变量。用来实现控制作用的物料一般称为操纵介质或操纵剂，如上述中的流过控制阀的流体就是操纵介质。

用同一种形式的框图可以代表不同的控制系统。例如图 1-12 所示的蒸汽加热器温度控制系统，当进料流量或温度变化等因素引起出口物料温度变化时，可以将该温度变化测量后送至温度控制器 TC。温度控制器的输出送至控制阀，以改变加热蒸汽量来维持出口物料的温度不变。这个控制系统同样可以用图 1-11 的框图来表示。这时被控对象是加热器，被

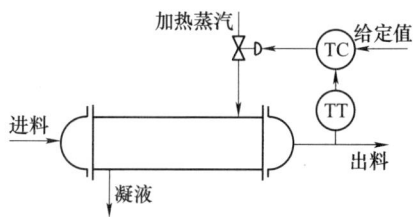

图 1-12　蒸汽加热器温度控制系统

控变量 y 是出口物料的温度。干扰作用可能是进料流量、进料温度的变化，加热蒸汽压力的变化，加热器内部传热系数或环境温度的变化等。而控制阀的输出信号即操纵变量 q 是加热蒸汽量的变化，在这里，加热蒸汽是操纵介质或操纵剂。

必须指出，框图中的每一个方框都代表一个具体的装置。方框与方框之间的连接线只是代表方框之间的信号联系，并不代表方框之间的物料联系。方框之间连接线的箭头也只是代表信号作用的方向，与工艺流程图上的物料线是不同的。工艺流程图上的物料线是代表物料从一个设备进入另一个设备，而框图上的线条及箭头方向有时并不与流体流向相一致。例如对于控制阀来说，它控制着操纵介质的流量（即操纵变量），从而把控制作用施加于被控对象去克服干扰的影响，以维持被控变量在给定值上。所以控制阀的输出信号 q，任何情况下都是指向被控对象的。然而控制阀所控制的操纵介质却可以是流入对象的（如图 1-12 中的加热蒸汽），也可以是由对象流出的（如图 1-3 中的出口流量）。这说明框图上控制阀的引出线只是代表施加到对象的控制作用，并不是具体流入或流出对象的流体。如果这个物料确实是流入对象的，那么信号与流体的方向才是一致的。

对于任何一个简单的自动控制系统，只要按照上面的原则去作它们的框图时，就会发现，不论它们在表面上有多大差别，它的各个组成部分在信号传递关系上都形成一个闭合的环路。其中任何一个信号，只要沿着箭头方向前进，通过若干个环节后，最终又会回到原来

的起点。所以，自动控制系统是一个闭环系统。

再看图 1-11 中，系统的输出变量是被控变量，但是它经过测量元件和变送器后，又返回到系统的输入端，与给定值进行比较。这种把系统（或环节）的输出信号直接或经过一些环节重新返回到输入端的做法叫作反馈。从图 1-11 还可以看到，在反馈信号 z 旁有一个负号"−"，而在给定值 x 旁有一个正号"+"（正号可以省略）。这里正和负的意思是在比较时，以 x 作为正值，以 z 作为负值，也就是到控制器的偏差信号 $e=x-z$。因为图 1-11 中的反馈信号 z 取负值，所以叫作负反馈，负反馈的信号能够使原来的信号减弱。如果反馈信号取正值，反馈信号使原来的信号加强，那么就叫作正反馈。在这种情况下，框图中反馈信号 z 旁则要用正号"+"，此时偏差 $e=x+z$。在自动控制系统中都采用负反馈。因为当被控变量 y 受到干扰的影响而升高时，测量值 z 也升高，只有负反馈才能使经过比较到控制器去的偏差信号 e 降低，此时控制器将发出信号而使控制阀的开度发生变化，变化的方向为负，从而使被控变量下降回到给定值，这样就达到了控制的目的。如果采用正反馈，那么控制作用不仅不能克服干扰的影响，反而是推波助澜，即当被控变量 y 受到干扰升高时，z 亦升高，控制阀的动作方向是使被控变量进一步升高，而且只要有一点微小的偏差，控制作用就会使偏差越来越大，直至被控变量超出了安全范围而破坏生产。所以控制系统绝对不能单独采用正反馈。

综上所述，自动控制系统是具有被控变量负反馈的闭环系统。它与自动检测、自动操纵等开环系统比较，最本质的区别就在于自动控制系统有负反馈。它可以随时了解被控对象的情况，有针对性地根据被控变量的变化情况而改变控制作用的大小和方向，从而使系统的工作状态始终等于或接近于所希望的状态，这是闭环系统的优点。开环系统中，被控（工艺）变量是不反馈到输入端的。

1.5　工艺管道及仪表流程图

在工艺流程确定以后，工艺人员和自控设计人员应共同研究确定控制方案。控制方案的确定包括流程中各测量点的选择、控制系统的确定及有关自动信号、联锁保护系统的设计等。在控制方案确定以后，根据工艺设计给出的流程图（用图形符号表明工艺流程所使用的机械设备及其相互联系的系统图），按其流程顺序用图形符号标注出相应的测量点、控制点、控制系统及自动信号与联锁保护系统等，便成了工艺管道及仪表流程图（piping & instrument diagram，P&ID）或工艺管道及控制流程图。由 P&ID 可以清楚地了解生产的工艺流程与自动控制方案。

P&ID 图中设备、管线、阀门表达方式与工艺流程一样，仪表及控制系统图符号按国家标准绘制，由字母符号、图形符号和仪表位号组成。可参见化工行业标准 HG/T 20505—2014《过程测量与控制仪表的功能标志及图形符号》。

图 1-13 所示是简化了的乙烯生产过程中脱乙烷塔的工艺管道及仪表流程图。从脱甲烷塔出来的釜液进入脱乙烷塔脱除乙烷。从脱乙烷塔塔顶出来的 C_2H_6、C_2H_4 等馏分经塔顶冷凝器冷凝后，部分作为回流，其余则去乙炔加氢反应器进行加氢反应。从脱乙烷塔塔底出来的釜液，一部分经再沸器后返回塔底，其余则去脱丙烷塔脱除丙烷。

下面结合图 1-13 对其中一些常用的统一规定做简要介绍。

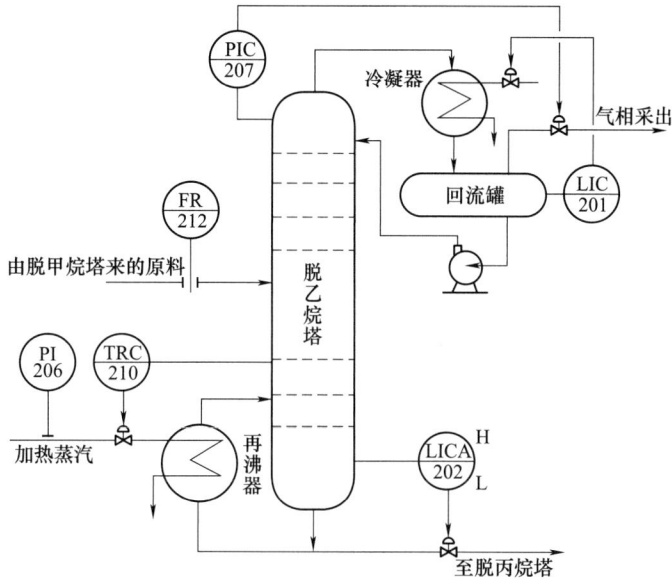

图 1-13　脱乙烷塔工艺管道及仪表流程图

1.5.1　图形符号

1. 测量点（包括检测元件、取样点）

　　测量点是由工艺设备轮廓线或工艺管线引到仪表圆圈的连接线的起点，一般无特定的图形符号，如图 1-14 所示。图 1-13 中的塔顶取压点和回流罐液位检测点都属于这种情形。必要时检测元件也可以用象形或图形符号表示：例如流量检测采用孔板时，检测点也可用图 1-13 中脱乙烷塔的进料管线上的符号表示；压力检测时也可用图 1-13 中加热蒸汽管线上取压点的符号表示。

2. 连接线

　　通用的仪表连接线以细实线表示。连接线表示交叉或相接时采用图 1-15 的形式。必要时也可用加箭头的方式表示信号的方向。在需要时，连接线也可按不同的表示方式以示区别。各种连接线符号见表 1-3。

图 1-14　测量点的一般表示方法

图 1-15　连接线的表示方法

表 1-3　连接线符号

序号	类　别	图形符号	说　明
1	通用仪表信号线		
2	仪表与测量点的连接线		
3	表示信号方向的连接线		细实线
4	连接线交叉		
5	连接线相接		

（续）

序号	类　别	图形符号	说　明
6	气动信号		
7	电子或电气连续变量或二进制信号		
8	导压毛细管		当有必要区别时
9	液压信号		
10	有导向的电磁信号、声波信号，光缆		
11	通信连接和系统总线		
12	机械连接或链接		

3. 仪表（包括检测、显示、控制）**的图形符号**

仪表的图形符号是一个细实线圆圈，直径为 11mm 或 12mm，对于不同的仪表安装位置的图形符号，见表 1-4。

表 1-4　仪表安装位置的图形符号表示

序号	安装位置	图形符号	序号	安装位置	图形符号
1	● 位于现场 ● 非仪表盘、柜、控制台安装		3	● 位于现场控制盘/台正面	
			4	● 位于控制室 ● 控制盘背面 ● 位于盘后的机柜内	
2	● 位于控制室 ● 控制盘/台正面		5	● 位于现场控制盘背面 ● 位于现场机柜内	

对于同一检测点，但具有两个或两个以上的被测变量，且具有相同或不同功能的复式仪表时，可用两个相切的圆或分别用细实线圆与细虚线圆相切表示（测量点在图纸上距离较远或不在同一图样上），如图 1-16 所示。

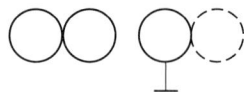

图 1-16　复式仪表的表示方法

4. 执行器符号

执行器由执行机构与调节机构（阀、风门等）组合而成，其图例符号见表 1-5。

表 1-5　执行器符号

气动执行机构		电动执行机构		带辅助装置		调节结构			
弹簧-薄膜执行机构		电机操作执行机构	M	带侧装手轮的执行机构		两通阀，截止阀		蝶阀	
压力平衡式薄膜执行机构		可调节的电磁执行机构	S	带手动部分行程测试设备的执行机构		闸阀		球阀	
角行程执行机构		数字式执行机构	D	带远程部分行程测试设备的执行机构	S	角阀		旋塞阀	
直行程活塞执行机构		手动或远程复位开关型电磁执行机构	S/R			三通阀		隔膜阀	
		电液直行程或角行程执行机构	E/H			四通阀		其他阀	

5. 设备符号

常见设备代号及图例符号见表 1-6。

表 1-6　常见设备代号及图例符号

设备名称	代号	图例	设备名称	代号	图例
塔	T	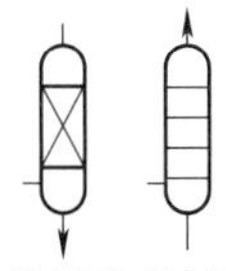 填料塔　筛板塔	容器	V	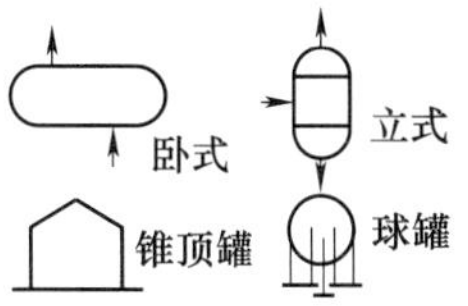 卧式　立式　锥顶罐　球罐
反应器	R	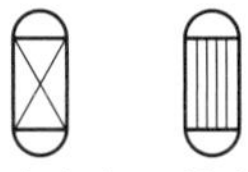 固定床式　管式	换热器冷却器	E	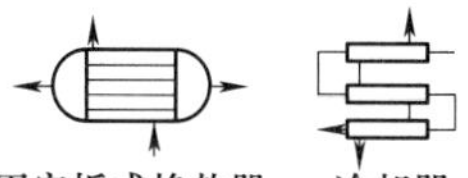 固定板式换热器　冷却器
泵	P	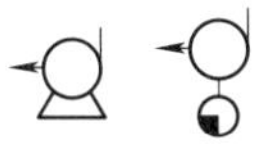	压缩机	C	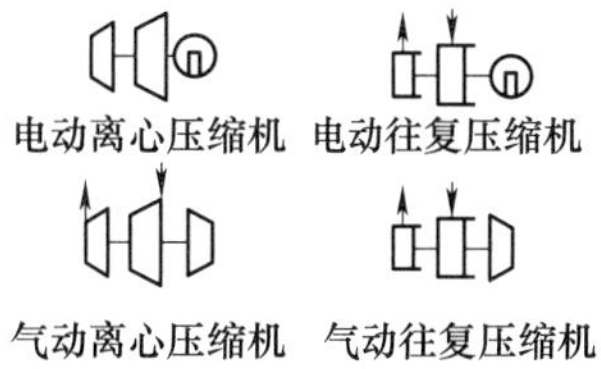 电动离心压缩机　电动往复压缩机　气动离心压缩机　气动往复压缩机
炉	F	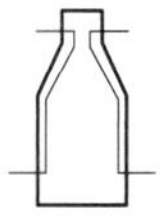 圆筒炉	烟囱火炬	S	 烟囱　火炬

1.5.2　字母代号

在仪表流程图中，用来表示仪表的小圆圈的上半圆内，一般写有两位（或两位以上）字母，首位字母表示被测控变量，后继字母表示仪表的功能，常用被测控变量和仪表功能的字母代号见表 1-7。

以图 1-13 的脱乙烷塔仪表流程图为例，来说明如何以字母代号的组合来表示被测变量和仪表功能的。塔顶的压力控制系统中的 PIC—207，其中第一位字母 P 表示被测变量为压力，第二位字母 I 表示具有指示功能，第三位字母 C 表示具有控制功能，因此，PIC 的组合就表示一台具有指示功能的压力控制器。该控制系统是通过改变气相采出量来维持塔压稳定的。同样，回流罐液位控制系统中的 LIC—201 是一台具有指示功能的液位控制器，它是通过改变进入冷凝器的冷剂量来维持回流罐中液位稳定的。

在塔的下部的温度控制系统中的 TRC—210 表示一台具有记录功能的温度控制器，它是通过改变进入再沸器的加热蒸汽量来维持塔底温度恒定的。当一台仪表同时具有指示、记录功能时，只需标注字母代号"R"，不标"I"，所以 TRC—210 可以同时具有指示、记录功能。同样，在进料管线上的 FR—212 可以表示同时具有指示、记录功能的流量仪表。

在塔底的液位控制系统中的 LICA—202 代表一台具有指示、报警功能的液位控制器，它是通过改变塔底采出量来维持塔釜液位稳定的。仪表圆圈外标有"H""L"字母，表示该仪表同时具有高、低限报警，在塔釜液位过高或过低时，会发出声、光报警信号。

表 1-7 被测控变量和仪表功能的字母代号

字母	首位字母		后继字母	
	被测变量或引发变量	修饰词	读出功能	输出功能
A	分析		报警	
C	电导率			控制
D	密度	差		
E	电压（电动势）		检测元件，一次元件	
F	流量	比率		
H	手动			
I	电流		指示	
K	时间、时间程序	变化速率		操作器
L	物位		灯	
M	水分或湿度			
P	压力		连接或测试点	
Q	数量	积算、累积		
R	核辐射		记录	
S	速度、频率	安全		开关
T	温度			传送（变送）
V	振动、机械监视			阀/风门/百叶窗
W	重量、力		套管，取样器	
X	未分类	X 轴		
Y	事件、状态	Y 轴		辅助设备
Z	位置、尺寸	Z 轴		驱动器、执行元件，未分类的最终控制元件

注：供选用的字母（例如表中 Y），指的是在个别设计中反复使用，而本表内未列入含意的字母，使用时字母含意需在具体工程的设计图例中做出规定，首字母是一种含意，而作为后继字母，则为另一种含意。

1.5.3 仪表位号

在检测、控制系统中，构成一个回路的每个仪表（或元件）都应有自己的仪表位号。仪表位号是由字母代号组合和阿拉伯数字编号两部分组成。字母代号的意义前面已经解释过。阿拉伯数字编号写在圆圈的下半部，其第一位数字表示工段号，后续数字（二位或三位数字）表示仪表序号。图 1-13 中仪表的数字编号第一位都是 2，表示脱乙烷塔在乙烯生产中属于第二工段。通过仪表流程图，可以看出其上每台仪表的测量点位置、被测变量、仪表功能、工段号、仪表序号、安装位置等。例如图 1-13 中的 PI—206 表示测量点在加热蒸汽管线上的蒸汽压力指示仪表，该仪表为就地安装，工段号为 2，仪表序号为 06。而 TRC—210 表示同一工段的一台温度记录控制仪，其温度的测量点在塔的下部，仪表安装在集中仪表盘面上。

1.6 自动控制系统的过渡过程和品质指标

1.6.1 控制系统的静态与动态

在自动化领域中，把被控变量不随时间变化的平衡状态称为系统的静态，而把被控变量随时间变化的不平衡状态称为系统的动态。

当控制系统处于平衡状态即静态时，其输入（给定和干扰）和输出均恒定不变，系统的各个组成环节如测量变送器、控制器、控制阀都不改变其原先的状态，如图 1-3 所示的液位自动控制系统，当流入量等于流出量时，液位就不改变。此时，系统就达到了平衡状态，亦即处于静态。由此可知，自动控制系统中的静止是指各参数（或信号）的变化率为零，这不同于习惯上的静止不动的概念。一旦给定值有了改变或干扰进入系统，这时平衡状态将被破坏，被控变量开始偏离给定值，因此，控制器、控制阀相应动作，改变原来平衡时所处的状态，产生控制作用以克服干扰的影响，使系统恢复新的平衡状态。从干扰的发生、经过控制、直到系统重新建立平衡的这段时间中，整个系统的各个部分（环节）和输入、输出参数都处于变动状态之中，这种变动状态就是动态。

在自动化工作中，了解系统的静态是必要的，但是了解系统的动态更为重要。因为在生产过程中，干扰是客观存在的，是不可避免的，例如生产过程中前后工序的相互影响，负荷的改变，电压、气压的波动，气候的影响等。这些干扰是破坏系统平衡状态引起被控变量发生变化的外界因素。在一个自动控制系统投入运行时，时时刻刻都有干扰作用于控制系统，从而破坏了正常的工艺生产状态。因此，就需要通过自动化装置不断地施加控制作用去对抗或抵消干扰作用的影响，从而使被控变量保持在生产工艺所要求控制的技术指标上。所以，一个自动控制系统在正常工作时，总是处于一波未平，一波又起，波动不止，往复不息的动态过程中。显然，静态是自动控制系统的目的，动态是研究自动控制系统的重点。

1.6.2 控制系统的过渡过程

图 1-17 是简单控制系统的框图。假定系统原先处于平衡状态，系统中的各信号不随时间而变化。在某一个时刻 t_0，有一干扰作用于对象，于是系统的输出 y 就要变化，系统进入动态过程。由于自动控制系统的负反馈作用，经过一段时间以后，系统应该重新恢复平衡。系统由一个平衡状态过渡到另一个平衡状态的过程，称为系统的过渡过程。

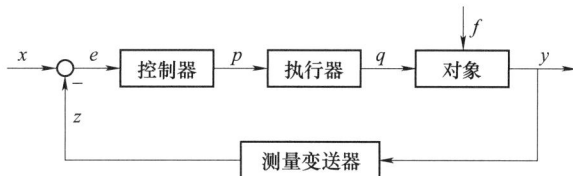

图 1-17 简单控制系统框图

系统在过渡过程中，被控变量是随时间变化的。了解过渡过程中被控变量的变化规律对于研究自动控制系统是十分重要的。显然，被控变量随时间的变化规律首先取决于作用于系统的干扰形式。在生产中，出现的干扰是没有固定形式的，且多半属于随机性质，在分析和设计控制系统时，为了安全和方便，常选择一些定型的干扰形式，其中常用的是阶跃干扰，如图 1-18 所示。由图 1-18 可以看出，所谓阶跃干扰就是在某一瞬间 t_0，干扰（即输入量）突然阶跃式地加到系统上，并继续保持在这个幅度。采取阶跃干扰的形式来研究自动控制系统是因为考虑到这种形式的干扰比较突然，比较危险，它对被控变量的影响也最

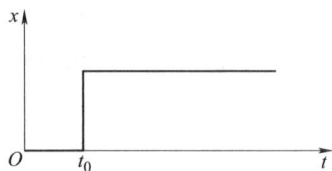

图 1-18　阶跃干扰作用

大。如果一个控制系统能够有效地克服这种类型的干扰，那么对于其他比较缓和的干扰也一定能很好地克服，同时，这种干扰的形式简单，容易实现，便于分析、实验和计算。

一般说来，自动控制系统在阶跃干扰（见图 1-19a）作用下的过渡过程有图 1-19b～f 所示的几种基本形式。

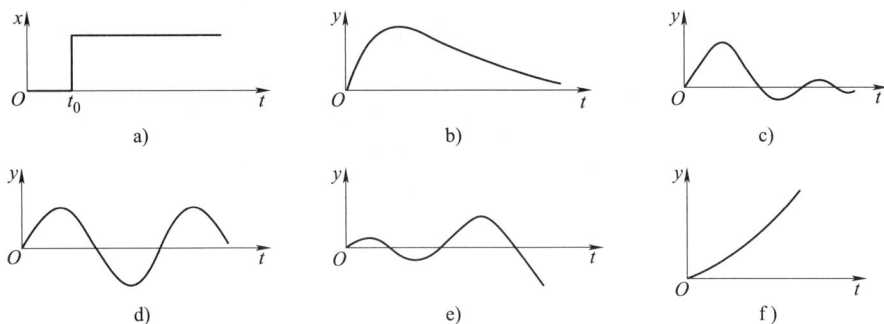

图 1-19　阶跃干扰及其过渡过程的几种基本形式

1. 非周期衰减过程

被控变量在给定值的某一侧做缓慢变化，没有来回波动，最后稳定在某一数值上，这种过渡过程形式为非周期衰减过程，如图 1-19b 所示。

2. 衰减振荡过程

被控变量上下波动，但幅度逐渐减小，最后稳定在某一数值上，这种过渡过程形式为衰减振荡过程，如图 1-19c 所示。

3. 等幅振荡过程

被控变量在给定值附近来回波动，且波动幅度保持不变，这种情况称为等幅振荡过程，如图 1-19d 所示。

4. 发散振荡过程

被控变量来回波动，且波动幅度逐渐变大，即偏离给定值越来越远，这种情况称为发散振荡过程，如图 1-19e 所示。

5. 单调发散过程

被控变量虽不振荡，但偏离原来的平衡点越来越远，如图 1-19f 所示。

以上过渡过程的五种形式可以归纳为三类：

（1）发散过程　图 1-19e、f 所示过渡过程是发散的，称为不稳定的过渡过程，其被控变量在控制过程中，不但不能达到平衡状态，而且逐渐远离给定值，它将导致被控变量超越工艺允许范围，严重时会引起事故，这是生产上所不允许的，应竭力避免。

（2）衰减过程　图 1-19b、c 所示过渡过程都是衰减的，称为稳定过程。被控变量经过一段时间后，逐渐趋向原来的或新的平衡状态，这是所希望的。

对于非周期的衰减过程，由于这种过渡过程变化较慢，被控变量在控制过程中长时间地偏离给定值，而不能很快恢复平衡状态，所以一般不采用，只是在生产上不允许被控变量有波动的情况下才采用。

对于衰减振荡过程，由于能够较快地使系统达到稳定状态，所以在多数情况下，都希望自动控制系统在阶跃输入作用下，能够得到如图 1-19c 所示的过渡过程。

（3）等幅振荡过程 图 1-19d 所示的过渡过程介于不稳定与稳定之间，一般也认为是不稳定过程，生产上不能采用。只是对于某些控制质量要求不高的场合，如果被控变量允许在工艺许可的范围内振荡（主要指在位式控制时），那么这种过渡过程的形式是可以采用的。

1.6.3 控制系统的品质指标

控制系统的过渡过程是衡量控制系统品质的依据。由于在多数情况下，都希望得到衰减振荡过程，所以取衰减振荡的过渡过程形式来讨论控制系统的品质指标。

假定自动控制系统在阶跃输入作用下，被控变量的变化曲线如图 1-20 所示，这是属于衰减振荡的过渡过程。图上，横坐标 t 为时间，纵坐标 y 为被控变量离开给定值的变化量。假定在时间 $t=0$ 之前，系统稳定，且被控变量等于给定值，即 $y=0$；在 $t=0$ 瞬间，外加阶跃干扰作用，系统的被控变量开始按衰减振荡的规律变化，经过相当长时间后，y 逐渐稳定在 C 值上，即 $y(\infty)=C$。

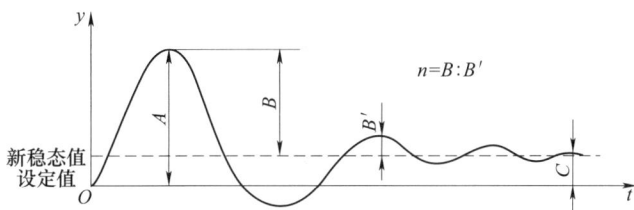

图 1-20 过渡过程品质指标示意图

对于如图 1-20 所示的过渡过程，一般采用下列几个品质指标来评价控制系统的质量。

1. 最大偏差 A 或超调量 B

最大偏差是指在过渡过程中，被控变量偏离给定值的最大数值。在衰减振荡过程中，最大偏差就是第一个波的峰值，在图 1-20 中以 A 表示。最大偏差表示系统瞬间偏离给定值的最大程度。偏离越大，偏离的时间越长，即表明系统离开规定的工艺参数指标就越远，这对稳定正常生产是不利的。因此最大偏差可以作为衡量系统质量的一个品质指标。一般来说，最大偏差当然是小一些为好，特别是对于一些有约束条件的系统，如化学反应器的化合物爆炸极限、触媒烧结温度极限等，都会对最大偏差的允许值有所限制。同时考虑到干扰会不断出现，当第一个干扰还未消除时，第二个干扰可能又出现了，偏差有可能是叠加的，这就更需要限制最大偏差的允许值。所以，在决定最大偏差允许值时，要根据工艺情况慎重选择。

有时也可以用超调量来表征被控变量偏离给定值的程度。在图 1-20 中，超调量以 B 表示。

从图 1-20 中可以看出，超调量 B 是第一个峰值 A 与新稳定值 C 之差，即 $B=A-C$。对于无差控制系统，系统的新稳定值等于给定值，那么最大偏差 A 也就与超调量 B 相等了（$B=A$）。

2. 衰减比 n

虽然前面已提及一般希望得到衰减振荡的过渡过程，但是衰减快慢的程度多少为适当呢？表示衰减程度的指标是衰减比，它是前后相邻两个峰值的比。在图 1-20 中，衰减比 $n = B : B'$，习惯上表示为 $n : 1$。$n > 1$，过渡过程是衰减振荡过程；$n = 1$，过渡过程是等幅振荡过程；$n < 1$，过渡过程是发散振荡过程。

要满足控制要求，n 必须大于 1。假如 n 只比 1 稍大一点，显然过渡过程的衰减程度很小，接近于等幅振荡过程，由于这种过程不易稳定、振荡过于频繁、不够安全，因此一般不采用。如果 n 很大，则又太接近于非振荡过程，过渡过程过于缓慢，通常这也是不希望的。一般 n 取 4~10 为宜。因为衰减比在 4∶1~10∶1 之间时，过渡过程开始阶段的变化速度比较快，被控变量在同时受到干扰作用和控制作用的影响后，能比较快地达到一个峰值，然后马上下降，又较快地达到一个低峰值，而且第二个峰值远远低于第一个峰值。当操作人员看到这种现象后，心里就比较踏实，因为他知道被控变量再振荡数次后就会很快稳定下来，并且最终的稳态值必然在两峰值之间，决不会出现太高或太低的现象，更不会远离给定值以至造成事故。尤其在反应比较缓慢的情况下，衰减振荡过程的这一特点尤为重要。对于这种系统，如果过渡过程是接近于非振荡的衰减过程，操作人员很可能在较长时间内，都只看到被控变量一直上升（或下降），似乎很自然地怀疑被控变量会继续上升（或下降），由于这种焦急的心情，很可能会导致去拨动给定值指针或仪表上的其他旋钮。假若一旦出现这种情况，那么就等于对系统施加了人为的干扰，有可能使被控变量离开给定值更远，使系统处于难于控制的状态。所以，选择衰减振荡过程并规定衰减比在 4∶1~10∶1 之间，完全是操作人员多年操作经验的总结。

3. 余差 C

当过渡过程终了时，被控变量所达到的新的稳态值与给定值之间的偏差叫作余差，或者说余差就是过渡过程终了时的残余偏差，在图 1-20 中以 C 表示。偏差的数值可正可负。在生产中，给定值是生产的技术指标，所以，被控变量越接近给定值越好，亦即余差越小越好。但在实际生产中，也并不是要求任何系统的余差都很小，如一般贮槽的液位调节要求就不高，这种系统往往允许液位有较大的变化范围，余差就可以大一些。又如化学反应器的温度控制，一般要求比较高，应当尽量消除余差。所以，对余差大小的要求，必须结合具体系统做具体分析，不能一概而论。

有余差的控制过程称为有差控制（有差调节），相应的系统称为有差系统。没有余差的控制过程称为无差控制（无差调节），相应的系统称为无差系统。

4. 过渡时间 t_s

从干扰作用发生的时刻起，直到系统重新建立新的平衡时止，过渡过程所经历的时间叫过渡时间，一般可用 t_s 表示。严格地讲，对于具有一定衰减比的衰减振荡过渡过程来说，要完全达到新的平衡状态需要无限长的时间。实际上，由于仪表灵敏度的限制，当被控变量接近稳态值时，指示值就基本上不再改变了。因此，一般是在稳态值的上下规定一个小的范围，当被控变量进入这一范围并不再越出时，就认为被控变量已经达到新的稳态值，或者说过渡过程已经结束。这个范围一般定为稳态值的 ±5%（也有的规定为 ±2%）。按照这个规定，过渡时间 t_s 就是从干扰开始作用之时起，直至被控变量进入新稳态值的 ±5%（或 ±2%）的范围内且不再越出时为止所经历的时间。过渡时间短，表示过渡过程进行得比较迅速，这时即使干扰频繁出现，系统也能适应，系统控制质量就高；反之，过渡时间太长，第一个干扰引起的过渡过程尚未结束，第二个干扰就已经出现，这样，几个干扰的影响叠加起来，就可能使系统满足不了生产的要求。

5. 振荡周期 T 或频率 f

过渡过程同向两波峰（或波谷）之间的间隔时间叫振荡周期或工作周期，其倒数称为振荡频率。在衰减比相同的情况下，周期与过渡时间成正比，一般希望振荡周期短一些为好。

6. 其他指标

还有一些次要的品质指标，如振荡次数，它是指在过渡过程内被控变量振荡的次数。所谓"理想过渡过程两个波"，就是指过渡过程振荡两次就能稳定下来，它在一般情况下，可认为是较为理想的过程。此时的衰减比约相当于 4：1，图 1-20 所示的就是接近于 4：1 的过渡过程曲线。上升时间也是一个品质指标，它是指干扰开始作用起至第一个波峰时所需的时间，显然，上升时间以短一些为宜。

综上所述，过渡过程的品质指标主要有最大偏差、衰减比、余差、过渡时间、振荡周期等。这些指标在不同的系统中各有其重要性，且相互之间既有矛盾，又有联系。因此，应根据具体情况分清主次，区别轻重，那些对生产过程有决定性意义的主要品质指标应优先予以保证。

例 1-3　某换热器的温度调节系统在单位阶跃干扰作用下的过渡过程曲线如图 1-21 所示。试分别求出最大偏差、余差、衰减比、振荡周期和过渡时间（给定值为 200℃）。

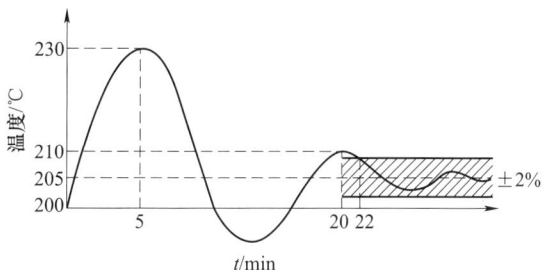

图 1-21　温度控制系统过渡过程曲线

解：最大偏差：$A = 230℃ - 200℃ = 30℃$

余差：$C = 205℃ - 200℃ = 5℃$

由图 1-21 可以看出，第一个波峰值 $B = 230℃ - 205℃ = 25℃$，第二个波峰值 $B' = 210℃ - 205℃ = 5℃$，故衰减比 $n = B：B' = 25：5 = 5：1 = 5$。

振荡周期为同向两波峰之间的时间间隔，故周期 $T = 20\text{min} - 5\text{min} = 15\text{min}$。

过渡时间与规定的被控变量的限制范围大小有关，假定被控变量进入额定值的 ±2%，就可以认为过渡过程已经结束，那么限制范围为 $205℃ × (±2\%) ≈ ±4℃$，这时，可在新稳态值（205℃）两侧以宽度为 ±4℃ 画一区域，图 1-21 中以画有阴影线的区域表示，只要被控变量进入这一区域且不再越出，过渡过程就可以认为已经结束。因此，从图 1-21 可以看出，过渡时间 $t_s = 22\text{min}$。一个控制系统能否满足工艺要求，主要看 A、n、C 是否达到要求。

1.6.4　影响控制系统过渡过程品质的主要因素

从前面的讨论中知道，一个自动控制系统可以概括成两大部分，即工艺过程部分（被控对象）和自动化装置部分。前者并不是泛指整个工艺流程，而是指与该自动控制系统有关的部分。以图1-12所示的蒸汽加热器温度控制系统为例，其工艺过程部分指的是与被控变量温度 T 有关的工艺参数和设备结构、材质等因素，也就是前面讲的被控对象。自动化装置部分指的是为实现自动控制所必需的自动化仪表设备，通常包括测量与变送装置、控制器和执行器等三部分。对于一个自动控制系统，过渡过程品质的好坏，在很大程度上取决于对象的性质。例如在前所述的温度控制系统中，属于对象性质的主要因素有：换热器的负荷大小，换热器的结构、尺寸、材质等，换热器内的换热情况、散热情况及结垢程度等。自动化装置应按对象性质加以选择和调整，两者要很好地配合。自动化装置的选择和调整不当，也会直接影响控制质量。此外，在控制系统运行过程中，自动化装置的性能一旦发生变化，如阀门失灵、测量失真，也要影响控制质量。总之，影响自动控制系统过渡过程品质的因素是很多的，在系统设计和运行过程中都应给予充分注意。

为了更好地分析和设计自动控制系统，提高过渡过程的品质指标，从第2章开始，将对组成自动控制系统的各个环节，按被控对象、测量与变送装置、控制器和执行器的顺序逐个进行讨论，只有在充分了解这些环节的作用和特性后，才能进一步研究和分析设计自动控制系统，提高系统的控制质量。

习题与思考题

1-1 什么是工业自动化？它有什么重要意义？

1-2 工业自动化主要包括哪些内容？

1-3 自动控制系统主要由哪些环节组成？

1-4 什么是自动控制系统的框图？它与仪表流程图有什么区别？

1-5 在自动控制系统中，测量变送装置、控制器、执行器各起什么作用？

1-6 试分别说明什么是被控对象、被控变量、给定值、操纵变量、操纵介质。

1-7 什么是工艺管道与仪表流程图？

1-8 图1-22为某列管式蒸汽加热器仪表流程图。试分别说明图中 PI—302、TRC—303、FRC—301 所代表的意义。

1-9 什么是干扰作用？什么是控制作用？试说明两者的关系。

1-10 什么是负反馈？负反馈在自动控制系统中有什么重要意义？

1-11 图1-23所示为一反应器温度控制系统示意图。A、B两种物料进入反应器进行反应，通过改变进入夹套的冷却水流量来控制反应器内的温度不变。试画出该温度控制系统的框图，指出该系统中的被控对象、被控变量、操纵变量及可能影响被控变量的干扰是什么，并说明该温度控制系统是一个具有负反馈的闭环系统。

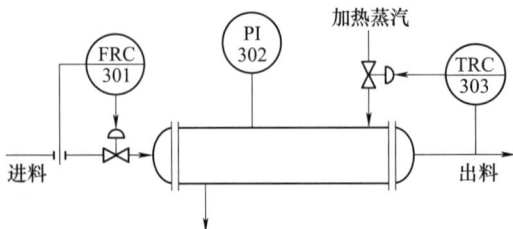

图1-22 加热器仪表流程图

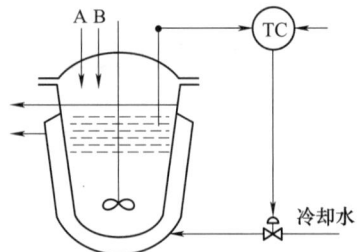

图1-23 反应器温度控制系统

1-12 图1-23所示的温度控制系统中，如果由于进料温度升高使反应器内的温度超过给定值，试说明此时该控制系统的工作情况。此时系统是如何通过控制作用来克服干扰作用对被控变量影响的？

1-13　某化学反应器工艺规定操作温度为（900 ± 10）℃。考虑安全因素，控制过程中温度偏离给定值最大不得超过 60℃。现设计的温度定值控制系统，在最大阶跃干扰作用下的过渡过程曲线如图 1-24 所示。试求该系统的过渡过程品质指标：最大偏差、超调量、衰减比、余差和振荡周期，并回答该控制系统能否满足题中所给的工艺要求。

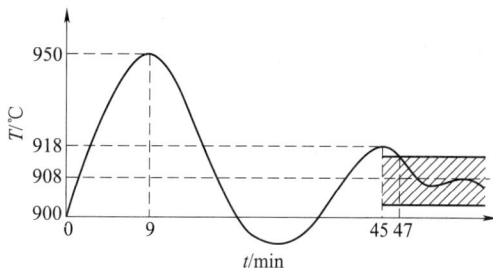

图 1-24　温度控制系统过渡过程曲线

1-14　按给定值形式不同，自动控制系统可分为哪几类？

1-15　什么是控制系统的静态与动态？为什么说研究控制系统的动态比研究其静态更为重要？

1-16　什么是阶跃干扰作用？为什么经常采用阶跃干扰作用作为系统的输入作用形式？

1-17　什么是自动控制系统的过渡过程？阶跃干扰作用下有哪几种基本形式？其中哪些能满足自动控制的要求，哪些不能？为什么？

1-18　为什么生产上经常要求控制系统的过渡过程具有衰减振荡形式？

1-19　自动控制系统衰减振荡过渡过程的品质指标有哪些？影响这些品质指标的因素是什么？

1-20　图 1-25a 是蒸汽加热器的温度控制系统原理图。试画出该系统的框图，并指出被控对象、被控变量、操纵变量和可能存在的干扰是什么？现因生产需要，要求出口物料温度从 80℃ 提到 81℃，当仪表给定值阶跃变化后，被控变量的变化曲线如图 1-25b 所示。试求该系统的过渡过程品质指标：最大偏差、衰减比和余差（提示：该系统为随动控制系统，新的给定值为 81℃）。

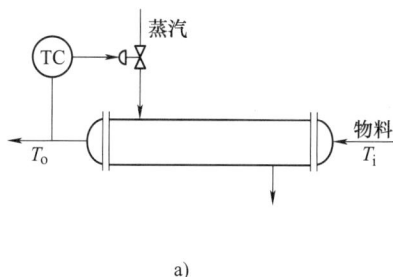

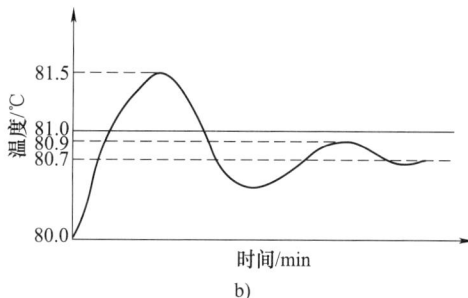

图 1-25　蒸汽加热器温度控制

1-21　试分别说明常用 QDZ 型、DDZ-Ⅱ、DDZ-Ⅲ型单元组合仪表的信号特点。

1-22　危险场所和爆炸物是如何划分的？用什么方法解决系统的安全防爆问题？并说明防爆标志为 ExdiaⅡBT1 仪表的含义。

1-23　某 DDZ-Ⅲ型温度变送器测量范围为 −50 ~ 50℃，当测某温度时输出电流为 16mA，则被测温度 t_x 为多少？若温度为 0℃ 时，输出电流为多少？

第 **2** 章

被控对象的数学模型

2.1 对象的特性及其描述方法

自动控制系统是由被控对象、测量变送装置、控制器和执行器组成的。系统的控制质量与组成系统的每一个环节的特性都有密切的关系，特别是被控对象的特性是影响自动控制系统品质指标的主要因素。

在生产自动化中，常见的对象有各类流体输送设备、换热器、加热锅炉、精馏塔和化学反应器等。此外，在一些辅助系统中，气源、热源及动力设备（如空压机、辅助锅炉、电动机等）也可能是需要控制的对象。本章着重研究连续生产过程中各种对象的特性，因此有时也称研究过程的特性。

研究控制对象的特性，掌握其内在规律，可以为合理地选择自动控制方案、设计最佳的控制系统、选择合适的控制器及控制器参数提供依据，使系统正常地运行。

所谓研究对象的特性，就是用数学的方法来描述对象输入量与输出量之间的关系。这种对象特性的数学描述（方程、曲线、表格等）称为对象的数学模型。在建立对象数学模型（建模）时，一般将被控变量看作对象的输出量，有时也叫输出变量，而将干扰作用和控制作用看作对象的输入量，有时也叫输入变量。干扰作用和控制作用都是引起被控变量变化的因素，如图 2-1 所示。由对象的输入变量至输出变量的信号联系称之为通道。控制作用至被控变量的信号联系称

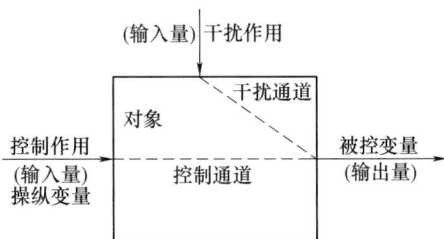

图 2-1　对象的输入-输出量

为控制通道；干扰作用至被控变量的信号联系称为干扰通道。在研究对象特性时，应预先指明对象的输入量是什么，输出量是什么，因为对于同一个对象，不同通道的特性可能是不同的。

对象的特性即对象的输入量与输出量之间的关系，是对象的外部特性，但它是由对象的内部结构、机理等所决定的。

对象的数学模型可分为稳态数学模型和动态数学模型。稳态数学模型描述的是对象在稳态时的输入量与输出量之间的关系；动态数学模型描述的是对象在输入量改变以后输出量的变化情况。必须指出，这里所要研究的主要是用于控制的数学模型，它与用于工艺设计与分析的数学模型是不完全相同的。

　　用于控制的数学模型一般是在工艺流程和设备尺寸等都已确定的情况下，研究的是对象的输入变量是如何影响输出变量的，即对象的某些工艺变量（如温度、压力、流量等）变化以后是如何影响另一些工艺变量（一般是指被控变量）的，研究的目的是为了使所设计的控制系统达到更好的控制效果。用于工艺设计的数学模型（一般是稳态的）是在产品规格和产量已经确定的情况下，通过模型的计算，来确定设备的结构、尺寸、工艺流程和某些工艺条件，以期达到最好的经济效益。

　　对象数学模型的表达形式主要有两大类：一类是非参量形式，称为非参量模型；另一类是参量形式，称为参量模型。

1. 非参量模型

　　由于对象的数学模型描述的是对象在受到控制作用或干扰作用后被控变量的变化规律，因此对象的数学模型可以用对象在一定形式的输入作用下实验测取输出曲线或数据表格来表示。这种用曲线或数据表格等来描述对象特性的数学模型，称为非参量模型。根据输入作用形式的不同，主要有阶跃反应曲线、脉冲反应曲线、矩形脉冲反应曲线、频率特性曲线等。非参量模型特点是形象、直观、清晰，比较容易看出其定性的特征。但是，由于它们缺乏数学方程的解析性质，要直接利用它们来进行系统的分析和设计往往比较困难，必要时，可以对它们进行一定的数学处理来得到参量模型的形式。

2. 参量模型

　　对象的参量模型可以用描述对象输入-输出关系的微分方程式、偏微分方程式、状态方程、差分方程等形式来表示。这种用数学方程式来描述对象特性的数学模型，称为参量模型。

　　对于线性的集中参数对象，通常可用常系数线性微分方程式来描述，如果以 $x(t)$ 表示输入量，$y(t)$ 表示输出量，则对象特性可用下列微分方程式来描述：

$$a_n y^{(n)}(t) + a_{n-1} y^{(n-1)}(t) + \cdots + a_1 y'(t) + a_0 y(t) \tag{2-1}$$
$$= b_m x^{(m)}(t) + b_{m-1} x^{(m-1)}(t) + \cdots + b_1 x'(t) + b_0 x(t)$$

式中，$y^{(n)}(t)$，$y^{(n-1)}(t)$，$\cdots$，$y'(t)$ 分别表示 $y(t)$ 对 t 的 n 阶，$(n-1)$ 阶，$\cdots$，一阶导数；$x^{(m)}(t)$，$x^{(m-1)}(t)$，$\cdots$，$x'(t)$ 分别表示 $x(t)$ 对 t 的 m 阶，$(m-1)$ 阶，$\cdots$，一阶导数；a_n，a_{n-1}，$\cdots$，a_1，a_0 及 b_m，b_{m-1}，$\cdots$，b_1，b_0 分别为方程中的各项系数，由对象的内部结构机理等决定。

　　在允许的范围内，多数工业生产对象动态特性可以忽略输入量的导数项，因此对象特性的微分方程可表示为

$$a_n y^{(n)}(t) + a_{n-1} y^{(n-1)}(t) + \cdots + a_1 y'(t) + a_0 y(t) = x(t) \tag{2-2}$$

　　对于一阶对象，其特性的微分方程为

$$a_1 \frac{dy(t)}{dt} + a_0 y(t) = x(t) \tag{2-3}$$

改写成标准形式为

$$T \frac{dy(t)}{dt} + y(t) = Kx(t) \tag{2-4}$$

式中，T 为对象的时间常数，$T = a_1/a_0$；K 为对象的放大系数，$K = 1/a_0$。

　　T、K 与对象特性有关，由对象的内部结构、机理分析或大量的实验数据处理才能得到。

2.2 对象数学模型的建立

2.2.1 建模的目的

建立被控对象的数学模型，其主要目的可归结为以下几方面：

（1）设计控制方案 全面、深入地了解被控对象特性，是设计控制系统的基础。例如，控制系统中被控变量及检测点的选择、操纵变量的确定、控制系统结构型式的确定等都与被控对象的特性有关。

（2）调试控制系统和确定控制器参数 充分了解被控对象特性，是控制系统安全投运和进行必要调试的保证。另外，在控制器控制规律的选择及控制器参数的确定时，也离不开对被控对象特性的了解。

（3）制订工业生产过程操作优化方案 操作优化往往可以在基本不增加设备与投资的情况下，获取可观的经济效益，这种操作方案的优化也离不开对被控对象特性的了解，而且主要是根据对象的稳态数学模型。

（4）确定新型控制方案及控制算法 在用计算机构成一些新型控制系统时，往往离不开被控对象的数学模型。例如，预测控制、推理控制、前馈动态补偿等都是在已知对象数学模型的基础上才能进行的。

（5）建立计算机仿真与过程培训系统 利用对象数学模型和系统仿真技术，使操作人员有可能在计算机上对各种控制策略进行定量的比较与评定，有可能在计算机上仿效实际的操作，从而高速、安全、低成本地培训工程技术人员和操作工人，有可能制订大型设备起动和停车的操作方案。

（6）设计工业生产过程的故障检测与诊断系统 利用对象数学模型可以及时发现工业生产过程中控制系统的故障及其原因，并能提供正确的解决途径。

建模的方法主要有机理建模、实验建模和混合建模。

2.2.2 机理建模

机理建模是根据对象或生产过程的内部机理，列写出各种有关的平衡方程，如物料平衡方程、能量平衡方程、动量平衡方程、相平衡方程以及某些物性方程、设备的特性方程、化学反应定律、电路基本定律等，从而获取对象（或过程）的数学模型，这类模型通常称为机理模型。应用这种方法建立的数学模型，其最大优点是具有非常明确的物理意义，所得的模型具有很大的适应性，便于对模型参数进行调整。

下面通过一些简单的例子来讨论机理建模的方法。

1. 一阶对象

当对象的动态特性可以用一阶微分方程式来描述时，一般称为一阶对象。

（1）贮槽对象 图2-2是一个贮液槽，流体经过阀门1不断地流入贮槽，贮槽内的流体又通过阀门2不断流出。工艺上要求贮槽的液位 h 保持一定数值。在这里，贮槽就是被控对象，液位 h 就是被控变量。如果阀门2的开度保持不变，而阀门1的开度变化是引起液位变化的干扰因素，那么，这里所指的对象特性，就是指当阀门1的开度变化时，液位 h 是如何变化的。在这种情况下，对象的输入量是流入贮槽的流量 Q_1，对象的输出量是液位 h。下面推导表征 h 与 Q_1 之间关系的数学表达式。

在生产过程中，最基本的关系是物料平衡和能量平衡。当单位时间流入对象的物料（或能量）不等于流出对象的物料（或能量）时，表征对象物料（或能量）蓄存量的参数就要随时间而变化，找出它们之间的关系，就能写出描述它们之间关系的微分方程式。因此，列写微分方程式的依据可表示为

对象物料蓄存量的变化率＝单位时间流入对象的物料－单位时间流出对象的物料

式中，物料量也可以表示为能量。

以图 2-2 的贮槽对象为例，截面积为 A 的贮槽，当流入贮槽的流量 Q_1 等于流出贮槽的流量 Q_2 时，系统处于平衡状态，即稳态，这时液位 h 保持不变（$Q_1=Q_2 \rightarrow h=$ 常数）。

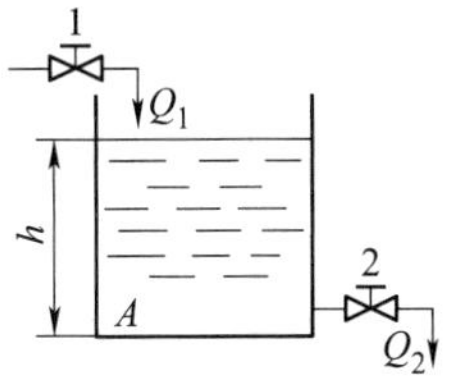

假定某一时刻 Q_1 有了变化，不再等于 Q_2，于是 h 也就变化，根据贮槽的物料平衡关系，可以推导表征 h 与 Q_1 间关系的微分方程式。

在用微分方程式来描述对象特性时，往往着眼于一些量的变化，而不注重这些量的初始值。所以下面在推导方程的过程中，假定 Q_1、Q_2 都代表它们偏离初始平衡状态的变化值。

图 2-2　贮槽对象

如果在很短一段时间 dt 内，由于 $Q_1 \neq Q_2$，引起液位变化了 dh，此时，流入和流出贮槽的液体量之差 $(Q_1-Q_2)dt$ 应该等于贮槽内增加（或减少）的液体量 Adh，用数学式表示就是

$$(Q_1 - Q_2)dt = Adh \tag{2-5}$$

随着 h 的变化，尽管贮槽出口阀 2 开度不变，Q_2 也会变化。h 越大，静压头越大，Q_2 也会越大。根据流体力学原理，当液位在平衡位置附近做微小变化时（由于在自动控制系统中，各个变量都是在它们的设定值附近做微小的波动，因此做这样的假定是允许的），可以近似地认为 Q_2 与 h 成正比，与出口阀的阻力系数 R_s 成反比，即

$$Q_2 = \frac{h}{R_s} \tag{2-6}$$

将式（2-6）代入式（2-5），便有

$$\left(Q_1 - \frac{h}{R_s}\right)dt = Adh \tag{2-7}$$

移项整理后可得

$$AR_s \frac{dh}{dt} + h = R_s Q_1 \tag{2-8}$$

改写成标准形式，可得

$$T \frac{dh}{dt} + h = KQ_1 \tag{2-9}$$

式中，T 为对象的时间常数，$T=AR_s$；K 为对象的放大系数，$K=R_s$。

这就是用来描述简单水槽对象特性的微分方程式。它是一阶常系数微分方程式。

（2）RC 电路　RC 电路如图 2-3 所示，设输入信号为 u_i，输出信号为 u_o，根据基尔霍夫定律可得

$$u_i = iR + u_o \tag{2-10}$$

电路中的电流 i 为

$$i = C \frac{du_o}{dt} \tag{2-11}$$

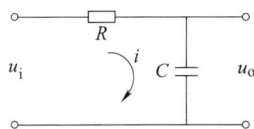

图 2-3　RC 电路

联立求解式（2-10）和式（2-11），消去中间变量 i，得

$$RC\frac{\mathrm{d}u_\mathrm{o}}{\mathrm{d}t} + u_\mathrm{o} = u_\mathrm{i} \tag{2-12}$$

或

$$T\frac{\mathrm{d}u_\mathrm{o}}{\mathrm{d}t} + u_\mathrm{o} = u_\mathrm{i} \tag{2-13}$$

式中，T 为 RC 电路的时间常数，$T=RC$。

式（2-13）是描述 RC 电路特性的方程式，它与式（2-9）相似，都是一阶常系数线性微分方程，只不过在式（2-13）中，放大系数 $K=1$ 而已。

2. 积分对象

当对象的输出参数与输入参数对时间的积分成比例关系时，称为积分对象。

图 2-2 所示的液体贮槽，如果阀门 2 改为正位移泵，如图 2-4 所示，则 Q_2 将是常数（不随 h 而变化），其变化量为 0。因此，液位 h 的变化就只与流入量的变化有关。如果以 $\mathrm{d}h$ 和 Q_1 分别表示液位和流入量的变化量，那么就有

$$Q_1\mathrm{d}t = A\mathrm{d}h \quad \Rightarrow \quad \mathrm{d}h = \frac{1}{A}Q_1\mathrm{d}t \tag{2-14}$$

式中，A 为贮槽截面积。

图 2-4　积分贮槽图

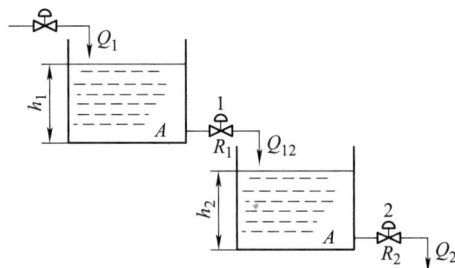

对式（2-14）积分，可得

$$h = \frac{1}{A}\int Q_1\mathrm{d}t \tag{2-15}$$

这就是图 2-4 所示贮槽的积分特性。

3. 二阶对象

当对象的动态特性可以用二阶微分方程来描述时，该对象称为二阶对象。

图 2-5 所示的串联贮槽对象就是一个二阶对象。其表征对象的微分方程式的建立，仿照前面一只贮槽的分析方法，可得串联贮槽二阶对象特性（h_2 与 Q_1 关系）的微分方程式为

$$T_1T_2\frac{\mathrm{d}^2 h_2}{\mathrm{d}t^2} + (T_1 + T_2)\frac{\mathrm{d}h_2}{\mathrm{d}t} + h_2 = KQ_1$$

$$\tag{2-16}$$

式中，$T_1 = AR_1$，为第一只贮槽的时间常数；$T_2 = AR_2$，为第二只贮槽的时间常数；R_1、R_2 为两出口阀的阻力系数；A 为贮槽截面积；$K=R_2$，为整

图 2-5　串联贮槽对象

个对象的放大系数。微分方程式的建立过程见富媒体教学课件。

对于其他类型的简单对象，也可以用上述这种方法来建立表征对象特性的微分方程式。但是，对于比较复杂的对象，用这种数学方法来研究描述对象特性的微分方程式就比较困难，而且所得微分方程式也不像上述那么简单。

2.2.3　实验建模

机理建模可以求取描述对象（或过程）特性的数学解析式。这种方法所建立的对象数

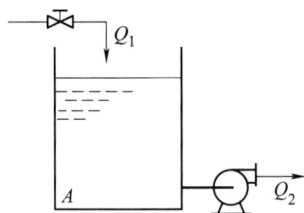

学模型虽然具有很多优点和广泛的适用性，但是，由于石油、化工等对象较为复杂，某些物理、化学变化的机理还不完全了解，而且线性的并不多，加上分布参数元件又特别多（即参数同时是位置与时间的函数），所以对于某些对象，人们往往很难通过内在结构机理的分析，直接得到描述对象特性的数学表达式，或者表达式中的某些系数还难以确定，而且机理建模所得到的数学表达式（一般是高阶微分方程式或偏微分方程式）也较难求解；此外，机理建模的推导过程中，往往做了许多假定和假设，忽略了很多次要因素，与工程实际还有一定差异，直接利用理论推导得到的对象特性作为合理设计自动控制系统的依据，往往是不可靠的。因此，在实际工作中，常常用实验的方法来研究对象的特性，即实验建模，它可以比较方便、可靠地得到对象的特性，还可以对通过机理分析得到的对象特性加以验证或修改。

实验建模即对象特性的实验测取法，就是在所要研究的对象上，加上一个人为的已知输入作用（输入量），然后用仪表测取并记录表征对象特性的物理量（输出量）随时间变化的规律，得到一系列实验数据（或曲线）。这些数据或曲线就可以用来表示对象的特性。有时，为了进一步分析对象的特性，对这些数据或曲线再加以必要的数据处理，使之转化为描述对象特性的数学解析式模型。

这种应用对象的输入-输出实测数据来决定其模型的结构和参数的方法，通常称为系统辨识。它的主要特点是把被研究的对象视为一个"黑匣子"，不需要深入了解其内部机理，完全从外部特性上来测试和描述它的动态特性，如图 2-6 所示。对于一些内部结构和机理复杂的对象，实验建模比机理建模要简单和省力。

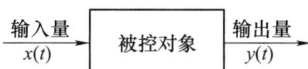

图 2-6　对象特性

对象特性的实验测取法有很多种，这些方法往往是以所加输入量形式的不同来区分的，下面做一简单的介绍。

1. 阶跃反应曲线法

对象反应曲线是指对象的输入量做阶跃变化时，其输出量对时间的变化曲线，在工程上，常常把反应曲线叫作对象的飞升曲线。所谓测取对象的阶跃反应曲线，就是用实验的方法测取对象在阶跃输入 x 作用下，输出量 y 随时间的变化规律。

例如要测取图 2-7 所示简单贮槽的动态特性，这时，表征贮槽工作状况的物理量是液位 h，我们要测取输入流量 Q_1 改变时输出 h 的反应曲线。假定在时刻 t_0 之前，对象处于稳定状况，即输入流量 Q_1 等于输出流量 Q_2，液位 h 维持不变。在 t_0 时刻，突然开大进水阀，然后保持不变。Q_1 改变的幅度可以用流量仪表测得，假定为 A（一般 A 取为 Q_1 额定值的 5% ~ 10%）。这时若用液位仪表测得 h 随时间的变化规律，便是简单贮槽的反应曲线，如图 2-8 所示。

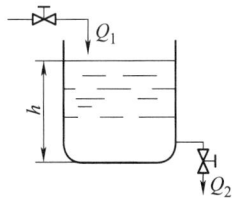

图 2-7　简单贮槽对象

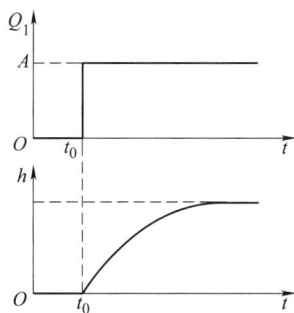

图 2-8　贮槽的阶跃反应曲线

这种方法比较简单。如果输入量是流量，只要将阀门的开度做突然的改变，便可认为施加了阶跃干扰。因此不需要特殊的信号发生器，极容易在装置上进行。输出参数的变化过程可以利用原来的仪表记录下来（若原来的仪表精度不符合要求，可改用具有高灵敏度的快速记录仪），不需要增加特殊仪器设备，测试工作量也不大。

阶跃反应曲线法的主要缺点是：对象在阶跃信号作用下，从不稳定到稳定一般所需时间较长，在这样长的时间内，对象不可避免地要受到许多其他干扰因素的影响，因而使测试精度受到限制；为了提高精度，就必须加大所施加的输入作用幅值，可是这样做就意味着对正常生产的影响增加，工艺上往往是不允许的，一般所加输入作用的大小取额定值的 5% ~ 10%。因此，阶跃反应曲线法是一种简易但精度较差的对象特性测试方法。

2. 矩形脉冲法

当对象处于稳定工况下，在时刻 t_0 突然加一阶跃干扰，幅值为 A，到 t_1 时突然除去阶跃干扰，这时测得的输出量 y 随时间的变化规律，称为对象的矩形脉冲特性，而这种形式的干扰称为矩形脉冲干扰，如图 2-9 所示。

用矩形脉冲干扰来测取对象特性时，由于加在对象上的干扰经过一段时间后即被除去，因此干扰的幅值可取得比较大，以提高实验精度，对象的输出量又不至于长时间地偏离给定值，因而对正常生产影响较小。目前，这种方法也是测取对象动态特性的常用方法之一。

图 2-9 矩形脉冲特性曲线

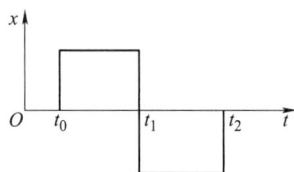

除了应用阶跃干扰与矩形脉冲干扰作为实验测取对象动态特性的输入信号形式外，还可以采用矩形脉冲波和正弦信号（分别见图 2-10 与图 2-11）等来测取对象的动态特性，分别称为矩形脉冲波法与频率特性法。

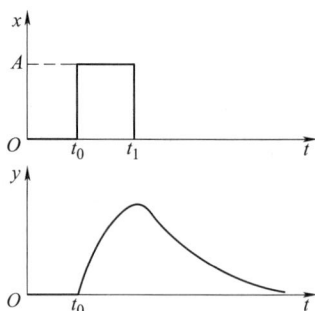

图 2-10 矩形脉冲波信号

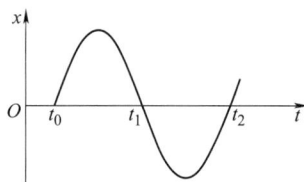

图 2-11 正弦波信号

上述各种方法都有一个共同的特点，就是要在对象上人为地外加干扰作用（或称测试信号），这在一般的生产中是允许的，因为一般加的干扰量比较小，时间不太长，只要自动化人员与工艺人员密切配合，互相协作，根据现场的实际情况，合理地选择以上几种方法中的一种，是可以得到对象的动态特性的，从而为正确设计自动控制系统创造有利的条件。

在测试过程中必须注意以下几点：

1）加测试信号之前，对象的输入量和输出量应尽可能稳定一段时间，不然会影响测试结果的准确度。当然在生产现场测试时，要求各个因素都绝对稳定是不可能的，只能是相对稳定，不超过一定的波动范围即可。

2）在反应曲线的起始点，对象输出量未开始变化，而输入量则开始做阶跃变化。因此要在记录纸上标出开始施加输入作用的时刻，以便计算滞后时间。为准确起见，也可用秒表单独测取纯滞后时间。

3）为保证测试精度，排除测试过程中其他干扰的影响，测试曲线应是平滑无突变的。最好在相同条件下，重复测试2~3次，若几次所得曲线比较接近，就认为可以了。

4）加测试信号后，要密切注意各干扰量与被控变量的变化，尽可能把与测试无关的干扰排除，被控变量变化应在工艺允许范围内，一旦有异常现象，要及时采取措施。如在做阶跃法测试时，发现被控变量快要超出工艺允许指标，可马上撤销阶跃作用，继续记录被控变量，可得到一条矩形脉冲反应曲线，否则测试就会前功尽弃。

5）测试和记录工作应该持续进行到输出量达到新稳态值为止。

6）在反应曲线测试工作中，要特别注意工作点的选取，因为多数工业对象不是真正线性的，由于非线性关系，对象的放大系数是可变的。所以，作为测试对象特性的工作点，应该选择正常的工作状态，也就是在额定负荷、正常干扰及被控变量在给定值情况下，因为整个控制过程将在此工作点附近进行，实验测得放大系数较符合实际情况。

近年来，对于一些不宜施加人为干扰来测取特性的对象，可以根据在正常生产情况下长期积累下来的各种参数的记录数据或曲线，用随机理论进行分析和计算，来获取对象的特性，随着自动化技术及计算机技术的发展，这是一种研究对象特性的有效方法。为了提高测试精度和减少计算量，也可以利用专用的仪器，在系统中施加对正常生产基本上没有影响的一些特殊信号（例如伪随机信号），然后对系统的输入、输出数据进行分析处理，可以比较准确地获得对象动态特性。

2.2.4 混合建模

机理建模与实验建模各有其特点，目前一种比较实用的方法是将两者结合起来，称为混合建模。这种建模的途径是先由机理分析的方法提供数学模型的结构型式，然后对其中某些未知的或不确定的参数利用实测的方法给予确定。这种在已知模型结构的基础上，通过实测数据来确定其中的某些参数，称为参数估计。以换热器建模为例，可以先列写出其热量平衡方程式，而其中的换热系数 K 值等可以通过实测的试验数据来确定。

2.3 描述对象的特性参数

对象的特性可以通过其数学模型来描述。相同形式的数学模型可以描述不同的对象，如简单贮槽对象与 RC 电路，描述其特性的微分方程的形式是相同的（都是一阶微分方程），只是微分方程的系数（T、K）不同而已。因此，在实际工作中，为了研究问题方便起见，对象的特性常用下面三个物理量来表征。这些物理量称为对象的特性参数。

2.3.1 放大系数 K

对于如图 2-2 所示的简单贮槽对象，当流入流量 Q_1 有一定的阶跃变化后，液位 h 也会有相应的变化，但最后会稳定在某一数值上。如果我们将流量 Q_1 的变化看作对象的输入，而液位 h 的变化看作对象的输出，那么在稳定状态时，对象一定的输入就对应着一定的输出，这种特性称为对象的静态特性。

假定 Q_1 的变化量用 ΔQ_1 表示，h 的变化量用 Δh 表示。在一定的 ΔQ_1 下，Δh 的变化情况如图 2-12 所示。在重新达到稳定状态后，一定的 ΔQ_1 对应着一定的 Δh 值。令 K 等于 Δh 与 ΔQ_1 之比，用数学关系式表示，即

$$K = \frac{\Delta h}{\Delta Q_1}$$

或

$$\Delta h = K\Delta Q_1 \qquad (2\text{-}17)$$

K 在数值上等于对象重新稳定后的输出变化量与输入变化量之比。它的意义也可以这样来理解：如果有一定的输入变化量 ΔQ_1，通过对象就被放大为 K 倍变为输出变化量 Δh，则称 K 为对象的放大系数。

对象的放大系数 K 越大，就表示对象的输入量有一定变化时，对输出量的影响越大。在工艺生产中，常常会发现有的阀门对生产影响很大，开度稍微变化就会引起对象输出量大幅度的变化，甚至造成事故；有的阀门则相反，开度的变化对生产的影响很小。这说明在一个设备上，各种量的变化对被控变量的影响是不一样的。换句话说，就是各种量与被控变量之间的放大系数有大有小。放大系数 K 越大，被控变量对这个量的变化反应就越灵敏，所以，K 实质上是对象的灵敏度，这在选择自动控制方案时是需要考虑的，具体分析将在第 6 章进行。

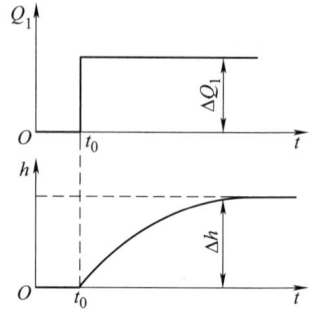

图 2-12　贮槽液位 h 的变化曲线

2.3.2　时间常数 T

从大量的生产实践中发现，有的对象受到干扰后，被控变量变化很快，能较迅速地达到稳定值；有的对象在受到干扰后，惯性很大，被控变量要经过很长时间才能达到新的稳态值。从图 2-13 中可以看到，截面积大（见图 2-13a）的贮槽与截面积小（见图 2-13b）的贮槽相比，当进口流量改变同样一个数值时，截面积小的贮槽液位变化很快，并迅速趋向新的稳态值；而截面积大的贮槽惰性大，液位变化慢，须经过较长时间才能稳定。同样道理，夹套蒸汽加热（见图 2-13d）的反应器与直接蒸汽加热（见图 2-13c）的反应器相比，当蒸汽流量变化时，直接蒸汽加热的反应器内反应物的温度变化就比夹套加热的反应器来得快。对象的这种反应快慢特性，在自动化领域中，往往用时间常数 T 来表示。时间常数越大，表示对象受到干扰作用后，被控变量变化得越慢，到达新的稳态值所需的时间越长。

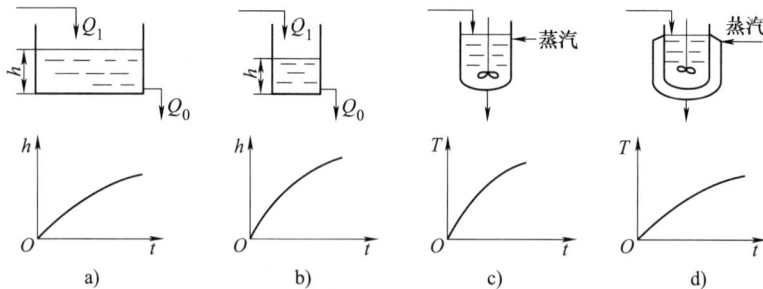

图 2-13　不同时间常数对象的响应曲线

1. 放大系数 K 的物理意义

为了进一步理解放大系数 K 与时间常数 T 的物理意义，下面结合图 2-2 所示的水槽例子来进一步加以说明。

由前面的推导可知，简单贮槽对象的特性可用式（2-9）来表示，现重新写出

$$T \frac{\mathrm{d}h}{\mathrm{d}t} + h = KQ_1$$

假定 Q_1 为阶跃作用，当 $t<0$ 时，$Q_1=0$；当 $t \geq 0$ 时，$Q_1=A$，如图 2-14a 所示。为了求得在 Q_1 作用下 h 的变化规律，可以对上述微分方程式求解，得

$$h(t) = KA(1 - \mathrm{e}^{-t/T}) \tag{2-18}$$

式（2-18）就是对象在受到阶跃作用 $Q_1=A$ 后，被控变量 h 随时间变化的规律，称为被控变量过渡过程的函数表达式。根据式（2-18）可以画出 h-t 曲线，称为阶跃反应曲线或飞升曲线，如图 2-14b 所示。

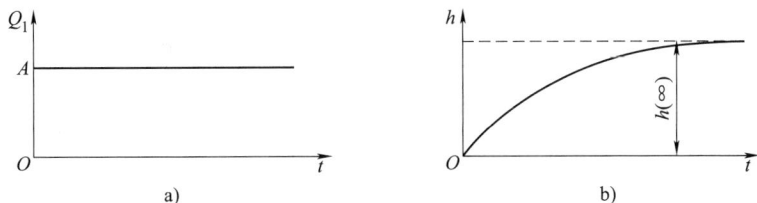

图 2-14 简单贮槽对象的阶跃响应曲线

从图 2-14 响应曲线可以看出，当对象受到阶跃作用后，被控变量就发生变化，当 $t \to \infty$ 时，被控变量不再变化而达到了新的稳态值 $h(\infty)$，这时由式（2-18）可得

$$h(\infty) = KA \quad \text{或} \quad K = \frac{h(\infty)}{A} \tag{2-19}$$

由此可见，K 是对象受到阶跃输入作用后，被控变量新的稳态值与所加输入量之比，故是对象的放大系数；它表示对象受输入作用后重新达到平衡状态时的性能，是不随时间变化的，所以 K 是对象的静态特性。

对于简单贮槽对象，由式（2-9）可知，$K=R_s$，即放大系数只与出口阀的阻力有关，当阀的开度一定时，放大系数就是一个常数。

2. 时间常数 T 的物理意义

将 $t=T$ 代入式（2-18），就可以求得

$$h(T) = KA(1 - \mathrm{e}^{-T/T}) = KA(1 - \mathrm{e}^{-1}) = 0.632KA = 0.632h(\infty) \tag{2-20}$$

这就是说，当对象受到阶跃输入后，被控变量达到新的稳态值的 63.2% 所需的时间，就是时间常数 T，实际工作中，常用这种方法求取时间常数。显然，时间常数越大，被控变量的变化也越慢，达到新的稳态值所需的时间也越长，但过程平稳；时间常数越小，反映越快，过渡过程时间越短，但时间常数过小，容易引起振荡和超调。在图 2-15 中，四条曲线分别表示对象的时间常数为 T_1、T_2、T_3、T_4 时，在相同的阶跃输入作用下被控变量的反应曲线。

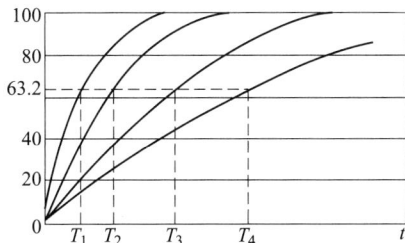

图 2-15 不同时间常数 T 的反应曲线

假定它们的稳态输出值均是相同的（图中为 100）。显然，由图 2-15 可以看出，$T_1<T_2<T_3<T_4$。时间常数大的对象（例如 T_4 所表示的对象），对输入的反应比较慢，一般也可以认为它的惯性要大一些。

对简单贮槽对象，在阶跃输入作用下，液位 h 的变化速度可由式（2-18）对时间 t 求

导得

$$\frac{\mathrm{d}h}{\mathrm{d}t} = \frac{KA}{T}\mathrm{e}^{-t/T} \tag{2-21}$$

由式 (2-21) 可以看出，在过渡过程中，被控变量变化速度越来越慢。当 $t=0$ 时，有

$$\frac{\mathrm{d}h}{\mathrm{d}t}\bigg|_{t=0} = \frac{KA}{T} = \frac{h(\infty)}{T} \quad \Rightarrow K = \frac{h(\infty)}{A} \tag{2-22}$$

当 $t\to\infty$ 时，由式 (2-21) 可得

$$\frac{\mathrm{d}h}{\mathrm{d}t}\bigg|_{t=\infty} = 0 \tag{2-23}$$

式 (2-22) 所表示的是 $t=0$ 时液位变化的初始速度。从图 2-16 所示的反应曲线来看，就等于曲线在起始点时切线的斜率。由于切线的斜率为 $h(\infty)/T$，从图 2-16 可以看出，这条切线在新的稳态值 $h(\infty)$ 上截得的一段时间正好等于 T。因此，时间常数 T 的物理意义也可以这样来理解：当对象受到阶跃输入作用后，被控变量如果保持初始速度变化，达到新的稳态值所需的时间就是时间常数。

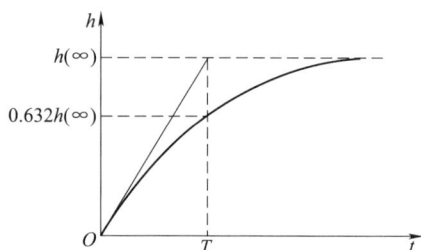

图 2-16 时间常数 T 示意图

可是实际上被控变量的变化速度是越来越小的。所以，被控变量变化到新的稳态值所需要的时间，要比 T 长得多。理论上说，需要无限长的时间才能达到稳态值。从式 (2-18) 可以看出，只有当 $t=\infty$ 时，才有 $h=KA$。但是当 $t=3T$ 时，代入式 (2-18)，便得

$$h(3T) = KA(1 - \mathrm{e}^{-3}) = 0.95KA = 0.95h(\infty) \tag{2-24}$$

这就是说，从加入输入作用后，经过 $3T$ 时间，液位已经变化了全部变化范围的 95%，这时，可以近似地认为动态过程基本结束。所以，时间常数 T 是表示在输入作用下，被控变量完成其变化过程所需时间的一个重要参数。

2.3.3 滞后时间 τ

前面介绍的简单贮槽对象在受到输入作用后，被控变量立即以较快的速度开始变化，如图 2-8 所示。这是一阶对象在阶跃输入作用下的反应曲线。这种对象用时间常数 T 和放大系数 K 两个参数就可以完全描述它们的特性。但是有的对象，在受到输入作用后，被控变量却不能立即而迅速地变化，这种现象称为滞后现象。根据滞后性质的不同，滞后现象可分为两类，即传递滞后和容量滞后。

1. 传递滞后 τ_0

传递滞后又叫纯滞后，一般用 τ_0 表示。τ_0 的产生一般是由于介质的输运或能量的传递过程需要一段时间而引起的。例如图 2-17a 所示的溶解槽，料斗中的固体溶质用带式输送机送至加料斗。在料斗加大送料量后，固体溶质需等输送机将其送到加料斗并落入槽中后，才会影响溶液浓度。当以料斗的加料量作为对象的输入，溶液浓度作为输出时，其反应曲线如图 2-17b 所示。图中所示的 τ_0 为带式输送机将固体溶质由加料斗输送到溶解槽所需的时间，称为纯滞后时间。显然，纯滞后时间 τ_0 与带式输送机的传送速度 v 和传送距离 L 有如下关系：

$$\tau_0 = L/v \tag{2-25}$$

另外，从测量方面来说，由于测量点选择不当、测量元件安装不合适等原因也会造成传

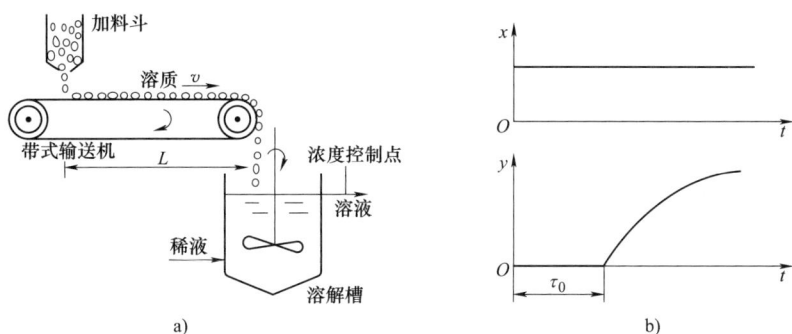

图 2-17 传递滞后及其反应曲线

递滞后。图 2-18 是一个蒸汽直接加热器。如果以进入的蒸汽量 Q 为输入量，实际测得的溶液温度为输出量，并且测温点不是在槽内，而是在出口管道上，测温点离槽的距离为 L，那么，当加热蒸汽量增大时，槽内温度升高，然而槽内溶液流到管道测温点处还要经过一段时间 τ_0。所以，相对于蒸汽流量变化的时刻，实际测得的溶液温度 T 要经过时间 τ_0 后才开始变化。这段时间 τ_0 亦为纯滞后时间。在实际工作中要尽量避免这种滞后现象。

图 2-19 所示为有、无纯滞后的一阶阶跃响应曲线。x 为输入量，$y(t)$ 为无纯滞后时的输出量，$y_\tau(t)$ 为有纯滞后时的输出量。比较两条响应曲线，它们除了在时间轴上前后相差一个时间 τ 外，它们的形状完全相同。也就是说，纯滞后对象的特性是当输入量发生变化时，其输出量不是立即反映输入量的变化，而是要经过一段纯滞后时间 τ 以后，才开始等量地反映原无滞后时的输出量的变化。表示成数学关系式为

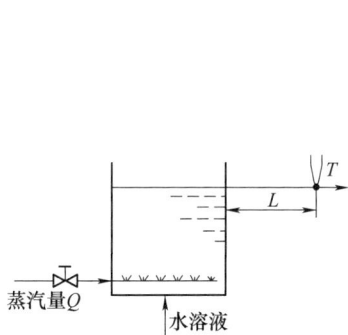

图 2-18 蒸汽直接加热器

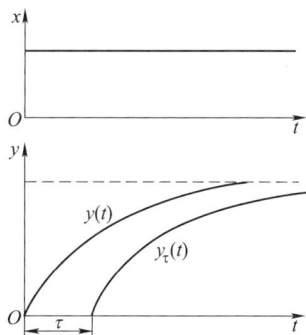

图 2-19 有、无滞后的一阶阶跃响应曲线

$$y_\tau(t) = \begin{cases} y(t-\tau) & t \geqslant \tau \\ 0 & t < \tau \end{cases} \tag{2-26}$$

或

$$y(t) = \begin{cases} y_\tau(t+\tau) & t \geqslant 0 \\ 0 & t < 0 \end{cases} \tag{2-27}$$

因此，对于有、无纯滞后特性的对象其数学模型具有相似的形式。如果上述例子中都是可以用一阶微分方程式来描述的一阶对象，而且它们的时间常数和放大系数亦相等，仅在自变量 t 上相差一个 τ 的时间，那么，若无纯滞后的对象特性可以用下述方程式描述：

$$T \frac{\mathrm{d}y(t)}{\mathrm{d}t} + y(t) = Kx(t) \tag{2-28}$$

则有纯滞后的对象特性可以用下述方程式描述：

$$T \frac{\mathrm{d}y_\tau(t+\tau)}{\mathrm{d}t} + y_\tau(t+\tau) = Kx(t) \tag{2-29}$$

2. 容量滞后 τ_h

有些对象在受到阶跃输入作用 x 后，被控变量 y 开始变化很慢，后来才逐渐加快，最后又变慢直至逐渐接近稳定值，这种现象叫容量滞后或过渡滞后，其阶跃反应曲线如图 2-20 所示。

容量滞后一般是由于物料或能量的传递需要通过一定阻力而引起的。如前面介绍过的两个贮槽串联的二阶对象，其特性可用式（2-16）的微分方程式描述，为了方便起见，将输出量 h_2 用 y 表示，输入量 Q_1 用 x 表示，则方程式可写为

$$T_1 T_2 \frac{\mathrm{d}^2 y}{\mathrm{d}t^2} + (T_1 + T_2) \frac{\mathrm{d}y}{\mathrm{d}t} + y = Kx \tag{2-30}$$

当输入作用为阶跃函数 $x = A$ 时，串联贮槽对象的阶跃反应曲线如图 2-21 所示。由图可见：在 $t = 0$ 时（输入量在作阶跃变化的瞬间），$y(t) = 0$，输出量变化的速度等于零；以后随着 t 的增加，变化速度慢慢增大，但当 t 大于某一个 t_1 值后，变化速度又慢慢减小；直至 $t \to \infty$ 时，变化速度减小为零，输出达到稳态值，即 $y(t) = KA$。

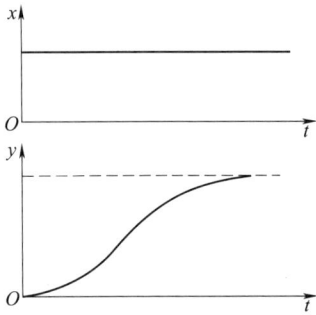

图 2-20　具有容量滞后对象的响应曲线　　　图 2-21　二阶对象近似处理成一阶对象方法

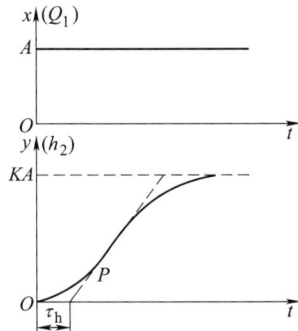

对于这种对象，要想用前面所讲的描述对象的三个参数 K、T、τ 来描述的话，必须做近似处理，即用一阶对象的特性（是有滞后）来近似上述二阶对象。方法如下：

在图 2-21 所示的二阶对象阶跃反应曲线上，过反应曲线的拐点 P 作一切线，与时间轴相交，交点与被控变量开始变化的起点之间的时间间隔 τ_h 就为容量滞后时间。由切线与时间轴的交点到切线与稳定值 KA 线的交点之间的时间间隔为 T。这样，二阶对象就被近似为是有滞后时间 $\tau = \tau_h$、时间常数为 T 的一阶对象了。

纯滞后和容量滞后尽管本质上不同，但实际上很难严格区分，在容量滞后与纯滞后同时存在时，常常把两者合起来统称滞后时间 τ，即 $\tau = \tau_0 + \tau_h$，如图 2-22 所示。

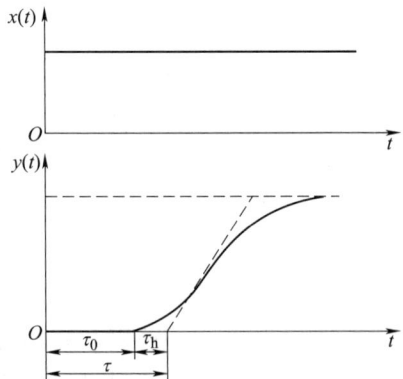

图 2-22　滞后时间 τ 示意图

不难看出，自动控制系统中，滞后的存在是不利于控制的。也就是说，系统受到干扰作用后，由于存在滞后，被控变量不能立即反映出来，于是就不能及时产生控制作用，整个系统的控制质量就会受到严重的影响。当然，如果对象的控制通道存在滞后，那么所产生的控制作用不能及时克服干扰作用对被控变量的影响，也要影响控制质量。所以，在设计和安装控制系统时，都应当尽量把滞后时间减到最小。一般认为：当 $\tau/T \leqslant 0.3$ 时，系统容易控制；当 $\tau/T > 0.6$ 时，须采用特殊控制方案。例如，在选择控制阀与检测点的安装位置时，应选取靠近控制对象的有利位置。从工艺角度来说，应通过工艺改进，尽量减少或缩短那些不必要的管线及阻力，以利于减少滞后时间。

2.3.4　对象的自衡特性与控制性能的关系

对于图 2-2 所示的贮槽对象，由式（2-18）和图 2-14 看出，当输入量有一阶跃变化时，对象被控变量液位的变化 Δh 最后进入新的稳态 $\Delta h(\infty) = K\Delta Q_1$。这种新稳态的建立，是在变化了的液位作用下，使输出流量做相应变化所致。对象在扰动作用破坏其平衡工况后，在没有操作人员或控制器的干预下自动恢复平衡的特性称为自衡特性。

为了进一步了解自衡特性，再分析一下图 2-2 所示贮槽对象中所发生的过程。当进水管路的阀门开大（或关小）时，随之输入流量变化 ΔQ_1。由于进出流量不相等，使贮槽中的液位逐渐上升（或下降），使得作用在流出阀上的压力增高（或降低），并导致输出流量的增加（或下降），这种增加（或下降）将延续到出料流量的增量 ΔQ_2 与进料流量的增量 ΔQ_1 相等为止，贮槽液位稳定在新的平衡位置，其响应曲线如图 2-12 所示。由此可见，判断对象有无自衡特性的基本标志是被控变量能否对破坏工况平衡的扰动作用施加反作用。

实际上有些对象不具有自衡特性，图 2-4 所示的积分对象就是一个典型例子。它与图 2-2 不同之处在于其流出量是靠一个正位移泵压送，由于这时的流出量与液位无关，这样当 t_0 时刻流入量 Q_1 有一个阶跃变化后，流出量 Q_2 保持不变。流入量与流出量的偏差（$\Delta Q = Q_1 - Q_2$）并不随液位的改变而逐渐减小，而是始终保持不变。这样，对象的液位 h 将以等速度不断上升（或下降）直至贮槽顶部溢出（或抽空）。在这种情况下，由于被控变量不能对扰动作用施加反作用，只要对象的平衡工况一被破坏，就再也无法自行重建平衡，这就是无自衡特性。

无自衡特性贮槽对象中所发生的过程：初始 $Q_1 = Q_{10} = Q_2 = Q_{20}$，$h = h_0$，保持一稳定的平衡状态；若 t_0 时刻，流入量有一阶跃变化 $\Delta Q_1 = Q_1 - Q_{10}$，而流出量 $Q_2 = Q_{20}$ 保持不变，则贮槽内 $\Delta Q = Q_1 - Q_2 = \Delta Q_1 =$ 常数，根据式（2-15），液位将随时间 t 线性上升（或下降），即 $\Delta h = h - h_0 = \dfrac{1}{A}\int \Delta Q_1 \mathrm{d}t = \dfrac{1}{A}\Delta Q_1 t$，其响应曲线如图 2-23 所示，贮槽液位不可能稳定在某一新的平衡位置。

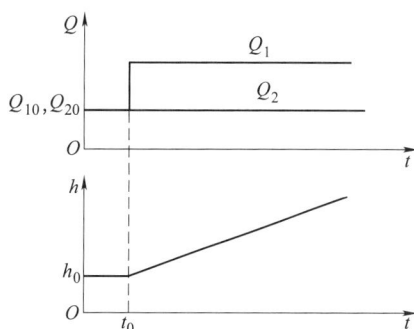

图 2-23　无自衡特性贮槽的液位响应曲线

要正确选择和设计一个控制系统，除了需要知道被控对象的特性以外，还需要知道对象在什么情况下容易控制。控制的难易称为对象的控制性能。有自平衡特性的对象，在其内部物料或能量的平衡被破坏后能自己稳定在一个新的平衡点，系统容易控制；无自平衡特性的对象控制性能就差些，而且有些控制器（如积分控制器）就不能采用，因为系统不稳定。大多数对象都有自平衡特性，但也有一些无自平衡特性的对象，例如，锅炉汽包水位控制可以看作没有自平衡的对象。

习题与思考题

2-1 什么是对象特性？为什么要研究对象特性？

2-2 什么是对象的数学模型？静态数学模型与动态数学模型有什么区别？

2-3 建立对象的数学模型有什么重要意义？

2-4 建立对象的数学模型有哪些主要方法？

2-5 机理建模的根据是什么？

2-6 什么是系统辨识和参数估计？

2-7 试述实验测取对象特性的阶跃反应曲线法和矩形脉冲法各自的特点。

2-8 反映对象特性的参数有哪些？各有什么物理意义？它们对自动控制系统有什么影响？

2-9 为什么说放大系数 K 是对象的静态特性？而时间常数 T 和滞后时间 τ 是对象的动态特性？

2-10 对象的纯滞后和容量滞后各是什么原因造成的？对控制过程有什么影响？

2-11 已知一个对象特性是具有纯滞后的一阶特性，其时间常数为 5min，放大系数为 10，纯滞后时间为 2min，试写出描述该对象特性的一阶微分方程。

2-12 已知一个简单水槽，其截面积为 $0.5m^2$，水槽中的液体由正位移泵抽出，即流出流量是恒定的。如果在稳定的情况下，输入流量突然在原来的基础上增加了 $0.1m^3/h$，试画出水槽液位 Δh 的变化曲线。

2-13 如图 2-24 所示的 RC 电路中，已知 $R = 5k\Omega$，$C = 2000\mu F$。试画出 u_i 突然由 0 阶跃变化到 5V 时的 u_o 变化曲线，并计算出 $t = T$、$t = 2T$、$t = 3T$ 时的 u_o 值。

2-14 为了测定某重油预热炉的对象特性，在某瞬间（假定为 $t_0 = 0$）突然将燃料量从 2.5t/h 增加到 3.0t/h，重油出口温度记录仪得到的阶跃反应曲线如图 2-25 所示。假定该对象为一阶对象，试写出描述该重油预热炉特性的微分方程式（分别以温度变化量与燃料量变化量为输出量与输入量），并解出燃料量变化量为单位阶跃变化量时温度变化量的函数表达式（提示：流量单位 t/h 应化为 kg/min）。

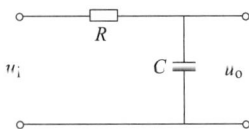

图 2-24 RC 电路

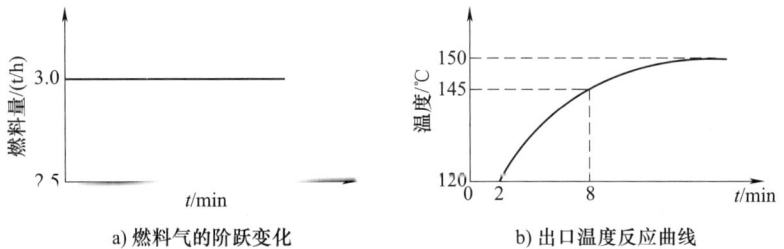

图 2-25 重油预热炉的阶跃反应曲线

第3章

检测仪表与变送器

3.1 概述

3.1.1 检测仪表的组成

在生产过程自动化中要通过检测元件获取生产过程工艺参数，最常见的过程参数是温度、压力、流量、物位等。检测元件又称为敏感元件或传感器，它直接响应过程参数量，并转化成一个与之成对应关系且便于计量、显示和控制的输出信号（中间量）。这些输出信号包括位移、电压、电流、电阻、频率、气压等。如热电偶测温时，将被测温度转化为热电动势信号；热电阻测温时，将被测温度转化为电阻信号；节流装置测流量时，将被测流量转化为压差信号。由于检测元件的输出信号种类繁多，形式、范围不一，且信号较弱不易察觉，一般都需要将其经过变送器调理（信号转换、放大、补偿等），转换成标准统一的电、气信号（如 $20\sim100\mathrm{kPa}$ 模拟气压信号，$4\sim20\mathrm{mA}$ 或 $1\sim5\mathrm{V}$ 模拟电信号，或者满足特定标准的数字量信号）送往显示仪表，指示或记录工艺参数量，或同时送往控制器对被控变量进行控制等。

在生产过程中对各种参数进行检测时，尽管检测技术和检测仪表有所不同，但从测量过程的本质上看，却有共同之处。一个检测系统主要由被测对象、传感器、变送器和显示装置等部分组成，如图 3-1 所示。对某一个具体的检测系统而言，被测对象、检测元件和显示装置部分总是必需的，而其他部分则视具体系统的结构而异。有时将检测元件、变送器及显示装置统称为检测仪表，或者将检测元件称为一次仪表，将变送器和显示装置称为二次仪表。很多一次仪表也需要显示所测量的数据。

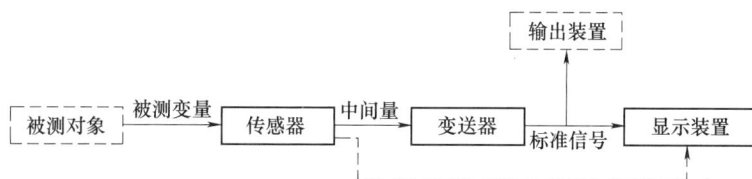

图 3-1 过程检测仪表组成框图

对于检测仪表来说，检测、变送与显示可以是三个独立的部分，也可以有机地结合在一起成为一体，例如单圈弹簧管压力表。需要指出的是，在目前的检测或控制系统中，除了如弹簧管压力表等就地指示仪表之外，传统的显示仪表更多地被数码显示仪表、光柱显示仪表、无笔无纸记录仪、计算机监控系统所替代。

过程控制对检测仪表有以下三条基本的要求：

1）测量值 $y(t)$ 要正确反映被控变量 $x(t)$ 的值，误差不超过规定的范围。

2）在环境条件下能长期工作，保证测量值 $y(t)$ 的可靠性。

3）测量值 $y(t)$ 必须迅速反映被控变量 $x(t)$ 的变化，即动态响应比较迅速。

第1条基本要求与仪表的准确度等级和量程有关，并与使用、安装仪表正确与否有关；第2条基本要求与仪表的类型、元件材质以及防护措施等有关；第3条基本要求与检测元件的动态特性有关。

3.1.2 测量与测量误差

1. 测量

测量是以确定量值为目的的一种操作。这种"操作"就是测量中的比较过程——将被测量与其相应的测量单位进行比较以获取测量值的过程。实现比较的工具就是测量仪器仪表（简称仪表）。

检测是意义更为广泛的测量，它包含测量和检验的双重含义。过程参数检测就是用专门的技术工具（仪表），依靠能量的变换、实验和计算找到被测量的值。一个完整的检测过程应包括：

1）信息的获取：用传感器完成。

2）信号的放大、转换与传输：用中间转换装置完成。

3）信号的显示与记录：用显示器、指示器或记录仪完成。

4）信号的处理与分析：用计算机、分析仪等完成。

传感器又称为检测元件或敏感元件，它直接响应被测变量，经能量转换并将被测变量转化成一个与之具有一定对应关系的便于传送和处理的输出信号（中间量），如电压、电流、电阻、频率、位移、力等。有些时候，传感器的输出可以不经过变送环节，直接通过显示装置把被测变量显示出来。

从自动控制的角度来看，由于传感器的输出信号种类很多，而且信号往往很微弱，一般都需要经过变送环节的进一步处理，把传感器的输出信号转换成如 $0 \sim 10\text{mA}$、$4 \sim 20\text{mA}$ 等标准统一的模拟量信号或者满足特定标准的数字量信号，这种检测仪表称为变送器。变送器的输出信号送到显示装置以指针、数字、曲线等形式把被测量显示出来，或者同时送到控制器对其实现控制。

2. 测量误差

由于在测量过程中使用的仪表本身的准确性有高低之分，检测环境等因素发生变化也会影响测量结果的准确性，使得从检测仪表获得的测量值与被测变量的真实值之间会存在一定的差异，这一差异称为测量误差。

测量误差有绝对误差和相对误差之分。

（1）绝对误差　绝对误差 Δ 在理论上是指测量值 x 与被测量的真值 x_i 之间的差值，即

$$\Delta = x - x_i \tag{3-1}$$

由于 x_i 是指被测量客观存在的真实数值，但它是无法真正得到的，因此，在一台检测仪表的量程范围内，各点读数的绝对误差是指该检测仪表（精度较低）与标准表（精度较高）同时对同一被测量进行测量时得到的两个读数之差。把式（3-1）中的真实值 x_i 用标准表读

数 x_0 来代替，则绝对误差可以表示成

$$\Delta = x - x_0 \tag{3-2}$$

绝对误差是可正可负的，而不是误差的绝对值；绝对误差还有量纲，它的单位与被测量的单位相同。

测量误差可能由多个误差分量组成。引起测量误差的原因通常包括：测量装置的基本误差；非标准工作条件下所增加的附加误差；所采用的测量原理以及根据该原理在实施测量中运用和操作的不完善引起的方法误差；标准工作条件下，被测量随时间的变化；影响量（不是被测量，但对测量结果有影响的量）引起的误差；与观测人员有关的误差因素等。

（2）相对误差　为了能够反映测量工作的精细程度，常用测量误差除以被测量的真值，即用相对误差来表示。相对误差也具有正、负号，但无量纲，用%表示。由于真值不能确定，实际上是用约定真值（也称指定值、约定值或参考值）。在测量中，由于所引用的真值的不同，因此相对误差有以下两种表示方法，即实际相对误差和标称相对误差。

实际相对误差 $$\delta_{\text{实}} = \frac{\Delta}{x_{\text{i}}} \times 100\% \tag{3-3}$$

标称相对误差（或示值相对误差） $$\delta_{\text{标}} = \frac{\Delta}{x_0} \times 100\% \tag{3-4}$$

测量误差是对某一次具体测量好坏的评价。

3.1.3　仪表的基本技术性能和术语

在讨论过测量和测量数据的处理评价之后，现在讨论和介绍测量仪表的评价和常用术语的含义，这也是使用测量仪表应该具备的基本知识。

测量仪表性能指标的好坏包括静态性能、动态性能、可靠性和经济性等，这里主要讨论和介绍静态性能中常用的技术性能和术语，如准确度、稳定性和输入输出特性等。

我国根据国际上有关文件制定出《通用计量术语及定义》（JJF 1001—2011），在自动化仪表方面对于一些常用术语也有规定。在应用时要确切理解其含义。只有评价的指标和含义一致才能进行比较。

1. 测量仪表的误差

（1）测量仪表的示值误差　测量仪表的示值就是测量仪表所给出的量值，测量仪表的示值误差定义为"测量仪表的示值与对应输入量的真值之差"，它实际是仪表某一次测量的误差。由于真值不能确定，实际上用的是约定真值。此概念主要应用于与参考标准相比较的仪器，就实物量具而言，示值就是赋予它的值。在不易与其他称呼混淆时，也简称为测量仪表的误差。

（2）测量仪表的最大允许误差　定义是"对给定的测量仪表，规范、规程等所允许的误差极限值"。有时也称为测量仪表的允许误差限，或简称为允许误差（$\delta_{\text{允}}$）。

（3）测量仪表的固有误差　常称为测量仪表的基本误差，定义是"在参考条件下确定的测量仪表的误差"。此参考条件也称标准条件，是指为测量仪表的性能试验或为测量结果的相互比较而规定的使用条件，一般包括作用于测量仪表的各影响量的参考值或参考范围。

（4）附加误差　附加误差是指测量仪表在非标准条件时所增加的误差，它是由于影响量存在和变化而引起的，如温度附加误差、压力附加误差等。

2. 测量范围和量程

测量范围是指"测量仪器的误差处在规定极限内的一组被测量的值",也就是被测量可按规定的准确度进行测量的范围。

量程是指测量范围的上限值和下限值的代数差。例如:测量范围为0~100℃时,量程为100℃;测量范围为20~100℃时,量程为80℃;测量范围为-20~100℃时,量程为120℃。

3. 仪表误差

(1) 引用误差 测量仪表的示值误差可以用来表示某次测量结果的准确度,但若用来表示测量仪表的准确度则不太合适。因为测量仪表是用来测量某一规定范围(测量范围)内的被测量,而不是只测量某一固定大小的被测量的。而且,同一个仪表的基本误差,在整个测量范围内变化不大,但测量示值的变化可能很大,这样示值的相对误差变化也很大。所以,用测量仪表的示值相对误差来衡量仪表测量的准确性是不方便的。为了方便起见,通常用引用误差来衡量仪表的准确性能。引用误差$\delta_{引}$用测量仪表的示值的绝对误差Δ与仪表的量程之比的百分数来表示,即引用误差(或相对百分误差)

$$\delta_{引} = \frac{\Delta}{仪表量程} \times 100\% \tag{3-5}$$

(2) 仪表误差 仪表的准确度是用仪表误差的大小来说明其指示值与被测量真值之间的符合程度,误差越小,准确度越高。

仪表的准确度用仪表的最大引用误差δ_{max}(即仪表的最大允许误差$\delta_{允}$)来表示,即

$$\delta_{max} = \delta_{允} = \frac{\Delta_{max}}{量程} \times 100\% \tag{3-6}$$

式中,Δ_{max}为仪表在测量范围内的最大绝对误差;量程=仪表测量上限-仪表测量下限。

仪表误差是对仪表在其测量范围内测量好坏的整体评价。

(3) 仪表准确度等级a(去掉仪表误差的"±"号和"%") 仪表准确度等级是按国家统一规定的允许误差大小(去掉仪表误差的"±"号和"%")来划分成若干等级的。仪表的准确度等级数a越小,仪表的测量准确度越高。目前中国生产的仪表的准确度等级有

$$a = \frac{0.005, \ 0.01, \ 0.02, \ 0.05}{Ⅰ级标准表}, \ \frac{0.1, \ 0.2, \ (0.4), \ 0.5}{Ⅱ级标准表}, \ \frac{1.0, \ 1.5, \ 2.5, \ (4.0)}{工业用表} 等。$$

括号内等级必要时采用。

仪表的基本误差Δ_{max}=仪表量程×a%,称为仪表在测量范围内的基本误差。

4. 仪表变差(升降变差)

升降变差(又称回程误差或示值变差),是指在相同条件下,使用同一仪表对某一参数进行正、反行程测量时,对应于同一测量值所得的仪表示值不等,正、反行程示值之差的绝对值称为升降变差,如图3-2所示,即

(升降)变差 = |正行程示值 - 反行程示值| (3-7)

仪表变差也用最大引用误差表示,即

$$变差 = \frac{|正行程测量值 - 反行程测量值|_{max}}{量程} \times 100\% \tag{3-8}$$

必须注意,仪表的变差不能超出仪表的允许误差(或基本误差)。

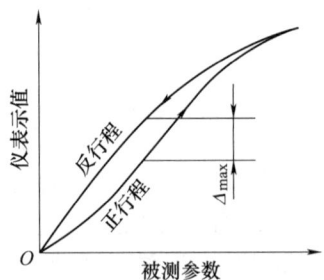

图3-2 测量仪表的变差

例 3-1 某压力测量仪表的测量范围为 $0 \sim 10MPa$，校验该表时得到的最大绝对误差为 $\pm 0.08MPa$，试确定该仪表的准确度等级。

解：该仪表的准确度为

$$\delta_{max} = \frac{\Delta_{max}}{量程} \times 100\% = \frac{\pm 0.08}{10 - 0} \times 100\% = \pm 0.8\%$$

由于国家规定的准确度等级中没有 0.8 级仪表，而该仪表的准确度又超过了 0.5 级仪表的允许误差，所以，这台仪表的准确度等级应定为 1.0 级。

例 3-2 某台测温仪表的测量范围为 $0 \sim 1000℃$，根据工艺要求，温度指示值的误差不允许超过 $\pm 7℃$，试问应如何选择仪表的准确度等级才能满足以上要求？

解：根据工艺要求，仪表准确度应满足为

$$\delta_{max} = \frac{\Delta_{max}}{量程} \times 100\% = \frac{\pm 7}{1000 - 0} \times 100\% = \pm 0.7\%$$

此准确度介于 0.5 级和 1.0 级之间，若选择准确度等级为 1.0 级的仪表，其允许最大绝对误差为 $\pm 10℃$，这就超过了工艺要求的允许误差，故应选择 0.5 级的准确度才能满足工艺要求。

由以上两个例子可以看出，根据仪表校验数据来确定仪表准确度等级和根据工艺要求来选择仪表准确度等级，要求是不同的。根据仪表校验数据来确定仪表准确度等级时，仪表的准确度等级值应选不小于由校验结果所计算的准确度值；根据工艺要求来选择仪表准确度等级时，仪表的准确度等级值应不大于工艺要求所计算的准确度值。

仪表的准确度等级是衡量仪表质量优劣的重要指标之一，它反映了仪表的准确度。仪表的准确度等级一般用圈内数字（如①.5）等形式标注在仪表面板或铭牌上。

5. 灵敏度

仪表的灵敏度可用下式计算：

$$S = \frac{\Delta \alpha}{\Delta x} \tag{3-9}$$

式中，S 为仪表的灵敏度；$\Delta \alpha$ 为仪表指针的线位移或角位移；Δx 为引起 $\Delta \alpha$ 的被测参数变化量。

仪表的灵敏度，在数值上等于单位被测参数变化量所引起的仪表指针移动的距离（或转角）。

测量仪表的灵敏度可以用增大仪表转换环节放大倍数的方法来提高。仪表灵敏度高，仪表示值读数精度可以提高。但是必须指出，仪表的性能指标主要取决于仪表的基本误差，如果想单纯地通过提高灵敏度来达到更准确的测量是不合理的。单纯增加灵敏度，反而会出现虚假的高精度现象。因此，通常规定仪表标尺刻度上的最小分格值不能小于仪表允许最大绝对误差值。

6. 分辨力与分辨率

分辨力是指仪表可能检测到的被测信号最小变化的能力，也就是使仪表示值产生变化的被测量的最小改变量。通常仪表分辨力的数值应不大于仪表允许绝对误差的一半。数字式仪表的分辨力是指仪表在最低量程上最末一位数字改变一个字所表示的物理量。例如，3 位半（最大显示值为 1999）数字电压表，若在最低量程时满度值为 2V，则该数字式电压表的分辨力为 1mV。数字仪表能稳定显示的位数越多，则分辨力越高。

49

分辨力有时又用分辨率表示，分辨率是分辨力与仪表量程之比的百分数。

分辨力又称灵敏限，是灵敏度的一种反映。一般说仪表的灵敏度高，则其分辨力也高。

7. 线性度

线性度是指实际测得的输出-输入特性曲线（称为校准曲线）与理论直线（拟合直线）的最大偏差 Δ_{max}（见图 3-3）与测量仪表的量程之比的百分数，即

$$\delta_L = \frac{\Delta_{max}}{仪表量程} \times 100\% \qquad (3-10)$$

8. 反应时间

反应时间表示仪表对被测量变化响应的快慢程度。表示方法：当仪表的输入信号突然变化一个数值（阶跃变化）后，仪表的输出信号（即示值）由开始变化到新稳态值的 63.2% 所用时间，也可称为仪表的时间常数 T_m。

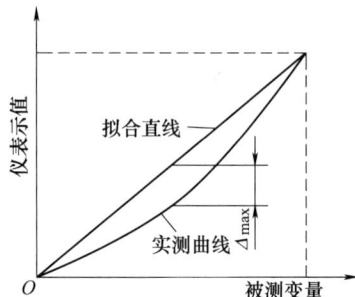

图 3-3　测量仪表的线性度

例 3-3　压力表的校验　测量范围 0~1.6MPa，准确度等级为 1.5 级的普通弹簧管压力表，校验结果见表 3-1，判断该表是否合格。

表 3-1　压力表的校验数据及其数据处理结果

被校表读数/MPa	0.0	0.4	0.8	1.2	1.6	最大误差
标准表上行程读数/MPa	0.000	0.385	0.790	1.210	1.595	
标准表下行程读数/MPa	0.000	0.405	0.810	1.215	1.595	
升降变差/MPa	0.000	0.020	0.020	0.005	0.000	0.020
标准表上、下行程读数平均值/MPa	0.000	0.395	0.800	1.2125	1.595	
绝对误差 Δ/MPa	0.000	0.005	0.000	-0.013	0.005	-0.013

校验数据处理见表 3-1，仪表的最大引用误差（从绝对误差和升降变差中选取绝对值最大者作为 Δ_m 来求仪表的最大引用误差）

$$\delta_{max} = \pm \frac{\Delta_m}{p_{F \cdot S}} \times 100\% = \pm \frac{0.020}{1.6} \times 100\% = \pm 1.25\%$$

所以，这台仪表 1.5 级的准确度等级合格。式中，$p_{F \cdot S}$ 为压力表量程。

3.2　压力检测及仪表

3.2.1　概述

工程中，所谓压力是指由气体或液体均匀垂直地作用于单位面积上的力。在工业生产过程中，压力是重要的操作参数之一。特别是在化工、炼油、天然气的处理与加工等生产过程中，经常会遇到压力和真空度的测量，其中包括比大气压力高很多的高压、超高压和比大气压力低很多的真空度的测量。如高压聚乙烯，要在 150MPa 或更高压力下进行聚合；氢气和氮气合成氨气时，要在 15MPa 或 32MPa 的压力下进行反应；而炼油厂减压蒸馏，则要在比大气压低很多的真空下进行。如果压力不符合要求，不仅会影响生产效率、降低产品质量，有时还会造成严重的生产事故。此外，压力测量的意义还不局限于它自身，还有其他一些工

程参数的测量，如物位、流量等往往是通过测量压力或差压来进行的，即测出了压力或差压，便可确定物位或流量。

1. 压力的概念

工程上的压力是物理上的压强。在生产自动化过程中，压力主要是指流体均匀垂直地作用在单位面积上的力，即

$$p = F/S$$

式中，p 为压力（Pa）；F 为垂直作用的力（N）；S 为受力面积（m^2）。

2. 压力的单位

根据国际单位制（SI）规定，压力的单位为帕斯卡，简称帕，用符号 Pa 表示，1 帕为 1 牛顿每平方米，即

$$1Pa = 1N/m^2$$

帕所表示的压力较小，工程上经常使用兆帕（MPa）。帕与兆帕之间的关系为

$$1MPa = 1 \times 10^6 Pa$$

过去使用的压力单位比较多，根据 1984 年 2 月 27 日国务院"关于在我国统一实行法定计量单位的命令"的规定，这些单位将不再使用。但为了使大家了解国际单位制中的压力单位（Pa 或 MPa）与过去的单位之间的关系，附录表 A-1 给出几种单位之间的换算关系。

3. 压力的表示方法

在压力测量中，常有表压、绝对压力、负压或真空度之分，其关系如图 3-4 所示。

工程上所用的压力指示值，大多为表压（绝对压力计的指示值除外）。表压是绝对压力与大气压力之差，即

$$p_{表压} = p_{绝对压力} - p_{大气压力}$$

当被测压力低于大气压力时，一般用负压或真空度来表示，它是大气压力与绝对压力之差，即

$$p_{真空度} = p_{大气压力} - p_{绝对压力}$$

因为各种工艺设备和测量仪表通常是处于大气之

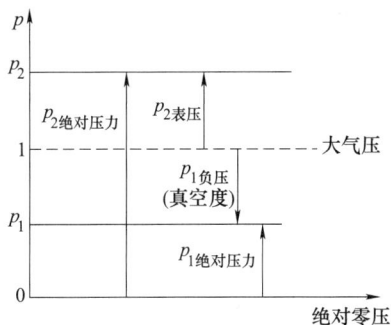

图 3-4 绝对压力、大气压、
表压、负压的关系

中，本身就承受着大气压力。所以，工程上经常用表压或真空度来表示压力的大小。以后所提到的压力，除特别说明外，均指表压或真空度。

4. 压力检测方法（仪表）

目前工业上常用的压力检测方法和压力检测仪表很多，根据敏感元件和转换原理的不同，一般分为以下四类：

（1）液柱式压力检测及仪表 它是根据流体静力学原理，把被测压力转换成液柱高度，一般采用充有水或水银等液体的玻璃 U 形管或单管进行测量。

（2）弹性式压力检测及仪表 它是根据弹性元件受力变形的原理，将被测压力转换成位移进行测量的。常用的弹性元件有弹簧管、膜片和波纹管等。

（3）电气式压力检测及仪表 它是利用敏感元件将被测压力直接转换成各种电量（如电阻、电荷量、频率等）进行测量的仪表，即各种压力传感器和压力变送器。

（4）活塞式压力检测及仪表 它是根据液压机液体传送压力的原理，将被测压力转换成活塞面积上所加平衡砝码的重量来进行测量的。活塞式压力计的测量精度较高，允许误差可以

小到 $0.05\% \sim 0.02\%$，它普遍被用作标准压力仪器对其他压力检测仪表进行检定或校准。

3.2.2 弹性式压力计

弹性式压力计是利用各种形式的弹性元件，在被测介质压力的作用下，使弹性元件受压后产生弹性变形的原理而制成的测压仪表。这种仪表具有结构简单、使用可靠、读数清晰、牢固可靠、价格低廉、测量范围宽以及有足够的精度等优点。若增加附加装置，如记录机构、电气变换装置、控制元件等，则可以实现压力的记录、远传、信号报警、自动控制等。弹性式压力计可以用来测量几百帕到数千兆帕范围内的压力，因此在工业上是应用最为广泛的一种测压仪表。

1. 弹性元件

弹性元件是一种简易可靠的测压敏感元件。它不仅是弹性式压力计的测压元件，也经常用来作为气动单元组合仪表的基本组成元件。当测压范围不同时，所用的弹性元件也不一样，常用的几种弹性元件的结构如图 3-5 所示。

（1）弹簧管式弹性元件　弹簧管式弹性元件的测压范围较宽，可测量高达 1000MPa 的压力。单圈弹簧管是弯成圆弧形的金属管子，它的截面做成扁圆形或椭圆形，如图 3-5a 所示。当通入压力 p 后，它的自由端就会产生位移。这种单圈弹簧管自由端位移较小，因此能测量较高的压力。为了增加自由端的位移，可以制成多圈弹簧管，如图 3-5b 所示。

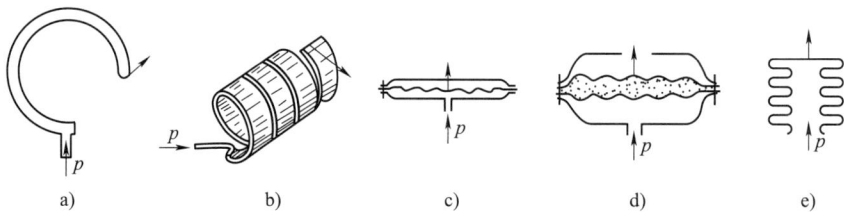

a)　　　　　　b)　　　　　　c)　　　　　　d)　　　　　　e)

图 3-5　弹性元件示意图

（2）薄膜式弹性元件　薄膜式弹性元件根据其结构不同还可以分为膜片与膜盒等。它的测压范围比弹簧管式的小。图 3-5c 为膜片式弹性元件，它是由金属或非金属材料做成的具有弹性的一张膜片（有平膜片与波纹膜片两种形式），在压力作用下能产生变形。有时也可以由两张金属膜片沿周边对焊起来，成一薄壁盒子，内充液体（例如硅油），称为膜盒，如图 3-5d 所示。

膜片受到压力作用产生的位移量较小，虽然可以直接带动传动机构指示，但是灵敏度低，指示精度不高，一般为 2.5 级。在更多的情况下，是将膜片和其他转换元件结合在一起使用。例如，在力平衡式压力变送器中，膜片受压后的位移，通过杠杆和电磁反馈机构的放大和信号转换等处理，输出标准电信号；在电容式压力变送器中，将膜片与固定极板构成平行板电容器，当膜片受压产生位移时，这个平板电容的容量就会发生变化，测出这个电容量的变化量就间接测得压力的大小；在光纤式压力变送器中，入射光纤的光束照射到膜片上产生反射光，反射光被接收光纤接收，其强度是光纤至膜片的距离的函数，当膜片受压位移后，接收到的光强度信号相应会发生变化，通过光电转换元件和有关电路的处理，就可以得到与被测压力对应的电信号。

若将膜盒内部抽成真空，则当膜盒外压力变化时，膜盒中心就会产生位移。这种真空膜盒常用于测量大气的绝对压力。

（3）波纹管式弹性元件　波纹管式弹性元件是一个周围为波纹状的薄壁金属筒体，如图 3-5e 所示。这种弹性元件易于变形，而且位移很大，通常在其顶端安装传动机构，带动指针直接读数。波纹管灵敏度较高，适合于微压与低压的测量（一般不超过 1MPa）。但波纹管时滞较大，测量准确度等级一般只能达到 1.5 级。

2. 弹簧管压力表

弹簧管压力表的测量范围极广，品种规格繁多。按其所使用的测压元件不同，可有单圈弹簧管压力表与多圈弹簧管压力表。按其用途不同，除普通弹簧管压力表外，还有耐腐蚀的氨用压力表、禁油的氧气压力表等。它们的外形与结构基本上是相同的，只是所用的材料有所不同。弹簧管压力表的结构原理如图 3-6 所示。

弹簧管 1 是压力表的测量元件。图中所示为单圈弹簧管，它是一根弯成 270°圆弧的椭圆截面的空心金属管子。管子的自由端 B 封闭，管子的另一端固定在接头 9 上。当通入被测的压力 p 后，由于椭圆形截面在压力 p 的作用下，将趋于圆形，而弯成圆弧形的弹簧管也随之产生向外挺直的扩张变形。由于变形，使弹簧管自由端 B 产生位移。输入压力 p 越大，产生的变形也越大。由于输入压力与弹簧管自由端 B 的位移成正比，所以只要测得弹簧管自由端 B 的位移量，就能反映压力 p 的大小，这就是弹簧管压力表的基本测量原理。

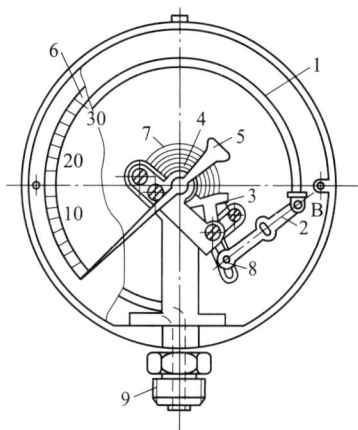

图 3-6　弹簧管压力表
1—弹簧管　2—拉杆　3—扇形齿轮
4—中心齿轮　5—指针　6—面板
7—游丝　8—调整螺钉　9—接头

弹簧管自由端 B 的位移量一般很小，直接显示有困难，所以必须通过放大机构才能指示出来。具体的放大过程如下：弹簧管自由端 B 的位移通过拉杆 2 使扇形齿轮 3 做逆时针偏转，于是指针 5 通过同轴的中心齿轮 4 的带动而做顺时针偏转，在面板 6 的刻度标尺上显示出被测压力 p 的数值。由于弹簧管自由端的位移与被测压力之间具有正比关系，因此弹簧管压力表的刻度标尺是线性的。

游丝 7 用来克服因扇形齿轮和中心齿轮间的传动间隙而产生的仪表变差。改变调整螺钉 8 的位置（即改变机械传动的放大系数），可以实现压力表量程的调整。

在炼油、化工、天然气处理与加工等生产过程中，常常需要把压力控制在某一范围内。因为当压力低于或高于规定范围时，就会破坏正常工艺条件，甚至可能发生危险。这时就应采用带有报警或控制触点的压力表。将普通弹簧管压力表稍加改进，便可成为电接点信号压力表，它能在压力偏离给定范围时，及时发出信号，以提醒操作人员注意或通过中间继电器实现压力的自动控制。

图 3-7 是电接点信号压力表的结构和工作原理示意图。压力表指针上有动触头 2，表盘上另有两根可

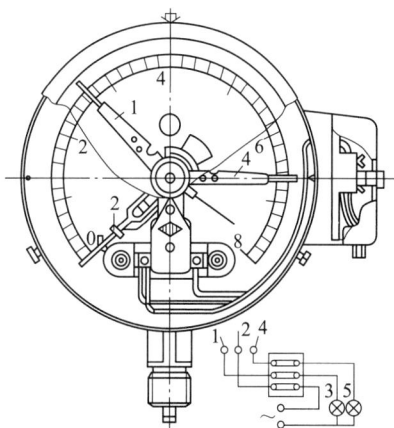

图 3-7　电接点信号压力表
1、4—静触头　2—动触头
3—绿色信号灯　5—红色信号灯

调节的指针，上面分别有静触头 1 和 4。当压力超过上限给定数值（此数值由静触头 4 的指针位置确定）时，动触头 2 和静触头 4 接触，红色信号灯 5 的电路被接通，使红灯点亮；若压力低到下限给定数值时，动触头 2 与静触头 1 接触，接通了绿色信号灯 3 的电路。静触头 1、4 的位置可根据需要灵活调节。

3.2.3 金属电阻应变式压力计

1. 工作原理

（1）电阻-应变效应 当金属导体在外力作用下发生机械变形时，其电阻值将相应地发生变化，这种现象称为金属导体的电阻-应变效应。

金属导体的电阻-应变效应用灵敏系数 K 描述：

$$K = \frac{\Delta R/R}{\Delta l/l} = \frac{\Delta R/R}{\varepsilon} \tag{3-11}$$

式中，ε 为轴向应变，$\varepsilon = \Delta l/l$，常用单位为 $\mu\varepsilon(1\mu\varepsilon = 1 \times 10^{-6}\,\mathrm{mm/mm})$。

考虑一段长为 l、截面积为 S、电阻率为 ρ 的金属导体，如图 3-8 所示。未受力时，其原始电阻为

$$R = \rho\frac{l}{S} \tag{3-12}$$

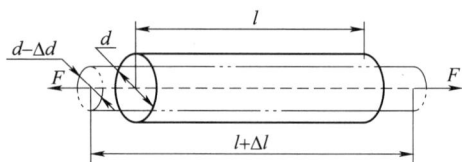

图 3-8 金属电阻应变效应

当该金属导体受拉力 F 作用时，将伸长 Δl，横截面积相应减小 ΔS，电阻率 ρ 则因晶格变形等因素的影响而改变 $\Delta \rho$，故引起电阻变化 ΔR。将式（3-12）全微分，并利用相对变化量表示，则有

$$\frac{\Delta R}{R} = \frac{\Delta l}{l} - \frac{\Delta S}{S} + \frac{\Delta \rho}{\rho} \tag{3-13}$$

由于 $S = \pi d^2/4$，则 $\Delta S/S = 2\Delta d/d$，其中 $\Delta d/d$ 为横向应变；且由材料力学知，$\Delta d/d = -\mu\varepsilon$，式中 μ 为金属材料的泊松比。将前面关系代入式（3-13）得

$$\frac{\Delta R}{R} = (1 + 2\mu)\varepsilon + \Delta \rho/\rho \tag{3-14}$$

其应变灵敏度为

$$K = \frac{\Delta R/R}{\varepsilon} = (1 + 2\mu) + \frac{\Delta \rho/\rho}{\varepsilon} \tag{3-15}$$

对于金属材料，$\Delta \rho/\rho$ 较小，一般可以忽略；且 $\mu = 0.2 \sim 0.4$，则 $K \approx 1 + 2\mu = 1.4 \sim 1.8$。但实际测得 $K \approx 2.0$，说明 $(\Delta \rho/\rho)/\varepsilon$ 项对 K 还是有一定影响。

一般情况下，在应变极限内，金属材料电阻的相对变化与应变成正比，即

$$\Delta R/R = K\varepsilon \tag{3-16}$$

（2）应变片测试原理 使用应变片测量应变或应力时，将应变片牢固地粘贴在弹性试件上，当试件受力变形时，应变片也随着相应变形，其电阻变化为 ΔR。如果应用测量电路和仪器测出 ΔR，根据式（3-16），可得弹性试件的应变值 ε，而根据应力-应变关系

$$\sigma = E\varepsilon \tag{3-17}$$

可以得到被测应力值 σ。其中，E 为试件材料弹性模量；σ 为试件的应力；ε 为试件的应变，即

$$力\ F \rightarrow 应力\ \sigma \rightarrow 应变\ \varepsilon(\varepsilon = \sigma/E) \rightarrow \Delta R$$

通过弹性敏感元件的作用，可以将应变片测应变的应用扩展到能引起弹性元件产生应变的各种非电量的测量，从而构成各种电阻应变式传感器。

（3）应变片的结构、材料和类型 金属电阻应变片的结构如图3-9所示，由敏感栅、基底、盖片、引线和黏结剂组成。

敏感栅由金属丝（$\phi 0.012 \sim 0.05\text{mm}$）绕制，或金属箔刻制，或真空镀膜制成。其标称阻值（原始电阻）已标准化，主要有 60Ω、120Ω、350Ω、600Ω、1000Ω 等规格。

基底和盖片主要有纸基和胶基两种。

图 3-9 电阻应变片的基本结构
1—基底 2—敏感栅 3—覆盖层 4—引线

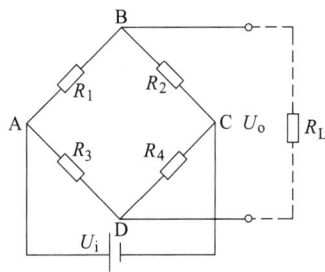

2. 测量电路

电阻应变式传感器的测量电路常采用电桥电路，如图3-10所示。

（1）直流电桥的主要特性 当 $R_L \rightarrow \infty$ 时，电桥输出电压

$$U_o = \left(\frac{R_1}{R_1 + R_2} - \frac{R_3}{R_3 + R_4} \right) U_i$$

$$= U_i \frac{R_1 R_4 - R_2 R_3}{(R_1 + R_2)(R_3 + R_4)} \tag{3-18}$$

当电桥各桥臂均有相应电阻变化 ΔR_1、ΔR_2、ΔR_3、ΔR_4时

图 3-10 直流电桥

$$U_o = U_i \frac{(R_1 + \Delta R_1)(R_4 + \Delta R_4) - (R_2 + \Delta R_2)(R_3 + \Delta R_3)}{(R_1 + \Delta R_1 + R_2 + \Delta R_2)(R_3 + \Delta R_3 + R_4 + \Delta R_4)}$$

$$= U_i \frac{R(\Delta R_1 - \Delta R_2 - \Delta R_3 + \Delta R_4) + \Delta R_1 \Delta R_4 - \Delta R_2 \Delta R_3}{(2R + \Delta R_1 + \Delta R_2)(2R + \Delta R_3 + \Delta R_4)} \ (当\ R_1 = R_2 = R_3 = R_4 = R\ 时)$$

$$= \frac{U_i}{4}\left(\frac{\Delta R_1}{R} - \frac{\Delta R_2}{R} - \frac{\Delta R_3}{R} + \frac{\Delta R_4}{R} \right) \qquad (当\ \Delta R_i \ll R\ 时)$$

$$= \frac{U_i}{4}K(\varepsilon_1 - \varepsilon_2 - \varepsilon_3 + \varepsilon_4) \tag{3-19}$$

（2）讨论

1）当 $R \gg \Delta R_i$时，电桥的输出电压与应变成线性关系。

2）若相邻两桥臂的应变极性一致，即同为拉应变或压应变时，输出电压为两者之差；若相邻两桥臂的应变极性不一致时，输出电压为两者之和。

3）若相对两桥臂的应变极性一致时，输出电压为两者之和；反之，输出电压为两者之差。

合理地利用上述特性来粘贴应变片，可以提高传感器的测量灵敏度和获得温度补偿等。

3. 膜片式压力传感器

如图3-11所示，周边固定弹性膜片受均匀压力 p 作用时，膜片的应变

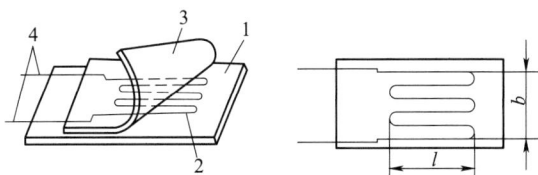

$$\varepsilon_r = \frac{3p}{8h^2 E}(1 - \mu^2)(R^2 - 3r^2) \qquad (\text{径向}) \qquad (3\text{-}20)$$

$$\varepsilon_t = \frac{3p}{8h^2 E}(1 - \mu^2)(R^2 - r^2) \qquad (\text{切向}) \qquad (3\text{-}21)$$

式中，p 为待测压力；h、R、r 分别为膜片厚度、外半径和计算半径；E、μ 分别为膜片材料弹性模量和泊松比。

当 $r = 0$ 时，ε_r 和 ε_t 达到正最大值

$$\varepsilon_{rmax} = \varepsilon_{tmax} = \frac{3pR^2}{8h^2 E}(1 - \mu^2) \qquad (3\text{-}22)$$

当 $r = r_c = R/\sqrt{3} \approx 0.58R$ 时，$\varepsilon_r = 0$；

当 $r > 0.58R$ 时，$\varepsilon_r < 0$；

当 $r = R$ 时，$\varepsilon_t = 0$，ε_r 达到负最大值。

$$\varepsilon_r = -\frac{3pR^2}{4h^2 E}(1 - \mu^2) \qquad (3\text{-}23)$$

适当粘贴应变片，如图 3-11 所示，使粘贴在 $r > r_c$ 区域的径向应变片 R_1、R_4 感受的应变与粘贴在 $r < r_c$ 内的切向应变片 R_2、R_3 感受的应变大小相等，它们的极性相反，这样便于接成差动电桥。

若 $\varepsilon_1 = \varepsilon_4 = -\varepsilon_2 = -\varepsilon_3 = \varepsilon_{tmax}$，则电桥输出电压

$$U_o = U_i K \varepsilon_{tmax} = U_i K \frac{3pR^2}{8h^2 E}(1 - \mu^2) \propto p \qquad (3\text{-}24)$$

膜片式压力传感器的应变片一般利用金属箔做成如图 3-12 所示应变花的形式。

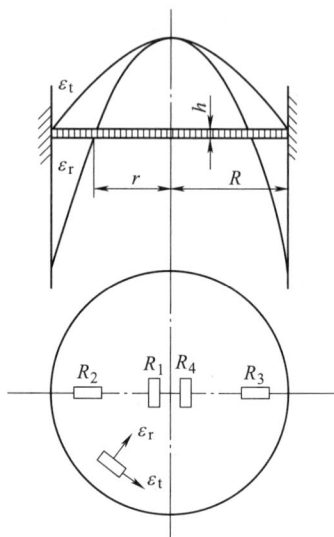

图 3-11　膜片式压力传感器

图 3-12　圆箔式应变片

3.2.4　压阻式压力计

目前常用的压阻式压力变送器有扩散硅式压力变送器和厚膜陶瓷压力变送器两种。压阻式压力变送器由压力传感器和表头（转换电路）两部分组成。压力传感器一般做成 M20 压力表接头的形式，通过螺纹连接到设备或管道上。表头部分用于安装转换电路、显示器及输出信号接线端子。

1. 半导体材料的压阻效应

半导体材料的电阻率随作用应力而变化的现象称为半导体材料的压阻效应。

对于长为 l、截面积为 S、电阻率为 ρ 的条形半导体应变片，在轴向力 F 作用下利用式（3-14）的结果

$$\frac{\Delta R}{R} = (1 + 2\mu)\varepsilon + \frac{\Delta \rho}{\rho} \approx \frac{\Delta \rho}{\rho} = \pi_L E \varepsilon = \pi_L \sigma \qquad (3\text{-}25)$$

应变灵敏系数

$$K_B = \frac{\Delta R/R}{\varepsilon} = (1 + 2\mu) + \frac{\Delta \rho/\rho}{\varepsilon} \approx \pi_L E \qquad (3\text{-}26)$$

式中，E 为半导体应变片材料的弹性模量；π_L 为半导体晶体材料的纵向压阻系数，与晶向有关。

2. 单晶体材料的晶向

为了便于描述单晶体的晶向，常采用图 3-13 所示密勒指数法，将晶向表示成三位由 0 或 1 组成的数字，并加方括号表示。

不同晶向情况下半导体材料的 π_L、E、K_B，可查相关资料获得。

3. 压阻式传感器

（1）体型半导体应变片的结构形状　半导体应变片的结构形状如图 3-14 所示。

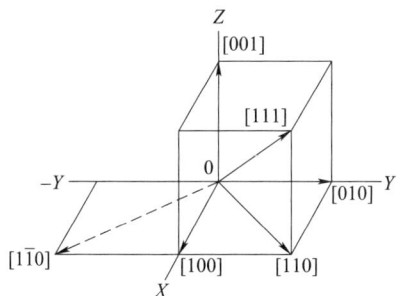

图 3-13　晶体物质的晶向

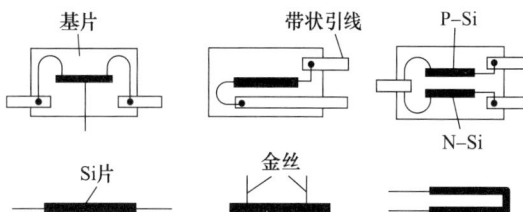

图 3-14　体型半导体应变片的结构形状

（2）半导体电阻应变片的测量电路　测量电路采用直流电阻电桥电路，但须采用温度补偿措施，如图 3-15 所示。

（3）扩散硅式压力变送器　利用半导体材料的压阻效应，在一定晶向的晶片上利用集成电路工艺技术扩散制作应变电阻和测量电路，称为扩散硅压阻式传感器或固态压阻式传感器。

压阻式压力传感器的结构为"硅杯"结构，由半导体材料（N 型单晶硅）制成的圆形薄片，形成测压膜片，如图 3-16a、b所示。

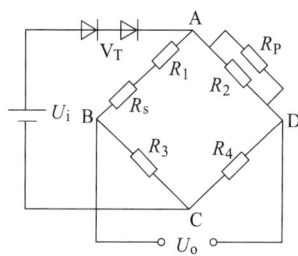

图 3-15　温度补偿电桥电路

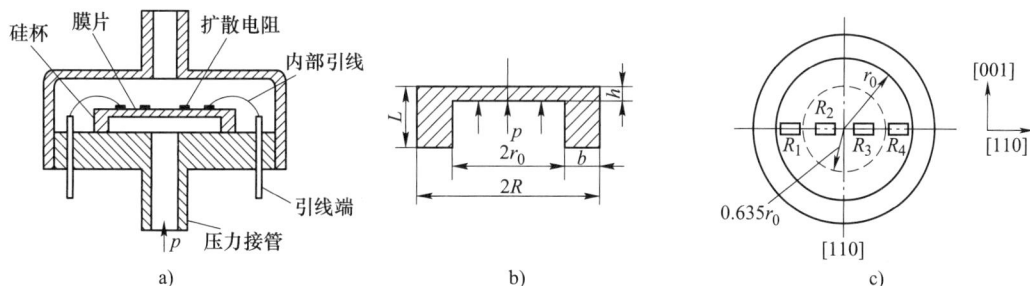

图 3-16　压阻式压力传感器

压阻式压力传感器的工作原理：当压力 p 均匀作用在周边固定的圆形硅膜片上时，膜片产生应力和应变，扩散在膜片上的电阻由于压阻效应产生相应的电阻变化。

膜片上的应力分布为

$$\begin{cases} \sigma_r = \dfrac{3p}{8h^2}[(1+\mu)r_0^2 - (3+\mu)r^2] \\[2mm] \sigma_t = \dfrac{3p}{8h^2}[(1+\mu)r_0^2 - (1+3\mu)r^2] \end{cases} \tag{3-27}$$

57

式中，μ 为硅材料的泊松比，$\mu = 0.35$；r_0、r、h 分别为硅膜片的有效半径、计算半径和厚度；σ_r、σ_t 分别为硅膜片的径向应变和切向应变。

当 $r = 0.635r_0$ 时，$\sigma_r = 0$；当 $r < 0.635r_0$ 时，$\sigma_r > 0$；当 $r > 0.635r_0$ 时，$\sigma_r < 0$。

在 $r = 0.635r_0$ 的内、外适当位置，扩散制作 4 个径向应变电阻，使其所处位置的应力相等，内、外应变电阻处应力极性相反，如图 3-16c 所示。对于［110］晶向，其横向为［001］，压阻系数

$$\pi_L = \pi_{44}/2, \quad \pi_T = 0$$

因此有

$$\left(\frac{\Delta R}{R}\right)_i = \frac{\pi_{44}}{2}\overline{\sigma}_{ri}; \quad \left(\frac{\Delta R}{R}\right)_o = -\frac{\pi_{44}}{2}\overline{\sigma}_{ro}$$

式中，$\overline{\sigma}_{ri}$、$\overline{\sigma}_{ro}$ 分别为内、外应变电阻受径向应力的平均值；$(\Delta R/R)_i$、$(\Delta R/R)_o$ 分别为内、外应变电阻阻值的相对变化。

当 $(\Delta R/R)_i = -(\Delta R/R)_o = \Delta R/R$ 时，便可组成差动电桥电路，电桥输出为

$$U_o = U_i \frac{\Delta R}{R} = U_i \frac{\pi_{44}}{2}\overline{\sigma}_r = \frac{\pi_{44}}{2}U_i \frac{3p}{8h^2}[(1+\mu)r_0^2 - (3+\mu)r^2] \propto p \tag{3-28}$$

可见电桥输出电压与膜片所受压力成线性对应关系。

图 3-17 是扩散硅压力变送器的测量电路原理图。由应变桥路、恒流源、输出放大及电压-电流（V/I）转换电路等组成，构成两线制差压变送器。测量电路由 24V 直流电源供电，其电源电流 I_o 就是输出信号，$I_o = 4 \sim 20\text{mA}$。

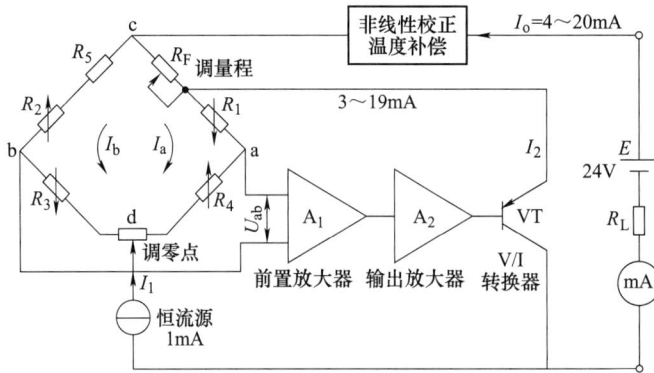

图 3-17 扩散硅压力变送器测量电路图

电桥由电流 I_1 为 1mA 的恒流源供电。硅杯未承受负荷时，$p = 0$，$R_1 = R_2 = R_3 = R_4$，$I_a = I_b = 0.5\text{mA}$。此时，流过 VT 的零点电流 I_{20} 为 3mA，适当选择 R_F、R_5，使 a、b 两点电位相等，即 $U_{cb} = U_{ca}$，集成运算放大器输入电压 $U_{ab} = 0$，电桥处于平衡状态。

$$I_b(R_2 + R_5) = I_a(R_1 + R_F) + I_{20}R_F \tag{3-29}$$

硅杯受压时，R_2 增大，R_1 减小，U_{ca} 减小，U_{cb} 增大。$U_{ab} = U_{cb} - U_{ca} > 0$。经两级放大器、VT 放大，$I_2$ 增大。R_F 上反馈电压 U_F 增加，导致 U_{ca} 增加，直至 $U_{ac} \approx U_{bc}$（由于两级放大器放大倍数很大，U_{ab} 极小，接近于零），如果各扩散电阻的变化 ΔR 相同，则

$$I_a(R_1 - \Delta R + R_F) + I_2 R_F = I_b(R_2 + \Delta R + R_5) \tag{3-30}$$

$$I_2 = \frac{\Delta R}{R_F}I_1 + 3 \tag{3-31}$$

由式（3-31）可见，I_2 随应变电阻的改变线性正比变化。在被测压差量程范围内，$I_2 = 3 \sim 19\text{mA}$。总的输出电流 $I_o = I_1 + I_2$，在 $4 \sim 20\text{mA}$ 范围内变化。

（4）厚膜陶瓷压力变送器 厚膜陶瓷压力变送器芯体如图 3-18 所示。采用氧化铝陶瓷膜片作为敏感元件，粘接在陶瓷基片上，利用厚膜微电子技术将一种特殊的压阻材料印刷烧结在陶瓷膜片上组成电桥。敏感芯片组成一个刚性固态压阻传感器。

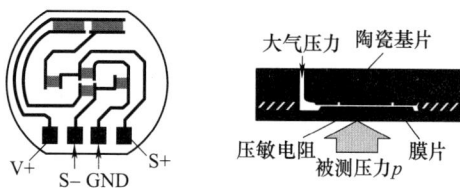

图 3-18 厚膜陶瓷压力变送器芯体示意图

被测介质的压力作用于陶瓷膜片上，使膜片产生与介质压力成正比的微小位移，利用厚膜电阻的压阻效应，陶瓷膜片上的压敏电阻发生变化，经电子线路检测这一变化后，转换成对应的标准信号（$4 \sim 20\text{mA}$）输出。

厚膜电阻由激光补偿修正，内置微处理器按预定程序自动测试，并保证了其零位、满度和温度特性。厚膜陶瓷压力传感器采用特种陶瓷膜片，具有高弹性、抗腐蚀、抗冲击、抗振动、热膨胀微小的优异特性，不需填充油，受温度影响小。

转换部分电路及原理与扩散硅压力变送器相同。

（5）特点与主要性能指标

1）特点：压阻式压力传感器实现了压力感测、压力传递、电转换由同一元件（膜片）实现，无中间转换环节、无机械磨损、无疲劳、无老化，平均无故障时间长、性能稳定、可靠性高、寿命长，安装位置不影响零点。

由于硅、陶瓷膜片形变小、线性好，扩散电阻感压灵敏度高、信号输出大，变送器灵敏度高、精度高、重复性和迟滞误差很小。

现代压阻式压力传感器采用激光调阻和补偿技术，实现满量程温度自补偿。这使变送器的零位和满度温漂达到了较高的水准，拓宽了使用温区。在 $-20 \sim 70℃$ 范围内，变化量不超过 $\pm 0.02\%/℃$。

压阻式压力变送器具有低电流、低电压、低功耗的特点，属于本质安全防爆型产品，适合在易爆的危险领域和场所使用。

转换电路一般有防雷击、抗干扰、抗过载、反极性保护等保护手段，具有高可靠性与抗干扰性能，完全能满足一般工业现场测量和控制的需要。

2）主要性能指标如下：

① 测量范围：$-0.1 \sim 60\text{MPa}$；允许过载为额定工作压力的 $1.5 \sim 2$ 倍。

② 基本误差：一般为 $0.1\% \sim 0.5\%$ FS；灵敏限为 0.02% FS；稳定性不超过 $\pm 0.1\%$ FS/年。

③ 二线制电源：DC 24V（允许 DC 12~40V）；输出为 DC 4~20mA。

④ 允许负载电阻：$0 \sim 750\Omega$。

⑤ 工作温度：$-20 \sim 85℃$；环境湿度：$0\% \sim 100\%$RH。

⑥ 测量介质：液体、气体或蒸汽。

（6）压力变送器接线 接线时，拧下后盖，将引线电缆从接线孔、橡胶密封件中穿过后，将电缆线芯剥去绝缘皮、刮去氧化铜锈、压上线鼻后，用端子螺钉压紧到标注有"OUT"或"24V"侧的"+""−"两个端子上，如图 3-19 所示。另外两个标注"TEST"的端子用于连接测试用的指示表，其上的电流和信号端子上的电流一样，都是 DC 4~20mA。

接线时不要将电源信号线接到测试端子，否则电源会烧坏连接在测试端子的二极管。如果二极管被烧坏，需换上二极管或短接两测试端子，变送器便可正常工作。

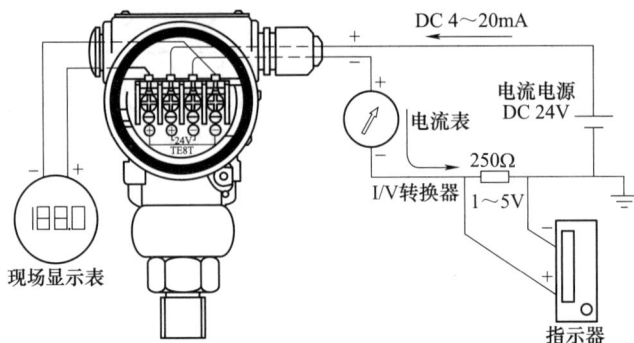

图 3-19　压力变送器接线

（7）调校　变送器出厂前根据用户需求，量程、精度均已调到最佳状态，无须重新调整。变送器在安装投产之前或装置检修时都要对变送器进行校验。在存放期超过一年或长时间运行后，出现大于精度范围的误差时，都要进行调校。

压力变送器校验时需要 DC 24V 稳压电源、$4\frac{1}{2}$ 位数字电压（电流）表、250Ω 标准电阻、压力校验仪（标准活塞压力计、高精度数字压力计）等标准仪器。

连接压力变送器与压力校验仪，连接稳压电源、电流表与压力变送器信号输出端子，接通电源，稳定 5min 即可通压测试。

用压力校验仪给变送器输入零位时的压力信号，若变送器零位压力为零（表压），则把变送器直接与大气相通。此时变送器输出电流为 4.00mA，若不等于此值，可通过调整零位电位器改变。

用压力校验仪给变送器输入满量程压力信号，变送器输出 20.00mA，若不等于此值，可改变量程电位器调整。零点和量程调整会有相互影响，需要反复调整零点、满量程多次，才能达到要求。

调零电位器和调量程电位器的位置对于各厂家的压力变送器有所不同，一般位于电路板上，有的延伸到表外，不用开盖即可调整。

3.2.5　电容式差压计

比较典型的电容式差压变送器是 1151 系列，结构如图 3-20 所示，由检测部分和转换部分组成。检测部分将被测的压力差经差动电容膜盒转换为电容量的变化，转换部分将电容的变化量转换放大成 4~20mA 标准电流信号输出。

电容式差压计在生产自动化过程中广泛用于压力（差压）、液位、流量等工程量的测量。

1. 结构原理

（1）检测部分　变送器检测部分主要由正、负压室压盖和差动电容膜盒连接而成。检测部分的核心是差动电容膜盒，如图 3-20 所示。

基座 2、3 内嵌一对柱形绝缘玻璃体 5，其球冠形表面镀金，形成电容的固定电极。中

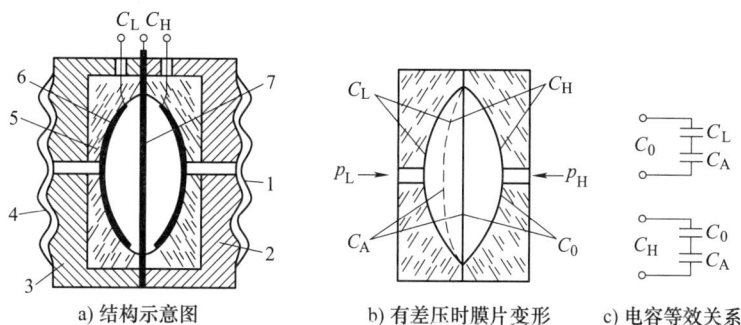

图 3-20 两室结构的电容式差压变送器

1、4—波纹隔离膜片 2、3—基座 5—玻璃体 6—金属测量膜片 7—弹性测量膜片

间夹一金属测量膜片 7，作为电容的可动电极板。基座两边分别焊接波纹隔离膜片 1、4 将基座密封，内充工作液（硅油）。

可动电极和固定电极构成的两个电容器的电容量可以近似表示为

$$C = \frac{\varepsilon A}{d} \tag{3-32}$$

式中，A 为极板截面积；ε 为极板间介质（硅油）的介电常数；d 为极板间距离。

工作时测量膜片和两边固定电极分别形成高、低压侧电容 C_H 和 C_L。高、低压力 p_H、p_L 通过波纹隔离膜片、硅油传递到测量膜片上，使测量膜片向低压侧凸起，从而使高压侧电容极板间距增大 Δd，电容 C_H 减小，低压侧电容极板间距减小 Δd，电容 C_L 增大。这一电容量变化经引出线送往变送部分转换、放大，最终变换为 DC 4~20mA 信号输出。

由于膜片位移量很小，可近似认为 $\Delta p (= p_H - p_L)$ 与 Δd 成比例变化，即

$$\Delta d = K_1 \Delta p \tag{3-33}$$

式中，K_1 为比例系数。

$$C_L = \frac{\varepsilon A}{d_0 - \Delta d}, \quad C_H = \frac{\varepsilon A}{d_0 + \Delta d} \tag{3-34}$$

$$\frac{C_L - C_H}{C_L + C_H} = \frac{\Delta d}{d_0} = \frac{K_1}{d_0} \Delta p = K \Delta p \tag{3-35}$$

式中，d_0 为测量膜片两边无压差（$p_H = p_L$）时，高、低压侧电容 C_H 和 C_L 的极板间距离；K 为比例系数（$K = K_1/d_0$）。式（3-35）说明差动电容之差正比于压差。

电容式差压计的检测原理见富媒体学习课件。

（2）转换部分 转换部分框图如图 3-21 所示。

差动电容由高频振荡器供电，两个电容量变化被转换为电流变化，有

$$i_1 = \omega e C_H, \quad i_2 = \omega e C_L \tag{3-36}$$

式中，ω 为振荡角频率；e 为振荡器激励电压。

当被测压差 Δp 增加，使 C_H 减小、C_L 增加时，i_2 减小、i_1 增加。经解调器相敏整流后输出两个电流信号：一个是 $I_i = i_1 - i_2$，为差动信号；另一个是 $I_{CM} = i_1 + i_2$，为共模信号。

I_i 与被测差压成正比，经电流放大器放大成 DC 4~20mA 输出。

I_{CM} 通过标准电阻产生的电压，与基准电压比较；以反馈控制振荡器的供电电压，使得

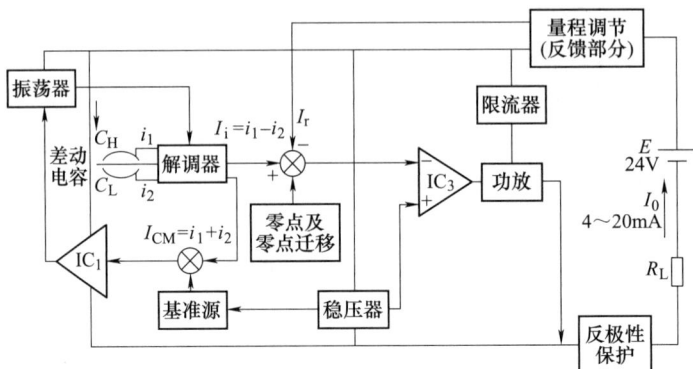

图 3-21 电容式差压变送器的结构框图

I_{CM} 保持不变，可以消除振荡器电源电压波动造成的干扰。

$$I_{CM} = i_1 + i_2 = \omega e(C_L + C_H) \tag{3-37}$$

$$I_i = i_1 - i_2 = \omega e(C_L - C_H) \tag{3-38}$$

解出

$$I_i = i_1 - i_2 = \frac{C_L - C_H}{C_L + C_H} I_{CM} = I_{CM} K \Delta p \tag{3-39}$$

经零点电流调节、量程调节反馈电流综合后，放大成变送器的 4~20mA 电流（I_o）输出。

2. 特点与性能

电容式差压变送器结构紧凑、抗振性好、准确度高、可靠性好。由于变送器采用集成放大器件和现代电子工艺，参数调整通过电路完成，零点、量程、线性、阻尼调整简单方便，广泛应用于生产过程中各种液体、气体和蒸汽等工艺介质的压力、液位、流量测量系统中。

主要性能指标如下：

1）测量范围：0~0.1kPa~40MPa；允许过载：额定工作压力的 1.5~2 倍。

2）准确度：0.2%、0.5%。

3）输出信号：DC 4~20mA，二线制电源，DC 24V（允许 DC 12~45V）。

4）指示表：指针式线性指示 0~100% 刻度或 LCD 液晶式显示。

5）工作温度：-30~85℃；工作压力：4MPa、10MPa、25MPa、32MPa；湿度：5%~95%。

3. 差压变送器的接线

差压变送器一般采用二线制接线方法，接线方法与压阻式压力变送器相似。DC 24V 的正、负端接到变送器标注有 "SIGNAL" 或 "24V" 侧的 "+" "-" 两个端子上。另外两个标注 "TEST" 的端子用于连接测试用的指示表，其上的电流和信号端子上的电流一样，都是 DC 4~20mA。

注意：不要把电源-信号线接到测试端子上，防止内部保护二极管击穿。

连接变送器的信号电缆一般选用屏蔽电缆。接线时，统一在控制室接地。为了防止屏蔽电缆两端接地，失去屏蔽抗干扰效果，变送器侧屏蔽电缆一般采取绝缘浮空方法，不接地。变送器外壳可接地，也可不接地。

4. 差压变送器应用与维护

差压变送器的应用与维护应注意以下几点：

1）切勿将220V交流电压加到变送器上，以避免导致变送器损坏。

2）切勿用硬物碰触膜片，以避免导致隔离膜片损坏。

3）被测介质不允许结冰，否则将损伤变送器隔离膜片，导致变送器损坏。必要时需对变送器进行保温伴热，以防结冰。

4）在测量蒸汽或其他高温介质时，其温度不应超过变送器使用时的极限温度，否则必须使用散热管、凝液罐等隔离装置，以防过热蒸汽直接与变送器接触而损坏变送器。

5）开始使用前，如果阀门是关闭的，则应该非常小心、缓慢地打开阀门，以免被测介质直接冲击变送器膜片而使其损坏。

5. 差压变送器的调校

差压变送器的调校方法与压阻式压力变送器相似，但为了调节方便，一般把零点、量程调节电位器调节螺钉置于表壳外的铭牌下，有的制成按钮或磁性耦合按钮，方便不开盖调整。通常调零位置标"Z"或"Zero"，调量程位置标"S"或"SPAN"。

3.2.6 智能型压力（差压）变送器

智能型变送器将专用的微处理器植入变送器，利用计算机技术及数字通信技术，使变送器具备逻辑判断、数字计算和通信能力。智能变送器功能增加，性能提高，使用更加灵活。

目前智能变送器有总线型数字式智能变送器和混合式智能变送器两类。

全数字智能变送器输出数字编码信号，按照规范的通信协议，与现场测控仪表、远程监控计算机之间实现数据交换。多台现场仪表可以用一条双绞线连接成网络，进行数据传输。它改变了以往采用电流、电压模拟信号进行一对一传输，线缆多、抗干扰能力差的缺点，提高了信号的测控和传输精度。目前使用的通信协议主要有FF、CAN、LonWorks、PROFIBUS等。

HART通信方式混合式智能变送器在我国得到了较为广泛的应用。HART通信协议，在DC 4~20mA的模拟信号上叠加幅度为0.5mA的正弦调制信号，用1200Hz正弦调制信号代表逻辑"1"，2200Hz正弦调制信号代表逻辑"0"。由于叠加的正弦信号平均值为零，所以对模拟信号没有影响。连接模式有一台主机对一台变送器或一台主机对多台变送器（这时不能使用4~20mA信号，只能通过数字信号通信）。由于每台变送器都有一个唯一的编号，所以通过主机或手持操作器能分别同各台变送器通信。

1. 典型结构

目前智能差压变送器的种类较多，结构也各有差异。智能差压变送器的典型组成框图如图3-22所示。

智能差压变送器的检测元件采用高精度的电容式传感器，其工作原理与模拟式电容差压变送器相同，但智能差压变送器传感膜头上设置一内存器，其内存储了电容膜盒制造信息（制造商、类型、材料、序列号、测量上下限等）、差压-输出关系、温度补偿修正关系等数据。另外，膜头上还配置了温度变送器，用来补偿温度误差。两个变送器的信号通过A/D转换器转换为数字信号送到微处理器，完成对输入信号的线性化、温度补偿、数字通信、自诊断等处理后，经过数/模（D/A）转换器转换得到一个与输入差压相对应的4~20mA直流电流输出。数字通信模块将HART数字信号叠加到模拟电流信号上

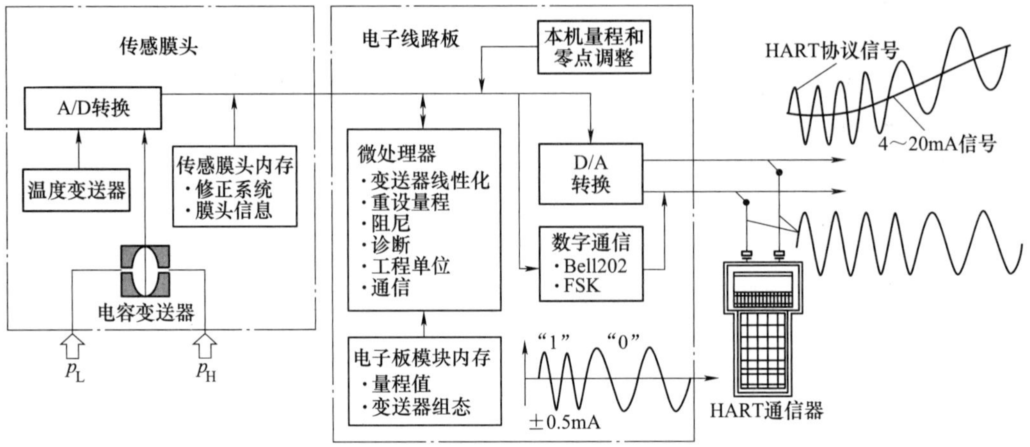

图 3-22　3051C 型智能差压变送器原理框图

输出。

2. 特点

1）测量精度高，可达 0.1 级，且性能稳定、可靠、响应快。

2）具有温度、静压补偿功能，以保证仪表的精度。

3）具有较大的量程比（20∶1 至 100∶1）和较宽的零点迁移范围。

4）输出模拟、数字混合信号或全数字信号（支持现场总线通信协议）。

5）除有检测功能外，还具有计算、显示、报警、控制、诊断等功能，与智能执行器配合使用，可就地构成控制电路。

6）利用手持通信器或其他组态工具可以对变送器进行远程组态。

3. 安装与应用

智能差压变送器的安装与前述电容式差压变送器安装相同。由于智能差压变送器具有丰富的数据处理能力，因此仪表功能多样，调整起来也比较方便。

3.2.7　压力测量仪表的选用

压力检测仪表的选用是一项重要工作，如果选用不当，不仅不能正确、及时地反映被测对象压力的变化，还可能引起事故。选用时应根据生产工艺对压力检测的要求、被测介质的特性、现场使用的环境等条件，本着经济的原则合理地考虑仪表的量程、准确度等级、类型等。

1. 量程的选择

仪表的量程是指该仪表可按规定的准确度对被测量进行测量的范围，它根据操作中需要测量的参数的大小来确定。为了保证敏感元件能在其安全的范围内可靠地工作，也考虑到被测对象可能发生的异常超压情况，对仪表的量程选择必须留有足够的余地。

在被测压力较稳定的情况下，最大工作压力不应超过仪表满量程的 3/4；在被测压力波动较大或测脉动压力时，最大工作压力不应超过仪表满量程的 2/3；在测量高压压力时，最大工作压力不应超过仪表满量程的 3/5。为了保证测量准确度，最小工作压力不应低于满量程的 1/3。如图 3-23 所示。当被测压力变化范围大，最大和最小工作压力可能不能同时满足上述要求时，选择仪表量程应首先要满足最大工作压力条件。

根据被测压力计算得到仪表上、下限后，还不能以此直接作为仪表的量程，目前我国出厂的压力（包括差压）检测仪表有统一的量程系列：-0.1~（0、0.06、0.15）MPa；0~（1.0、1.6、2.5、4.0、6.0、10）×10^nkPa（n为自然数，可正、可负）6个系列。因此，在选用仪表量程时，应采用相应规程或者标准中的数值。

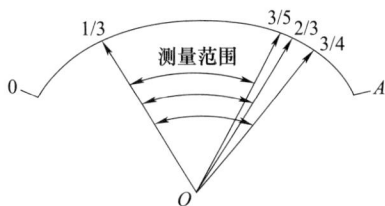

图 3-23　压力表量程选择示意图

2. 准确度等级的选择

压力检测仪表的准确度等级主要根据生产允许的最大误差来确定，即选用仪表的基本误差应小于要求实际被测压力允许的最大绝对误差。另外，准确度等级的选择要以经济、实用为原则，只要测量准确度能满足生产的要求，就不必追求用过高准确度等级的仪表。压力表的准确度等级略有不同，主要有：0.01、0.02、0.05、0.1、0.16、0.25、0.4、0.5、1.0、1.5、2.5、4.0等。一般工业用1.5、2.5级已足够，在科研、精密测量和校验压力表时，则需用0.25级以上的精密压力表、标准压力表或标准活塞式压力计。

常用压力表规格及型号见附录表A-2。

例 3-4　有一压力容器在正常工作时压力范围为0.4~0.6MPa，要求使用弹簧管压力表进行检测，并使测量误差不大于被测压力的4%，试确定该表的量程和准确度等级。

解： 由题意可知，被测对象的压力比较稳定，设弹簧管压力表的量程为A，则根据最大、最小工作压力与量程关系，有

$$A > 0.6\text{MPa} \div \frac{3}{4} = 0.8\text{MPa}, \ A < 0.4\text{MPa} \div \frac{1}{3} = 1.2\text{MPa}$$

根据仪表的量程系列，可选用量程范围为0~1.0MPa的弹簧管压力表。

根据题意，被测压力的允许最大绝对误差为

$$\Delta_{\max} = 0.4\text{MPa} \times 4\% = 0.016\text{MPa}$$

这就要求所选仪表的相对百分误差为

$$\delta_{\max} = \frac{0.016}{1.0 - 0} \times 100\% = 1.6\%$$

按照仪表的准确度等级，可选择1.5级的压力表。

3. 仪表类型的选择

根据工艺要求正确选用仪表类型是保证仪表正常工作及安全生产的主要前提。压力检测仪表类型的选择主要应考虑以下几个方面。

（1）使用环境和介质性能的考虑　压力检测的特点是压力敏感元件往往要与被测介质直接接触，因此在选择仪表类型的时候要综合考虑仪表的工作条件。

1）腐蚀性稀硝酸、乙酸、氨类及其他一般腐蚀介质，用耐酸压力表、精密压力表、氨用压力表、不锈钢为膜片的膜片压力表。

2）易结晶、黏性强时，用膜片压力表。

3）爆炸性环境、远传和带调节采用气动仪表，用电动仪表时需用防爆型。

4）机械振动强的场合需用船用压力表。测脉动压力时需装螺旋形减振器和阻尼阀。

5）带粉尘气体的测量需装除尘器。

6）强腐蚀性含固体颗粒、黏稠液的介质，以及稀盐酸、盐酸气、重油类及其他类似介

65

质可用吹气法、冲液法或制造隔离膜盒和充隔离液测量。用于测量温度高于80℃的蒸汽或介质的压力表需装螺旋形或U形弯管。

（2）仪表的输出信号　对于只需要观察压力变化的情况，应选用如弹簧管压力表甚至液柱式压力计那样的直接指示型的仪表；若需将压力信号远传到控制室或其他电动仪表，则可选用电气式压力检测仪表或其他具有电信号输出的仪表；如果控制系统要求能进行数字量通信，则可选用智能式压力检测仪表。

（3）仪表的使用环境　对爆炸性较强的环境，应选择防爆型压力仪表；对于温度特别高或特别低的环境，应选择温度系数小的敏感元件以及其他变换元件。

事实上，上述压力表选型的原则也适用于差压、流量、液位等其他检测仪表的选型。

4. 工艺要求

对于现场指示，在0.06MPa以下非危险性介质的压力、真空、差压测定时，用玻璃管压力计或膜盒式微压计；0.06MPa以上用一般弹簧管压力表、真空表、双管双针压力表、波纹管压力计。

对于远距离指示，需要就地指示的用远传压力表，不需要就地指示的可用压力变送器。

信号报警及联锁与位式调节选用电接点压力表、压力继电器、压力调节器。

科研积累数据或易出事故场所及车间经济核算总结和累计备查（如蒸汽压力）时用记录式压力表。

5. 仪表外形的选择

在经济、实用基础上应考虑便于安装、美观。一般盘装宜用矩形压力表，多圈螺旋管压力表、波纹管压力表，与远传压力表和压力变送器配用的二次表，轴向有边（尾注ZT型）或径向有边（尾注T型）的弹簧管压力表（ZT型常用，T型不常用）。盘装时弹簧管压力表直径为ϕ150mm。

6. 现场安装

几乎所有压力表均可用于现场安装。弹簧管压力表用表面直径100mm的；照明条件差、标高较高、示值不容易看清楚的场合，用表面直径200~250mm的。

压力计安装的基本要求：保证测压准确，工作安全、可靠，使用、维护方便。

7. 压力调节系统的选用

压力调节系统可选用位移平衡式仪表，也可选用压力变送器与单元组合二次仪表配套使用。位移平衡式仪表一般作为基地式指示（或记录）调节，具有结构简单，价格便宜，安装、维护方便等特点。对在仪表室内不需要观察工艺参数的调节系统一般推荐选用此类仪表。压力变送器与单元组合二次仪表组成的调节系统用于仪表室内需要观察工艺参数的调节系统。对-0.1~0.2MPa范围内的压力需高灵敏度测量时，可用差压变送器代替压力变送器。

3.3　流量检测及仪表

3.3.1　概述

流量测量是指导生产操作、监控设备运行、确保安全和优质生产的需要，也是进行产量评定和经济核算的需要。由于被测流体的体积和密度都是随温度和压力而变化的，所以各国都规定了计量的标准条件。我国规定的标准条件是：温度为 20℃，压力为 101.325kPa。实际计量时，应将工作状态下的体积换算为标准条件下的体积值。

随着石油、化工等生产工艺日趋复杂和生产自动化水平不断提高，对生产过程的控制已由运行稳定为主要目的，发展到现在所要求的最佳化控制。为此，对流量测量和控制提出了更新、更多和更高的要求，如大口径流量、微小流量的检测；高温介质、低温介质流量的检测；高黏度介质、强腐蚀介质流量的检测；粉料、黏污介质的检测；脉动流、多相流检测等。为适应不同发展的要求，一些新的流量检测原理和技术、新型流量仪表相继诞生。

介质流量是控制生产过程和经济核算的重要参数。

流量指单位时间内通过管道某一截面的流体的数量大小。流量即瞬时流量，可用体积、质量等表示。体积流量用 Q 表示，质量流量用 M 表示。体积流量与质量流量间的关系为

$$M = \rho Q \ \text{或} \ Q = M/\rho \tag{3-40}$$

式中，ρ 为流体介质的密度。

流体总量是时间累积流量，即

$$Q_{总} = \int_0^t Q \mathrm{d}t; \ M_{总} = \int_0^t M \mathrm{d}t \tag{3-41}$$

流量单位有 m^3/h、L/min、t/h、kg/h、kg/s 等。

流量计用于测流体流量；计量表用于测流体总量。

3.3.2 差压式流量计

差压式流量计是利用流体节流原理测量流量的一种流量计，广泛应用于气体、蒸汽、液体流量的检测。差压式流量计具有检测方法简单、没有可动部件、工作可靠、适应性强、可不经实流标定就能保证一定精度等优点。基本结构如图 3-24 所示。

图 3-24 差压式流量计基本结构

1. 节流现象与流量基本方程式

（1）节流现象 流体在有节流装置的管道中流动时，在节流装置前后的管壁处，流体的静压力产生差异（Δp）的现象，称为节流现象，如图 3-25 所示。Δp 随节流装置前后取压点的位置略有不同。

（2）节流装置 管道中使流体产生局部收缩的元件称为节流装置，节流件分为标准和非标准两种。标准节流件包括标准孔板、标准喷嘴和标准文丘里管，如图 3-26 所示。标准化的节流件，在设计计算时有统一的标准，可以直接按照标准加工、安装和使用，不需进行标定。

对非标准节流件，如双重孔板、偏心孔板、圆缺孔板、1/4 圆缺喷嘴等，可以利用已有的实验数据进行估算，但必须用实验方法标定。非标准节流件主要用于特殊介质或特殊工况条件下的流量测量。

本书主要以标准孔板为例介绍差压式流量计的测量原理和实现方法。

（3）流量基本方程式 利用伯努利方程和流体连续性方程，可以推导出流量基本方程：

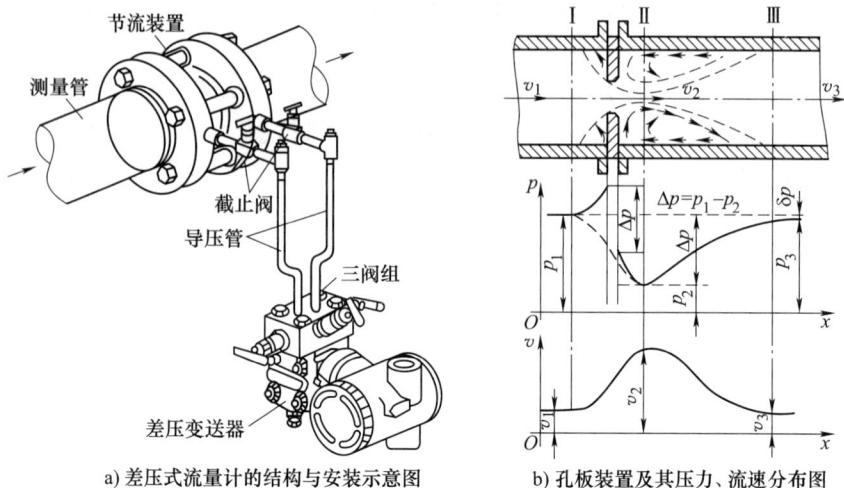

a) 差压式流量计的结构与安装示意图　　　b) 孔板装置及其压力、流速分布图

图 3-25　差压式流量计结构原理图

注：图 3-25b 中压力分布曲线中的实线为管壁处压力，虚线为管道中心处静压力。

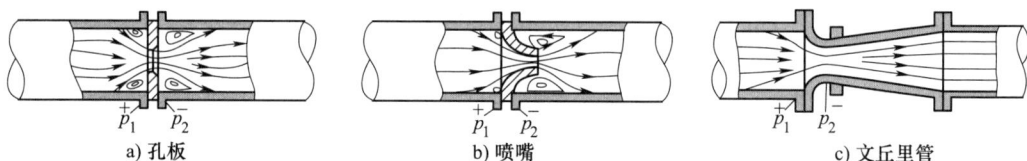

a) 孔板　　　　　　b) 喷嘴　　　　　　c) 文丘里管

图 3-26　标准节流装置

$$Q = \alpha \varepsilon F_0 \sqrt{\frac{2}{\rho_1} \Delta p} \qquad (3\text{-}42)$$

$$M = \alpha \varepsilon F_0 \sqrt{2 \rho_1 \Delta p} \qquad (3\text{-}43)$$

式中，α 为流量系数（标准节流装置，查询相关流量计检定规程表格；非标准节流装置，实验测定）；ε 为膨胀校正系数，不可压缩流体的 $\varepsilon = 1$；F_0 为节流件开孔截面积；ρ_1 为节流件前流体密度；Δp 为节流件前后压差（推导过程见富媒体学习课件）。

2. 标准节流装置

（1）节流装置的"标准化"　包括节流件的结构、尺寸、加工要求，取压装置和取压方法，前后直管段，使用条件等都标准化。

图 3-27 所示的标准孔板，其孔径比 $\beta = d/D$ 应在 $0.2 \sim 0.75$ 之间，且 d 不小于 $12.5\mathrm{mm}$；直孔厚度 h 应在 $0.005D \sim 0.02D$ 之间，孔板的总厚度 H 应在 $h \sim 0.05D$ 之间；圆锥面的斜角 α 应在 $30° \sim 45°$ 之间，等。标准喷嘴和标准文丘里管的结构参数的规定可以查阅相关的设计手册。

（2）取压方式　由基本流量方程可知，节流件前后差压 Δp 是节流式流量计计算流量的关键参数。Δp 的数值不仅与流体的流量有关还取决于不同的取压方式。我国规定标准的取压方式有角接取压、法兰取压和 $D\text{-}D/2$ 取压。

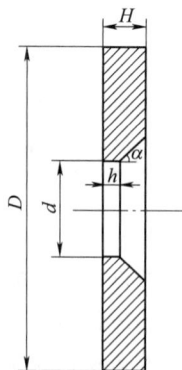

图 3-27　孔板断面示意

环室取压：用于 $p<6.4\mathrm{MPa}$，$D=50\sim520\mathrm{mm}$，取压孔径 $=4\sim10\mathrm{mm}$

角接取压

单独钻孔取压：用于 $p<2.5\mathrm{MPa}$，$D=50\sim100\mathrm{mm}$，取压孔径 $=1\sim10\mathrm{mm}$

标准孔板 —— 法兰取压：取压点上下游取压孔轴线与上下游孔板端面距离 $=25.4\pm0.8\mathrm{mm}$

取压孔径 $=6\sim12\mathrm{mm}$

$D\text{-}D/2$ 取压：上下游取压口轴线与上下游孔板端面距离分别为 D 为 $D/2$（D 为管道直径）

标准喷嘴，采用角接取压。角接取压如图 3-28 所示。差压信号由导压管引出，并传递到相应的差压计进行测量。

3. 差压式流量计的测量误差

差压流量计的测量误差较大（甚至高达 $10\%\sim20\%$），使用时应特别注意：合理选型，准确的设计计算和加工制造，正确安装、维护和符合使用条件应用。

误差原因及其解决方法如下：

1）被测流体工作状态的变动产生测量误差：重新设计计算、修正。

2）孔板入口边缘磨损，Δp 变小，产生测量误差：应经常检查、维修或更换。

图 3-28 角接取压方式

3）差压流量计安装不正确，产生测量误差：有堵塞、渗漏等。

（1）取压口的选择 差压流量计取压口的选择与被测介质的特性有很大关系，不同介质取压口的位置应符合图 3-29 所示的规定。

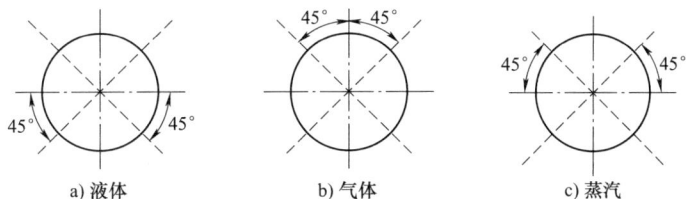

图 3-29 测量不同介质时取压口方位规定示意图

（2）引压管的安装 引压管要正确安装，防止堵塞与渗漏等。

1）测液体介质流量，取压口位于下半部，与水平线夹角应为 $0\sim45\text{℃}$，如图 3-29a 所示。引压管应垂直向下，而且在引压管的管路中应有排气装置，如果差压变送器只能安装在节流装置之上，则应加装贮气罐和放空阀，这样，即使有少量气泡，也不会影响对差压 Δp 的测量精度。安装方法如图 3-30a 所示。

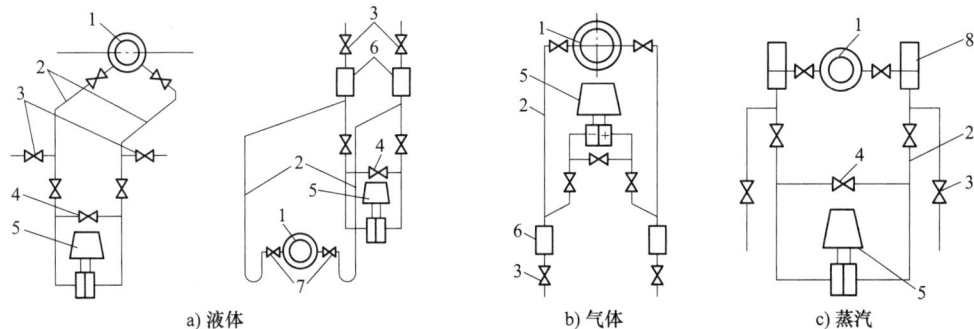

图 3-30 测量不同介质时引压管安装示意图

1—节流装置 2—引压管 3—放空阀 4—平衡阀 5—差压变送器 6—贮气（液）罐 7—切断阀 8—凝液罐

69

2）测气体流量，取压口位于上半部，如图 3-29b 所示。引压管最好垂直向上，如果差压变送器只能安装在节流装置之下，则必须安装贮液罐和排放阀，克服因滞留液对测量精度的影响，安装方法如图 3-30b 所示。

3）测蒸汽流量，取压口水平接出，如图 3-29c 所示。安装凝液罐，解决蒸汽冷凝液等液位问题，以消除冷凝液液位的高低对测量精度的影响，安装方法如图 3-30c 所示。

（3）差压变送器的安装　如图 3-31 所示，由引压管接至差压计或变送器前，必须安装切断阀 1、2 和平衡阀 3，构成三阀组。正确使用平衡阀，消除两切断阀不能同时开闭使差压计产生的附加差压误差。

（4）隔离罐的安装　测量腐蚀性流体流量时，应采取隔离措施，安装方法如图 3-32 所示。利用隔离罐中的隔离液将被测介质与感压弹性元件隔离，以防弹性元件被腐蚀。隔离液的密度 ρ_1' 大于或小于被测介质密度 ρ_1 时，隔离罐分别采用图 3-32a、b 所示的两种安装形式。

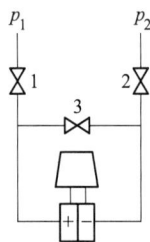

图 3-31　差压计三阀组安装示意图

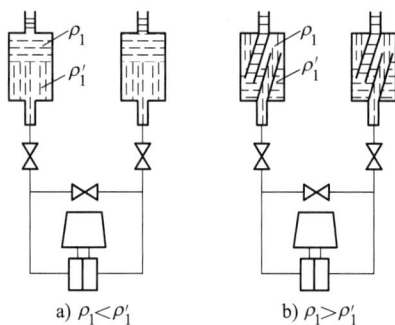

图 3-32　隔离罐的两种型式

3.3.3　转子流量计

转子流量计，又称为浮子流量计，适用于管径 $\phi < 50\text{mm}$ 的小流量流体流量的测量。转子流量计量程比一般可达到 10∶1。

1. 工作原理

转子流量计采用恒压降、变节流面积的测量方法。

结构：由从下往上逐渐扩大的锥形管和管中可随流体流量大小自由上、下运动的转子组成，如图3-33a 所示。

原理：转子平衡条件为

$$V(\rho_t - \rho_f)g = (p_1 - p_2)A$$

式中，V 为转子的体积；ρ_t 为转子材料的密度；ρ_f 为被测流体的密度；p_1、p_2 分别为转子前后流体的压力；A 为转子的最大横截面积；g 为重力加速度。

转子在锥形管中平衡位置的高度（h）与被测流体的流量（Q）大小相对应。

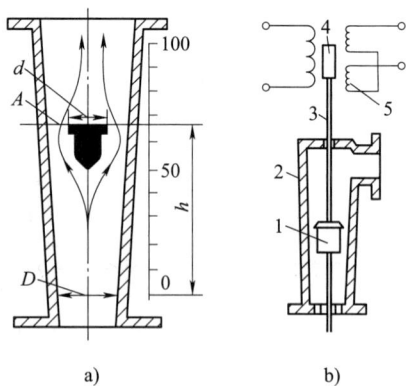

图 3-33　转子流量计结构示意图
1—转子　2—锥管　3—连动杆
4—铁心　5—差动变压器

$$\Delta p = p_1 - p_2 = \frac{V(\rho_t - \rho_f) g}{A} = \text{const}(恒量) \tag{3-44}$$

流量与锥形管同转子间间隙的面积 F_0 有关，而 F_0 又与转子浮起的高度 h 有关。流体的流量

$$Q = \phi h \sqrt{\frac{2}{\rho_f} \Delta p} = \phi h \sqrt{\frac{2gV(\rho_t - \rho_f)}{\rho_f A}} \tag{3-45}$$

$$M = \phi h \sqrt{2\rho_f \Delta p} = \phi h \sqrt{\frac{2gV(\rho_t - \rho_f) \rho_f}{A}} \tag{3-46}$$

式中，ϕ 为仪表常数；h 为转子浮起的高度。

2. 电远传式转子流量计

由前可见，转子流量计所测流体的流量 Q 与转子浮起的高度 h 有关，配上差动变压器，可以将高度 h 转换为电信号，构成电远传转子流量计，如图 3-33b 所示。

（1）流量变送器　二段式差动变压器的结构及电气原理如图 3-34 所示。基本原理如下：

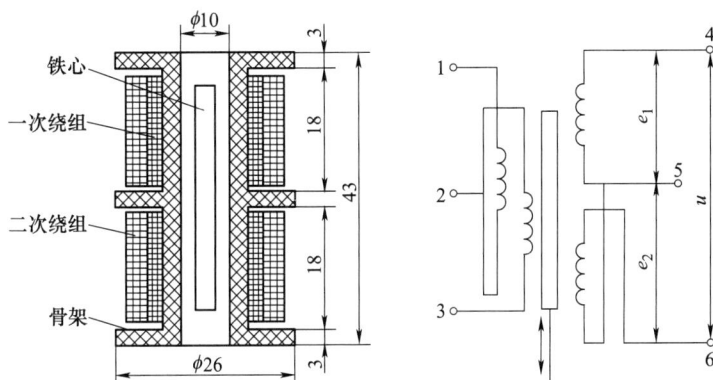

图 3-34　二段式差动变压器结构和电气原理

铁心处于差动变压器中间位置，$e_1 = e_2$，$u = e_1 - e_2 = 0$。

铁心向上位移，$e_1 > e_2$，$u = e_1 - e_2 \neq 0$，与 e_1 同位相。

铁心向下位移，$e_1 < e_2$，$u = e_1 - e_2 \neq 0$，与 e_2 同位相。

转子流量计的转子与差动变压器铁心相连（见图 3-33b、图 3-34），则可将转子的位置 h 转换为电压 u 输出。u 的大小和相位，由铁心相对于中间平衡位置的位移距离和方向决定。

（2）电动显示部分　LZD 电远传转子流量计原理如图 3-35 所示。转子上升，h 增大，T_1 中铁心上升，

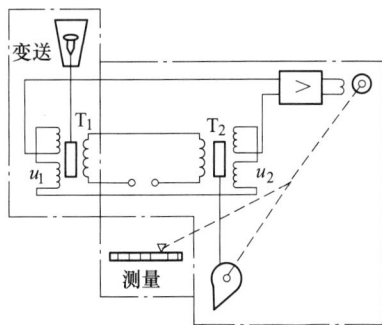

图 3-35　LZD 电远传转子流量计

输出 u_1 放大后显示位置，且带动 T_2 中铁心也上升，输出 u_2 去平衡 u_1，使放大器输入信号为零。

3. 转子流量计的指示值修正

转子流量计属于非标准化仪表。商品转子流量计，仪表厂家以工业基准状态（20℃，101.325kPa）下的水（对液体）或干空气（对气体）进行标定和刻度。测量其他条件下的各种不同介质，则需修正。

（1）液体流量测量时的修正　液体转子流量计是在常温下，用水来标定和刻度的。水标定刻度的流量（不锈钢转子）

$$Q_0 = \phi h \sqrt{\frac{2gV(\rho_t - \rho_w)}{\rho_w A}} \tag{3-47}$$

式中，ρ_w 为水的密度。若测量其他液体（密度 ρ_f）的流量，有

$$Q_f = \phi h \sqrt{\frac{2gV(\rho_t - \rho_f)}{\rho_f A}} \tag{3-48}$$

相同的 h，由于 $\rho_f \neq \rho_w$，则 $Q_f \neq Q_0$。测量时，读出转子高度 h，对应水标定的流量 Q_0，要获得其他被测液体的流量 Q_f，则需要修正。

$$\frac{Q_0}{Q_f} = \sqrt{\frac{(\rho_t - \rho_w)\rho_f}{(\rho_t - \rho_f)\rho_w}} = K_Q \tag{3-49}$$

式中，K_Q 为体积流量密度修正系数，$K_Q = \sqrt{\frac{(\rho_t - \rho_w)\rho_f}{(\rho_t - \rho_f)\rho_w}}$，当 $\rho_t = 7.9 \mathrm{g/cm^3}$（不锈钢转子），

$\rho_w = 1.0 \mathrm{g/cm^3}$ 时，$K_Q = \sqrt{\frac{6.9\rho_f}{7.9 - \rho_f}}$。

由此可得

$$Q_f = Q_0 / K_Q \tag{3-50}$$

（2）对于质量流量测量

$$\frac{Q_0}{M_f} = \sqrt{\frac{(\rho_t - \rho_w)}{(\rho_t - \rho_f)\rho_f \rho_w}} = K_M \tag{3-51}$$

式中，K_M 为质量流量密度修正系数，$K_M = \sqrt{\frac{(\rho_t - \rho_w)}{(\rho_t - \rho_f)\rho_f \rho_w}} = \sqrt{\frac{6.9}{(\rho_t - \rho_f)\rho_f}}$（当 $\rho_t = 7.9 \mathrm{g/cm^3}$，

$\rho_w = 1.0 \mathrm{g/cm^3}$ 时）；M_f 为被测流体的质量流量。

由此可得

$$M_f = Q_0 / K_M$$

（3）修正　当转子材料由标定时的不锈钢换为其他材料的转子时，由于转子材料密度的不同，同样需要进行指示值修正。

1）设其他转子材料的密度为 ρ_r，此时用水标定时的流量为

$$Q_{r0} = \phi h \sqrt{\frac{2gV(\rho_r - \rho_w)}{\rho_w A}} \tag{3-52}$$

与不锈钢转子用水标定时的流量相比

$$\frac{Q_0}{Q_{r0}} = \sqrt{\frac{(\rho_t - \rho_w)}{(\rho_r - \rho_w)}} = K_{rQ} \tag{3-53}$$

式中，K_{rQ} 为体积流量标定时转子密度修正系数，$K_{rQ} = \sqrt{\frac{(\rho_t - \rho_w)}{(\rho_r - \rho_w)}}$。

由此可得标定流量为

$$Q_{r0} = Q_0 / K_{rQ} \tag{3-54}$$

2）此时测其他液体的流量

$$Q_{rf} = \phi h \sqrt{\frac{2gV(\rho_r - \rho_f)}{\rho_f A}} \tag{3-55}$$

与 Q_{r0} 比较

$$\frac{Q_{r0}}{Q_{rf}} = \sqrt{\frac{(\rho_r - \rho_w)\rho_f}{(\rho_r - \rho_f)\rho_w}} = K_{fQ} \tag{3-56}$$

式中，K_{fQ} 为体积流量转子密度修正系数，$K_{fQ} = \sqrt{\frac{(\rho_r - \rho_w)\rho_f}{(\rho_r - \rho_f)\rho_w}}$。

由此可得

$$Q_{rf} = Q_{r0}/K_{fQ} \tag{3-57}$$

（4）气体流量测量时的修正　气体转子流量计是在工业基准状态下，用空气进行标定和刻度的。

对于非空气介质在不同于上述基准条件下测量时，需要进行修正。当测量时仪表的显示流量刻度为 Q_0 时，实际被测气体工作介质的流量为

$$Q_1 = \sqrt{\frac{\rho_0}{\rho_1}}\sqrt{\frac{p_1}{p_0}}\sqrt{\frac{T_0}{T_1}}Q_0 = \frac{1}{K_\rho}\frac{1}{K_P}\frac{1}{K_T}Q_0 = \frac{1}{K_Q}Q_0 \tag{3-58}$$

式中，Q_1 为被测介质的流量（N·m³/h）；Q_0 为按工业基准状态下标定的显示流量（N·m³/h）；ρ_0 为标定用介质空气在标准状态下的密度，$\rho_0 = 1.293\text{kg}/(\text{N·m}^3)$；$p_0$ 为工业基准状态下的绝对压力，$p_0 = 0.101325\text{MPa}$；T_0 为工业基准状态下的热力学温度，$T_0 = 293\text{K}$；ρ_1 为被测介质在标准状态下的密度 [kg/(N·m³)]；p_1 为被测介质的绝对压力（MPa）；T_1 为被测介质的热力学温度（K）；K_ρ 为密度修正系数；K_P 为压力修正系数；K_T 为温度修正系数；K_Q 为总流量修正系数，$K_Q = \sqrt{\frac{\rho_1 p_0 T_1}{\rho_0 p_1 T_0}}$。

3.3.4　椭圆齿轮流量计

椭圆齿轮流量计是属于容积式流量计的一种。容积式流量计，又称定排量流量计，简称PD 流量计，在流量仪表中是精度最高的一类。它利用机械测量元件把流体连续不断地分割成单个已知的体积部分，根据测量室逐次重复地充满和排放该体积部分流体的次数来测量流体体积总量。椭圆齿轮流量计对被测流体的黏度变化不敏感，特别适合于测量高黏度的流体（例如重油、聚乙烯醇、树脂等），甚至糊状物的流量。

1. 工作原理

椭圆齿轮流量计的测量部分是由两个相互啮合的椭圆形齿轮 A 和 B、轴及壳体组成。

椭圆齿轮与壳体之间形成测量室，如图 3-36 所示。

当流体流过椭圆齿轮流量计时，由于要克服阻力将会引起阻力损失，从而使进口侧压力 p_1 大于出口侧压力 p_2，在此压力差的作用下，产生作用力矩使椭圆齿轮连续转动。

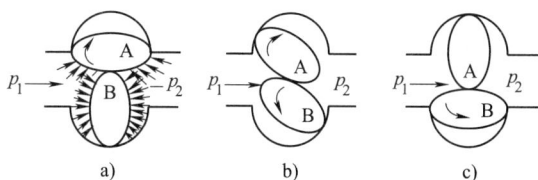

图 3-36　椭圆齿轮流量计结构原理

连续转动。在图 3-36a 所示的位置时，由于 $p_1 > p_2$，在 p_1 和 p_2 的作用下所产生的合力矩使轮 A 顺时针方向转动。这时 A 为主动轮，B 为从动轮。在图 3-36b 上所示为中间位置，根据力

的分析可知，此时 A 轮与 B 轮均为主动轮。当继续转至图 3-36c 所示位置时，p_1 和 p_2 作用在 A 轮上的合力矩为零，作用在 B 轮上的合力矩使 B 轮做逆时针方向转动，并把已吸入的半月形容积内的介质排出出口，这时 B 轮为主动轮，A 轮为从动轮，与图 3-36a 所示情况刚好相反。如此往复循环，A 轮和 B 轮互相交替地由一个带动另一个转动，并把被测介质以半月形容积为单位一次一次地由进口排至出口。显然，图 3-36a、b、c 仅仅表示椭圆齿轮转动了 1/4 周的情况，而其所排出的被测介质为一个半月形容积。所以，椭圆齿轮每转一周所排出的被测介质量为半月形容积的 4 倍。故通过椭圆齿轮流量计的体积流量 Q 为

$$Q = 4nV_0 \tag{3-59}$$

$$V_0 = \frac{\pi}{2}(R^2 - ab)\delta$$

式中，n 为椭圆齿轮的旋转速度；V_0 为半月形测量室容；R 为计量室半径；a、b 分别为椭圆齿轮的长半轴和短半轴；δ 为椭圆齿轮的厚度。

由式（3-59）可知，在椭圆齿轮流量计的半月形容积 V_0（或其结构参数）已定的条件下，只要测出椭圆齿轮的转速 n，便可知道被测介质的流量。

椭圆齿轮流量计的流量信号（即转速 n）的显示分就地显示和远传显示两种。配以一定的传动机构及积算机构，就可记录或指示被测介质的总量。

2. 使用特点

由于椭圆齿轮流量计是基于容积式测量原理的，与流体的黏度等性质无关。因此，特别适用于高黏度介质的流量测量。测量准确度等级较高，一般为 1.0～0.2 级，压力损失较小，安装使用也较方便。但是，在使用时要特别注意被测介质中不能含有固体颗粒，更不能夹杂机械物，否则会引起齿轮磨损以至损坏。为此，椭圆齿轮流量计的入口端必须加装过滤器。另外，椭圆齿轮流量计的使用温度有一定范围，温度过高，就有使齿轮发生卡死的可能。

椭圆齿轮流量计的结构复杂，加工制造较为困难，因而成本较高，如果因使用不当或使用时间过久，发生泄漏现象，就会引起较大的测量误差。

椭圆齿轮流量计的量程比一般为 10∶1。

3.3.5 刮板流量计

刮板流量计也属于容积式流量计，测量精度高、压降低、流量计前后端无需直管段、使用寿命长、适用于高黏度介质测量，主要用于连续或间断精密测量管道中流过的液体流量。

1. 刮板流量计的结构和工作原理

凸轮式刮板流量计主要由转子、凸轮、刮板、滚柱及壳体组成，如图 3-37 所示。壳体的内腔是一个圆形空筒。转子也是一个空心圆筒形物体，在筒壁上径向互为 90° 的位置开了 4 个槽。4 块刮板分别由两根连杆连接，相互垂直，在空间交叉，互不干扰。每块刮板的内侧各装有 1 个小滚柱，这 4 个小滚柱都紧靠在一个固定不动的凸轮上并沿凸轮边缘滚动，从而使刮板可以在槽内沿径向方向内外自由地滑动（伸出或缩进），如图 3-37a～c 所示。图 3-37d 是凸轮式刮板流量计外形。

凸轮式刮板流量计的工作原理可以用图 3-37 简单说明。

当流体通过流量计时，在流量计进、出口流体的压差（$p_1 > p_2$）的作用下，推动刮板并

带动转筒转动。旋转到图 3-37a 所示位置时，与凸轮 90° 大圆弧相对应。两对刮板所在位置处的壳体内腔较短，相邻两刮板 A 和 D 在滚子导引下，伸出转筒，并压向壳体内壁，形成一密封的"斗"空间（计量室），将进口的连续流体分隔出一个单元体积（V_0）。此时，刮板 C 和 B 则全部收缩到转子圆筒内。在流体压差的作用下，刮板和转子继续旋转到图 3-37b 所示位置时，由于刮板 A 沿着凸轮的大圆弧转动，因此刮板 A 并不滑动收缩仍为全部伸出状态，而刮板 D 则在凸轮控制下开始收缩，将计量室中的流体开始排向出口。在刮板 D 开始收缩的同时，刮板 B 开始伸出。当刮板和转筒旋转到图 3-37c 位置时，刮板 A 和转筒转了 90°，正好排出一个计量室的液体，并且在刮板 A 和后一相邻刮板 B 之间又形成密封空间，将进口的连续流体又分隔出一个单元体积。如此循环往复，当转子旋转一周，共有 4 个计量室单元体积（V_0）的流体通过流量计。与前述椭圆齿轮流量计相同，只要记录转子的转动次数 n，同样可以用式 $Q = 4nV_0$ 来计算通过流量计的流体流量。也可以用三对刮板组成刮板流量计。

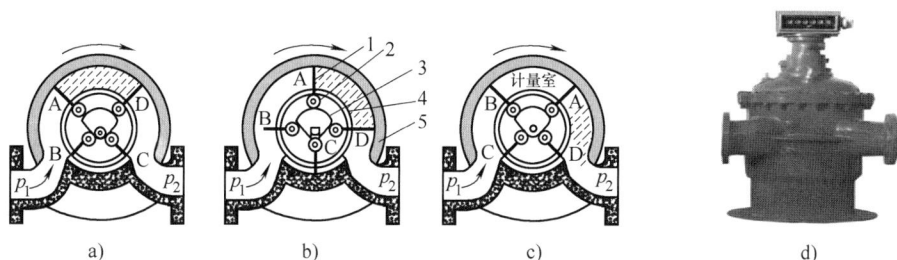

图 3-37 凸轮式刮板流量计结构原理示意图
1—刮板 2—滚柱 3—凸轮（固定） 4—筒形转子（转筒） 5—壳体

2. 特点及使用范围

（1）主要特点

1）计量精度高、流量范围大、重复性好。

2）转子等速旋转，转动平稳，管道内流体无压力波动，无振动。

3）精度受被测介质黏度变化的影响较小。

4）单壳体结构简单，体积小、重量轻；双壳体结构避免了因高压使计量室变形，确保计量精度，亦可将内壳组件抽出进行维修或对管道冲洗、扫线、试压。

5）可按需要配备各种计数器和发信器，实现现场就地指示并输出远传电脉冲信号，供显示仪表及计算机处理，从而实现管道流量远距离集中控制。

6）流体状态不影响计量精度，流量计前后不需直管段，减少占地和费用。

7）安装要求为在流量计前端需安装过滤器、消气器。

（2）使用范围 主要用于原油、成品油、化工原料、溶剂等介质的计量分配、总量控制和贸易交结计量。

3.3.6 靶式流量计

在石油、化工、轻工等生产过程中，常常会遇到某些黏度较高的介质或含有悬浮物及颗粒介质的流量测量，如原油、渣油、沥青等。靶式流量计就是 20 世纪 70 年代随着工业生产迫切需要解决高黏度、低雷诺数流体的流量测量而发展起来的一种流量计。

1. 工作原理

如图 3-38 所示，在测量管中垂直于流体的流动方向，安装一块圆形"靶"片。当流体流过管道时，流动冲击于靶上，便对靶板有一个冲击力，力的大小和流体流速有关。因此，测出靶上所受的力，便可以求出流体的流量。

流体对靶的作用力有流体冲击力（动压力）、靶前后静压差作用力和流体在靶周边的黏滞摩擦力。设流体通过靶和管道间环隙处的流速为 v、圆靶的横截面积为 A_d，靶上受力为

$$F = A_d K_b \frac{1}{2} \rho v^2 \tag{3-60}$$

根据流量的定义，流过靶与管道间环形面积 A_0 的体积流量为

$$Q = A_0 \sqrt{\frac{2F}{\rho K_b A_d}} = A_0 K_a \sqrt{\frac{2F}{\rho A_d}} \tag{3-61}$$

式中，F 为流体作用于靶上的力；A_d 为靶面积，$A_d = \pi d^2/4$；A_0 为靶与管道间环形面积，$A_0 = \frac{\pi}{4}(D^2 - d^2)$；$K_a$ 为流量系数，$K_a = \sqrt{1/K_b}$，K_b 为阻力系数；d 为靶直径；D 为管道内径；ρ 为流体的密度。

实验结果表明，流量系数 K_a 与靶直径比 $\beta = d/D$ 及雷诺数 Re_D 等因素有关，如图 3-39 所示。由图 3-39 所示实验曲线可见，当雷诺数值大于某临界值后，流量系数趋于不变，且临界雷诺数较小，所以这种流量计对于高黏度、低流速流体的流量测量更具有其优越性。

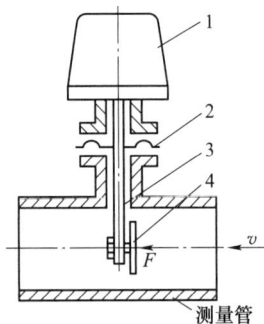

图 3-38 靶式流量计示意图
1—转换指示部分 2—轴封膜片 3—杠杆 4—靶

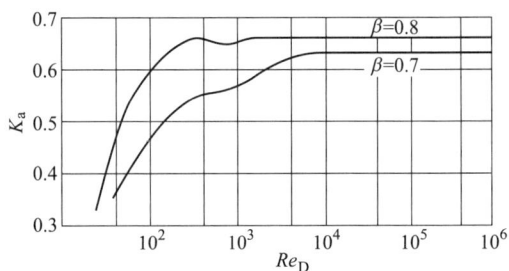

图 3-39 靶式流量计流量系数实验曲线

2. 结构型式

靶式流量计通常由检测部分和转换部分组成。检测部分包括测量管、靶板、主杠杆和轴封膜片，其作用是将被测流量转换成作用于主杠杆上的测量力矩。转换部分由力转换器、信号处理电路和显示仪表组成。靶一般由不锈钢材料制成，靶的入口侧边缘必须锐利、无钝口。靶直径比 β 一般为 0.35~0.8。靶式流量计的结构型式有夹装式、法兰式和插入式三种。

靶式流量计的力转换器可分为两种结构：一种是力矩平衡杠杆式力转换器，它直接采用电动差压变送器的力矩平衡式转换机构，只是用靶取代了膜盒；另一种是应变片式力转换器，如图 3-40 所示。

半导体应变片 R_1、R_3 粘贴在悬臂片 7 的正面，R_2、R_4 粘贴在悬臂片的反面。靶 8 受力作用，以轴封膜片 2 为支点，经杠杆 3、推杆 6 使悬臂片产生微弯弹性变形。应变片 R_1 和 R_3 受拉伸，其电阻值增大；R_2 和 R_4 受压缩而电阻值减小。于是电桥失去平衡，输出与流体对

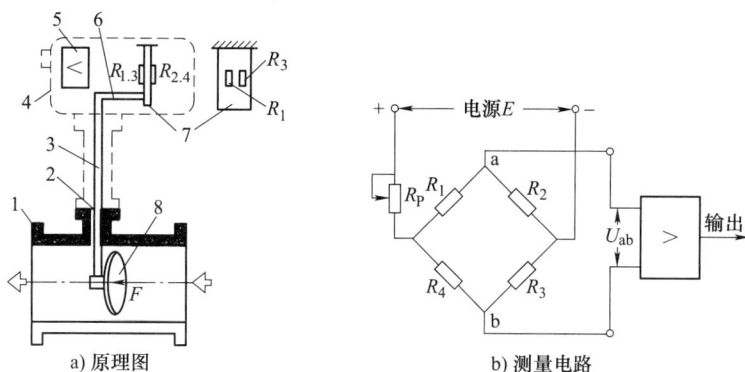

图 3-40 应变片式靶式流量计

1—测量管 2—轴封膜片 3—杠杆 4—转换指示部分 5—信号处理电路 6—推杆 7—悬臂片 8—靶

靶的作用力 F 成正比的电信号 U_{ab}，反映被测流体流量的大小。U_{ab} 经放大、转换为标准信号输出，也可由毫安表就地显示流量。但因 U_{ab} 与被测流量的二次方成正比关系，所以变送器信号处理电路中，一般采取开方器运算，能使输出信号与被测流量成正比例关系。

3. 特点及应用

（1）特点

1）结构简单，安装方便，仪表的安装维护工作量小；抗振动、抗干扰能力强。

2）能测高黏度、低流速流体的流量，也可测带有悬浮颗粒的流体流量。

3）压力损失较小，在相同流量范围的条件下，其压力损失约为标准孔板的1/2。

（2）安装与应用

1）流量计前后应有一定长度的直管段，一般为前面8D、后面5D。流量计前后不应有垫片等凸入管道中。

2）流量计前后应加装截止阀和旁通阀（见图3-41），以便于校对流量计的零点和方便检修。流量计可水平或垂直安装，但当流体中含有颗粒状物质时，流量计必须水平安装。垂直安装时，流体的流动方向应由下而上。

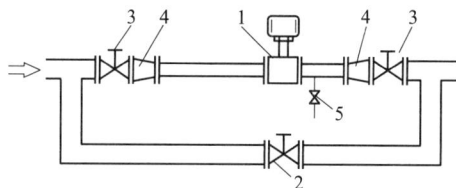

图 3-41 靶式流量计的安装

1—流量计 2—旁通阀 3—截止阀
4—缩径阀 5—放空阀

3）因靶的输出力 F 受到被测介质密度的影响，所以在工作条件（温度、压力）变化时，要进行适当的修正。

3.3.7 电磁流量计

电磁流量计应用电磁感应的原理来测量流量，其特点是能够测量酸、碱、盐溶液以及含有固体颗粒（例如泥浆）或纤维的导电液体的流量。

电磁流量计通常由转换器和变送器两部分组成。被测介质的流量经转换器转换成感应电动势后，再经变送器把电动势信号转换成统一的 4～20mA（或 0～10mA）标准电流信号或0～2kHz 频率信号输出，以便进行指示、记录和控制。

电磁流量计转换部分的原理如图3-42所示。在一段用非导磁材料制成的管道外面，安装有一对磁极 N 和 S，用以产生磁场。当导电液体流过管道时，因流体切割磁力线而产生感应电动势（根据发电机原理）。此感应电动势由与磁极成垂直方向的两个电极引出。当磁感应强度不变、管道直径一定时，这个感应电动势的大小仅与流体的流速有关，而与其他因素无关。

将这个感应电动势经过放大、转换、传送给显示仪表，就能在显示仪表上读出流量来。

感应电动势 E_x 的方向由右手定则判断，其大小由下式决定：

$$E_x = K'BDv \qquad (3\text{-}62)$$

式中，E_x 为感应电动势；K' 为比例系数；B 为磁感应强度；D 为管道直径，即垂直切割磁力线的导体长度；v 为垂直于磁力线方向的液体流速。

体积流量 Q 与流速 v 的关系为

$$Q = \frac{1}{4}\pi D^2 v \qquad (3\text{-}63)$$

由此得

$$E_x = \frac{4K'BQ}{\pi D} = KQ \qquad (3\text{-}64)$$

式中，K 为仪表常数，$K = \dfrac{4K'B}{\pi D}$，当 B、D 确定后，感应电动势 E_x 就与体积流量 Q 呈线性关系。经一定变送器后，将 E_x 进一步转换成直流 4~20mA（或 0~10mA）标准信号，再按流量刻度。仪表具有均匀刻度。

为了避免磁力线被测量导管的管壁短路，并使测量导管在磁场中尽可能地降低涡流损耗，测量导管应由非导磁的高阻材料制成。

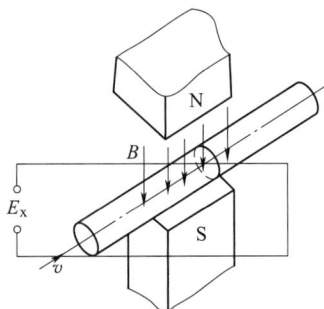

图 3-42   电磁流量计原理图

电磁流量计的测量导管内无可动部件或凸出于管内的部件，因而压力损失很小。在采取防腐衬里的条件下，可以用于测量各种腐蚀性液体的流量，也可以用来测量含有颗粒、悬浮物等液体的流量。此外，其输出信号与流量之间的关系不受液体的物理性质（如温度、压力、黏度等）变化和流动状态的影响。对流量变化反应速度快，故可用来测量脉动流量。

电磁流量计只能用来测量导电液体的流量，其电导率要求不小于水的电导率，不能测量气体、蒸汽及石油制品等的流量。由于液体中所感应的电动势数值很小，所以要引入高放大倍数的放大器，由此而造成测量系统很复杂、成本高，并且很容易受外界电磁场干扰的影响，在使用不恰当时会大大地影响仪表的精度。在使用中要注意维护，防止电极与管道间绝缘的破坏。电磁流量计可以水平安装，也可以垂直安装，但要求被测流体必须充满管道；安装现场要远离一切外部磁源（例如大功率电机、变压器等），以减少外部干扰；不能有振动。电磁流量计的准确度等级一般为 1.0~2.5 级。

电磁流量计的量程比一般为 10∶1，精度较高的可达 100∶1。

3.3.8　涡轮流量计

在流体流动的管道内，安装一个可以自由转动的叶轮，当流体通过叶轮时，流体的动能使叶轮旋转。流体的流速越高，动能就越大，叶轮转速也就越高。玩具小风车就是这个原理。在规定的流量范围和一定的流体黏度下，转速与流速成线性关系。因此，测出叶轮的转速或转数，就可确定流过管道的流体流量或总量。日常生活中使用的某些自来水表、油量计等，都是利用这种原理制成的，这种仪表称为速度式仪表。涡轮流量计正是利用相同的原理，在结构上加以改进后制成的。

图 3-43 是涡轮流量计的结构示意图，它主要由下列几部分组成。

叶轮 1 是用高磁导率的不锈钢材料制成的，叶轮芯上装有螺旋形叶片，流体作用于叶片上使之转动。

导流器 2 用以稳定流体的流向和支承叶轮。

磁电感应转换器 3 由线圈和磁钢组成，用以将叶轮的转速转换成相应的电信号，以供给前置放大器 5 进行放大整形。

整个涡轮流量计安装在外壳 4 上，外壳 4 是由非导磁的不锈钢制成，两端与流体管道相连接。

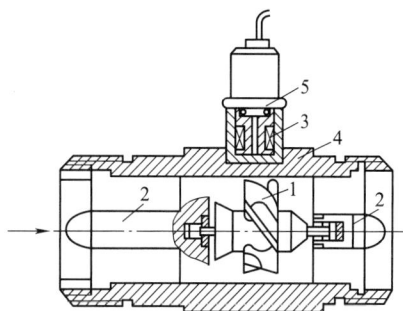

图 3-43 涡轮流量计
1—叶轮 2—导流器 3—磁电感应转换器
4—外壳 5—前置放大器

涡轮流量计的工作过程如下：当流体通过涡轮叶片与管道之间的间隙时，由于叶片前后的压差产生的力推动叶片，使涡轮旋转；在涡轮旋转的同时，高导磁性的涡轮叶片周期性地扫过磁钢，使磁电感应线圈中磁路的磁阻发生周期性的变化，线圈中的磁通量也跟着发生周期性的变化，线圈中便感应出交流电信号；交变电信号的频率与涡轮的转速成正比，也即与流量成正比；这个电信号经前置放大器放大整形后，送往电子计数器或电子频率计，以累积或指示流量。

涡轮流量计安装方便，磁电感应转换器与叶片间不需密封，也无需齿轮传动机构，因而测量精度高，可耐高压，静压可达 50MPa；由于基于磁电感应转换原理，故反应快，可测脉动流量；输出信号为电频率信号，便于远传，不受干扰。

涡轮流量计的涡轮容易磨损，被测介质中不应带机械杂质，否则会影响测量精度和损坏机件。因此，一般应加过滤器。安装时，必须保证前后有一定的直管段，以使流向比较稳定。一般入口直管段的长度取管道内径的 10 倍以上，出口取 5 倍以上。涡轮流量计的转换系数一般是在常温下用水标定的，当介质的密度和黏度发生变化时需重新标定或进行补偿。

涡轮流量计量程比一般为 10∶1，准确度等级可达 0.5 级以上。

3.3.9 旋涡流量计

旋涡流量计又称涡街流量计。它可以用来测量各种管道中的液体、气体和蒸汽的流量，是目前工业控制、能源计量及节能管理中常用的新型流量仪表。

1. 测量原理

旋涡流量计是利用有规则的旋涡剥离现象来测量流体流量的仪表。在流体中垂直插入一个非流线型的柱状物（圆柱或三角柱）作为旋涡发生体，如图 3-44 所示。当雷诺数达到一定的数值时，会在柱状物的下游处产生如图所示的两列平行状，并且上下交替出现的旋涡，因为这些旋涡的"排列"有如街道两旁竖立的路灯，故有"涡街"之称，又因此现象首先被卡曼（Karman）发现，也称作"卡曼涡街"。由于旋涡之间相互影响，旋涡列一般是不稳定的。实验证明，对于圆柱体，当两列旋涡之间的距离 h 和同列的两旋涡之间的距离 l 之比能满足 $h/l = 0.281$ 时，所产生的旋涡是稳定的。

由圆柱体形成的稳定卡曼漩涡，其单侧旋涡产生的频率为

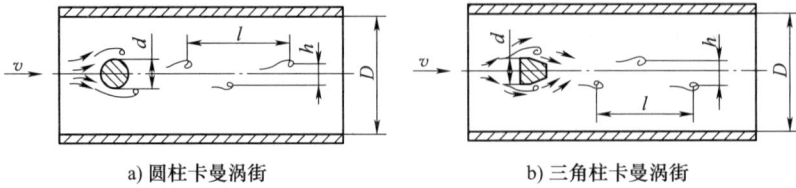

a) 圆柱卡曼涡街   b) 三角柱卡曼涡街

图 3-44   卡曼涡街

$$f = St \frac{v}{d} \tag{3-65}$$

式中，f 为单侧旋涡产生的频率（Hz）；v 为流体平均流速（m/s）；d 为柱体直径（m）；St 为施特鲁哈尔（Strouhal）数（当雷诺数 $Re = 5 \times 10^2 \sim 15 \times 10^4$ 时，$St = 0.21$）。

由式（3-65）可知，当 St 近似为常数时，旋涡产生的频率 f 与流体的平均流速 v 成正比，测得 f 即可求得体积流量 Q。

2. 测量方法

旋涡频率的检测方法有许多种，例如热敏检测法、电容检测法、应力检测法、超声检测法等，这些方法无非是利用旋涡的局部压力、密度、流速等的变化作用于敏感元件，产生周期性电信号，再经放大整形，得到方波脉冲。图 3-45 所示的是一种热敏检测法。它采用铂电阻丝作为旋涡频率的转换元件。在圆柱形发生体上有一段空腔（检测器），被隔墙分成两部分。在隔墙中央有一小孔，小孔上装一根被加热了的细铂丝。在产生旋涡的一侧，流速降低，静压升高，于是在有旋涡的一侧和无旋涡的一侧之间产生静压差。流体从空腔上的导压孔进入，向

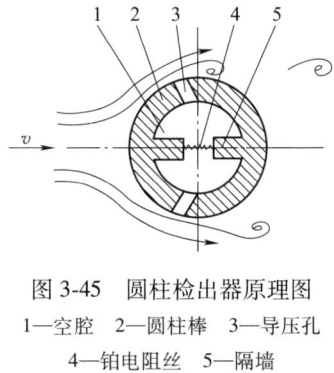

图 3-45   圆柱检出器原理图
1—空腔 2—圆柱棒 3—导压孔
4—铂电阻丝 5—隔墙

未产生旋涡的一侧流出。流体在空腔内流动时将铂丝上的热量带走，铂丝温度下降，导致其电阻值减小。由于旋涡是交替地出现在柱状物的两侧，所以铂热电阻丝阻值的变化也是交替的，且阻值变化的频率与旋涡产生的频率相对应，故可通过测量铂丝阻值变化的频率来推算流量。铂丝阻值的变化频率，采用一个不平衡电桥进行转换、放大和整形，再变换成 4～20mA（或 0～10mA）直流电流信号输出，供显示，累积流量或进行自动控制。

旋涡流量计的特点是精度高（±0.5%～±1.0%）、测量范围宽（量程比一般为 20：1）、没有运动部件、无机械磨损、维护方便、压力损失小、节能效果明显。但是，旋涡流量计不适用于低雷诺数的情况，对高黏度、低流速、小口径的使用有限制，流量计安装时要有足够的直管段长度，上下游的直管段长度分别不小于 20D 和 5D，而且，应尽量杜绝振动。

3.3.10   旋进旋涡流量计

旋进旋涡与卡曼旋涡是完全不同类型的旋涡，如图 3-46 所示。流体通过旋涡发生体后，出现一股绕流动轴线旋转的旋涡流向前流动，这股旋涡流中心的轴向前进速度几乎与流体的流动速度相同。当流体流动截面进一步扩大时，则旋涡流的中心就要产生一种旋进运动，即一方面它旋转着前进，另一方面又逐渐扩大它的旋转半径，形成类似锥形螺旋线的前进运动，称为旋进旋涡。所以旋进旋涡是一种绕流动轴线旋转的旋涡流。

流体的流量越大，管道中的流速也越大，旋涡流中心的前进速度也会随之增大，在发生旋进运动时，其旋转速度同样也要增大。实验证明，在雷诺数和马赫数为一定值时，旋涡中心绕仪表内腔中心轴线的角速度（旋进频率）与流体的体积流量呈线性关系。

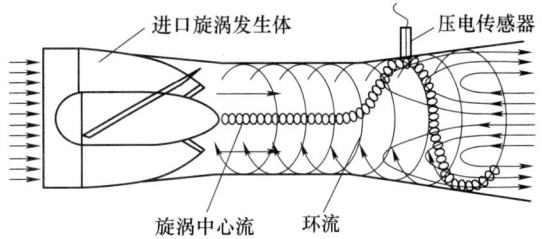

图 3-46 旋进旋涡流现象

旋进旋涡流量计主要由流量计壳体、旋涡发生体、压电传感器、除旋整流器等组成，如图 3-47 所示。在流量计入口处为一个旋涡发生体（螺旋导流架），它由一组扭曲叶片组成，强迫流体旋转并产生旋涡流。旋涡流在文丘里管中旋进，到达收缩段逐渐节流，使旋涡加速；当旋涡流突然进入文丘里管内腔的扩散段后，由于压力的变化，使旋涡流逆着前进方向运动，开始旋进（进动）；除旋整流器减弱流体的旋涡状况，使其比较平稳地流过去。流量变送器的敏感元件（如压电传感器、热敏电阻等）安装在收缩管的出口边缘，当旋涡产生旋进时，旋涡中心周期地经过敏感元件，从而使变送器产生与旋涡旋进频率相同的脉冲信号，以此测量流体流量。

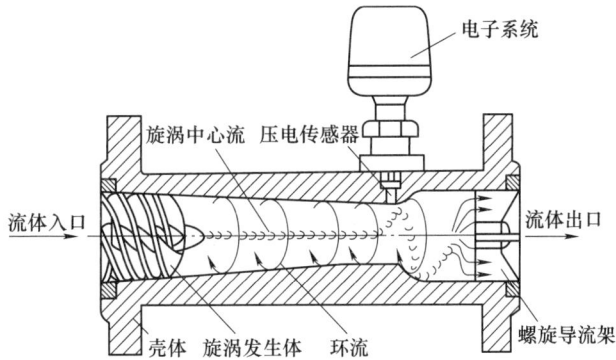

图 3-47 旋进旋涡流量计原理图

从理论上讲，旋进旋涡流量计对气体和液体流量测量都适用，但由于它是强制旋涡，压损大，目前只实现了对气体流量的测量。旋进旋涡流量计与固定在流量计壳体上的温度传感器和压力传感器检测出的温度、压力信号一并送入流量计算机中进行处理，最终显示出被测流量在标准状态（$t=20℃$，$p_a=101.325kPa$）下的体积流量。

这种测量方法的特点与卡曼旋涡的方法相似。它比较适用于中小口径管道气体流量的测量。旋进漩涡流量计的准确度等级为 0.5～1.5 级。

3.3.11 质量流量计

目前在石油、化工等生产过程中所用的流量仪表，所能直接测得的都是单位时间内所流过的被测介质的体积流量。但是，在工业生产中，因为物料平衡、热平衡以及产量计量交接、经济核算或贸易结算等，人们所关心的却往往不是体积流量，而是质量流量。因此，在很多场合下要求给出质量流量结果。如在原油经济核算中，就要求计量原油的质量，或折算成标准状态下的体积量。

质量流量计大致可分为两大类。一类是间接式质量流量计，这类流量计是通过体积流量计和密度计的组合，再用运算器将两表的测量结果加以适当的运算，间接地测出流体的质量流量。由于介质密度受工作压力、温度、黏度、成分等许多因素的影响，所换算得到的质量流量往往是不可靠的，存在较大误差。另一类是直接式质量流量计，即直接测量流体的质量流量，它可以有效地克服被测介质的状态、性质变化的影响，能从根本上提高质量流量测量的精度，并省去烦琐的换算和修正。下面介绍两种主要的直接式质量流量计。

1. 热式质量流量计

热式质量流量计是根据流动的流体与热源（外部置入流体的加热体或测量管外的加热体）之间热量的交换量与流体质量流量有关而设计的流量计。当前较常用的有两类：热分布式（量热式）质量流量计和插入式热式质量流量计。

（1）热分布式（量热式）质量流量计　这是利用外部热源对管道内的被测流体加热，热能随流体一起流动，通过测量因流体流动而造成的热量（温度）变化来反映出流体的质量流量。如图 3-48 所示，在管道中安装一个加热器对流体加热，并在加热器前后的对称点上检测温度。设 c_p 为流体的比定压热容，ΔT 为测得的两点温度差，则根据传热规律，对流体的加热功率 P 与两点间温差的关系可表示为

$$P = q_m c_p \Delta T \tag{3-66}$$

由式（3-66）可写出质量流量的方程式

$$q_m = P/(c_p \Delta T) \tag{3-67}$$

当流体成分确定时，流体的比定压热容为已知常数。因此由式（3-67）可知，若保持加热功率 P 恒定，则测出温差 ΔT 便可求出质量流量；若采用恒定温差法，即保持两点温差 ΔT 不变，则通过测量加热的功率 P 也可以求出质量流量。由于恒定温差法较为简单、易实现，所以实际应用较多。这种流量计多用于较大气体流量的测量。

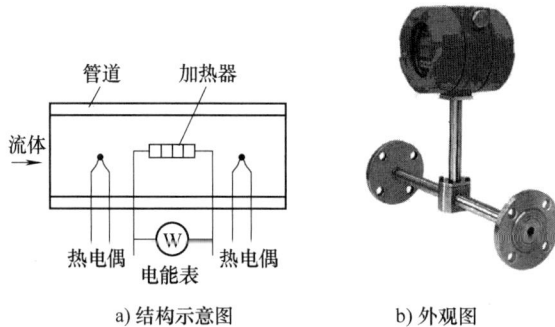

a) 结构示意图　　　　　b) 外观图

图 3-48　热分布式质量流量计

为避免测温和加热元件因与被测流体直接接触而被流体沾污和腐蚀，可采用非接触式测量方法，即将加热器和测温元件安装在薄壁管外部，而流体由薄壁管内部通过。

非接触式测量方法适用于小口径管道的微小流量测量。当用于大流量测量时，可采用分流的方法，即仅测量分流部分流量，再求得总流量，以扩大量程范围。

（2）插入式热式质量流量计　这是将两温度传感器（热电阻）分别置于气流中两金属细管内，其中一个热电阻测得气流温度 T，另一个热电阻所在的金属细管经恒功率加热，其温度为 T_v，由于气体的流动，温差 $(T_v - T)$ 的变化与质量流量有关。若调节加热功率，保持温差 $(T_v - T)$ 一定，则功率随流量的增加而增加。这种方法称为功率消耗测量法，在大口径插入式热式质量流量计中应用较广。

热式质量流量计的优点：主要是可用较低的成本测量大口径洁净气体，从低流速（0.02m/s）到高流速（60m/s）都可测量，压力损失小，安装维护方便。

缺点：必须预先知道气体的组分，对含有未知组分的气体，精度受影响；动态反应慢；含有黏附杂质的气体不宜用。

主要技术参数：管道直径为10~900mm；测量温度为-40~200℃；精度为±1%。

2. 科里奥利力质量流量计

（1）科里奥利（Coriolis）力（以下简称科氏力）　如图3-49a所示，当一根管子绕着原点旋转时，让一个质点以一定的直线速度 v 从原点通过管子向外端流动，由于管子的旋转运动（角速度 ω），质点做切向加速运动，质点的切向线速度由零逐渐加大，也就是说质点被赋予能量，随之产生的反作用力 $\boldsymbol{F}_c$（即惯性力）将使管子的旋转速度减缓，即管子运动发生滞后。

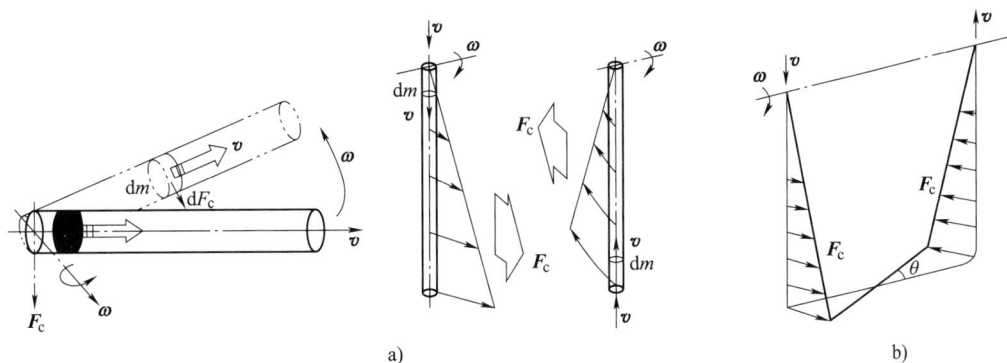

图 3-49　科氏力作用原理图

相反，让一个质点从外端通过管子向原点流动，即质点的线速度由大逐渐减小趋向于零，也就是说质点的能量被释放出来，随之而产生的反作用力 $\boldsymbol{F}_c$ 将使管子的旋转速度加快，即管子运动发生超前。

这种能使旋转着的管子运动速度发生超前或滞后的力，被称为科氏力。

$$\mathrm{d}\boldsymbol{F}_c = -2\mathrm{d}m\boldsymbol{\omega} \times \boldsymbol{v} \tag{3-68}$$

式中，$\mathrm{d}m$ 为质点的质量；$\mathrm{d}\boldsymbol{F}_c$、$\boldsymbol{\omega}$ 和 $\boldsymbol{v}$ 均为矢量。

当流体在旋转管道中以恒定速度 v 流动时，管道内流体的科氏力的大小为

$$F_c = \int \mathrm{d}F_c = \int 2\omega v \mathrm{d}m = \int_0^L 2\omega v \rho A \mathrm{d}L = 2\omega v \rho A L = 2\omega L M \tag{3-69}$$

式中，A 为管道的流通内截面积；ρ 为流体密度；L 为管道长度；M 为质量流量，$M = \rho v A$。

若将绕一轴线以同相位和角速度旋转的两根相同的管子外端用同样的管子连接起来，如图3-49b所示，犹如U形管。当管子内没有流体或有流体但不流动时，连接管与轴线平行；当管子内有流体流动时，由于科氏力的作用，两根旋转管产生相位差 φ，出口侧相位超前于进口侧相位，而且连接管被扭转（扭转角 θ）而不再与轴线平行。相位差 φ 或扭转角 θ 反映管子内流体的质量流量。

（2）科里奥利力质量流量计（以下简称科氏力质量流量计）

1）双U形弯管式科氏力质量流量计。双U形弯管式科氏力质量流量计结构如图3-50所示。A为起振器，产生正弦振荡信号，如图3-51中虚线所示，两U形管随着起振器振动

做反向旋转运动；B、C 为两个拾振器，当流体按图 3-50 中箭头方向流动时，根据科氏力原理，B、C 两个拾振器会相应受到压缩或拉伸而产生振动，输出信号如图 3-51 中的实线所示，出口侧相位超前于进口侧相位，它们的相位差与质量流量成正比。若将此相位差经过信号处理电路进一步转换成直流 4~20mA（或 0~10mA）标准信号，就成为质量流量计。

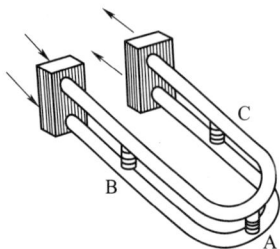

图 3-50　双 U 形弯管式科氏力质量流量计

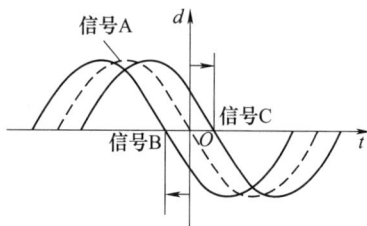

图 3-51　两管输出信号示意图

2）单 U 形弯管式科氏力质量流量计。单 U 形弯管式科氏力质量流量计如图 3-52 所示，其工作原理如下：

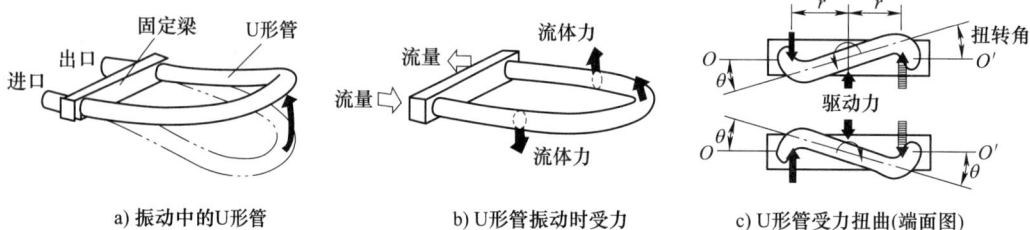

a) 振动中的 U 形管　　　b) U 形管振动时受力　　　c) U 形管受力扭曲（端面图）

图 3-52　单 U 形弯管式科氏力质量流量计作用原理

测量管在外力驱动下，以固有振动频率做周期性上、下振动，频率约为 80Hz，振幅接近 1mm。当流体流过振动管时，管内流体一方面沿管子轴向流动，一方面随管绕固定梁正反交替"转动"，对管子产生科氏力。进、出口管内流体的流向相反，将分别产生大小相等、方向相反的科氏力的作用，如图 3-52b 所示。在管子向上振动的半个周期内，流入侧管路的流体对管子施加一个向下的力；而流出侧管路的流体对管子施加一个向上的力，导致了 U 形测量管产生扭曲。在振动的另外半个周期，测量管向下振动，扭曲方向则相反。如图 3-52c 所示，U 形测量管受到一方向和大小都随时间变化的扭矩 M_c，使测量管绕 O—O' 轴做周期性扭曲变形。扭转角 θ 与扭矩 M_c 及刚度 k 有关，其关系为

$$M_c = 2F_c r = 4\omega L r M = k\theta$$

$$M = \frac{k}{4\omega L r}\theta \tag{3-70}$$

所以被测流体的质量流量 M 与扭转角 θ 成正比。如果 U 形管振动频率一定，则 ω 恒定不变。所以只要在振动中心位置 O—O' 上安装两个光电检测器，测出 U 形管在振动过程中测量管通过两侧的光电探头的时间差，就能间接确定 θ，即质量流量 M。

科氏力质量流量计的特点如下：直接测量质量流量，不受流体物性（密度、黏度等）影响，测量精度高，可达 ±0.5%；测量值不受管道内流场影响，无上、下游直管段长度要求；可测量各种非牛顿流体以及黏滞的和含微粒的浆液。但是，它的阻力损失较大，零点不

稳定，以及管路振动会影响测量精度。原油和成品油一般采用科氏力质量流量计进行流量计量。

3.3.12 超声波流量计

超声波在流体中传播速度与流体的流动速度有关，据此可以实现流量的测量。这种方法不会造成压力损失，并且适合大管径、非导电性、强腐蚀性流体的流量测量。

20 世纪 90 年代气体超声流量计在天然气工业中的成功应用取得了突破性的进展，一些在天然气计量中的疑难问题得到了解决，特别是多声道气体超声流量计已被气体工业界接受，多声道气体超声流量计是继气体涡轮流量计后被气体工业界接受的最重要的流量计量器具。目前国外参照美国天然气协会（美国气体工业联合业）AGA Report No.9：2007《用多声道超声流量计测量天然气流量》的标准，我国参照 GB/T 18604—2014《用气体超声流量计测量天然气流量》的国家标准。气体超声流量计在国外天然气工业中的贸易计量方面已得到了广泛的采用。

超声波流量计有以下几种测量方法。

1. 时差法

在管道的两侧斜向安装两个超声换能器，使其轴线重合在一条斜线上，如图 3-53 所示，当换能器 A 发射、B 接收时，声波基本上顺流传播，速度快、时间短，可表示为

$$t_1 = \frac{L}{c + v\cos\theta} \tag{3-71}$$

B 发射而 A 接收时，逆流传播，速度慢、时间长，即

$$t_2 = \frac{L}{c - v\cos\theta} \tag{3-72}$$

图 3-53 超声流量计结构示意图

式中，L 为两换能器间的传播距离；c 为超声波在静止流体中的速度；v 为被测流体的平均流速。

两种方向传播的时间差 Δt 为

$$\Delta t = t_2 - t_1 = \frac{2Lv\cos\theta}{c^2 - v^2\cos^2\theta} \tag{3-73}$$

因 $v \ll c$，故 $v^2\cos^2\theta$ 可忽略，可得

$$\Delta t = 2Lv\cos\theta/c^2 \tag{3-74}$$

或

$$v = c^2\Delta t/(2L\cos\theta) \tag{3-75}$$

当流体中的声速 c 为常数时，流体的流速 v 与 Δt 成正比，测出时间差即可求出流速 v，进而得到流量。

值得注意的是，一般液体中的声速在 1500m/s 左右，而流体流速每秒只有几米，如要求流速测量的精度达到 1%，则对声速测量的精度需为 $10^{-5} \sim 10^{-6}$ 数量级，这是难以做到的。更何况声速受温度的影响不容易忽略，所以直接利用式（3-75）不易实现流量的精确测量。

2. 速差法

式（3-71）、式（3-72）可改为

$$c + v\cos\theta = L/t_1 \tag{3-76}$$

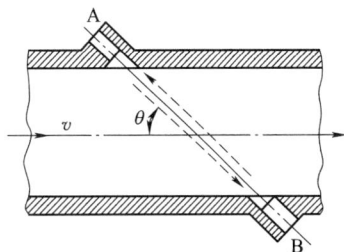

$$c - v\cos\theta = L/t_2 \tag{3-77}$$

以上两式相减，得

$$2v\cos\theta = L/t_1 - L/t_2 = L(t_2 - t_1)/t_1 t_2 \tag{3-78}$$

将顺流与逆流的传播时间差 Δt 代入式（3-78）得

$$v = \frac{L\Delta t}{2t_1 t_2 \cos\theta} = \frac{L\Delta t}{2t_1(t_2 - t_1 + t_1)\cos\theta} = \frac{L\Delta t}{2t_1(\Delta t + t_1)\cos\theta} \tag{3-79}$$

式中，$L/2$ 为常数，只要测出顺流传播时间 t_1 和时间差 Δt，就能求出 v，进而求得流量，这就避免了测声速 c 的困难。这种方法还不受温度的影响，容易得到可靠的数据。因为式（3-76）和式（3-77）相减即双向声速之差，故称此法为速差法。

3. 频差法

超声发射探头和接收探头可以经放大器接成闭环，使接收到的脉冲放大之后去驱动发射探头，这就构成了振荡器，振荡频率取决于从发射到接收的时间，即前述的 t_1 或 t_2。如果 A 发射，B 接收，则频率为

$$f_1 = 1/t_1 = (c + v\cos\theta)/L \tag{3-80}$$

反之，B 发射，A 接收，其频率为

$$f_2 = 1/t_2 = (c - v\cos\theta)/L \tag{3-81}$$

以上两频率之差为

$$\Delta f = f_1 - f_2 = 2v\cos\theta/L \tag{3-82}$$

可见，频差与速度成正比，式中也不含声速 c，测量结果不受温度影响，这种方法更为简单实用。不过，一般频差 Δf 很小，直接测量不精确，往往采用倍频电路。

因为两个探头是轮流担任发射和接收的，所以要有控制其转换的电路，两个方向闭环振荡的倍频利用可逆计数器求差。如果配上 D/A 转换并将信号放大成 0~10mA 或 4~20mA 的信号，便构成超声流量变送器。

4. 多普勒法

非纯净流体在工业中也很普遍，流体中若含有悬浮颗粒或气泡，最适于采用多普勒（Doppler）效应测量流量，其原理如图 3-54 所示。

发射探头 A 和接收探头 B 都安装在与管道轴线夹角为 θ 的两侧，且都迎着流向，当平均流速 v，声波在静止流体中的速度为 c 时，根据多普勒效应，接收到的超声波频率（靠流体里的悬浮颗粒或气泡反射而来）f_2 将比原发射频率 f_1 略高，其差 Δf 即多普勒频移，可表示为

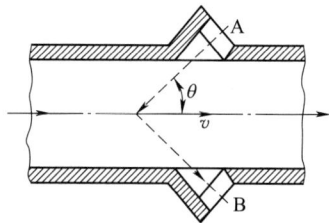

图 3-54　超声多普勒流量计原理图

$$\Delta f = f_2 - f_1 = \frac{2v\cos\theta}{c}f_1 \tag{3-83}$$

由此可见，在发射频率 f_1 恒定时，频移与流速成正比。但是，式中又出现了受温度影响比较明显的声速 c，应设法消去。

如果在超声波探头上设置声楔，使超声波先经过声楔再进入流体，声楔材料中的声速为 c_1，流体中的声速为 c，声波由声楔材料进入流体时的入射角为 β，在流体中的折射角为 φ，如图 3-55 所示，则根据折射定律可以写出

$$\frac{c}{\cos\theta} = \frac{c}{\sin\varphi} = \frac{c_1}{\sin\beta} = \frac{c_1}{\cos\alpha} \tag{3-84}$$

将上述关系代入式（3-83），得

$$\Delta f = \frac{2v\cos\alpha}{c_1}f_1 \tag{3-85}$$

由此可得流速

$$v = \frac{c_1\Delta f}{2f_1\cos\alpha} \tag{3-86}$$

进而求得流量。

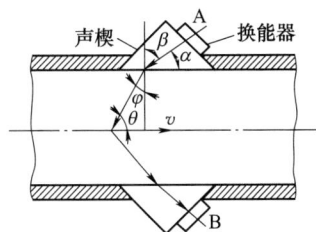

图 3-55　有声楔的超声多普勒流量计原理图

可见，采用声楔之后，流速 v 中不含超声波在流体中的声速 c，而只有声楔材料中的声速 c_1，声楔为固体材料，其声速 c_1 受温度影响比液体中声速受温度的影响要小一个数量级，因而可以减小温度引起的测量误差。

多普勒法也有将两个探头置于管道同一侧的，利用声束扩散锥角的重叠部分形成收发声道。

对于煤粉和油的混合流体（COM）及煤粉和水的混合流体（CWM），多普勒法有广阔的应用前景。

3.3.13　流量仪表的选用

在选择流量计前，必须明确流量计的流量测量点，而选择流量测量点是有规则的。以下是在选择流量测量点时应注意的问题：①在管件较多的部位不宜作为流量测量点；②在管道弯径处不宜作为流量测量点；③常规下在管道垂直段不宜作为流量测量点；④在有效直管段长度达到管径 D 的 10~20 倍的中点处可作为流量测量点；⑤流量测量点的部位应该适宜安装、维护以及在流量计安装后易于读数等。

确定了流量测量点后，再选择流量计，则必须明确以下要求：①明确被测介质的"一切"理化特性和变化；②明确生产的"一切"要求；③明确流体管道的"一切"参数；④明确流量计运行的"一切"条件；⑤明确安全性、可靠性。选择流量计时要注意的事项比较多，常规而言，可以先明确流体介质的形态、理化特性、变化量程以及流量计选用的用途（指示、记录、积算或控制）、工况条件和价格。流量仪表选用可参见表3-2。

表 3-2　流量仪表选型指南表

项目	流量计类型					
影响因素	孔板流量计	涡轮流量计	涡街流量计	超声流量计	旋进旋涡流量计	旋转容积式流量计
计量条件下气体密度	对测量值起决定因素	密度增大，流量降低	密度增大，流量降低	密度在规定范围内	影响不大	影响不大
气体中夹带固体颗粒	有磨损和沉积，需装过滤器	有沉积，可能损坏叶片，需装过滤器	有沉积和非流线体磨损，需装过滤器	一般无影响，若检测器污染有干扰，需装过滤器	有沉积，可能影响测量值，需装过滤器	可能损坏转子，需装过滤器

（续）

项目 影响因素	流量计类型					
	孔板流量计	涡轮流量计	涡街流量计	超声流量计	旋进旋涡流量计	旋转容积式流量计
气体中有液体	可能有腐蚀和液体积聚，影响计量准确度	可能有腐蚀和液体凝结润滑油被冲淡，转子出现不平衡	液体沉积，测量值受影响	信号受干扰变坏，发射和接收器被粘塞，仪表功能减弱	影响不大	可能有腐蚀凝结，易结垢的材料受影响
压力和温度变化	突然的压力和温度变化会引起孔板的变形	突然的压力和温度变化会损坏叶片	既有危险又会增大测量误差	无影响	增大测量误差	突然的压力温度变化会引起危险并使测量失准
脉动流	准确度受其影响，大小取决于脉动频率和幅度	测量结果偏大取决于频率、幅度、密度和涡轮的惯性	准确度受其影响，大小取决于脉动频率和幅度	当脉动频率高于超声流量计的收发频率时，有影响	准确度受影响，其大小取决于脉动频率和幅度	影响不大
允差内的测量范围（量程比）	10:1（测量范围由变送器量程决定）	30:1（气体密度大，测量范围就大）	30:1（气体密度大，测量范围就大）	40（160）:1	12:1（气体密度大，测量范围就大）	30:1
超量程运行	在压差允许范围内可以	短时间超量程可以	短时间超量程可以	可以	短时间超量程可以	短时间超量程可以
增大测量能力	加大孔板孔径或增加计量回路或提高计量压力	加大流量计的口径或增加计量回路或提高计量压力	加大流量计的口径或增加计量回路或提高计量压力	加大流量计的口径或增加计量回路或提高计量压力	加大流量计的口径或增加计量回路或提高计量压力	加大流量计的口径或增加计量回路或提高计量压力
连续使用性能	流量计发生故障时不影响供气	流量计发生故障时不影响供气	流量计发生故障时不影响供气	流量计发生故障时不影响供气	流量计发生故障时不影响供气	流量计发生故障时要终止供气
占用空间	上下游需一定长度的直管段，依据有关标准确定	上下游需一定长度的直管段，依据有关标准及产品说明书确定	上下游需一定长度的直管段，依据有关标准及产品说明书确定	上下游需一定长度的直管段，依据有关标准及产品说明书确定	上下游需一定长度的直管段，依据有关标准及产品说明书确定	上下游需一定长度的直管段，依据有关标准及产品说明书确定
通常要求的直管段长: 上游侧 下游侧	30D 7D	10D 5D	20D 5D	10D 5D	4D 2D	4D 2D

3.4 物位检测及仪表

3.4.1 概述

物位是指开口容器或密封容器中介质液面（液位）、两种液体介质的分界面（界位）和固体粉状或颗粒物在容器中堆积的高度（料位），液位、界位、料位统称为物位。在工业生产过程中，使用各种分离器、缓冲罐、储罐等生产设备中分离、存储与处理各种生产物料。物位的测量与控制，对于保证正常生产和设备安全、维持进出物料的平衡以及物料的计量至关重要。

　　物位测量的内容应包括液体介质的液位和相、界位，浆体介质的液位，以及固体颗粒、粉末介质的料位。其测量仪表称为液位仪（液体相对密度不同时，为相、界位）和料位仪（指固体介质颗粒或粉末）。

　　物位仪表种类很多，一般按测量方法分为直读式、浮力式、静压式（差压、压力）、电接触式、电容式、超声波式、雷达式、称重式、辐射式、激光式、音叉式、磁致伸缩式及高频物位计等。

　　物位检测的目的：确定物质的体积或质量，要求物位绝对值准确；保持物位在一定高度，以及超限报警，监测物料平衡，只需物位相对值准确。

3.4.2　磁翻转式液位计

　　磁翻转式液位计是一种利用连通管原理通过磁耦合传动的隔离式液位计，如图 3-56 所示。其结构由连通器、内装磁钢的浮子、磁翻柱等组成。连通器由不导磁的不锈钢管制成，液位计面板捆绑在连通器外，面板支架内均匀安装多个磁翻柱。每个磁翻柱有水平轴，可以灵活转动，一面涂成红色，另一面涂成白色。每个磁翻柱内都镶嵌有小磁铁，磁翻柱间小磁铁彼此吸引，使磁翻柱稳定不乱翻，保持红色朝外或白色朝外。

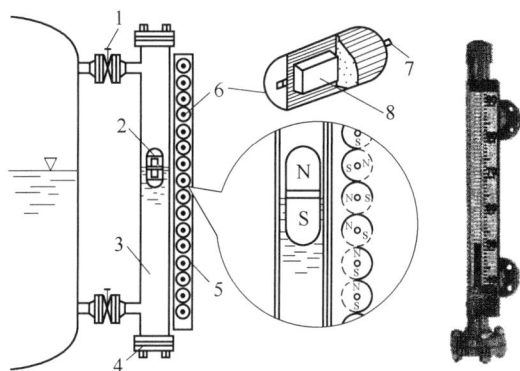

图 3-56　磁翻转式液位计

1—连通阀　2—内装磁钢的浮子　3—连通器　4—盲板　5—液位计面板
6—磁翻柱　7—磁翻柱轴　8—磁翻柱内磁铁

　　当浮子在旁边经过时，由于浮子内磁铁较强的磁场对磁翻柱内小磁铁的吸引，就会迫使磁翻柱转向，使磁浮子以下翻板为红色，磁浮子以上翻板为白色，显示液位。

　　磁翻转式液位计需垂直安装，连通容器与被测容器之间应装连通阀，以便于仪表的维修、调整。磁翻转式液位计结构牢固，工作可靠，显示醒目。利用磁性传动，不用电源、不会产生火花，宜在易燃易爆场合使用。其缺点是当被测介质黏度较大时，磁浮子与器壁之间易产生粘贴现象。粘贴严重时，可能使浮子卡死而造成指示错误。

　　磁翻转式液位计的安装形式有侧装式和顶装式（地下型）（见图 3-57a）。根据被测介质的特性不同，液位计分为基本型、防腐型和保温夹套型（见图 3-57b）。

　　磁翻转液位计不仅可就地指示液位高低，也可配置液位开关输出，实现远距离报警及限位控制。液位开关内置干簧管，通过浮子的磁场驱动干簧管闭合，实现上、下限位置报警。

　　磁翻转液位计还可配置变送器（见图 3-57c）。变送器测量管中密封多个并联干簧管及串联电阻。当磁浮子吸引液位高度上的干簧管闭合时（其他干簧管均不闭合），使测量电路总电阻等于其下各段电阻之和，随液位变化，通过转换电路转变为 4～20mA 标准信号输出，实现液位的远距离指示、报警和监控，达到自动检测和控制的目的。

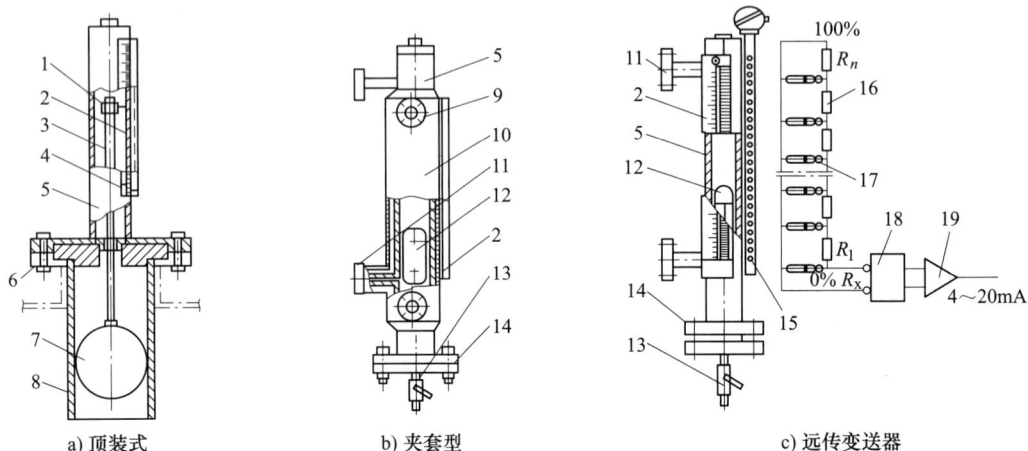

图 3-57　磁翻板式液位计类型

1—磁钢　2—液位计面板　3—连杆　4—磁翻柱　5—连通管　6—被测容器开孔法兰　7—普通浮球
8—导管　9—保温介质连通管　10—保温夹套　11—被测液体连通管　12—磁性浮子　13—排污阀
14—连通器法兰　15—液位变送器　16—精密电阻　17—干簧管　18—测量电桥　19—V/I 转换器

3.4.3　差压式液位变送器

1. 工作原理

差压式液位变送器是利用容器内液位改变时，由液柱产生的静压也相应变化的原理来工作的，如图 3-58 所示。

将差压变送器的正压室接液相（底部），负压室接气相（顶部），设容器上部空间为干燥气体，其压力为 p_0，由图 3-58 可知

$$p_1 = p_0 + \rho gH; \quad p_2 = p_0$$

由此可得

$$\Delta p = p_1 - p_2 = \rho gH \qquad (3-87)$$

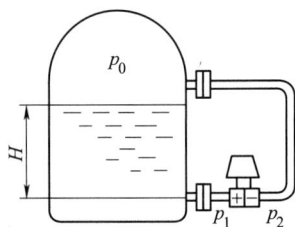

图 3-58　差压式液位变送器原理图

式中，H 为液位高度；ρ 为介质密度；g 为重力加速度；p_1、p_2 分别为差压变送器正、负压室的压力。

当 $H = 0$ 时，$\Delta p = 0$，无零点迁移。

通常，被测介质的密度是已知的。差压变送器测得的差压 Δp 与液位高度 H 成正比。这样就把测量液位高度转换为测量差压的问题了。

对于敞口容器，气相压力为大气压时，只需将差压变送器的负压室通大气即可。若不需要远传信号，也可以在容器底部安装压力表，如图 3-59 所示，根据压差 Δp 与液位 H 成正比的关系，可直接在压力表上按液位进行刻度。

2. 零点迁移问题

在使用差压变送器测量液位时，一般来说，其压差 Δp 与液位高度 H 之间有式（3-87）的关系。这就属于一般的零点"无迁移"情况，当 $H = 0$ 时，作用在正、负压室的压力

相等。

（1）负迁移　在实际液位测量时，液位 H 与压差 Δp 的关系不那么简单。例如图 3-60 所示，为防止容器内液体或气体进入变送器而造成管线堵塞或腐蚀，并保持负压室的液柱高度恒定，在差压变送器正、负压室与取压点之间安装有隔离室，并充有隔离液。若被测介质密度为 ρ_1，隔离液密度为 ρ_2（通常 $\rho_2 > \rho_1$）。由图 3-60 可知

$$p_1 = \rho_2 gh_1 + \rho_1 gH + p_0; \quad p_2 = \rho_2 gh_2 + p_0$$

由此可得正、负压室的压差为

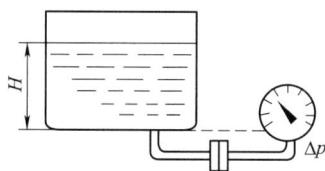

图 3-59　压力表式液位计　　　　图 3-60　负迁移示意图

$$\Delta p = p_1 = p_2 = \rho_2 gh_1 + \rho_1 gH + p_0 - \rho_2 gh_2 - p_0 = \rho_1 gH - (h_2 - h_1)\rho_2 g \tag{3-88}$$

当 $H = 0$ 时，$\Delta p = -(h_2 - h_1)\rho_2 g \neq 0$，有零点迁移，且属于"负迁移"。

将式（3-88）与式（3-87）相比较，就知道这时压差减少了 $(h_2 - h_1)\rho_2 g$ 一项，也就是说，当 $H = 0$ 时，$\Delta p = -(h_2 - h_1)\rho_2 g$，对比无迁移情况，相当于在负压室多了一项压力，其固定数值为 $(h_2 - h_1)\rho_2 g$。假定采用的是 DDZ-Ⅲ型差压变送器，其输出范围为 4~20mA 的电流信号。在无迁移时，$H = 0$，$\Delta p = 0$，这时变送器的输出 $I_o = 4mA$，$H = H_{max}$，$\Delta p = \Delta p_{max}$，这时变送器的输出 $I_o = 20mA$。但是有迁移时，根据式（3-88）可知，由于有固定差压的存在，当 $H = 0$ 时，变送器的输入小于 0，其输出必定小于 4mA；当 $H = H_{max}$ 时，变送器的输入小于 Δp_{max}，其输出必定小于 20mA。为了使仪表的输出能正确反映出液位的数值，也就是使液位的零值和满量程能与变送器输出的上、下限值相对应，必须设法抵消固定压差 $(h_2 - h_1)\rho_2 g$ 的作用，使得当 $H = 0$ 时，变送器的输出仍然回到 4mA，而当 $H = H_{max}$ 时，变送器的输出能为 20mA。采用零点迁移的办法就能够达到此目的，即调节仪表上的迁移弹簧，以抵消固定压差 $(h_2 - h_1)\rho_2 g$ 的作用。

这里迁移弹簧的作用，其实质是改变变送器的零点。迁移和调零都是使变送器输出的起始值与被测量起始点相对应，只不过零点调整量通常较小，而零点迁移量则比较大。

迁移同时改变了测量范围的上、下限，相当于测量范围的平移，它不改变量程的大小。例如，某差压变送器的测量范围为 0~5000Pa，当压差由 0 变化到 5000Pa 时，变送器的输出将由 4mA 变化到 20mA，这是无迁移的情况，如图 3-61 中曲线 a 所示。当有迁移时，假设固定压差为 $(h_2 - h_1)\rho_2 g = 2000Pa$，那么 $H = 0$ 时，根据式（3-86）有 $\Delta p = -(h_2 - h_1)\rho_2 g = -2000Pa$，这时变送器的输出应为 4mA；$H$ 为最大时，$\Delta p = \rho_1 gH - (h_2 - $

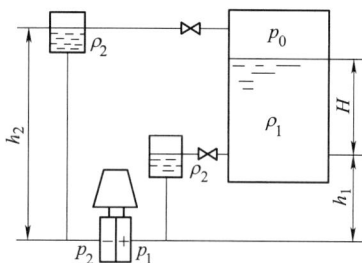

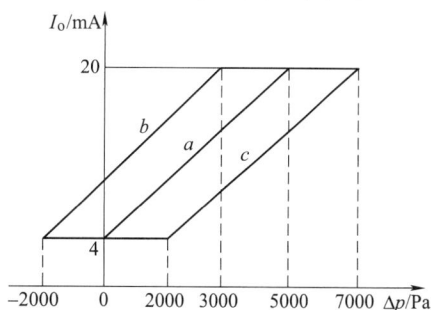

图 3-61　正、负迁移示意图

$h_1)\rho_2 g$ = 5000Pa − 2000Pa = 3000Pa，这时变送器输出应为20mA，如图 3-61 中曲线 b 所示。也就是说，Δp 从−2000Pa 到 3000Pa 变化时，变送器的输出应从4mA变化到20mA。它维持原来的量程（5000Pa）大小不变，只是向负方向迁移了一个固定压差值 $(h_2 − h_1)\rho_2 g$ = 2000Pa。这种情况称之为负迁移。

（2）正迁移 由于工作条件不同，有时会出现正迁移的情况，如图 3-62 所示。由图可知

$$\Delta p = p_1 − p_2 = \rho g(h + H) + p_0 − p_0 = \rho g H + \rho g h \qquad (3\text{-}89)$$

当 $H = 0$ 时，$\Delta p = \rho g h$（正迁移），即正压室多了一项附加压力 $\rho g h$，这时变送器输出应为4mA。画出此时变送器输出和输入压差之间的关系，就如图 3-61 曲线 c 所示。

3. 用法兰取压式差压变送器液位计

为了解决测量具有腐蚀性或含有结晶颗粒以及黏度大、易凝固等液体液位时引压管线被腐蚀、被堵塞的问题，应使用在导压管入口处加隔离膜盒的法兰式差压变送器，如图 3-63 所示。作为敏感元件的测量头（金属膜盒），经毛细管与变送器的测量室相通。在膜盒、毛细管和测量室所组成的封闭系统内充有硅油，作为传压介质，并使被测介质不进入毛细管与变送器，以免堵塞。

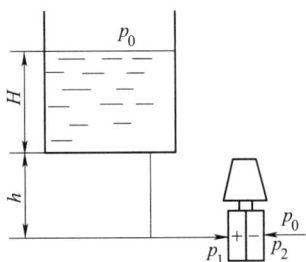

图 3-62 正迁移示意图

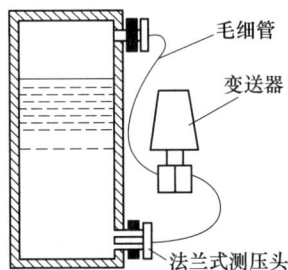

图 3-63 法兰取压式差压变送器液位计

3.4.4 电容式物位计

1. 测量原理

在杜形电容器的极板之间，充以不同高度介质时，电容量的大小也有所不同。因此，可通过测量电容量的变化来检测液位、料位和两种不同液体的分界面。

图 3-64a 是由两个同轴圆筒极板组成的电容器，在两圆筒间充以介电系数为 ε 的介质时，则两圆筒间的电容量表达式为

$$C = \frac{2\pi\varepsilon L}{\ln \dfrac{D}{d}} \qquad (3\text{-}90)$$

式中，L 为两极板相互遮盖部分的长度；d，D 分别为圆筒形内电极的外径和外电极的内径；ε 为中间介质的介电常数。

所以，当 D 和 d 一定时，电容量 C 的大小与极板的长度 L 和介质的介电常数 ε 的乘积成比例。

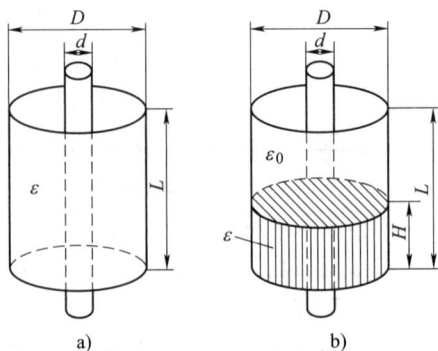

图 3-64 柱形电容器测物位原理图

这样,将电容传感器(探头)插入被测物料中,电极浸入物料中的深度随物位高低变化,必然引起其电容量的变化,从而可检测出物位。

2. 液位检测

对非导电介质液位测量的电容式液位传感器原理如图 3-64b 所示。它由柱形内电极和一个与它相绝缘的同轴金属套筒做的外电极所组成,外电极上开很多小孔,使介质能流进电极之间,内外电极用绝缘套绝缘。

当被测液位 $H = 0$ 时,电容器的电容量(零点电容)为

$$C_0 = \frac{2\pi\varepsilon_0 L}{\ln\dfrac{D}{d}} \tag{3-91}$$

式中,ε_0 为空气介电常数,$\varepsilon_0 = 8.85 \times 10^{-12} \text{F/m}$。

当液位上升为 H 时,电容器可视为两部分电容的并联组合,即

$$C = \frac{2\pi\varepsilon H}{\ln\dfrac{D}{d}} + \frac{2\pi\varepsilon_0(L - H)}{\ln\dfrac{D}{d}} \tag{3-92}$$

式中,ε 为被测介质的介电常数。

电容量的变化 ΔC 为

$$\Delta C = C - C_0 = \frac{2\pi(\varepsilon - \varepsilon_0)}{\ln\dfrac{D}{d}} H = KH \tag{3-93}$$

式中,K 为比例系数,$K = \dfrac{2\pi(\varepsilon - \varepsilon_0)}{\ln\dfrac{D}{d}}$。

由此可见电容量的变化 ΔC 与高度 H 呈线性关系。式(3-93)中的 K 为比例系数。K 中包含 $(\varepsilon - \varepsilon_0)$,也就是说,这个方法是利用被测介质的介电系数 ε 与空气介电常数 ε_0 不等的原理工作的。$(\varepsilon - \varepsilon_0)$ 值越大,仪表越灵敏。D/d 实际上与电容器两极间的距离有关,D 与 d 越相接近,即两极间距离越小,仪表灵敏度越高。

上述电容式液位计在结构上稍加改变以后,也可以用来测量导电介质的液位。

3. 料位检测

用电容法可以测量固体块状颗粒体及粉料的料位。

由于固体间磨损较大,容易"滞留",所以一般不用双电极式电极。可用电极棒及金属容器壁组成电容器的两电极来测量非导电固体料位。

图 3-65 所示为用金属电极棒插入容器来测量料位的示意图,其测量原理与式(3-93)一致。

电容物位计的传感部分结构简单、使用方便。但由于电容变化量不大,要精确测量,就需借助于较复杂的电子线路才能实现。此外,还应注意介质浓度、温度变化时,其介电系数也要发生变化这一情况,以便及时调整仪表,达到预想的测量目的。

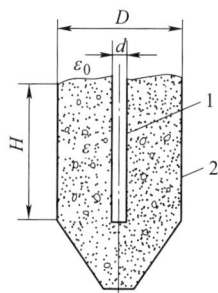

图 3-65 料位检测
1—金属棒内电极
2—金属容器外电极

3.4.5 核辐射检测

放射性同位素的辐射线射入一定厚度的介质时，射线与介质相互作用，射线能量部分被介质吸收，部分透过介质。射线的透射强度随着通过介质层厚度的增加而减弱。入射强度为 I_0 的放射源，随介质厚度增加其透射强度呈指数规律衰减，其衰减规律为

$$I = I_0 e^{-\mu H} \tag{3-94}$$

式中，μ 为介质对射线的吸收系数；H 为介质层的厚度；I 为穿过介质后的射线强度；I_0 为入射射线强度。

不同介质吸收射线的能力是不一样的。一般来说，固体吸收能力最强，液体次之，气体则最弱。当放射源已经选定，被测介质不变时，则 I_0 与 μ 都是常数，根据式（3-94），只要测出通过介质后的射线强度 I，介质的厚度 H 也就知道了，如图 3-66 所示。介质层的厚度，在这里指的是液位或料位高度，这就是射线检测物位法。

核辐射射线检测属非接触测量，具有一系列独特的优点：适用于高温、高压容器、强腐蚀、剧毒、有爆炸性、黏滞性、易结晶或沸腾状态介质的物位测量；还可以测高温融熔金属的液位；由于核辐射射线的特性不受温度、压力、电磁场等因素的影响，所以可在高温、烟雾、尘埃、强光及强电磁场等环境下工作。当然，射线对人体有害，应注意安全防护措施。常用的放射源有 ^{60}Co（半衰期 5.26 年）和 ^{137}Cs（半衰期 32.2 年）等。

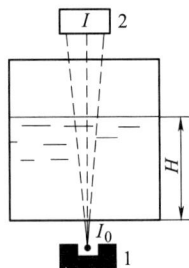

图 3-66 核辐射物
位计示意图
1—射线源 2—接收器

3.4.6 超声波物位计

1. 基本原理

超声波物位计是利用超声波的各种特性来进行物位测量的。各种介质对声波的传播都呈现一定的阻抗，声阻抗与介质的密度和弹性有关，一般液体的声阻抗比空气大两千多倍，金属的声阻抗比水又大十多倍到几十倍。当声波作用到两种介质的分界面上时，如果两介质的声阻抗相差很大，则会从分界面上反射回来，仅有一小部分能透过分界面继续传播。只有在两种介质声阻抗相等的情况下，声波的传播才能完全透射。声阻抗还影响超声波在介质中传播时衰减量的大小，在气体中传播的衰减最大，在固体中衰减最小。利用超声波的这些特性，可以构成两类物位测量方法，即透射式和反射式。

无论透射式还是反射式，都需要超声波的产生和接收。产生（发射）超声波和接收超声波的器件称为超声探头（换能器），是利用压电元件构成的。发射超声波利用压电材料的逆压电效应，将电能转换为机械能（超声波）；接收超声波利用压电材料的正压电效应，将机械波能转换为电能（电信号）。发射和接收两探头的结构是相同的，只是工作方式不同。

超声波物位检测仪表按照传声介质不同，可分为气介式、液介式和固介式三种；按探头的工作方式可分为自发自收的单探头方式和收发分开的双探头方式。相互组合可以得到六种超声波物位仪表。作为检测用超声波的频率一般为 40kHz，超声波波形主要有脉冲式和连续波式两种，单探头工作只能采用脉冲式超声波。

透射式在物位测量中，一般是利用液位的高低其声阻抗的显著差别作为超声液位开关，产生开关量信号，作为液位高、低限报警信号或联锁信号使用。

反射式是检测发射波和反射波的时间差，从而计算出物位高度。反射式测量方法中又分为气介式、液介式和固介式三种。气介式即超声波探头安装在液面以上的气体介质中，垂直向下发射和接收；液介式则是将超声波探头安装在液体的最低位置，探头发出的超声波在液体中传至液面再反射回来。探头到物位的高度 h 可表示为

$$h = ct/2 \tag{3-95}$$

式中，c 为超声波在被测介质中的传播速度（即声速）；t 为超声波从探头到液面的往返时间。

对于一定的介质，c 是已知的，因此只要测得时间 t，即可确定被测物位高度 h。

2. 反射式超声波液位计

（1）液介式液位计 液介式液位计的探头安装于容器底部，靠液体传递声波。由于声波在介质中的传播速度与介质密度有关，而密度又是温度压力的函数，因此当温度压力变化时，声速 c 也要发生变化。所以在实际测量中，必须对声速进行校正，以保证测量精度。

校正的方法有多种，如图 3-67 所示为一种活动校正方法。浮子随液位漂浮在液体表面上，它带动装有反射靶的摆杆，可以绕下端支点摆动。摆杆上还装有一个校正用的探头，它所发射的超声波经反射靶反射到校正探头，用来测定声速 c。因为距离 L_0 已知，根据声波在反射靶和探头之间往返一次所需时间，由式（3-95）可求得实际声速 $c = 2h/t$。由于摆杆随液位高低倾斜，所测声速是液体上、下层声速的平均值，避免了因上、下层温度不同，造成密度不等所引起的声速测量误差。

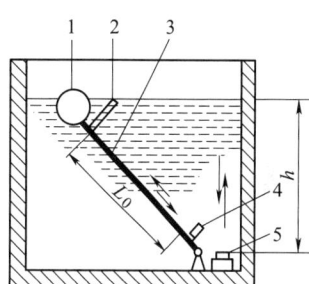

图 3-67 液介式超声液位
测量原理框图
1—浮子 2—反射靶 3—摆杆
4—校正探头 5—测量探头

利用校正方法测得平均声速 c 后，测量探头向上方发射超声脉冲，并接收液面反射回来的声波，根据所测出的往返时间 t 和平均声速 c，由式（3-95）可计算出液位高度 h。

（2）气介式液位计 气介式液位计的探头安装在液面以上的气体介质中，是一种非接触的测量方法。比较适用腐蚀性介质、高黏度及含有颗粒杂质介质的液位测量。它可以是单探头结构（发射和接收用同一个换能器），也可以是双探头结构。

图 3-68 所示为双探头结构的液位计原理框图，分别采用了发射换能器和接收换能器，

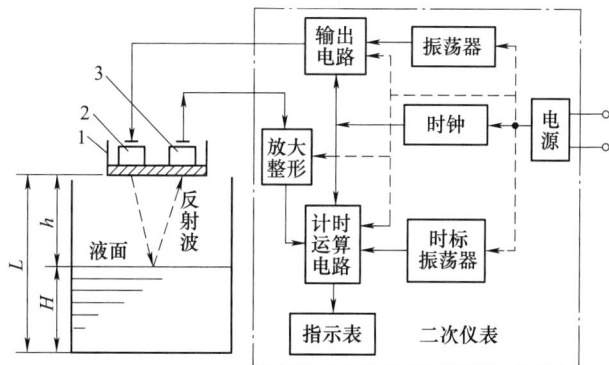

图 3-68 气介式超声波液位计原理框图
1—超声探头固定装置 2—发射探头 3—接收探头

时钟电路定时触发振荡输出电路，向发射换能器输出超声电脉冲，同时触发计时电路开始计时。当发射换能器发出的超声波经液面反射回来时，被接收换能器收到并变成电信号，经放大整形后，去再次触发控制计时电路。计时电路测得的时差，经运算得到换能器到液面之间的距离 h（即空高 $h=ct/2$，c 为气体中的声速）。已知换能器的安装高度 L（从液位的零基准面算起），便可求得被测液位的高度 H，即 $H=L-h$，最后在指示仪表上显示出来。

这种气介式液位测量，声速受温度、压力的影响较大，因此需要采取相应的修正补偿措施，以避免声速变化所引起的误差。气介式液位计也可用于料位测量，但颗粒尺寸和安息角（粉粒体在堆积状态下不滑坡的最大倾角）应尽量小，否则表面不平整，使得超声波散射严重，不能有效接收回波。

3. 透射式超声液位开关

如图 3-69 所示，探头部分有一缝隙，剖视内部如图 3-69b所示。窄缝的两面内侧有发射换能器 2 和接收换能器 1，放大电路 3 可形成闭环振荡，功率放大电路 4 提供输出信号。

当窄缝被液体浸没时，两介质（固体与液体）的声阻抗差别较小，透射能力增强，超声波的能量足以透过窄缝被接收换能器检测，经过放大后供给发射换能器，其输入与输出形成一个正反馈的振荡回路，持续连续振荡。同时功率放大电路输出使继电器释放（或吸合），输出一个信号；当液位下降后，窄缝中是气体，由于气体的声阻抗较小，两介质（固体与气体）声阻抗差别较大，则反射能力增强，大部

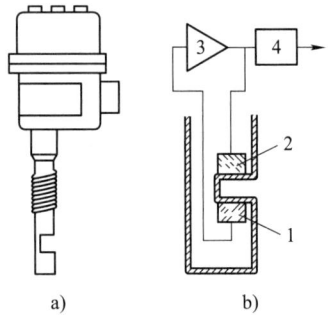

图 3-69　窄缝式超声液位开关图
1—接收换能器　2—发射换能器
3—放大电路　4—功率放大电路

分声波被反射，接收到的声能太少，放大电路的正反馈就不存在，不能维持连续振荡，功放的输出使继电器吸合（或释放），产生报警信号。

3.4.7　雷达液位计

1. 工作原理

雷达式液位计是近些年来推出的一种新型的液位测量仪表，它是利用雷达微波的回波测距法测量液位到雷达天线的距离，即通过测量空高来测量液位的。微波从喇叭状天线向被测介质发射微波，微波在不同介电常数的气液界面上会产生反射，反射微波（回波）被天线接收。微波的往返时间与界面到天线的距离成正比，测出微波的往返时间就可以计算出液位的高度，如图 3-70 所示。

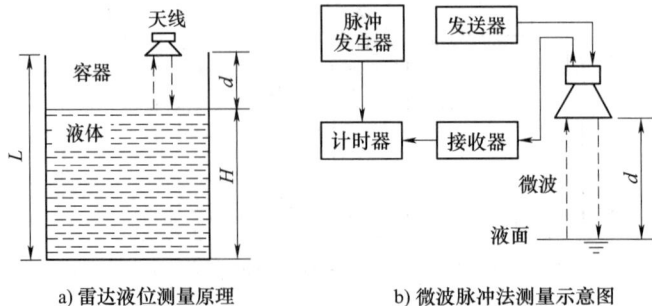

a) 雷达液位测量原理　　b) 微波脉冲法测量示意图

图 3-70　雷达液位测量示意图

雷达波的往返时间 t 正比于天线到液面的距离（空高），即

$$d = ct/2 \tag{3-96}$$

$$H = L - d = L - ct/2 \tag{3-97}$$

式中，c 为电磁波的传播速度（m/s）；d 为被测液面到天线的距离（m）；t 为雷达波往返的时间（s）；L 为天线到罐底的距离（m）；H 为液位高度（m）。

由于微波传播的速度很快，雷达波往返的时间极短，用常规的测量方法无法达到较高的测量精度和灵敏度，所以目前雷达式物位计一般采用连续调频法（FWCM）进行测量，如图 3-71 所示。

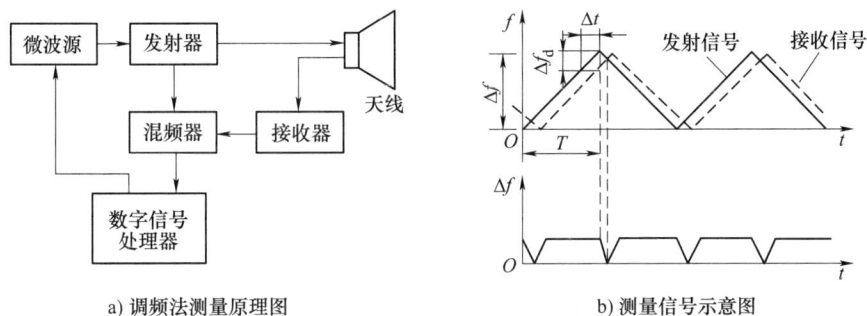

a) 调频法测量原理图　　　　　　　　　　　b) 测量信号示意图

图 3-71 连续调频法系统构成及原理

天线发射的微波是频率连续变化的线性调制波，微波频率与时间呈线性正比关系，经液面反射后回波被天线接收到时，天线发射的微波频率已经改变，这就使回波和发射波形成一频率差 Δf_d。该频率差正比于微波往返延迟时间 Δt，由此液位计可计算液位高度。

$$\Delta t = \frac{\Delta f_d}{\Delta f} T \tag{3-98}$$

$$d = \frac{T}{2} \frac{\Delta f_d}{\Delta f} c \tag{3-99}$$

式中，Δf 为线性调频波最大频率变化范围；T 为线性调频波调制周期。

2. 雷达液位计的组成

雷达液位计由探测器和显示器组成，如图 3-72 所示（以 BL-30 为例）。

探测器安装在设备顶部，由电子部件、波导连接器、安装法兰及天线组成。电子部件包括振荡器、调制器、混频电路、差频放大器、A/D 转换器等。

显示器为盘装型，由计算单元、显示单元及电源部分组成。

探测器与显示器之间用一根多芯屏蔽专用电缆连接，其作用是向探测器提供 DC 24V 电源，并将 A/D 转换信号送至显示器。由振荡器产生 10GHz 的高频振荡，经 U_m 线性调制电压调制后，以等幅振荡的形式，通过耦合器及定向通路器，由喇叭状天线向被测液面发射电磁波，经液面反射回来又被天线接收。回波通过定向通路器送入混频电路，混频电路接收到发射波回波信号后产生差频信号。差频信号通过差频放大器放大，经 A/D 转换后送到计算单元进行频谱分析，即通过频差和时差计算出液位高度，并由显示单元显示出来。

3. 特点及适用范围

雷达液位计是通过计算电磁波到达液体表面并反射回接收天线的时间来进行液位测量的，与超声波液位计相比，由于超声波液位计声波传送的局限性，因此雷达液位计的性能大

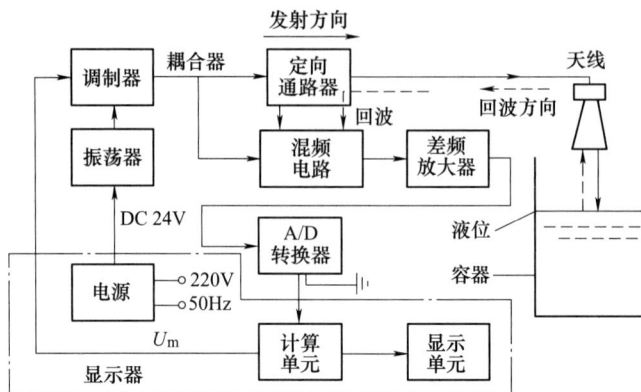

图 3-72 雷达液位计原理框图

大优于超声波液位计。超声波液位计探头发出的声波是一种通过大气传播的机械波，大气成分的构成会引起声速的变化，例如液体的蒸发汽化会改变声波的传播速度，从而引起超声波液位测量的误差。而电磁波的传送则没有这些局限性，它可以在缺少空气（真空）或具有汽化介质的条件下传播，并且气体的波动变化不影响电磁波的传播速度。

雷达液位计采用了微波雷达测距技术，仪表无可动部件，安装使用简单方便；测量范围宽，测量精度高，稳定可靠。雷达式物位计具有耐高温、耐高压、不与被测介质接触，实现非接触测量的特点，适用于大型储罐、腐蚀性液体、高黏度液体、有毒液体及易燃易爆介质的液位测量，特别适用于大型立罐和球罐等液位的测量。

雷达液位计按天线形状（天线的外形决定微波的聚焦和灵敏度）分为喇叭口形和导波型两类，由于天线发射的是一种辐射能微弱的信号（约 1mV），在传播过程中会有能量衰减，自液面反射的信号强度（振幅）与液体的介电常数有关，介电常数低的非导电类介质反射回来的信号非常小；这种被削弱的信号在返回安装于储罐顶部的接收天线途中，能量会被进一步削弱；当液面出现波动和泡沫时，信号散射脱离传播途径或吸收部分能量，从而使返回到接收天线的信号更加弱小。另外，当储罐中有混合搅拌器、管道、梯子等障碍物时，也会反射电磁波信号，从而会产生虚假液位，因此喇叭口形主

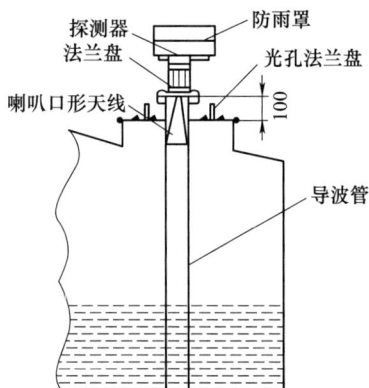

图 3-73 导波管安装示意图

要用于波动小、介质泡沫少、介电常数高的液位测量；导波型是在喇叭口形的基础上增加了一根导波管，安装如图 3-73 所示，可使电磁波沿导波管传播，减少障碍物及液位波动或泡沫对电磁波的散射影响，用于波动较大、介电常数低的非导电介质（如烃类液体）的液位测量。

准确度等级可达 0.25 级，工作温度范围为 −200~230℃，工作压力为 ≤40MPa，测量范围为 0~40m，采用不同的安装方式可以满足不同型式储罐的测量要求。

3.4.8　称重式液罐计量仪

石油、化工行业大型贮罐很多，如油田的原油计量罐，由于其高度与直径都很大，即使液位变化 1~2mm，也会有几百千克到几吨的差别，所以液位的测量要求要准确。同时，液

体（如油品）的密度会随温度发生较大的变化，而大型容器由于体积很大，各处温度很不均匀，因此即使液位（即体积）测得很准确，也反映不了贮罐中真实的质量储量。利用称重式液罐计量仪基本上就能解决上述问题。

称重仪根据天平原理设计，如图 3-74 所示。p_1、p_2 作用于波纹管 1、2，其差压 Δp 产生力矩（测量力矩）使杠杆失衡，于是通过发信器、控制器，接通电动机线圈，使可逆电动机旋转，并通过丝杠 6 带动砝码 5 移动，直至由砝码作用于杠杆的力矩与测量力（由压差引起）作用于杠杆的力矩平衡时，电动机才停止转动。

杠杆平衡时

$$(p_2 - p_1)A_1L_1 = MgL_2 \qquad (3\text{-}100)$$

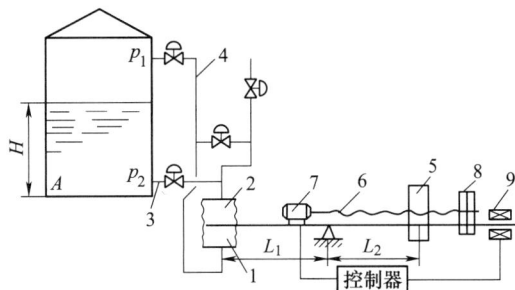

图 3-74　称重式液罐计量仪

1—下波纹管　2—上波纹管　3—液相引压管
4—气相引压管　5—砝码　6—丝杠
7—可逆电动机　8—编码盘　9—发信器

式中，p_1 为罐顶压力；p_2 为罐底压力；M 为砝码质量；g 为重力加速度；L_1、L_2 为杠杆臂长；A_1 为两波纹管有效面积。由于

$$p_2 - p_1 = \rho g H$$

可得

$$L_2 = \frac{A_1L_1}{M}\rho H = K\rho H \qquad (3\text{-}101)$$

式中，K 为仪表常数，$K = \dfrac{A_1L_1}{M}$；ρ 为被测介质密度；H 为被控介质高度。

如果液罐截面均匀，设截面积为 A，于是贮液罐内总的液体储量 M_0 为

$$M_0 = \rho A H, \quad 即 \ \rho H = M_0/A$$

代入式（3-101）得

$$L_2 = \frac{K}{A}M_0 = K_i M_0 \qquad (3\text{-}102)$$

式中，$K_i = \dfrac{K}{A} = \dfrac{A_1L_1}{AM}$，为仪表常数。可见 L_2 与贮液罐内介质的总质量储量 M_0 成正比，而与介质密度无关。

如果贮罐横截面积随高度而变化，一般是预先制好表格，根据砝码位移量 L_2 就可以查得储存液体的重量。

由于砝码移动距离与丝杠转动圈数成比例，丝杠转动时，经减速带动编码盘 8 转动，因此编码盘的位置与砝码位置是对应的，编码盘发出编码信号到显示仪表，经译码和逻辑运算后用数字显示出来。

由于称重仪是按天平平衡原理工作的，因此具有很高的精度和灵敏度。当罐内液体受组分、温度等影响，密度变化时，并不影响仪表的测量精度。该仪表可以用数字直接显示，显示醒目，并便于与计算机联用，进行数据处理或进行控制。

3.4.9　物位仪表选型原则

物位仪表选型应从实用和经济两方面考虑。根据被测介质的物理性能（温度、压力、

黏度、颗粒、粉尘）、化学性能（易燃、易爆、易腐蚀）和具体的工作条件（敞口、密闭、振动）及应用要求、测量目的和测量参数（计量、控制、检测，和液位、料位、界位）等选择。

1. 按应用要求选择

测量液位的仪表有：玻璃管（板）式、浮力式（浮子、浮筒、浮球）、静压式（压力、差压）、电磁式（电容、电阻、电感、磁致伸缩、磁性）、超声波式、核辐射式、激光式、矩阵涡流式等。

测量料位的仪表有：重锤探测式、音叉式、超声波式、激光式、核辐射式等。

测量界面的仪表有：浮力式、差压式、超声波式等。

2. 按准确度、工作条件、测量范围选择

（1）按准确度要求选择　目前，在物位计量中，计量准确度要求较高时，多采用高准确度物位仪表，如磁致伸缩液位计、雷达液位计、矩阵涡流液位计等，可参阅《石油化工仪表控制系统选用手册》。

（2）按工作条件选择

1）恶劣：核辐射式。

2）较差：电容式、矩阵涡流式、射频导纳式。

3）一般：一般物位计。

（3）按测量范围选择

1）2m 以下：高温（450℃以下）黏性介质——内浮球式；

　　　　　　　　　　　　　　　　一般介质——外浮筒式或差压式。

2）2m 以上：一般介质——差压式、雷达式、矩阵涡流式、磁性液位计；

　　　　　　　　特殊介质——法兰差压式、核辐射式。

在实际生产中，涉及物位测量的场合很多，其中测量条件的好坏对仪表的测量准确度有很大影响。不同的仪表适应性不同。

物位仪表没有通用的产品，每类产品都有其适应范围和选用场所，也各有局限性。同时，测量方法也在发展中，新的物位测量仪表层出不穷。一定要把握住选型要点，选准、选好。

3.5　温度检测及仪表

3.5.1　温度检测方法

温度是非常重要而且最常见的工程参数。

一般地说，表示物体或系统冷热程度的物理量称为温度。温度测量是建立在热平衡定律基础上的。通常，利用一个标准物体（温度计）与被测对象进行热交换，待两者建立热平衡后，根据标准物体的某些随温度而变化的物理性质来确定被测对象的温度。

温度测量仪表的种类很多，主要分为接触式和非接触式两大类，见表 3-3。接触式测量是指温度计的检测元件与被测对象良好地热接触，通过传导、对流达到热平衡，温度计的示值代表被测对象的真实温度；非接触式测量是指温度计的检测部分与被测对象互不接触，通过辐射换热达到热平衡，温度计的示值代表被测对象的表观温度。

表 3-3　常用温度计的种类及其优缺点

测温方式	温度计种类		测温范围/℃	优　　点	缺　　点
接触式测温仪表	膨胀式	玻璃液体	−50~600	结构简单、使用方便、测量准确、价格低廉	测量上限和精度受玻璃质量的限制，易碎，不能记录和远传
		双金属	−80~600	结构紧凑、牢固可靠	精度低，量程和使用范围有限
	压力式	液体 气体 蒸气	−30~600 −20~350 0~250	结构简单、耐振、防爆、能记录和报警价格低廉	精度低、测量距离短、滞后大
	热电偶	铂铑-铂 镍镉-镍硅 镍镉-考铜	0~1600 −50~1000 −50~600	测温范围广，精度高，便于远距离、多点、集中测量和自动控制	需冷端温度补偿，在低温段测量精度低
	热电阻	铂 铜	−200~600 −50~150	测量精度高，便于远距离、多点、集中测量和自动控制	不能测高温，需注意环境温度的影响
非接触式测温仪表	辐射式	辐射式 光色式 比色式	400~2000 700~3200 900~1700	测温时不破坏被测温度场	低温段测量不准，环境调节会影响测温准确度
	红外式	光电探测 热电探测	0~3500 200~2000	测温范围宽、适于测温度分布、不破坏被测温度场	易受外界干扰，标定困难

　　石化企业生产过程都是在一定温度范围内（一般为−200~1800℃）进行的。为保证石化产品的质量、收率和生产安全，重要的温度参数需要严格控制在很小范围内。因此，在石化生产中，温度及其检测是十分重要的。大多数场合都采用接触式测量仪表，如双金属温度计、热电偶、热电阻等，它具有结构简单、性能稳定可靠、廉价、测量准确度高的特点，能够测量到真实的温度。温度变送器应用也比较普遍，它们将输出信号送到 DCS 或调节仪表中实现温度的自动控制。

3.5.2　简单温度计

1. 膨胀式温度计

　　膨胀式温度计是基于物体受热时体积膨胀的性质而制成的。日常生活中使用的玻璃管温度计属于液体膨胀式温度计，工业上使用的双金属温度计属于固体膨胀式温度计。

　　双金属温度计中的感温元件是用两片线膨胀系数不同的金属片叠焊在一起而制成的。双金属片受热后，由于两金属片的膨胀长度不同而产生弯曲，如图 3-75a 所示。温度越高产生的线膨胀长度差就越大，因而引起弯曲的角度就越大。双金属温度计就是基于这一原理而制成的，它是用双金属片制成螺旋形感温元件，外加金属保护套管，当温度变化时，螺旋的自由端便围绕着中心轴旋转，同时带动指针在刻度盘上指示出相应的温度数值，如图 3-75b、c 所示。

　　图 3-75d 是一种双金属温度信号器的示意图。当温度变化时，双金属片产生弯曲，且与调节螺钉相接触，使电路接通，信号灯便发亮。如用继电器代替信号灯，便可以用来控制热源（如电热丝）而成为双位式温度控制器。温度的控制范围可通过改变调节螺钉与双金属片之间的距离来调整。若以电铃代替信号灯，便可以作为另一种双金属温度信号报警器。

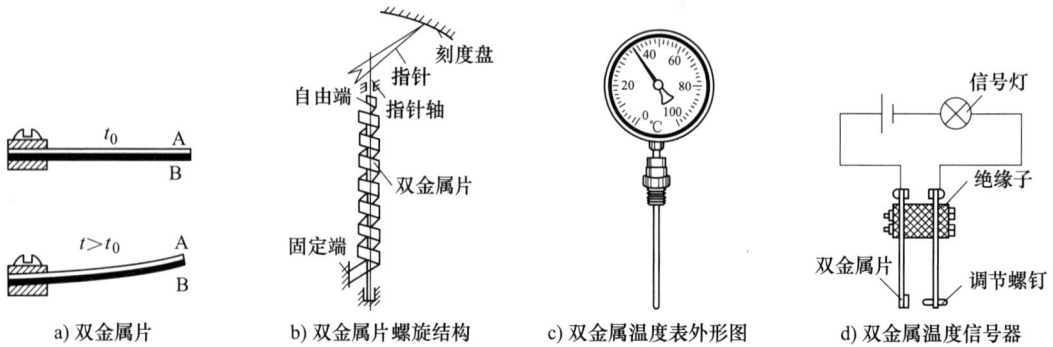

a) 双金属片　　　b) 双金属片螺旋结构　　　c) 双金属温度表外形图　　　d) 双金属温度信号器

图 3-75　双金属片温度测控原理图

2. 压力式温度计

应用压力随温度的变化来测温的仪表叫压力式温度计。它是根据在封闭系统中的液体、气体或低沸点液体的饱和蒸气受热后体积膨胀或压力变化，并用压力表来测量这种变化，从而测得温度这一原理而制成的。

压力式温度计的结构如图 3-76 所示。它主要由以下三部分组成。

（1）温包　它是直接与被测介质相接触来感受温度变化的元件，因此要求它具有高的强度、小的膨胀系数、高的热导率以及抗腐蚀等性能。根据所充工作物质和被测介质的不同，温包可用铜合金、钢或不锈钢来制造。

（2）毛细管　它是用铜或钢等材料冷拉成的无缝圆管，用来传递压力的变化。其外径为 $1.2 \sim 5\text{mm}$，内径为 $0.15 \sim 0.5\text{mm}$。它的直径越细，长度越长，则传递压力的滞后现象就越严重。也就是说，温度计对被测温度的反应越迟钝。然而，在同样的长度下，毛细管越细，仪表的精度就越高。毛细管容易被损坏、折断，因此，必须加以保护。对不经常弯曲的毛细管可用金属软管作为保护套管。

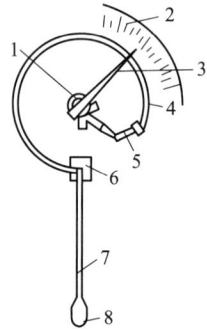

图 3-76　压力式温度计结构原理图
1—传动机构　2—刻度盘　3—指针
4—弹簧管　5—连杆　6—接头
7—毛细管　8—温包

（3）弹簧管（或盘簧管）　它是一般压力表用的弹性元件。

3. 辐射式高温计

辐射式高温计是基于物体热辐射定律来测量温度的仪表。目前，它已被广泛地用来测量高于 800℃ 的温度。

黑体辐射能量按波长和温度的分布曲线如图 3-77 所示，一般物体热辐射特性与此相似。从图 3-77 可见，物体辐射能谱峰值波长 λ_m 随温度 T 的升高向短波方向移动，并遵从维恩（Wien）位移定律

$$\lambda_m T = b$$

当 λ_m 单位为微米（μm）时，$b = 2898\mu\text{m} \cdot \text{K}$。由此得

$$T = b/\lambda_m = 2898/\lambda_m \tag{3-103}$$

从式（3-103）可知，物体热辐射能谱峰值波长 λ_m 与其自身的温度 T 成反比。只要测出

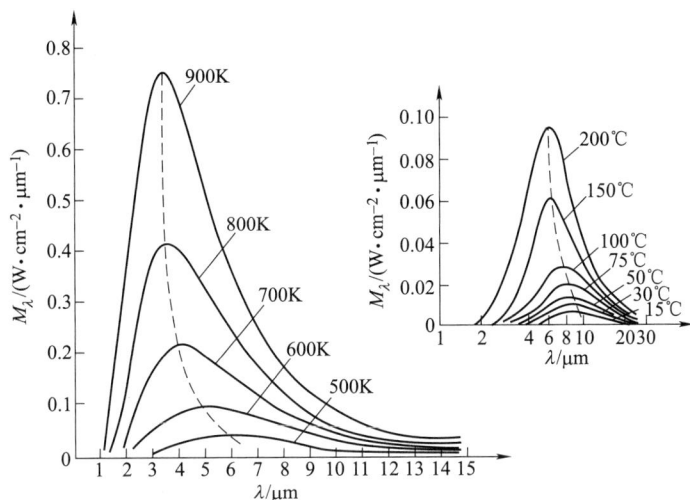

图 3-77 黑体辐射能量按波长和温度的分布曲线

物体热辐射能谱，找出其峰值波长 λ_m，便可求出物体的温度 $T(=2898/\lambda_m)$。

在石油、化工生产过程中，使用最多的是利用热电偶和热电阻这两种感温元件来测量温度。下面就主要介绍热电阻温度计和热电偶温度计。

3.5.3 金属热电阻温度计

热电阻是利用物质的电阻率随温度变化的特性制成的电阻式测温系统。由纯金属热敏元件制作的热电阻称为金属热电阻，由半导体材料制作的热电阻称为半导体热敏电阻。

1. 金属热电阻的工作原理、结构和材料

大多数金属导体的电阻值都随温度而变化（电阻-温度效应），其电阻-温度特性方程为

$$R_t = R_0(1 + \alpha + \beta t^2 + \cdots) \tag{3-104}$$

式中，R_t、R_0 分别为金属导体在 $t°C$ 和 $0°C$ 时的电阻值；α、β 等为金属导体的电阻温度系数。

对于绝大多数金属导体，α、β 等并不是一个常数，而是温度的函数。但在一定的温度范围内，α、β 等可近似地视为一个常数。不同的金属导体，α、β 等保持常数所对应的温度范围不同。选作感温元件的材料应满足如下要求：

1）材料的电阻温度系数 α 要大，α 越大，热电阻的灵敏度越高；纯金属的 α 比合金的高，所以一般均采用纯金属材料作热电阻感温元件。

2）在测温范围内，材料的物理、化学性质稳定。

3）在测温范围内，α 保持常数，便于实现温度表的线性刻度特性。

4）具有比较大的电阻率 ρ，以利于减小元件尺寸，从而减小热惯性。

5）特性复现性好，容易复制。

比较适合以上条件的材料有铂、铜、铁和镍等。

2. 铂热电阻（WZP）

铂的物理和化学性质非常稳定，是目前制造热电阻的最好材料。铂电阻除用作一般工业测温外，主要作为标准电阻温度计，广泛地应用于温度的基准、标准的传递。它的长时间稳

定的复现性可达 10^{-4}K，是目前测温复现性最好的一种温度计。在国际实用温标中，铂电阻作为-259.34~630.74℃温度范围内的温度基准。

铂电阻一般由直径为 0.02~0.07mm 的铂丝绕在片形云母骨架上且采用无感绕法（见图 3-78b），然后装入玻璃或陶瓷管等保护管内，铂丝的引线采用银线，引线用双孔瓷绝缘套管绝缘（见图 3-78a）。目前，亦有采用丝网印刷方法来制作铂膜电阻，或采用真空镀膜方法制作铂膜电阻。

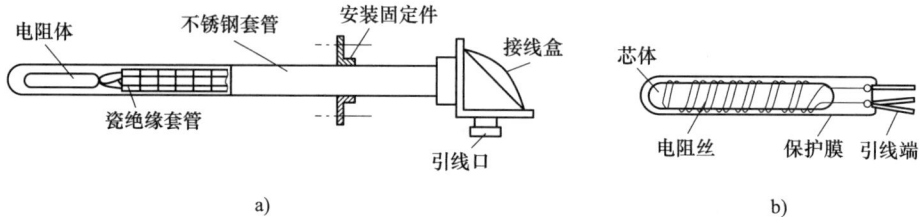

图 3-78　铂热电阻的结构

铂热电阻的测温精度与铂的纯度有关，通常用百度电阻比 $W(100)$ 表示铂的纯度，即

$$W(100) = R_{100}/R_0 \tag{3-105}$$

式中，R_{100} 为 100℃时的电阻值；R_0 为 0℃时的电阻值。百度电阻比 $W(100)$ 还表示热电阻测温的灵敏度。

$W(100)$ 越大，表示铂电阻丝纯度越高，测温精度也越高，测温灵敏度也越高。国际实用温标规定：作为基准器的铂热电阻，其百度电阻比 $W(100) \geq 1.39256$，与之相应的铂纯度为 99.9995%，测温精度可达±0.001℃，最高可达±0.0001℃；作为工业用标准铂热电阻，$W(100) \geq 1.391$，其测温精度在-200~0℃ 间为±1℃，在 0~100℃ 间为±0.5℃，在 100~650℃ 间为±(0.5%)t。

铂丝的电阻值 R_t 与温度 t 之间关系（电阻-温度特性）可表示为

$$\begin{cases} R_t = R_0(1 + At + Bt^2) & 0℃ \leqslant t \leqslant 650℃ \\ R_t = R_0[1 + At + Bt^2 + C(t-100)t^3] & -200℃ \leqslant t \leqslant 0℃ \end{cases} \tag{3-106}$$

式中，R_t、R_0 分别为 t℃ 和 0℃时铂电阻的电阻值；A、B、C 为由实验测得的常数，与 $W(100)$ 有关。在测温范围不大时，R_t 与 t 之间关系为基本线性。

对于常用的工业铂电阻（$W(100) = 1.391$）：$A = 3.96847 \times 10^{-3}/℃$；$B = -5.847 \times 10^{-7}/(℃)^2$；$C = -4.22 \times 10^{-12}/(℃)^3$。

我国铂热电阻的分度号（标准化热电阻的型号）主要为 Pt100 和 Pt50 两种，其 0℃时的电阻值 R_0 分别为 100Ω 和 50Ω。此外，还有 $R_0 = 1000Ω$ 的 Pt1000 铂热电阻等。

3. 铜热电阻（WZC）

铜丝可用于制作-50~150℃范围内的工业用电阻温度计。在此温度范围内，铜的电阻值与温度关系接近线性，灵敏度比铂电阻高 [$\alpha_{铜} = (4.25 ~ 4.28) \times 10^{-3}/℃$]，容易提纯得到高纯度材料，复制性能好，价格便宜。但铜易于氧化，一般只用于 150℃ 以下的低温测量和没有水分及无腐蚀性介质中的温度测量，铜的电阻率低（$\rho_{铜} = 0.017 \times 10^{-6}Ω \cdot m$，而 $\rho_{铂} = 0.0981 \times 10^{-6}Ω \cdot m$），所以铜电阻的体积较大。

铜电阻的百度电阻比 $W(100) \geq 1.425$，其测温精度在-50~50℃范围内为±0.5℃，在 50~100℃范围内为±(1%)t。

铜电阻的电阻值 R_t 与温度 t 之间关系为

$$R_t = R_0(1 + \alpha t) \tag{3-107}$$

式中，R_t、R_0 分别为 t℃和 0℃时铜电阻的电阻值；α 为铜电阻的电阻温度系数。

由式（3-107）可见，铜电阻的电阻值在测温范围内线性。

标准化铜热电阻的 R_0 一般设计为 100Ω 和 50Ω 两种，对应的分度号分别为 Cu100 和 Cu50。

另外，铁和镍两种金属也有较高的电阻率和电阻温度系数，亦可制作成体积小、灵敏度高的热电阻温度计。但由于铁易氧化，性能不太稳定，故尚未实用。镍的稳定性较好，已定型生产，用符号 WZN 表示，可测温度范围为 $-60 \sim 180$℃，R_0 值有 100Ω、300Ω 和 500Ω 三种。

WZP、WZC 热电阻的分度表（电阻与温度的对应值）见附录表 A-3、表 A-4。

4. 热电阻测量线路

热电阻温度计的测量线路最常用的是电桥电路。由于热电阻的阻值较小，所以连接导线的电阻值不能忽视，对 50Ω 的测温电桥，1Ω 的导线电阻就会产生约 5℃的误差。为了消除导线电阻的影响，一般采用三线或四线电桥连接法。

图 3-79 是三线连接法的原理图。G 为检流计，R_1、R_2、R_3 为固定电阻，R_a 为零位调节电阻。热电阻 R_t 通过电阻为 r_1、r_2、r_3 的三根导线和电桥连接，r_1 和 r_2 分别接在相邻的两桥臂内，当温度变化时，只要它们的长度和电阻温度系数 α 相同，它们的电阻变化就不会影响电桥的状态。电桥在零位调整时，使 $R_4 = R_a + R_{t0}$，R_{t0} 为热电阻在参考温度（如 0℃）时的电阻值。r_3 不在桥臂上，对电桥平衡状态无影响。三线连接法中，可调电阻 R_a 的触点的接触电阻和电桥桥臂的电阻相连，可能导致电桥的零点不稳定。

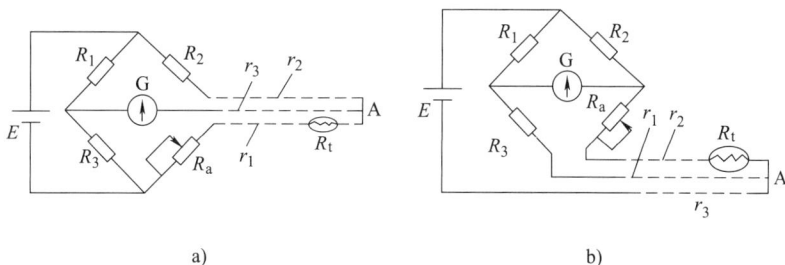

a) b)

图 3-79 热电阻测温电桥的三线连接法

图 3-80 为四线连接法。调零电位器 R_a 的接触电阻和检流计串联，这样，接触电阻的不稳定不会破坏电桥的平衡和正常工作状态。

热电阻式温度计性能最稳定，测量范围广、精度也高，特别是在低温测量中得到广泛的应用；其缺点是需要辅助电源，且热容量大，限制了它在动态测量中的应用。

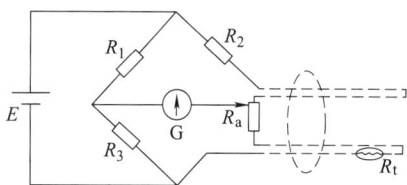

图 3-80 热电阻测温电桥的四线连接法

为了避免在测量过程中流过热电阻的电流的加热效应，在设计测温电桥时，要使流过热电阻的电流尽量小，一般小于 10mA。

3.5.4 热电偶温度计

热电偶是将温度量转换为电动势大小的热电式传感器。自 19 世纪发现热电效应以来，热电偶便被广泛用来测量 100~1300℃ 范围内的温度，根据需要还可以用来测量更高或更低的温度。它具有结构简单、使用方便、精度高、热惯性小，可测局部温度和便于远距离传送集中检测、自动记录等优点。

1. 热电偶的工作原理

热电偶的基本工作原理是热电动势效应。

1823 年塞贝克（Seebeck）发现，将两种不同的导体（金属或合金）A 和 B 组成一个闭合回路（称为热电偶，见图 3-81），若两接触点温度（T，T_0）不同，则回路中就会有一定大小的电流，表明回路中有电动势产生，该现象称为热电动势效应或塞贝克效应，通常称热电效应。回路中的电动势称为热电动势或塞贝克电动势，用 $E_{AB}(T, T_0)$ 或 $E_{AB}(t, t_0)$ 表示。两种不同的导体 A 和 B 称为热电极，测量温度时，两个热电极的一个接点置于被测温度场（T）中，称该点为测量端，也叫工作端或热端；另一个接点置于某一恒定温度（T_0）的地方，称为参考端或自由端、冷端。T 与 T_0 的温差越大，热电偶的热电动势也越大，因此，可以用热电动势的大小衡量温度的高低。

后来研究发现，热电效应产生的热电动势 $E_{AB}(T, T_0)$ 是由两部分组成的，一是两种不同导体间的接触电动势，又称珀尔贴（Pehier）电动势；另一是单一导体的温差电动势，又称汤姆逊（Thomson）电动势。

（1）珀尔贴效应——接触电动势　当自由电子密度不同的 A、B 两种导体接触时，在两导体接触处会产生自由电子的扩散现象，自由电子将从密度大的金属 A 扩散到密度小的金属 B，使 A 失去电子带正电，B 得到电子带负电，从而在接点处形成一个电场（见图 3-82）。该电场将使电子反向转移，当电场作用和扩散作用动态平衡时，A、B 两种不同金属的接触点处就产生接触电动势，它由接触点温度和两种金属的特性所决定。在温度为 T 和 T_0 的两接触点处的接触电动势 $E_{AB}(T)$ 和 $E_{AB}(T_0)$ 分别为

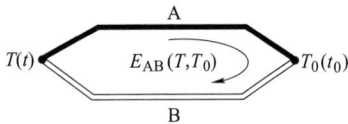

图 3-81　热电偶

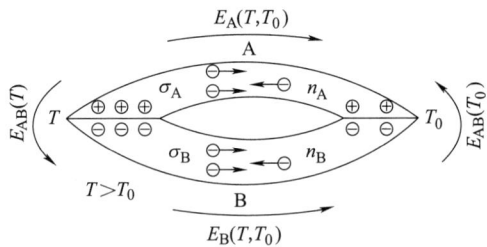

图 3-82　热电效应示意图

$$E_{AB}(T) = \frac{kT}{e}\ln\frac{n_A}{n_B}; \ E_{AB}(T_0) = \frac{kT_0}{e}\ln\frac{n_A}{n_B}$$

式中，n_A、n_B 分别为电极 A、B 材料的自由电子密度；k 为玻尔兹曼常数，$k = 1.38 \times 10^{-23}$ J/K；e 为电子电荷量，$e = 1.6 \times 10^{-19}$ C。

回路中总接触电动势为

$$E_{AB}(T) - E_{AB}(T_0) = \frac{k}{e}(T - T_0)\ln\frac{n_A}{n_B} \qquad (3\text{-}108)$$

（2）汤姆逊效应——温差电动势　同一均匀金属电极，当其两端温度 $T \neq T_0$ 时，且设 $T > T_0$，导体内形成一温度梯度，由于热端电子具有较大动能，致使导体内自由电子从热端向冷端扩散，并在冷端积聚起来，使导体内建立起一电场（见图 3-82）。当此电场对电子的作用力与热扩散力平衡时，扩散作用停止。电场产生的电动势称为温差电动势或汤姆逊电动势，此现象称为汤姆逊效应。A、B 导体的温差电动势分别为

$$E_A(T, T_0) = \int_{T_0}^{T} \sigma_A \mathrm{d}T; \quad E_B(T, T_0) = \int_{T_0}^{T} \sigma_B \mathrm{d}T$$

式中，σ_A、σ_B 分别为导体 A、B 中的汤姆逊系数。

回路中总的温差电动势为

$$E_A(T, T_0) - E_B(T, T_0) = \int_{T_0}^{T} (\sigma_A - \sigma_B) \mathrm{d}T \tag{3-109}$$

综上所述，由导体 A、B 组成的热电偶回路，当接点温度 $T > T_0$ 时，其总的热电动势为

$$E_{AB}(T, T_0) = \frac{k}{e}(T - T_0)\ln \frac{n_A}{n_B} + \int_{T_0}^{T} (\sigma_A - \sigma_B) \mathrm{d}T \tag{3-110}$$

从上面分析和式（3-110）可知以下几点。

1）如果热电偶两电极材料相同（$n_A = n_B$，$\sigma_A = \sigma_B$），两接点温度不同，不会产生热电动势；如果两电极材料不同，但两接点温度相同（$T = T_0$），也不会产生热电动势。

所以，热电偶工作产生热电动势的基本条件：两电极材料不同，两接点温度不同。

2）热电动势大小与热电极的几何形状和尺寸无关。

3）当两热电极材料不同，且 A、B 固定（即 n_A、n_B、σ_A、σ_B 为常数），热电动势 $E_{AB}(T, T_0)$ 便为两接点温度（T, T_0）的函数（即热电动势是温差的函数，所以 $E_{AB}(T, T_0) = E_{AB}(t, t_0)$）。

$$E_{AB}(T, T_0) = E(T) - E(T_0)$$

当 T_0 保持不变，即 $E(T_0)$ 为常数时，则热电动势 $E_{AB}(T, T_0)$ 便仅为热电偶热端温度 T 的函数。

$$E_{AB}(T, T_0) = E(T) - C = f(T) \tag{3-111}$$

这就是热电偶测温的基本原理。

4）热电动势的极性：测量端失去电子的热电极为正极，得到电子的热电极为负极。对热电动势符号 $E_{AB}(T, T_0)$，规定写在前面的 A、T 分别为正极和高温，写在后面的 B、T_0 分别为负极和低温。如果它们的前后位置倒换，则热电动势极性相反，即 $E_{AB}(T, T_0) = -E_{AB}(T_0, T) = -E_{BA}(T, T_0)$ 等。实验判别热电动势极性的方法是将热端稍加热，在冷端用直流电表辨别。

2. 热电偶的基本定律

（1）均质导体定律　两种均质金属组成的热电偶，其热电动势大小与热电极直径、长度及沿热电极长度上的温度分布无关，只与热电极材料和两端温度差有关。

如果热电极材质不均匀，则当热电极上各处温度不同时，将产生附加热电动势，造成无法估计的测量误差。因此，热电极材料的均匀性是衡量热电偶质量的重要指标之一。

（2）中间导体定律　热电偶回路断开接入第三种导体 C，若导体 C 两端温度相同，则回路热电动势不变，这为热电动势的测量（接入测量仪表，即第三导体）奠定了理论基础，如图 3-83 所示。

（3）标准（参考）电极定律　如果两种导体（A、B）分别与第三种导体 C 组合成热电偶的热电动势已知，则由这两种导体（A、B）组成的热电偶的热电动势也就已知，这就是标准电极定律或参考电极定律，即

$$E_{AB}(T, T_0) = E_{AC}(T, T_0) + E_{CB}(T, T_0) = E_{AC}(T, T_0) - E_{BC}(T, T_0) \qquad (3\text{-}112)$$

标准电极定律原理如图 3-84 所示。

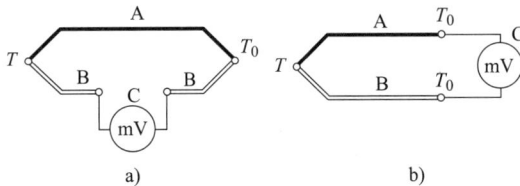

图 3-83　热电偶测温电路原理图　　　　图 3-84　标准电极定律示意图

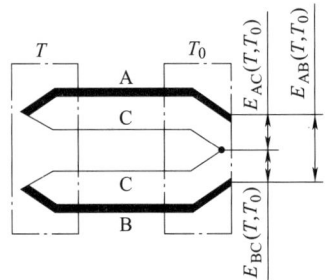

根据标准电极定律，可以方便地选取一种或几种热电极作为标准（参考）电极，确定各种材料的热电特性，从而大大简化热电偶的选配工作。一般选取纯度高的铂丝（$R_{100}/R_0 \geqslant 1.3920$）作为标准电极，确定出其他各种电极对铂电极的热电特性，便可知这些电极相互组成热电偶的热电动势大小。

例 3-5
$$E_{铜\text{-}铂}(100, 0) = 0.76\text{mV}$$
$$E_{康铜\text{-}铂}(100, 0) = -3.5\text{mV}$$

则

$$E_{铜\text{-}康铜}(100, 0) = 0.76\text{mV} - (-3.5\text{mV}) = 4.26\text{mV}$$

（4）中间温度定律　热电偶在接点温度为 T、T_0 时的热电动势等于该热电偶在接点温度为 T、T_n 和 T_n、T_0 时相应热电动势的代数和，即

$$E_{AB}(T, T_0) = E_{AB}(T, T_n) + E_{AB}(T_n, T_0) \qquad (3\text{-}113)$$

若 $T_0 = 0℃$，则有

$$E_{AB}(T, 0) = E_{AB}(T, T_n) + E_{AB}(T_n, 0) \qquad (3\text{-}114)$$

式中，T_n 为中间温度，$T_0 < T_n < T$。

3. 热电偶的种类

（1）热电极材料的基本要求　热电极（偶丝）是热电偶的主要元件，作为实用测温元件的热电偶，对其热电极材料的基本要求是：①热电动势足够大，测温范围宽、线性好；②热电特性稳定；③理化性能稳定，不易氧化、变形和腐蚀；④电阻温度系数 α 和电阻率 ρ 要小；⑤易加工、复制性好；⑥价格低廉。

（2）热电偶类型　根据不同的热电极材料，可以制成适用不同温度范围、不同精度的各类热电偶。几种常用标准热电偶的分度表见附录表 A-5～表 A-7。

此外，还有非标准化的用于极值测量的热电偶：

1）铁-康铜热电偶，测温上限为 700℃（长期），热电动势与温度的线性关系好，灵敏度高［$E_{铁\text{-}康铜}(100, 0) = 5.268\text{mV}$］，价格便宜，但铁极易生锈。

2）高温热电偶：钨铼系热电偶，测温上限可达 2450℃；钛铑系热电偶可测 2100℃左右。

3）低温热电偶：铜-铜锡$_{0.005}$热电偶可测 $-271 \sim -243℃$ 的低温；镍铬-铁金$_{0.03}$热电偶在

$-269 \sim 0℃$ 之间有 $13.7 \sim 20\mu V/℃$ 的灵敏度。

4. 热电偶的结构

将两热电极的一个端点紧密地焊接在一起组成接点就构成热电偶。对接点焊接要求焊点具有金属光泽、表面圆滑、无沾污变质、夹渣和裂纹；焊点的形状通常有对焊、点焊、绞纹焊等；焊点尺寸应尽量小，一般为偶丝直径的 2 倍。焊接方法主要有直流电弧焊、直流氧弧焊、交流电弧焊、乙炔焊、盐浴焊、盐水焊和激光焊接等。在热电偶的两电极之间通常用耐高温材料绝缘，如图 3-85 所示。

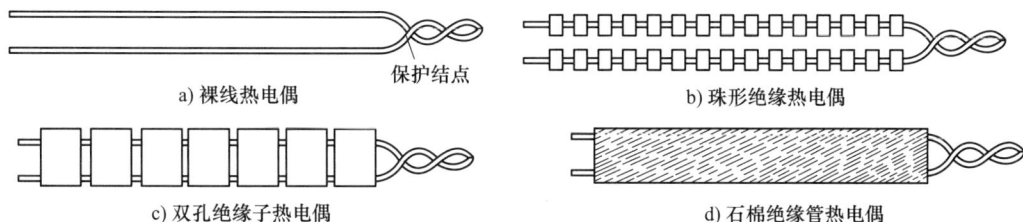

a) 裸线热电偶　　　　保护结点　　　　b) 珠形绝缘热电偶

c) 双孔绝缘子热电偶　　　　　　d) 石棉绝缘管热电偶

图 3-85　热电偶电极的绝缘方法

工业用热电偶必须长期工作在恶劣环境下，根据被测对象不同，热电偶的结构型式是多种多样的，下面介绍几种比较典型的结构型式。工业用热电偶见表 3-4。

表 3-4　工业用热电偶

热电偶名称	代号	分度号		热电极材料		100℃与0℃间热电动势/mV	测温范围/℃	
		新	旧	正极	负极		长期使用	短期使用
铂铑$_{30}$-铂铑$_6$	WRR	B	LL-2	铂铑$_{30}$合金	铂铑$_6$合金	0.033	$300 \sim 1600$	1800
铂铑$_{10}$-铂	WRP	S	LB-3	铂铑$_{10}$合金	纯铂	0.645	$-20 \sim 1300$	1600
镍铬-镍硅	WRN	K	EU-2	镍铬合金	镍硅合金	4.095	$-50 \sim 1000$	1200
镍铬-铜镍	WRE	E	—	镍铬合金	铜镍合金	6.317	$-40 \sim 800$	900
铁-铜镍	WRF	J	—	铁	铜镍合金	5.268	$-40 \sim 700$	750
铜-铜镍	WRC	T	CK	铜	铜镍合金	4.277	$-200 \sim 300$	350

（1）普通型热电偶　普通型热电偶由热电极、绝缘子、保护套管、接线盒等部分组成，其结构如图 3-86 所示。这种热电偶在测量时将测量端插入被测对象内部，主要用于测量容器或管道内部气体、液体等流体介质的温度。

（2）铠装热电偶　铠装热电偶是把保护套管（材料为不锈钢或镍基高温合金）、绝缘材料（高纯脱水氧化镁或氧化铝）与热电偶丝组合在一起拉制而成，也称套管热电偶或缆式热电偶。图 3-87 为铠装热电偶工作端结构的几种型式，其中，图 3-87a 为单芯结构，其外套管亦为一电极，因此中心电极在顶端应与套管直接焊接在一起；图 3-87b 为双芯碰底型，测量端和套管焊接在一起；图 3-87c 为双芯不碰底型，热电极

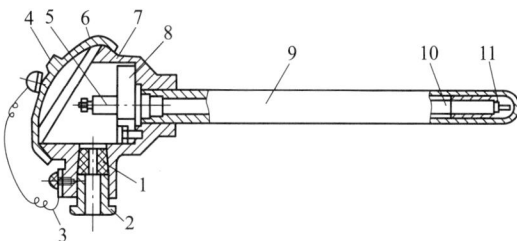

图 3-86　普通型热电偶结构

1—出线孔密封圈　2—出线孔螺母　3—链条
4—面盖　5—接线柱　6—密封圈　7—接线盒
8—接线座　9—保护套管　10—绝缘子　11—热电偶

109

与套管间互相绝缘；图 3-87d 为双芯露头型，测量端露出套管外面；图 3-87e 为双芯帽型，把露头型的测量端套上一个套管材料作为保护帽，再用银焊密封起来。

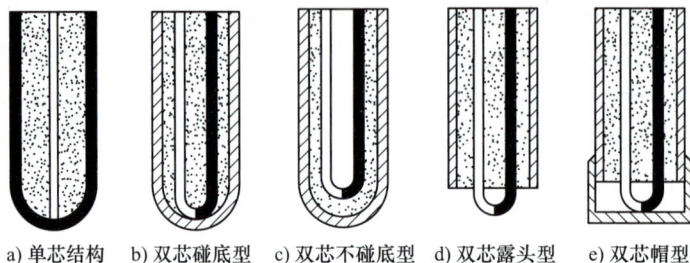

a) 单芯结构   b) 双芯碰底型   c) 双芯不碰底型   d) 双芯露头型   e) 双芯帽型

图 3-87　铠装热电偶工作端结构

铠装热电偶有其独特的优点：小型化（外径可小到 1~3mm，内部热电极直径常为 0.2~0.8mm，套管外壁厚度一般为 0.12~0.6mm），则对被测温度反应快，时间常数小，很细的整体组合结构使其柔性大，可以弯曲成各种形状，适用于结构复杂的被测对象。同时，机械性能好，结实牢固，耐振动和耐冲击。

（3）薄膜热电偶　用真空镀膜的方法，将热电极材料沉积在绝缘基板上而制成的热电偶称为薄膜热电偶，其结构如图 3-88 所示。由于热电极是一层金属薄膜，其厚度为 0.01~0.1μm，所以测量端的热惯性很小，反应快，可以用来测量瞬变的表面温度和微小面积上的温度。使用温度范围为 -200~500℃ 时，热电极采用的材料有铜-康铜、镍铬-考铜、镍铬-镍硅等，绝缘基板材料用云母，它们适用于各种表面温度测量以及汽轮机叶片等温度测量。当使用温度范围为 500~1800℃ 时，热电极材料用镍铬-镍硅、铂铑-铂等，绝缘基片材料采用陶瓷，它们常用于火箭、飞机喷嘴的温度测量，以及钢锭、轧辊等表面温度测量等。

还可将热电极材料直接蒸镀在被测表面上而制成薄膜热电偶。

除以上各种结构外，还有测量圆弧表面温度的表面热电偶，测量气流温度的热电偶，多点式热电偶和串、并联用热电偶等，不一一介绍。

5. 热电偶的冷端补偿及处理

热电偶的热电动势是两接点之间相对温差 $\Delta t = t - t_0$ 的函数，只有 t_0 固定，热电动势才是 t 的单值函数；热电偶标准分度表是以 $t_0 = 0℃$ 为参考温度条件下测试制定的，只有 $t_0 = 0℃$，才能直接应用分度表或分度曲线。在工程测试中，冷端温度随环境温度的变化而变化，若 $t_0 \neq 0℃$，将引入测量误差，因此必须对冷端进行补偿和处理。

（1）延长导线法　延长导线使冷端远离热端不受其温度场变化的影响并与测量电路相连接。为使接上延长导线后不改变热电偶的热电动势值，要求：在一定的温度范围内延伸热电极（补偿导线）必须与配对的热电偶的热电极具有相同或相近的热电特性；保持延伸电极与热电偶两个接点温度相等，如图 3-89 所示。

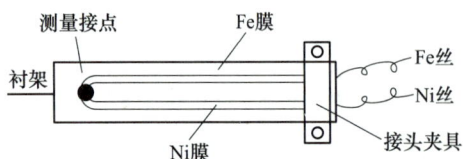

图 3-88　铁-镍薄膜热电偶

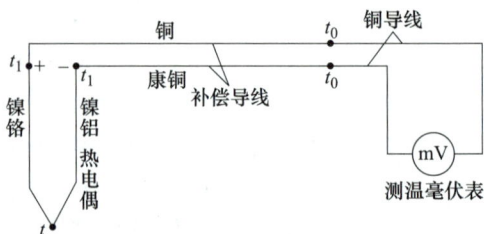

图 3-89　补偿导线接线图

对于廉价金属热电极，延伸线可用热电极本身材料；对于贵重金属热电极则采用热电特性相近的材料代替，见表 3-5。

表 3-5 常用热电偶的补偿导线

被补偿热电偶名称	补偿导线				工作端为100℃、冷端为0℃时的标准热电动势/mV
	正极		负极		
	材料	颜色	材料	颜色	
铂铑$_{10}$-铂	铜	红	铜镍	绿	0.645±0.037
镍铬-镍硅（镍铝）	铜	红	铜镍	蓝	4.095±0.105
镍铬-铜镍	镍铬	红	铜镍	棕	6.317±0.170
铜-铜镍	铜	红	铜镍	白	4.277±0.047

（2）0℃恒温法　将热电偶冷端置于冰水混合物的 0℃ 恒温器内，使其工作状态与分度状态达到一致。此法适用于实验室，如图 3-90 所示。其中 A′、B′是补偿导线。

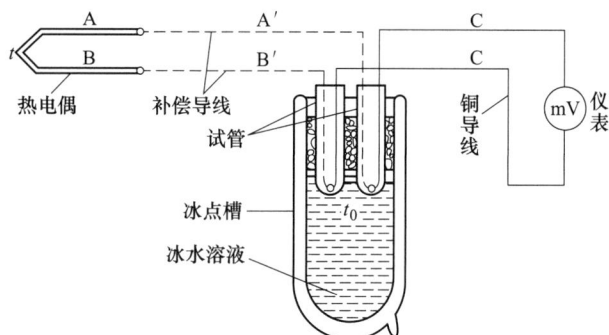

图 3-90 冷端处理的延长导线法和 0℃ 恒温法

（3）冷端温度修正法

1）热电动势修正法。利用中间温度定律

$$E_{AB}(t, 0) = E_{AB}(t, t_n) + E_{AB}(t_n, 0)$$

式中，t_n 一般是热电偶测温时的环境温度；$E_{AB}(t, t_n)$ 是实测热电动势；$E_{AB}(t_n, 0)$ 是冷端修正值。

例 3-6 铂铑$_{10}$-铂热电偶测温，参考冷端温度为室温 21℃，测得

$$E_{AB}(t, 21) = 0.465mV$$

查分度表，$E_{AB}(21, 0) = 0.119mV$，则 $E_{AB}(t, 0) = 0.465mV + 0.119mV = 0.584mV$，反查分度表 $t = 92℃$。

若直接用 0.465mV 查表，则 $t = 75℃$。

也不能将 75℃ + 21℃ = 96℃ 作为实际温度。

2）温度修正法。由实测热电动势 $E_{AB}(t, t_n)$ 查分度表，得 t'，而真实温度为

$$t = t' + kt_n \tag{3-115}$$

式中，k 为热电偶修正系数，决定于热电偶种类和被测温度范围，见表 3-6。

表 3-6　几种常用热电偶 k 值表

测量端温度/℃	热电偶类型				
	铜-康铜	镍铬-考铜	铁-康铜	镍铬-镍硅	铂铑$_{10}$-铂
0	1.00	1.00	1.00	1.00	1.00
20	1.00	1.00	1.00	1.00	1.00
100	0.86	0.90	1.00	1.00	0.82
200	0.77	0.83	0.99	1.00	0.72
300	0.70	0.81	0.99	0.98	0.69
400	0.68	0.83	0.99	0.98	0.66
500	0.65	0.79	0.98	1.00	0.63
600	0.65	0.78	1.02	0.96	0.62
700	—	0.80	1.00	1.00	0.60
800	—	0.80	0.91	1.00	0.59
900	—	—	0.82	1.00	0.56
1000	—	—	0.84	1.07	0.55
1100	—	—	—	1.11	0.53
1200~1600	—	—	—	—	0.53

对于例 3-6：

实测　$E_{AB}(t, t_n) = 0.465\text{mV} \rightarrow$ 查分度表 $t' = 75℃$；

查修正系数表 3-6，此时该热电偶的 $k = 0.82$，$t_n = 21℃$，则实际温度

$$t = (75 + 0.82 \times 21)℃ = 92.2℃$$

与前面结果基本一致。这种修正方法在工程上应用较为广泛。

（4）冷端温度自动补偿法——电桥补偿法

1）补偿原理：利用电桥在温度变化时的不平衡输出电压（补偿电压）去自动补偿冷端温度变化时对热电偶热电动势的影响，即使 $U_{ab}(t_0) = E_{AB}(t_0, 0)$，如图 3-91 所示。这种装置称为冷端温度补偿器。

2）补偿电路：图 3-91 中，R_1、R_2、R_3、R_w 为锰铜电阻，阻值几乎不随温度变化，R_{Cu} 为铜电阻，电阻值随温度升高而增大。设计时使 $t_0 = 0℃$ 时，$R_1 = R_2 = R_3 = R_{Cu}$，电桥处于平衡状态，电桥输出 $U_{ab} = 0$，对热电偶电动势无影响。当 $t_0 \neq 0℃$ 时（设 $t_0 > 0$），这时 R_{Cu} 增大，使电桥不平衡，出现 $U_{ab} > 0$，若 $U_{ab} = U_{ab}(t_0) = E_{AB}(t_0, 0)$，则热电偶的热电动势得到自动补偿。

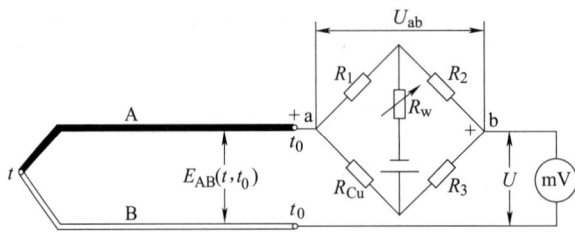

图 3-91　冷端温度补偿线路图

冷端温度补偿器一般用 4V 直流供电，它可在 0~40℃ 或 -20~20℃ 的范围内起补偿作用。只要 t_0 的波动不超出此范围，电桥的不平衡输出电压就可以自动补偿冷端温度波动所引起的热电动势的变化，从而可以直接利用输出电压查热电偶分度表以确定被测温度的实际值。

要注意的是，不同材质的热电偶所配的冷端温度补偿器，其限流电阻 R_w 不一样，互换时必须重新调整。此外，大部分补偿电桥的平衡温度不是 0℃，而是 20℃。

3.5.5 温度变送器

变送器与各种检测元件配合使用，利用现代电子技术将被测量线性地转换为 0~10mA 或 DC 4~20mA 电流信号，以便与显示、记录和调节单元配合工作。

随着电子技术的发展，温度检测元件热电偶、热电阻等的检测信号 E_t 或 R_t，通过转换、放大、冷端补偿、线性化等信号调理电路，直接转换成符合 DDZ-Ⅲ型电动单元组合仪表的 4~20mA 或和 1~5V 的统一标准信号输出，即温度（温差）变送器。

所谓一体化温度变送器，就是将变送器模块安装在测温元件接线盒或专业接线盒内的一种温度变送器。变送器模块与测温元件形成一个整体，其结构如图 3-92 所示，可以直接安装在被测工艺设备上，输出统一标准信号。这种变送器具有体积小、质量轻、现场安装方便等优点，因而在工业生产中得到广泛应用。在仪表自动化生产过程中，使用最多的是热电偶温度变送器和热电阻温度变送器。

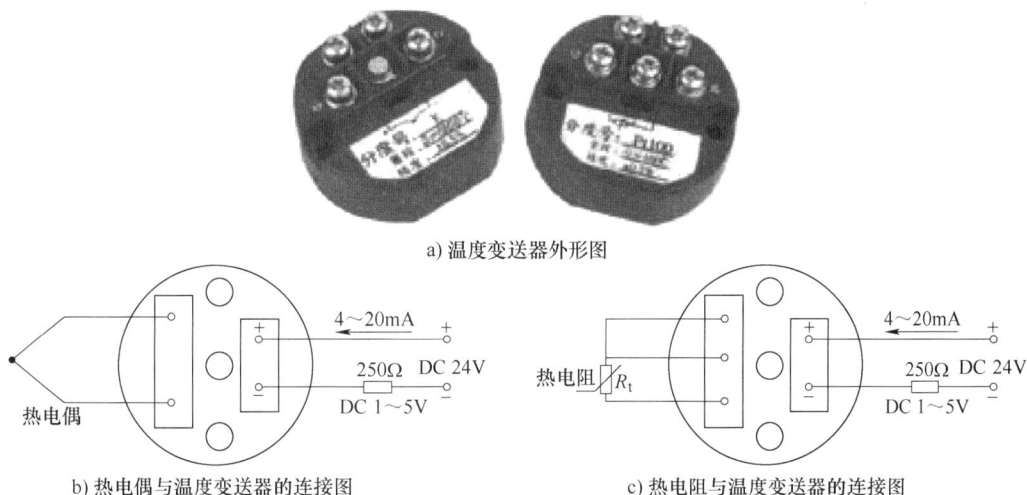

a) 温度变送器外形图

b) 热电偶与温度变送器的连接图　　　　　　c) 热电阻与温度变送器的连接图

图 3-92 温度变送器

1. SBW 系列温度变送器

SBWR、SBWZ 系列热电偶、热电阻温度变送器是 DDZ 系列仪表中的现场安装式温度变送器单元，与工业热电偶、热电阻配套使用，采用二线制传输方式（两根导线作为电源输入和信号输出的公用传输线），将工业热电偶、热电阻信号转换成与输入信号或与温度信号成线性的 4~20mA 或 0~10mA 的输出信号。

（1）温度变送器特点

1）采用环氧树脂密封结构，因此抗震、耐温，适合在恶劣现场环境中安装使用。

2）现场安装于热电阻、热电偶的接线盒内，直接输出 DC 4~20mA，这样既省去较贵的补偿导线费用，又提高了信号长距离传送过程中的抗干扰能力。

3）精度高、功耗低、使用环境温度范围宽、工作稳定可靠。

4）量程可调，并具有线性化校正功能，热电偶温变器具有冷端自动补偿功能，应用面广，既可与热电偶、热电阻形成一体化现场安装结构，也可作为功能模块安装入检测设备中。

温度变送模块外形如图 3-92a 所示。其与热电偶的连接如图 3-92b 所示，与热电阻的连接如图 3-92c 所示。

（2）主要技术指标

1）输入：热电阻分度号为 Pt100、Cu50、Cu100，热电偶分度号为 K、E、S、B、T、N。

2）输出：量程范围内输出 DC 4～20mA 可与热电阻温度计的输出电阻信号呈线性，也可与热电阻温度计的输入温度信号呈线性；可与热电偶输入的毫伏信号呈线性，也可与热电偶温度计的输入温度信号呈线性。

3）基本误差：±0.2%、±0.5%。

4）传送方式：二线制。

5）变送器工作电源电压最低 12V，最高 35V，额定工作电压 24V。

6）负载：极限负载电阻 $R_{L(max)}$（单位为 Ω）的计算式为

$$R_{L(max)} = 50 \times (U - 12) \tag{3-116}$$

式中，U 为实际供电电源电压（V）。

在额定工作电压 24V 时，负载电阻可在 0～600Ω 范围内选用，额定负载为 250Ω。

注意：量程可调式变送器，改变量程时零点与满度需反复调试；热电偶型变送器在调试前需预热 30min。

7）环境温度影响小于或等于 0.05%/℃。

8）正常工作环境：环境温度为 -25～+80℃，相对湿度为 5%～95%；机械振动 $f \leqslant 55\text{Hz}$，振幅小于 0.15mm。

2. 智能式温度变送器

智能式温度变送器有的采用 HART 协议通信方式，也有的采用现场总线通信方式。下面以 SMART 公司的 TT302 智能式温度变送器为例进行介绍。TT302 智能式温度变送器是一种符合 FF 通信协议的现场总线智能仪表，可以与各种热电阻或热电偶配合测量温度，具有量程范围宽、精度高、受环境温度和振动影响小、抗干扰能力强、质量轻以及安装维护方便等优点。智能式温度变送器的硬件构成如图 3-93 所示，它由输入电路板、主电路板和显示器等组成。输入电路板包括多路转换器、信号调理电路、A/D 转换器和信号隔离器，其作用是将输入信号转换为二进制的数字信号，传送给 CPU，并实现输入电路板与主电路板的

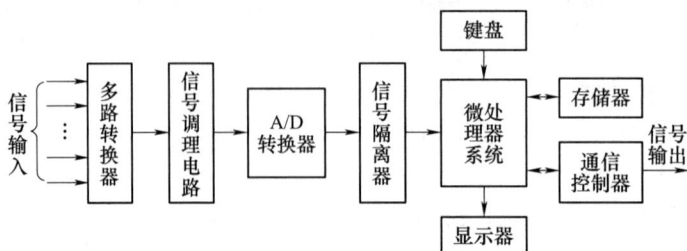

图 3-93 智能式温度变送器的硬件构成

隔离。输入电路板上的环境温度传感器用于热电偶的冷端温度补偿。主电路板是变送器的核心部分，它由微处理器系统、通信控制器、信号整形电路、本机调整部分和电源部分组成。显示器可以显示四位半数字和五位字母。

智能式温度变送器的软件使变送器各硬件部分电路正常工作，实现所规定的功能，完成各组成部分的管理。用户可以通过上位管理计算机或挂接在现场总线通信电缆上的手持式组态器，对变送器进行远程组态、调用或删除功能模块，还可以使用磁性编程工具对变送器进行设置。

3.5.6 温度仪表的安装

在使用膨胀式温度计、热电偶温度计、热电阻温度计等接触式温度计进行温度测量时，均会遇到具体的安装问题。如果温度计的安装不符合要求，往往会引入一定的测量误差，因此，温度计的安装必须按照规定要求进行。

接触式温度计测得的温度都是由测温元件决定的。在正确选择了测温元件和显示仪表之后，测温元件的正确安装，是提高温度测量精度的重要环节。工业上，一般按下列要求进行安装。

1. 正确选择测温点

由于接触式温度计的感温元件是与被测介质进行热交换而测量温度的，因此，必须使感温元件与被测介质能进行充分的热交换，感温元件放置的方式与位置应有利于热交换的进行，不应把感温元件插至被测介质的死角区域。

2. 测温元件应与被测介质充分接触

应保证足够的插入深度，尽可能使受热部分增长。对于管路测温，双金属温度计的插入长度必须大于敏感元件的长度；温包式温度计的温包中心应与管中心线重合；热电偶温度计保护套管的末端应越过管中心线 5~10mm；热电阻温度计的插入深度在减去感温元件的长度后，应为金属保护管直径的 15~20 倍，或非金属保护管直径的 10~15 倍。为增加插入深度，可采用斜插安装，当管径较细时，应插在弯头处或加装扩大管。根据生产实践经验，无论多粗的管道，温度计插入 300mm 已足够，但一般不应小于温度计全长的 2/3。

测温元件应迎着被测介质流向插入，至少要与被测介质流向成正交（90°）安装，切勿与被测介质形成顺流，如图 3-94 所示。

3. 避免热辐射、减少热损失

在温度较高的场合，应尽量减小被测介质与设备（或管壁）表面之间的温差。必要时可在测温元件安装点加装防辐射罩，以消除测温元件与器壁之间的直接辐射作用，避免热辐射所产生的测温误差。

如果器壁暴露于环境中，应在其表面加一层绝热层（如石棉等），以减少热损失。为减少感温元件外露部分的热损失，必要时也应对测温元件外露部分加装保温层进行适当保温。

3.5.7 温度测量仪表选型原则

在选择温度测量仪表时，一般应考虑以下几个方面。

1. 工艺角度

为满足工艺过程对温度测量的要求，在选型时应主要考虑温度测量范围、测量准确度要

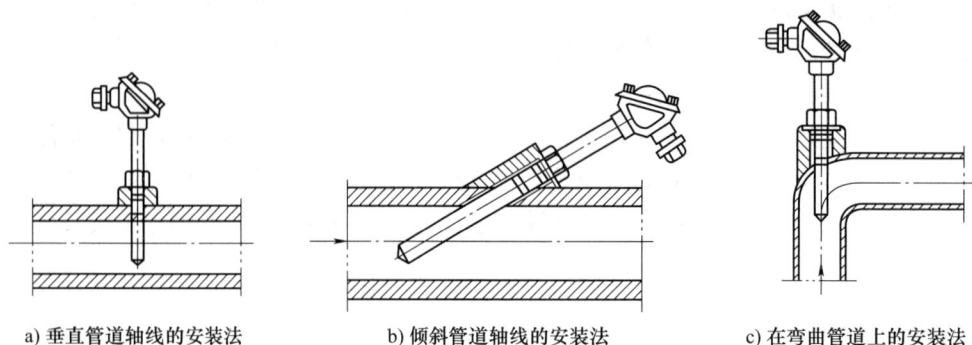

a) 垂直管道轴线的安装法　　　b) 倾斜管道轴线的安装法　　　c) 在弯曲管道上的安装法

图 3-94　温度仪表的常见安装方法

求、操作条件要求（就地、远传）、测量对象条件（管道、反应器、炉管、炉膛等）、工艺介质、场所条件（振动、防爆等）、维护方便、可靠性高等内容。

2. 测量范围

温度仪表测量范围必须使正常温度在刻度的 30%~70% 之间，最高温度不得超过刻度的 90%。

3. 测温元件的插入深度

对于管道，插入管中心附近或过中心线 5~10mm。对于容器等设备，一般热电偶插入 400mm，热电阻插入 500mm。侧线处塔盘温度测量点在降液盘下部液相，插入深度根据具体情况而定。加热炉炉膛：一般插入深度≤600mm，当插入深度≥1000mm 时应设支架。炉烟道：<500mm；炉回弯头：<150mm。对于催化裂化反应沉降器、再生器、烧焦罐等，一般插入 900~1000mm。贮油罐一般插入 500~1000mm。

热电阻的插入深度，应考虑将全部电阻体浸没在被测介质中。双金属温度计浸入被测介质中的长度，必须大于感温元件的长度。

4. 测温元件的保护套管材质及耐压等级

无腐蚀介质，选用 20 号碳钢保护套管，使用温度≤450℃；一般腐蚀性介质，例如 H_2S 等，选用 1Cr18Ni9Ti 不锈钢；含氢氟酸介质，选用蒙乃尔（MONEL）合金；高温介质选用 Cr25Ti 不锈钢，使用温度 ≤1000℃；高温轻腐蚀介质，选用 Cr25Ni20 不锈钢，使用温度 ≤1000℃；高温微压或常压介质，选用钢玉，使用温度≤1600℃。

其保护套管的耐压等级应与工艺管线或设备的耐压等级一样，并符合制造厂家的规定。

5. 热电偶形式的选择

一般指示用单式热电偶。同时用于调节和指示的热电偶采用双式或两个单式。防水式接线盒用于室外安装或室内潮湿，以及有腐蚀性气体的场合。

6. 热电阻形式的选择

一般指示用单式热电阻。同时用于调节与指示的热电阻采用双式或两个单式。防水式接线盒用于室外安装或室内潮湿，以及有腐蚀性气体的场合。防爆热电阻用于有爆炸危险的场合，一般热电阻（包括单、双式）为 M33×2 固定螺纹。设备安装上采用 DN25，PN 高于或等于设备压力等级的法兰。

习题与思考题

3-1　什么叫测量？

3-2　测量误差的表示方法主要有哪两种？各是什么意义？

3-3　什么是仪表的相对百分误差和允许相对百分误差？

3-4　什么是仪表的准确度等级？

3-5　某一标尺为 0~1000℃ 的温度仪表出厂前经校验，其刻度标尺上的各点测量结果见表 3-7。

表 3-7　温度表校验数据表

标准表读数/℃	0	200	400	600	700	800	900	1000
被校表读数/℃	0	201	402	604	706	805	903	1001

（1）求出该温度仪表的最大绝对误差值；

（2）确定该温度仪表的准确度等级；

（3）如果工艺上允许的最大绝对误差为 ±8℃，问该温度仪表是否符合要求？

3-6　如果有一台压力表，其测量范围为 0~10MPa，经校验得表 3-8 所示数据。

表 3-8　压力表校验数据表

标准表读数/MPa	0	2	4	6	8	10
被校表正行程读数/MPa	0	L 98	3.96	5.94	7.97	9.99
被校表反行程读数/MPa	0	2.02	4.03	6.06	8.03	10.01

（1）求出该压力表的变差；

（2）问该压力表是否符合 1.0 级准确度等级？

3-7　什么叫压力？表压力、绝对压力、负压力（真空度）之间有何关系？

3-8　为什么一般工业上的压力计可以测压差或真空度，而不能测绝对压力？

3-9　测压仪表有哪几类？各基于什么原理？

3-10　作为感受压力的弹性元件有哪几种？各有何特点？

3-11　弹簧管压力计的测压原理是什么？试述弹簧管压力计的主要组成及测压过程。

3-12　现有一压缩机气柜压力需要用电接点信号压力表控制在一定范围内，试画出控制的原理电路图。

3-13　应变片式与压阻式压力计各采用什么测压元件？

3-14　电容式压力（差压）传感器的工作原理是什么？有何特点？

3-15　某压力表的测量范围为 0~1MPa，准确度等级为 1.0 级，试问此压力表允许的最大绝对误差是多少？若用标准压力计来校验该压力表，在校验点为 0.5MPa 时，标准压力计上读数为 0.508MPa，试问被校压力表在这一点是否符合 1.0 级准确度等级，为什么？

3-16　为什么测量仪表的测量范围要根据测量大小来选取？选一台量程很大的仪表来测量很小的参数值，有何问题？

3-17　如果某反应器最大压力为 0.8MPa，允许最大绝对误差为 0.01MPa。现用一台测量范围为 0~1.6MPa，准确度等级为 1.0 级的压力表来进行测量，问能否符合工艺上的误差要求？若采用一台测量范围为 0~1.0MPa，准确度等级为 1.0 级的压力表，问能符合误差要求吗？试说明其理由。

3-18　某台空压机的缓冲器，其工作压力范围为 1.1~1.6MPa，工艺要求就地观察罐内压力，并要求测量结果的误差不得大于罐内压力的 ±5%，试选择一台合适的压力计（类型、测量范围、准确度等级），并说明其理由。

3-19　某合成氨厂合成塔压力控制指标为 14MPa，要求误差不超过 0.4MPa，试选用一台就地指示的压力表（给出型号、测量范围、准确度等级）。

3-20　现有一台测量范围为 0~1.6MPa，准确度等级为 1.5 级的普通弹簧管压力表，校验后，其结果见表 3-9。

表 3-9　弹簧管压力表校验数据表

被校表读数/MPa	0.0	0.4	0.8	1.2	1.6
标准表上行程读数/MPa	0.000	0.385	0.790	1.210	1.595
标准表下行程读数/MPa	0.000	0.405	0.810	1.215	1.595

试问这台表合格否？它能否用于某空气贮罐的压力测量（该贮罐工作压力为 0.8~1.0MPa，测量的绝对误差不允许大于 0.05MPa）？

3-21　压力计安装要注意什么问题？

3-22　图 3-32 所示为什么能用来测量具有腐蚀性介质的压力？你能否设计另一种能隔离被测介质，防止腐蚀的测压方案？

3-23　试述石油、化工生产中测量流量的意义。

3-24　试述差压式流量计测量流量的原理，并说明哪些因素对差压式流量计的流量测量有影响。

3-25　原来测量水的差压式流量计，现在用来测量相同测量范围的油的流量，读数是否正确？为什么？

3-26　什么叫标准节流装置？

3-27　为什么说转子流量计是恒压降式流量计，而差压式流量计是变压降式流量计？

3-28　试述差动变压器传送位移量的基本原理。

3-29　试述电远传转子流量计的工作过程。它是依靠什么来平衡的？

3-30　当被测介质的密度、压力或温度变化时，转子流量计的指示值应如何修正？

3-31　用转子流量计来测气压为 0.65MPa、温度为 40℃ 的 CO_2 气体的流量时，若已知流量计读数为 50L/s，求 CO_2 的真实流量（已知 CO_2 在标准状态时的密度为 1.977kg/m^3）。

3-32　用水刻度的转子流量计，测量范围为 0~10L/min，转子用密度为 7920kg/m^3 的不锈钢制成，若用来测量密度为 0.831kg/L 苯的流量，问测量范围为多少？若这时转子材料改为由密度为 2750kg/m^3 的铝制成，问这时用来测量水的流量及苯的流量，其测量范围各为多少？

3-33　椭圆齿轮流量计的工作原理是什么？为什么齿轮旋转一周能排出 4 个半月形容积的液体体积？

3-34　椭圆齿轮流量计的特点是什么？在使用中要注意什么问题？

3-35　涡轮流量计的工作原理及特点是什么？

3-36　电磁流量计的工作原理是什么？它对被测介质有什么要求？

3-37　简述旋涡流量计的工作原理、特点及其旋涡频率的热敏检测方法。

3-38　简述单 U 形管科氏力质量流量计的测量原理。

3-39　试述物位测量的意义。

3-40　按工作原理不同，物位测量仪表有哪些主要类型？它们的工作原理各是什么？

3-41　差压式液位计的工作原理是什么？当测量有压容器的液位时，差压计的负压室为什么一定要与容器的气相连接？

3-42　生产中欲连续测量液体的密度，根据已学的测量压力及液位的原理，试考虑一种利用差压原理来连续测量液体密度的方案。

3-43　有两种密度分别为 ρ_1、ρ_2 的液体，在容器中，它们的界面经常变化，试考虑：能否利用差压变送器来连续测量其界面？测量界面时要注意什么问题？

3-44　什么是液位测量时的零点迁移问题？怎样进行迁移？其实质是什么？

3-45　正迁移和负迁移有什么不同？如何判断？

3-46　测量高温液体（指它的蒸汽在常温下要冷凝的情况）时，经常在负压管上装有冷凝罐（见图 3-95），问这时用差压变送器来测量液位时，要不要迁移？如要迁移，迁移量应如何考虑？

3-47　为什么要用法兰式差压变送器？

3-48　试述电容式物位计的工作原理。

3-49　简述核辐射物位计的特点及应用场合。

3-50　简述称重式液罐计量仪的工作原理及特点。

3-51　温度测量仪表的种类有哪些？各使用在什么场合？

3-52　什么是热电偶的热电特性？热电偶的热电动势由哪两部分组成？

3-53　常用的热电偶有哪几种？所配用的补偿导线是什么？为什么要使用补偿导线？使用补偿导线时要注意哪几点？

3-54　用热电偶测温时，为什么要进行冷端温度补偿？其冷端温度补偿的方法有哪几种？

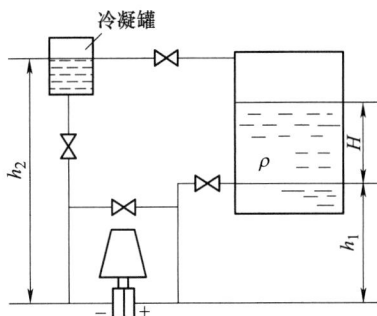

图 3-95　高温液体的液位测量

3-55　用 K 型热电偶测某设备的温度，测得的热电动势为 20mV，冷端（室温）为 25℃，求设备的温度。如果改用 E 型热电偶来测温，在相同的条件下，E 型热电偶测得的热电动势为多少？

3-56　现用一支镍铬-铜镍热电偶测某换热器内的温度，其冷端温度为 30℃，显示仪表的机械零位在 0℃ 时，这时指示值为 400℃，则认为换热器内的温度为 430℃，对不对？为什么？正确值为多少？

3-57　试述热电阻测温原理。常用测温热电阻有哪几种？热电阻的分度号主要有几种？相应的 R_0 各为多少？测量线路通常采用电桥电路，但在接线时为什么要采用三线制接法？

3-58　用分度号为 Pt100 铂电阻测温，在计算时错用了 Cu100 的分度表，查得的温度为 140℃，问实际温度为多少？

3-59　用分度号为 Cu50、百度电阻比 $W(100) = R_{100}/R_0 = 1.42$ 的铜热电阻测某一反应器内温度，当被测温度为 50℃ 时，该热电阻的阻值 R_{50} 为多少？若测某一环境温度时热电阻的阻值为 92Ω，该环境温度为多少？

3-60　试述 DDZ-Ⅲ型温度变送器的用途。与 DDZ-Ⅱ型温度变送器比较，有哪些特点？

3-61　说明热电偶温度变送器、热电阻温度变送器的组成及线性化的方法。

3-62　简述测温元件的安装和布线的要求。

3-63　检测仪表的标定与校准的意义是什么？

3-64　检测仪表标定系统由哪几部分组成？标定条件是什么？

3-65　什么叫仪表的静态标定和动态标定？什么是仪表的绝对标定方法和比较标定法？

3-66　4 个应变片粘贴在扭轴上，安排得到最大灵敏度，应变片阻值为 121Ω 而应变灵敏系数为 2.04，并接成全桥测量电路。当用 750kΩ 的电阻器并联在一个应变片上分流以得到标定时，电桥输出在示波器上记录到 2.20cm 的位移。如果变形的轴引起示波器 3.2cm 的偏移，求指示的最大应变。设轴为钢制的，求应力（钢的扭转弹性模量 $E = 1.623 \times 10^{11} N/m^2$）。

3-67　某计量站标定流量计时，系统压力一般不超过 0.3MPa，现有两块压力表供选择，一块是量程为 0~1.0MPa，准确度等级为 0.25 级；另一块是量程为 0~0.4MPa，准确度等级为 0.4 级，试从提高测量准确度角度分析，选择哪一块更合适？

3-68　动圈式指示仪表的工作原理是什么？它由哪几部分组成？各部分有何作用？

3-69　数字式显示仪表主要由哪几部分组成？各部分有何作用？

3-70　采用 Pt100 铜热电阻测温的数字温度计，温度的显示范围为 0~100℃。在测温过程中错配了 Cu100 热电阻，测温读数为 96℃，问所测实际温度是多少？

3-71　配用 K 型热电偶的 CX-100 型国产数字测温仪表，满度显示 "1023" 4 位数字，表示 1023℃。在测温过程中错配了 E 型热电偶，此时仪表指示 900℃，问所测的实际温度是多少？

3-72　有一台数字电压表，其分辨力为 100μV/1 个字，现与 Cu100 热电阻配套应用，测量范围为 0~100℃，试设计一个标度变换电路，使数字表直接显示温度数。

第 **4** 章

控 制 器

4.1 概述

控制器（常称为调节器）是构成自动控制系统的基本环节，它在自动控制系统中的作用是将被控变量的测量值与给定值相比较，产生一定的偏差，再对该偏差进行一定的数学运算后，将运算结果以一定的信号形式（控制信号）送往执行器，以消除偏差实现对被控变量的自动控制。控制系统的运行质量在很大程度上取决于控制器的性能，亦即其控制规律的选取。不同的控制规律适应不同的生产要求，必须根据生产工艺要求来选用适当的控制规律。如选用不当，不仅不能起到好的控制作用，反而会使控制过程恶化，甚至造成事故。要选用合适的控制器，首先必须了解常用的几种控制规律的特点与适用条件，然后根据过渡过程品质指标要求结合具体对象特性，做出正确的选择。

控制器除了对偏差信号进行 PID 运算外，一般控制器还需要具备以下功能，以适应自动控制的需要。

（1）偏差显示　控制器的输入电路接收测量信号和给定信号，两者相减，获得偏差信号，由偏差显示表显示偏差的大小和正负。

（2）输出显示　控制器输出信号的大小由输出显示表显示，习惯上，输出显示表也称作阀位表。阀位表不仅显示调节阀的开度，而且通过它还可以观察到控制系统受干扰影响后控制器的控制过程。

（3）提供内给定信号及内、外给定的选择　当控制器用于单回路定值控制系统时，给定信号常由控制器内部提供，故称作内给定信号；在随动控制系统中，控制器的给定信号往往来自控制器的外部，故称作外给定信号。控制器接收内、外给定信号，是通过内、外给定开关来选择。

（4）正、反作用的选择　就控制系统而言，习惯上，控制器的输入信号增大，输出增大，称为正作用控制器；控制器的输入信号增大，输出减小，称为反作用控制器。为了构成一个负反馈控制系统，必须正确地确定控制器的正、反作用，否则整个控制系统就无法正常运行。控制器的正、反作用，是通过正、反作用开关来选择的。

（5）手动操作与手动/自动双向切换　控制器的手动操作功能是必不可少的。在自动控制系统投入运行时，往往先进行手动操作，来改变控制器的输出信号，待系统基本稳定后再切换为自动运行。当自控工况不正常或者控制器的自动部分失灵时，也必须切换到手动操作，防止系统的失控。通过控制器的手动/自动双向切换开关，可以对控制器进行手动/自动切换，而在切换过程中，都希望切换操作不会给控制系统带来扰动，控制器的输出信号不发生突变，即必须要求无扰动切换。

自动控制系统中所使用的控制仪表主要有基地式控制仪表、单元组合式仪表中的控制单元和以微处理器为基元的控制装置三种类型。

4.2　控制规律及其特点

所谓控制规律是指控制器的输出信号与输入信号之间的关系。研究控制器的控制规律时是把控制器与系统断开的，即只在开环时单独研究控制器本身的特性。

控制器的输入信号是经比较机构后的偏差信号 e，它是给定值信号 x 与变送器送来的测量值信号 z 之差。在分析自动化系统时，偏差采用 $e=x-z$，但在单独分析控制仪表时，习惯上采用测量值减去给定值作为偏差，即 $e=z-x$。控制器的输出信号就是控制器送往执行器（常用气动执行器）的信号 p。因此，控制器的控制规律就是指 p 和 e 之间的函数关系，即

$$p = f(e) = f(z - x) \tag{4-1}$$

在研究控制器的控制规律时，经常是假定控制器的输入信号 e 是一个阶跃信号，然后来研究控制器的输出信号 p 随时间的变化规律。

控制器的控制规律有：基本控制规律，包括位式控制（其中以双位控制比较常用）、比例（P）控制、积分（I）控制、微分（D）控制；以及它们的组合形式，包括比例积分（PI）控制、比例微分（PD）控制和比例积分微分（PID）控制。其中 PID 控制规律的应用率占到了 85% 以上。PID 控制规律是长期生产实践的经验总结，是熟练技巧操作工人经验的模仿。

4.2.1　双位控制

双位控制的动作规律是当测量值大于给定值（即 $e>0$）时，控制器的输出为最大（或最小），而当测量值小于给定值（即 $e<0$）时，则输出为最小（或最大），即控制器只有两个输出值，相应的控制机构只有开和关两个极限位置，因此又称开关控制。

理想的双位控制器其输出 p 与输入偏差 e 之间的关系为

$$p = \begin{cases} p_{\max} & e > 0 \quad （或 e < 0）时 \\ p_{\min} & e < 0 \quad （或 e > 0）时 \end{cases} \tag{4-2}$$

理想的双位控制特性如图 4-1 所示。

图 4-2 是一个采用双位控制的液位控制系统，它利用电极式液位计来控制贮槽的液位，槽内装有一根电极作为测量液位的装置，电极的一端与继电器 K 的线圈相接，另一端调整在液位给定值的位置，导电的流体由电磁阀 YV 的管线进入贮槽，经下部出料管流出。贮槽外壳接地，当液位低于给定值 H_0 时，流体未接触电极，继电器断路，此时电磁阀 YV 全开，流体流入贮槽使液位上升，当液位上升至稍大于给定值时，流体与电极接触，于是继电器接通，从而使电磁阀全关，流体不再进入贮槽。但槽内流体仍在继续往外排出，故液位将要下降。当液位下降至稍小于给定值时，流体与电极脱离，于是电磁阀 YV 又开启，如此反复循环，而液位被维持在给定值上下很小一个范围内波动。可见控制机构的动作非常频繁，这样会使系统中的运动部件（例如继电器、电磁阀等）因动作频繁而损坏，因此实际应用的双

位控制器具有一个中间区。

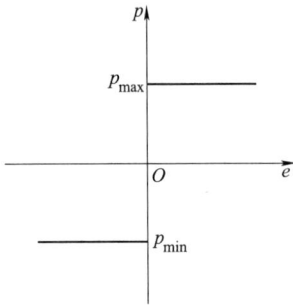

图 4-1 理想双位控制特性

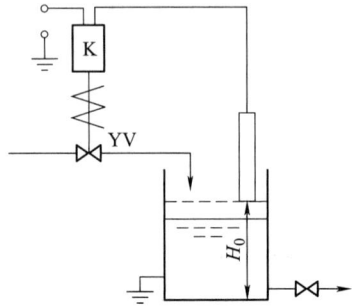

图 4-2 双位控制示例

偏差在中间区内时，控制机构不动作。当被控变量的测量值上升到高于给定值某一数值（即偏差大于某一数值）后，控制器的输出变为最大（p_{max}），控制机构处于开（或关）的位置；当被控变量的测量值下降到低于给定值某一数值（即偏差小于某一数值）后，控制器的输出变为最小（p_{min}），控制机构才处于关（或开）的位置。所以实际的双位控制器的控制规律如图 4-3 所示。将上例中的测量装置及继电器线路稍加改变（如采用延时继电器），便可成为一个具有中间区的双位控制器。由于设置了中间区，当偏差在中间区内变化时，控制机构不会动作，因此可以使控制机构开关的频繁程度大为降低，延长了控制器中运动部件的使用寿命。

具有中间区的双位控制过程如图 4-4 所示，当液位 y 低于下限值 y_L 时，电磁阀是开的，流体流入贮槽，由于流入量大于流出量，故液位上升。当升至上限值 y_H 时，阀关闭，流体停止流入，由于此时流体只出不入，故液位下降。直到液位值下降至下限值 y_L 时，电磁阀重新开启，液位又开始上升。图 4-4a 所示曲线表示控制机构阀位与时间的关系，图 4-4b 所示曲线是被控制变量（液位）在中间区内随时间变化的曲线，是一个等幅振荡过程。

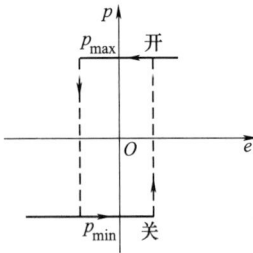

图 4-3 实际的双位控制特性

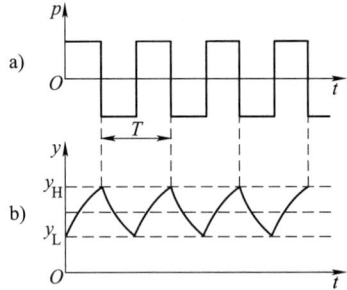

图 4-4 具有中间区的双位控制过程

双位控制过程中不采用对连续控制作用下的衰减振荡过程所提的那些品质指标，一般采用振幅与周期作为品质指标，在图 4-4 中，振幅为 y_H-y_L，周期为 T。

如果工艺生产允许被控变量在一个较宽的范围内波动，控制器的中间区就可以宽一些，这样振荡周期较长，可使可动部件动作的次数减少，于是减少了磨损，也就减少了维修工作量，因而只要被控变量波动的上、下限在允许范围内，使周期长些比较有利。

双位控制器结构简单、成本较低、易于实现，因而应用很普遍，例如仪表用压缩空气贮罐的压力控制，恒温炉、管式炉的温度控制等。

除了双位控制外，还有三位（即具有一个中间位置）或更多位的控制，包括双位在内，这一类控制统称为位式控制，它们的工作原理基本上一样。

4.2.2 比例控制

在双位控制系统中，被控变量不可避免地会产生持续的等幅振荡过程，这是由于双位控制器只有两个特定的输出值，相应的控制阀也只有两个极限位置，势必在一个极限位置时，流入对象的物料量（能量）大于由对象流出的物料量（能量），因此被控变量上升；而在另一个极限位置时，情况正好相反，被控变量下降，如此反复，被控变量势必产生等幅振荡。为了避免这种情况，应该使控制阀的开度（即控制器的输出值）与被控变量的偏差成比例，根据偏差大小，控制阀可以处于不同的位置，这样就有可能获得与对象负荷相适应的操纵变量，从而使被控变量趋于稳定，达到平衡状态。图 4-5 所示的液位控

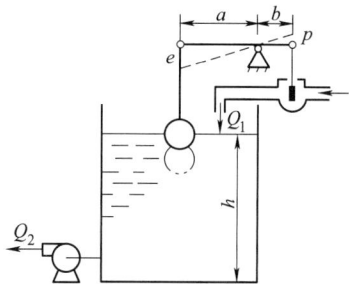

图 4-5　简单的比例控制系统示意图

制系统，当液位高于给定值时，控制阀就关小，液位越高，阀关得越小；若液位低于给定值，控制阀就开大，液位越低，阀开得越大。它相当于把位式控制的位数增加到无穷多位，于是变成了连续控制系统。图中浮球是测量元件，杠杆就是一个最简单的控制器。

图 4-5 中，若杠杆在液位改变前的位置用实线表示，改变后的位置用双点画线表示，根据相似三角形原理，有

$$\frac{a}{b} = \frac{e}{p}$$

即

$$p = \frac{b}{a}e \tag{4-3}$$

式中，e 为杠杆左端的位移，即液位的变化量；p 为杠杆右端的位移，即阀杆的位移量；a、b 分别为杠杆支点与两端的距离。

由此可见，在该控制系统中，阀门开度的改变量与被控变量（液位）的偏差值成比例，这就是比例控制规律。比例控制器根据偏差的大小来动作。

对于具有比例控制规律的控制器（称为比例控制器），其输出信号 p 与输入信号 e（指偏差，当给定值不变时，偏差就是被控变量测量值的变化量）之间成比例关系，即

$$p = K_p e \tag{4-4}$$

式中，K_p 是一个可调的放大倍数（比例增益）。对照式（4-3），可知图 4-5 所示的比例控制器，其 $K_p = b/a$，改变杠杆支点的位置，便可改变 K_p 的数值。

由式（4-4）可以看出，比例控制的放大倍数 K_p 是一个重要的参数，它决定了比例控制作用的强弱。K_p 越大，比例控制作用越强。在实际的比例控制器中，习惯上使用比例度 δ 而不用放大倍数 K_p 来表示比例控制作用的强弱。

所谓比例度就是指控制器的输入变化相对值与相应的输出变化相对值之比的百分数，用式子表示为

$$\delta = \left(\frac{e}{x_{\max} - x_{\min}} \Big/ \frac{p}{p_{\max} - p_{\min}} \right) \times 100\% \qquad (4-5)$$

式中，e 为输入变化量；p 为相应的输出变化量；$x_{\max} - x_{\min}$ 为输入的最大变化量，即仪表的量程；$p_{\max} - p_{\min}$ 为输出的最大变化量，即控制器输出的工作范围。

由式（4-5），可以从控制器表面指示看比例度 δ 的具体意义。比例度又是使控制器的输出变化满刻度时（也就是控制阀从全关到全开或相反），相应的仪表测量值变化占仪表测量范围的百分数。或者说，使控制器输出变化满刻度时，输入偏差变化对应于指示刻度的百分数。

例如 DDZ-Ⅱ型比例作用控制，温度刻度范围为 $400 \sim 800\,℃$，控制器输出工作范围是 $0 \sim 10\mathrm{mA}$。当指示指针从 $600\,℃$ 移到 $700\,℃$ 时，此时控制器相应的输出从 $4\mathrm{mA}$ 变为 $9\mathrm{mA}$，其比例度的值为

$$\delta = \left(\frac{700 - 600}{800 - 400} \Big/ \frac{9 - 4}{10 - 0} \right) \times 100\% = 50\%$$

这说明对于这台控制器，温度变化全量程的 50%（相当于 $200\,℃$）控制器的输出就能从最小变为最大，在此区间内，e 和 p 是成比例的。图 4-6 是比例度的示意图。当比例度为 50%、100%、200% 时，分别说明只要偏差 e 变化占仪表全量程的 50%、100%、200% 时，控制器的输出可以由 $p_{\min}$ 变为 $p_{\max}$。

将式（4-4）的关系代入式（4-5），经整理后可得

$$\delta = \frac{1}{K_{\mathrm{P}}} \frac{p_{\max} - p_{\min}}{x_{\max} - x_{\min}} \times 100\% \qquad (4-6)$$

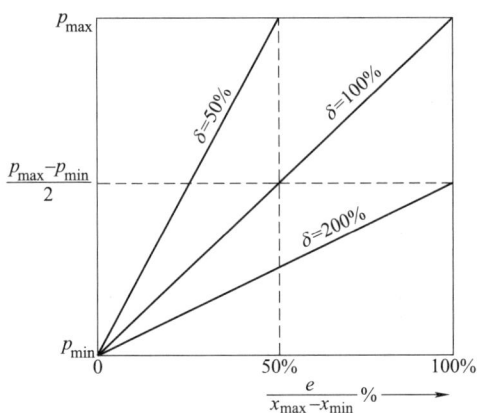

图 4-6　比例度示意图

对于单元组合仪表，控制器的输入和输出信号已标准化，即 $p_{\max} - p_{\min} = x_{\max} - x_{\min}$，则由式（4-6）可以看出

$$\delta = \frac{1}{K_{\mathrm{P}}} \times 100\%$$

即比例度 δ 与放大倍数 K_{P} 成反比。这就是说，控制器的比例度 δ 越小，它的放大倍数 K_{P} 就越大，它将偏差（控制器输入）放大的能力越强，反之亦然。因此比例度 δ 和放大倍数 K_{P} 都能表示比例控制器控制作用的强弱。只不过 K_{P} 越大，表示控制作用越强，而 δ 越大，表示控制作用越弱。

图 4-7 表示图 4-5 所示的液位比例控制系统的过渡过程。如果系统原来处于平衡状态，液位恒定在某值上，在 $t = t_0$ 时，系统外加一个干扰作用，即出水量 Q_2 有一阶跃增加（见图 4-7a），液位开始下降（见图 4-7b），浮球也跟着下降，通过杠杆使进水阀的阀杆上升，这就是作用在控制阀上的信号 p（见图 4-7c），于是进水量 Q_1 增加（见图 4-7d）。由于 Q_1 增加，促使液位下降速度逐渐缓慢下来，经过一段时间后，待进水量的增加量与出水量的增加量相等时，系统又建立起新的平衡，液位稳定在一个新值上。但是控制过程结束时，液位的新稳态的值将低于给定值，它们之间的差就叫余差，如果定义偏差 e 为测量值减去给定值，则 e 的变化曲线如图 4-7e 所示。

为什么会有余差呢？它是比例控制规律的必然结果。从图4-5可见，原来系统处于平衡，进水量与出水量相等，此时控制阀有一固定的开度，比如说对应于杠杆为水平的位置。当 $t=t_0$ 时，出水量有一阶跃增大量，于是液位下降，引起进水量增加，只有当进水量增加到与出水量相等时才能重新建立平衡，而液位也才不再变化。但是要使进水量增加，控制阀必须开大，阀杆必须上移，而阀杆上移时浮球必然下移。因为杠杆是一种刚性的结构，这就是说，达到新的平衡时浮球位置必定下移，也就是液位稳定在一个比原来稳态值（即给定值）要低的位置上，其差值就是余差，存在余差是比例控制的缺点（有差控制）。

比例控制的优点是反应快，控制及时。有偏差信号输入时，输出立刻与它成比例地变化，偏差越大，输出的控制作用越强。

为了减小余差，就要增大 K_P（即减小比例度 δ），但这会使系统稳定性变差。比例度对控制过程的影响如图4-8所示。由图可见，比例度越大（即 K_P 越小），过渡过程曲线越平稳，但余差也会越大；比例度越小，则过渡过程曲线越振荡。比例度过小时就可能出现发散振荡。当比例度太大即 K_P 小时，在干扰产生后，控制器的输出变化较小，控制阀开度改变较小，被控变量的变化就很缓慢（曲线6）。当比例度减小时，K_P 增大，在同样的偏差下，控制器输出较大，控制阀开度改变较大，被控变量变化也比较灵敏，开始有些振荡，余差不大（曲线5、4）。若比例度再减小，控制阀开度改变更大，大到于临界值时，被控变量变化过大，结果会出现剧烈的振荡（曲线3）。当比例度继续减小到某一数值时系统出现等幅振荡，这时的比例度称为临界比例度 δ_K（曲线2）。一般除反应很快的流量及管道压力等系统外，这种情况大多出现在 $\delta<20\%$ 时，当比例度小于 δ_K 时，在干扰产生后将出现发散振荡（曲线1），这是很危险的。工艺生产通常要求比较平稳而余差又不太大的控制过程，例如曲线4，一般地说，若对象的滞后较小、时间常数较大以及放大倍数较小时，控制器的比例度可以选得小些，以提高系统的灵敏度，使反应快些，从而过渡过程曲线的形状较好。反之，比例度就要选大些以保证稳定。

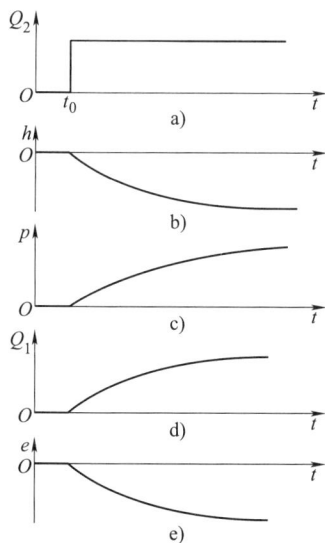

图4-7 比例控制系统过渡过程

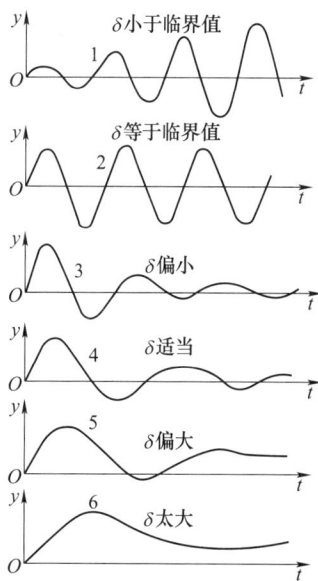

图4-8 比例度对控制过程的影响

4.2.3 积分控制

当对控制质量有更高要求时，就需要在比例控制的基础上，再加上能消除余差的积分控制作用。积分控制作用的输出 p 与输入偏差 e 的积分成正比，即

$$p = K_I \int e \mathrm{d}t = \frac{1}{T_I} \int e \mathrm{d}t \tag{4-7}$$

式中，K_I 为积分速度；T_I 为积分时间，$T_I = 1/K_I$。

当输入偏差 $e = A$（常数）时，式（4-7）变为

$$\Delta p = K_I \int A \mathrm{d}t = \frac{1}{T_I} At \tag{4-8}$$

即输出是一直线，如图 4-9 所示。由图可见，当有偏差存在时，输出信号将随时间增长（或减小）。当偏差为零时，输出才停止变化而稳定在某一值上（根据"偏差是否存在"来动作），因而用积分控制器组成控制系统可以达到无余差（无差控制）。

输出信号的变化速度与偏差 e 及 K_I 成正比，而其控制作用是随着时间积累才逐渐增强的，所以控制动作缓慢，会出现控制不及时，当对象惯性较大时，被控变量将出现大的超调量，过渡时间也将延长，因此常常把比例与积分组合起来，这样控制既及时，又能消除余差。

比例积分（PI）控制规律可表示为

$$p = K_P \left(e + \frac{1}{T_I} \int e \mathrm{d}t \right) \tag{4-9}$$

若偏差是幅值为 A 的阶跃干扰，即 $e = A$，代入式（4-9）可得

$$\Delta p = K_P A + \frac{K_P}{T_I} At \tag{4-10}$$

这一关系示于图 4-10 中，输出中垂直上升部分 $K_P A$ 是比例作用造成的，慢慢上升部分 $\frac{K_P}{T_I}At$ 是积分作用造成的。当 $t = T_I$ 时，输出为 $2K_P A$。应用这个关系，可以实测 K_P 及 T_I，对控制器输入一个幅值为 A 的阶跃变化，立即记下输出的跃变值并启动秒表计时，当输出达到跃变值的两倍时，此时间就是 T_I，跃变值 $K_P A$ 除以阶跃输入幅值 A 就是 K_P。

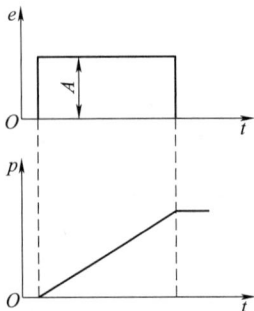

图 4-9 积分控制器特性

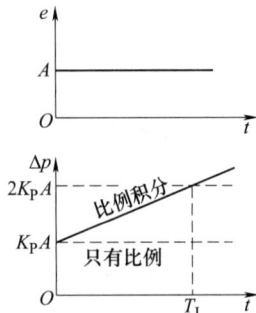

图 4-10 比例积分控制器特性

积分时间 T_I 越短，积分速度 K_I 越大，积分作用越强。反之，积分时间越长，积分作用越弱。若积分时间为无穷大，就没有积分作用，成为纯比例控制器了。

图 4-11 表示在同样比例度下积分时间 T_I 对过渡过程的影响。T_I 太大，积分作用不明显，余差消除很慢（曲线 3）；T_I 太小，易于消除余差，但系统振荡加剧，曲线 2 适宜，曲线 1 就振荡太剧烈了。

比例积分控制器对于多数系统都可采用，比例度 δ（或放大倍数 K_P）和积分时间 T_I 两个参数均可调整。当对象滞后很大时，可能控制时间较长、最大偏差也较大；负荷变化过于剧烈时，由于积分动作缓慢，使控制作用不及时，此时可增加微分作用。

4.2.4 微分控制

对于惯性较大的对象，常常希望能根据被控变量变化的快慢来控制。在人工控制时，虽然偏差可能还小，但看到参数变化很快，估计很快就会有更大偏差，此时会过分地改变阀门开度以克服干扰影响，这就是按偏差变化速度进行控制。在自动控制时，这就要求控制器具有微分控制规律，就是控制器的输出信号与偏差信号的变化速度成正比，即

$$p = T_D \frac{de}{dt} \tag{4-11}$$

式中，T_D 为微分时间；$\frac{de}{dt}$ 为偏差信号变化速度。式（4-11）表示理想微分控制器的特性，若在 $t=t_0$ 时输入一个阶跃信号，则在 $t=t_0$ 时控制器输出将为无穷大，其余时间输出为零（见图 4-12）。这种控制器用在系统中，即使偏差很小，只要出现变化趋势，马上就进行控制（根据"偏差变化速度"来动作），故有超前控制之称，这是它的优点。但它的输出不能反映偏差的大小，假如偏差固定，即使数值很大，微分作用也没有输出，因而控制结果不能消除偏差，所以不能单独使用这种控制器，它常与比例或比例积分组合构成比例微分（PD）或比例积分微分（PID）控制器。

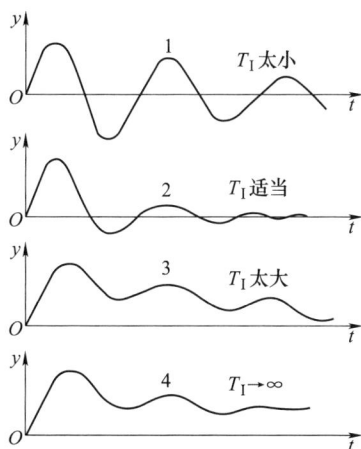

图 4-11 积分时间对过渡过程的影响

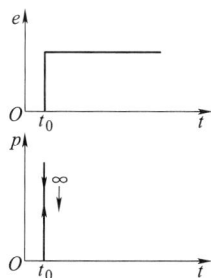

图 4-12 理想微分控制器特性

1. 比例微分（PD）控制

PD 控制规律为

$$p = K_P\left(e + T_D\frac{\mathrm{d}e}{\mathrm{d}t}\right) \tag{4-12}$$

理想的 PD 控制器在制造上是困难的，工业上都是用实际 PD 控制规律的控制器。

实际 PD 控制规律的数学表达式为

$$\frac{T_D}{K_D}\frac{\mathrm{d}\Delta p}{\mathrm{d}t} + \Delta p = K_P\left(e + T_D\frac{\mathrm{d}e}{\mathrm{d}t}\right) \tag{4-13}$$

式中，K_D 为微分增益（微分放大倍数）。控制器的输出变化量用 Δp 表示。

式（4-13）中若将 K_D 取得较大，可近似认为是理想 PD 控制。

在幅度为 A 的阶跃偏差信号作用下，实际 PD 控制器的输出为

$$\Delta p = K_P A + K_P A(K_D - 1)\,\mathrm{e}^{-t/T} \tag{4-14}$$

式中，$T = T_D/K_D$。根据式（4-14）可得实际 PD 控制器在幅度为 A 的阶跃偏差作用下的开环输出特性，如图 4-13 所示。在偏差跳变瞬间，输出跳变幅度为比例输出的 K_D 倍，即 $K_D K_P A$，然后按指数规律下降，最后当 t 趋于无穷大时，仅有比例输出 $K_P A$。因此决定微分作用的强弱有两个因素：一个是开始跳变幅度的倍数，用微分增益 K_D 来衡量；另一个是降下来所需要的时间，用微分时间 T_D 来衡量。输出跳得越高，或降得越慢，表示微分作用越强。

微分增益 K_D 是固定不变的，只与控制器的类型有关。电动控制器的 K_D 一般为 $5\sim10$。如果 $K_D = 1$，则此时等同于纯比例控制。另外还有一类 $K_D < 1$ 的，称为反微分器，它的控制作用反而减弱。这种反微分作用运用于噪声较大的系统中，会起到较好的滤波作用。

微分时间 T_D 是可以改变的。测定微分时间 T_D 时，先测定阶跃信号 A 作用下比例微分输出从 $K_D K_P A$ 下降到 $K_P A + 0.368 K_P A\,(K_D - 1)$ 所经历的时间 T，此时 $T = T_D/K_D$，再将该时间 T 乘以微分增益 K_D 即可，如图 4-14 所示。

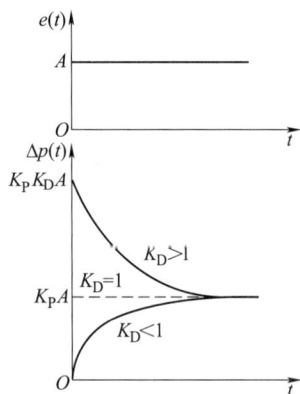

图 4-13 阶跃偏差作用下实际比例微分开环输出特性

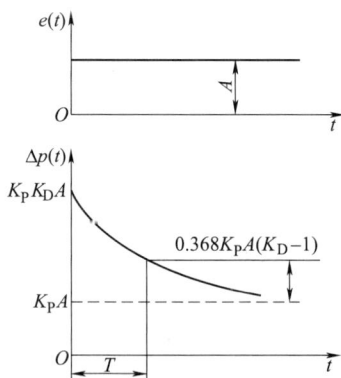

图 4-14 实际比例微分控制器微分时间测定

微分作用按偏差的变化速度进行控制，其作用比比例作用快，因而对惯性大的对象用比例微分可以改善控制质量，减小最大偏差，节省控制时间。微分作用力图阻止被控变量的变化，有抑制振荡的效果，但如果加得过大，由于控制作用过强，反而会引起被控变量大幅度的振荡（见图 4-15）。微分作用的强弱用微分时间来衡量，微分时间 T_D 越大，微分作用越强；T_D 越小，微分作用越弱；当 $T_D = 0$ 时，微分作用就没有了。由于微分在输入偏差变化的瞬间就有较大的输出响应，因此微分控制被认为是超前控制。

从实际使用情况来看，比例微分控制规律用得较少，在生产上微分往往与比例积分结合

在一起使用，组成 PID 控制。

2. 比例积分微分（PID）控制

PID 控制规律为

$$p = K_P\left(e + \frac{1}{T_I}\int edt + T_D\,\frac{de}{dt}\right) \tag{4-15}$$

实际的 PID 控制规律较为复杂，在此不详细叙述。

在幅度为 A 的阶跃偏差信号作用下，实际 PID 控制可视为比例、积分和微分三种作用的叠加，即

$$\Delta p = K_P\left[A + \frac{At}{T_I} + A(K_D - 1)e^{-K_Dt/T_D}\right] \tag{4-16}$$

其开环特性如图 4-16 所示。这种控制器既能快速进行控制，又能消除余差，具有较好的控制性能。其可调参数有三个：K_P（或 δ）、T_I 和 T_D。

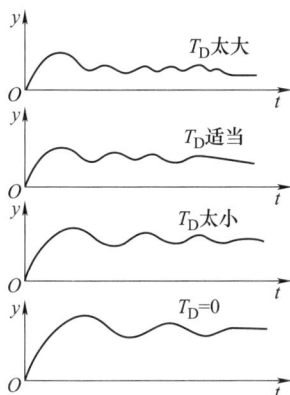

图 4-15　微分时间对过渡过程的影响

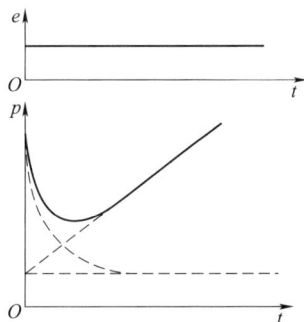

图 4-16　三作用控制器特性

4.3　模拟式控制器

控制器的作用是将被控变量测量值与给定值进行比较，然后对比较后得到的偏差进行比例、积分、微分等运算，并将运算结果以一定的信号形式送往执行器，以实现对被控变量的自动控制。

在模拟式控制器中，所传送的信号形式为连续的模拟信号。根据所加的能源不同，目前应用的模拟式控制器主要有气动控制器与电动控制器两种。

4.3.1　模拟式控制器的基本结构

气动控制器与电动控制器，尽管它们的构成元件与工作方式有很大的差别，但基本上都是由比较环节、反馈环节和放大器三大部分组成，如图 4-17 所示。

1. 比较环节

比较环节的作用是将给定信号与测量信号

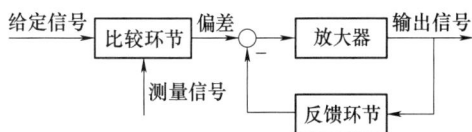

图 4-17　控制器基本构成

进行比较，产生一个与它们的偏差成比例的偏差信号。

在气动控制器中，给定信号与测量信号都是与它们成一定比例关系的气压信号，然后通过膜片或波纹管将它们转化为力或力矩。所以，在气动控制器中，比较环节是通过力或力矩比较来实现的。

在电动控制器中，给定信号与测量信号都是以电信号出现的，因此比较环节都是在输入电路中进行电压或电流信号的比较。

2. 放大器

放大器实质上是一个稳态增益很大的比例环节。气动调节器中采用气动放大器，将气压（或气量）进行放大。电动调节器中可采用高增益的集成运算放大器。

3. 反馈环节

反馈环节的作用是通过正、负反馈来实现比例、积分、微分等控制规律的。在气动调节器中，输出的气压信号通过膜片或波纹管以力（或力矩）的形式反馈到输入端。在电动调节器中，输出的电信号通过由电阻和电容构成的无源网络反馈到输入端（富媒体教学课件运算放大器应用电路）。

4.3.2 气动调节器

气动单元组合仪表 QDZ 中的控制单元便为气动调节器，它的输入输出信号均采用 20～100kPa 的标准气压信号。目前使用的气动调节器，其工作原理主要有力平衡和力矩平衡两种。例如 QDZ-Ⅰ型中的膜片式比例积分调节器 QTL-500 型和膜片式微分器 QTW-200 型，其工作原理都是属于力平衡式的。QDZ-Ⅱ中的波纹管式三作用（即 PID）调节器 QTM-23 型，其工作原理是基于力矩平衡式的。

气动调节器虽然结构简单、价格便宜，但由于它信号传送慢、滞后大，不易与计算机联用，故近年来使用较少，了解即可。

4.3.3 DDZ-Ⅱ 电动调节器 *

DDZ-Ⅱ型电动调节器有 DTL-121 型和 DTL-321 型等，其线路大致相同，DTL-121 型是统一设计的产品，下面以它为例简单说明其特点、原理及使用。

1. DDZ-Ⅱ型仪表的特点

1）采用晶体管等分立器件构成，线路较复杂。

2）信号制式采用 0～10mA 直流电流作为现场传输信号；0～2V 直流电压作为控制室内联络信号。

3）采用 220V 交流电压作为供电电源。

4）现场变送器的供电电源和输出信号分别各用两根导线，因此为四线制，如图 4-18 所示。

由图 4-18 还可以看出，DDZ-Ⅱ型仪表的信号传输采用电流传送-电流接收的串联制方式，控制室内接收同一信号的各仪表串联在电流信号回路中，图中四个仪表分别用负载电阻 R_{L1}、R_{L2}、R_{L3}、R_{L4} 来表示。

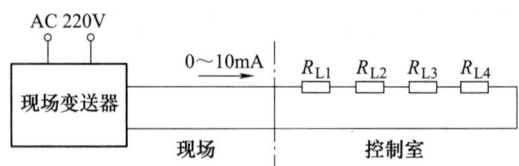

图 4-18　DDZ-Ⅱ型仪表的信号传输示意图

2. DTL-121 调节器的基本组成

DTL-121 型调节器能对偏差信号进行 PID 连续运算，其原理框图如图 4-19 所示。

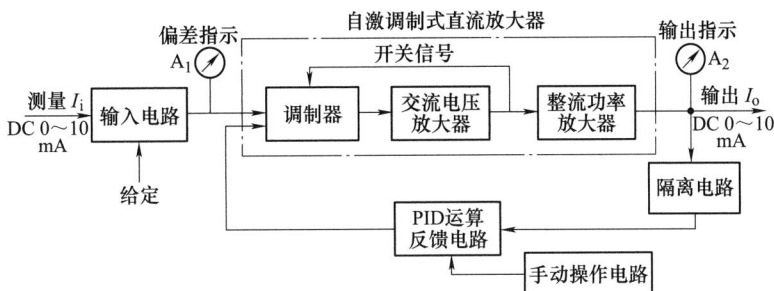

图 4-19 DTL-121 型调节器原理框图

DTL-121 型调节器由输入电路、自激调制式直流放大器、隔离电路、PID 运算反馈电路及手动操作电路等组成。

输入电路的作用是将测量信号与给定信号相比较，得出偏差信号，其值由偏差指示表显示。测量信号为相应的现场变送器的输出信号；给定信号有内给定、外给定两种，根据系统的要求分别由表内和表外给出。

自激调制式直流放大器由调制器、交流电压放大器和整流功率放大器组成。它的作用是将输入电路送来的偏差信号与反馈电路送来的反馈信号叠加后的综合信号进行放大，最后得到 0~10mA 的直流输出信号。调制器由场效应晶体管组成，其作用是将输入的直流综合信号调制成具有一定频率（由开关信号给出）的交流信号，然后由交流电压放大器进行放大，最后经整流、滤波得到 0~10mA 的直流输出 I_o，这就是整机的输出，I_o 的大小由输出指示表进行显示。

DTL-121 型调节器的 PID 运算是靠阻容反馈电路实现的。

隔离电路实质上是一个电流互感器，其作用是通过磁耦合将输出电流的变化耦合到反馈电路的输入端。

手动操作电路的作用是当调节器切换到手动时，给出一个手持电流直接送往执行器，进行手动操作。

3. DTL-121 型调节器的操作

DTL-121 型调节器面板如图 4-20 所示。面板上有偏差指示表 3，其偏差指针 4 能指示出测量值与给定值偏差的大小和正负。输出指示表 7 能指示出输出电流 I_o，它是与阀位相对应的。拨动内给定拨盘 5，能给出不同的内给定信号。

仪表的手动-自动切换过程如下：

仪表投运时，先把手动-自动切换开关 1 置于手动位置，拨动手操拨盘 6，可以直接送出一个手操电流到执行器去。其手操电流的大小可由输出指示表 7 看出。通过手动控制输出电流的大小，使偏差指针 4 指向正中的位置，这时表示控制系统已经正常了，就可以把手动-自动切换开关拨向"自动"。由于有自动跟踪装置的作用，"自动"输出的电流能自

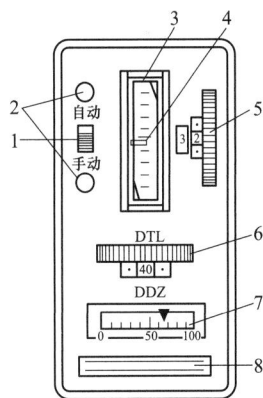

图 4-20 DTL-121 型调节器面板
1—手动-自动切换开关 2—指示灯
3—偏差指示表 4—偏差指针
5—内给定拨盘 6—手操拨盘
7—输出指示表 8—拉手

动跟踪"手动"输出电流的大小，所以在手动切向自动时能实现无扰动一步切换。

当需要从自动切换到手动时，应首先调整手操拨盘6，使拨盘上的值与输出表上的值相等。再把切换开关拨向"手动"，以实现无扰动切换。DDZ-Ⅱ型调节器的类型很多，面板设置不甚相同，但操作过程是相似的。

此调节器的比例度为1%～200%，积分时间为6s～10min，微分时间为3s～25min，当需要调整比例度、积分时间或微分时间时，需将仪表从表壳内抽出，然后调整相应的旋钮。

4.3.4　DDZ-Ⅲ型电动调节器

1. DDZ-Ⅲ型仪表的特点

DDZ-Ⅲ型仪表在品种及其在系统中的作用与DDZ-Ⅱ型仪表基本相同，但是Ⅲ型仪表采用了集成电路和安全火花型防爆结构，提高了防爆等级、稳定性和可靠性，适应了大型化工厂、炼油厂的要求。Ⅲ型仪表具有以下许多特点。

1）采用国际电工委员会（IEC）推荐的统一标准信号，现场传输信号为DC 4～20mA，控制室联络信号为DC 1～5V，信号电流与电压的转换电阻为250Ω。信号为二线制传输方式。配安全栅的仪表信号传输示意图如图4-21所示。这种信号制式的优点如下：

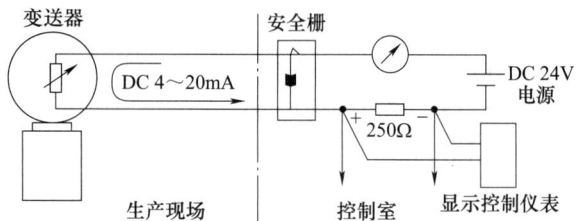

图4-21　DDZ-Ⅲ型仪表信号传输示意图

① 电气零点不是从零开始，且不与机械零点重合，这不但利用了晶体管的线性段，而且这种"活零点"容易识别断电、断线等故障。

② 只要改变转换电阻阻值，控制室仪表便可接收其他1∶5的电流信号，例如将1～5mA或10～50mA等直流电流信号转换为DC 1～5V电压信号。

③ 因为最小信号电流不为零，为现场变送器实现两线制创造了条件。现场变送器与控制室仪表仅用两根线联系（见图4-18），既节省了电缆线和安装费用，还有利于安全防爆。

2）广泛采用集成电路，可靠性提高，维修工作量减少，为仪表带来了如下优点：

① 由于集成运算放大器均为差分放大器，且输入对称性好，漂移小，仪表的稳定性得到提高。

② 由于集成运算放大器有高增益，因而开环放大倍数很高，这使仪表的精度得到提高。

③ 由于采用了集成电路，焊点少，强度高，大大提高了仪表的可靠性。

3）Ⅲ型仪表统一由电源箱供给DC 24V电源，并有蓄电池作为备用电源，这种供电方式的优点如下：

① 各单元省掉了电源变压器，没有工频电源进入单元仪表，既解决了仪表发热问题，又为仪表的防爆提供了有利条件。

② 在工频电源停电时备用电源投入，整套仪表在一定时间内仍可照常工作，继续进行监视控制作用，有利于安全停车。

4）结构合理，比DDZ-Ⅱ型有许多先进之处，主要表现在以下这些方面：

① 基型调节器有全刻度指示调节器和偏差指示调节器两个品种，指示表头为100mm刻度纵形大表头，指示醒目，便于监视操作。

② 自动、手动的切换以平衡、无扰动的方式进行,并有硬手动和软手动两种方式;面板上设有手动操作插孔,可与便携式手动操作器配合使用。

③ 结构型式适用于单独安装和高密度安装。

④ 有内给定和外给定两种给定方式,并设有外给定指示灯,能与计算机配套使用,可组成统计过程控制(statistical process control,SPC)系统实现计算机监督控制,也可组成DDC控制的备用系统。

5)整套仪表可构成安全火花型防爆系统。Ⅲ型仪表在设计上是按国家防爆规程进行的,在工艺上对容易脱落的元件部件都进行了胶封,而且增加了安全单元——安全栅,实现了控制室与危险场所之间的能量限制与隔离,使仪表不会引爆,使电动仪表在石油化工企业中应用的安全可靠性有了显著提高。

2. DDZ-Ⅲ型电动调节器

(1)调节器的结构和工作原理 下面主要介绍 DDZ-Ⅲ型基型调节器结构原理。基型调节器的原理框图如图 4-22 所示。

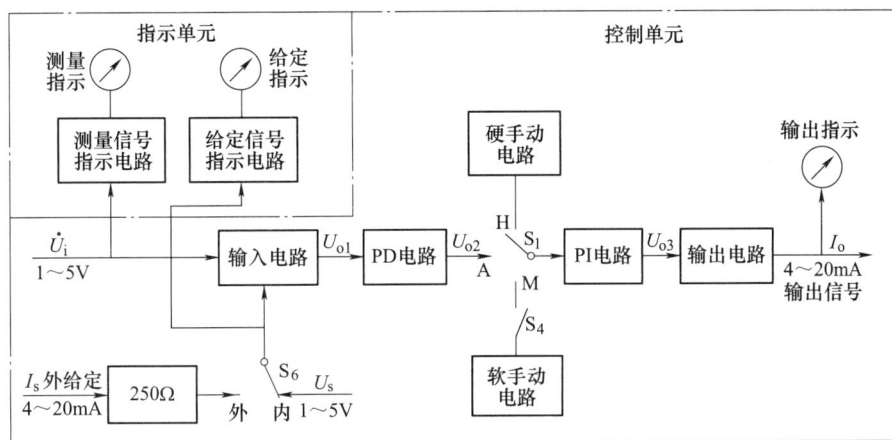

图 4-22 基型调节器原理框图

基型调节器由控制单元和指示单元两大部分组成,其中控制单元包括输入电路、比例微分(PD)电路、比例积分(PI)电路、输出电路(电压、电流转换电路)以及硬、软手动电路部分;指示单元包括测量信号指示电路、给定信号指示电路。测量信号和给定信号由双指针表分别指示。

调节器的给定信号可由开关 S_6 选择为内给定或外给定。内给定信号为 1~5V 直流电压;外给定信号为 4~20mA 直流电流,它经过 250Ω 精密电阻转换成 1~5V 直流电压。

调节器的工作状态有"自动 A""软手动 M""硬手动 H"三种。当调节器处于"自动"状态时,测量信号与给定信号通过输入电路进行比较,由 PD 电路、PI 电路对其偏差进行 PD 和 PI 运算后,再经过输出电路转换为 4~20mA 直流电流,作为调节器的输出信号,去控制执行器。当调节器处于"软手动"状态时,可以使输出电流按快、慢两种速度线性地增加或减小,以对工艺过程进行手动控制。当调节器处于"硬手动"状态时,调节器的输出信号随手动操作杆的位置瞬时变化。自动和手动功能是为适应工艺过程的起动、停车和故障状态而设计的。其中除自动或软手动到硬手动需预先平衡外,其余切换都是无扰动切换。

调节器还设有"正""反"作用开关供选择，以满足控制系统的控制要求。调节器中将偏差定义为测量值与给定值之差。若测量值大于给定值，称为正偏差；若测量值小于给定值，称为负偏差。当调节器置于"正"作用时，调节器的输出随着正偏差的增加而增加；置于"反"作用时，调节器的输出随着正偏差的增加而减小。

下面对全刻度指示基型调节器的几个典型电路进行分析。

1）输入电路。输入电路的主要作用是将测量信号 U_i 和给定信号 U_s 相减，得到偏差信号，再将偏差放大两倍后输出。

图 4-23 为输入电路，采用偏差差动电平移动电路。U_B 是从 24V 电源获得的 10V 标准电压，U_{CM1} 和 U_{CM2} 是因导线电阻而在输入端产生的等效电压降。$R_1 = R_2 = R_3 = R_4 = R_5 = R_6 = 500k\Omega$，$R_7 = R_8 = 5k\Omega$。设 A_1 为理想运算放大器，即开环增益为∞，输入阻抗为∞，$U_F = U_T$。可以得到放大器输出电压（以 U_B 为基准）为

$$U_{o1} = -2(U_i - U_s) \tag{4-17}$$

由式（4-17）可以看出，电路将测量信号 U_i 和给定信号 U_s 相减，并放大两倍，转换成以 U_B 为基准的信号 U_{o1} 输出，消除了导线电压降 U_{CM1} 和 U_{CM2} 的影响。

2）比例微分（PD）电路。比例微分电路的作用是将偏差信号 U_{o1} 进行 PD 运算，其输出电压信号 U_{o2} 送给比例积分电路。

图 4-24 为比例微分电路原理图。其中，C_D 为微分电容，R_D 为微分电阻，R_P 为比例电阻，调整 R_D 和 R_P 可以改变调节器的微分时间和比例度。开关 S 接 R_1 时，取消微分作用，此时比例微分电路就变为比例控制电路。

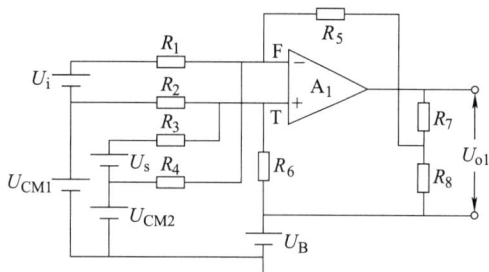

图 4-23　输入电路

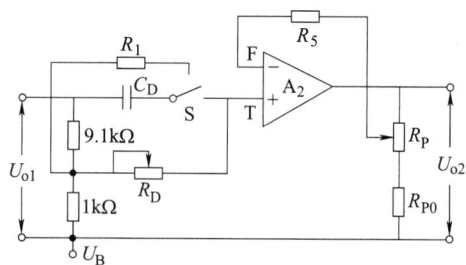

图 4-24　比例微分电路

下面定性分析比例微分电路的原理。当输入信号 U_{o1} 为一阶跃作用时，在加入阶跃信号瞬间，由于电容 C_D 上的电压不能突变，输入信号全部加到放大器同相端（"+"）T。因此，$U_T = U_{o1}$，电压一开始就有一个跃变。之后，随着电容 C_D 的充电过程，C_D 上的电压 U_{CD} 按指数规律不断上升，$U_T = U_{o1} - U_{CD}$ 按指数规律下降。当充电结束时，U_T 电压等于输入电压 U_{o1} 在 1kΩ 上的分压，并保持该值不变。

输出信号 U_{o2} 与 U_T 电压成简单的比例放大关系，U_{o2} 随 U_T 变化。当输出信号 U_{o1} 为阶跃作用时，U_{o2} 的变化曲线与 U_T 相似，如图 4-25 所示。

3）比例积分（PI）电路。比例积分电路的作用是将 PD 电路的输出信号 U_{o2} 进行 PI 运算后，输出 1~5V 电压 U_{o3} 送至输出电路。

图 4-26 为比例积分电路原理图。其中，C_M 为积分电容，R_I 为积分电阻，C_I 为比例电容，C_M 与 C_I 完成比例运算，C_M 与 R_I 完成积分运算。下面分析其工作原理。

根据叠加原理，PI 电路输出电压 U_{o3} 可看作由两路信号叠加而成。一路经 C_I、C_M 构成比

例运算电路，即

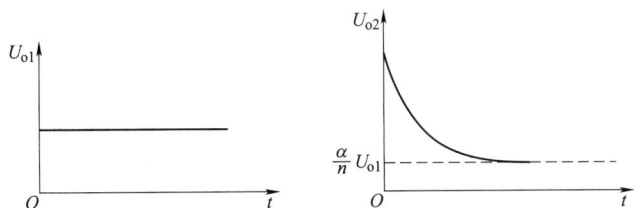

图 4-25 比例微分电路阶跃响应曲线

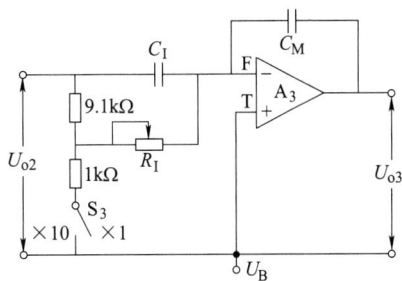

图 4-26 比例积分电路原理图

$$U_{o3P} = -\frac{C_I}{C_M}U_{o2} \tag{4-18}$$

另一路经 9.1kΩ 电阻与 1kΩ 电阻分压，再经 R_I、C_M 构成积分运算电路，即

$$U_{o3I} = -\frac{1}{mR_IC_M}\int U_{o2}dt \tag{4-19}$$

其中，×1 档时 $m=1$，×10 档时 $m=10$，则

$$U_{o3} = -\frac{C_I}{C_M}U_{o2} - \frac{1}{mR_IC_M}\int U_{o2}dt \tag{4-20}$$

从式（4-20）可以看出，输出电压 U_{o3} 是输入电压 U_{o2} 的比例积分运算。

4）手动操作电路。手动操作电路的作用是在非正常条件下提供一种人工操作模式。它分为硬手动操作和软手动操作两种形式，是在比例积分电路中附加手动操作电路实现的。

图 4-27 为手动操作电路原理图。其中 S_1、S_2 为联动的自动、软手动、硬手动切换开关，S_{41}、S_{42}、S_{43}、S_{44} 为软手动操作板键，R_P 为硬手动操作电位器。

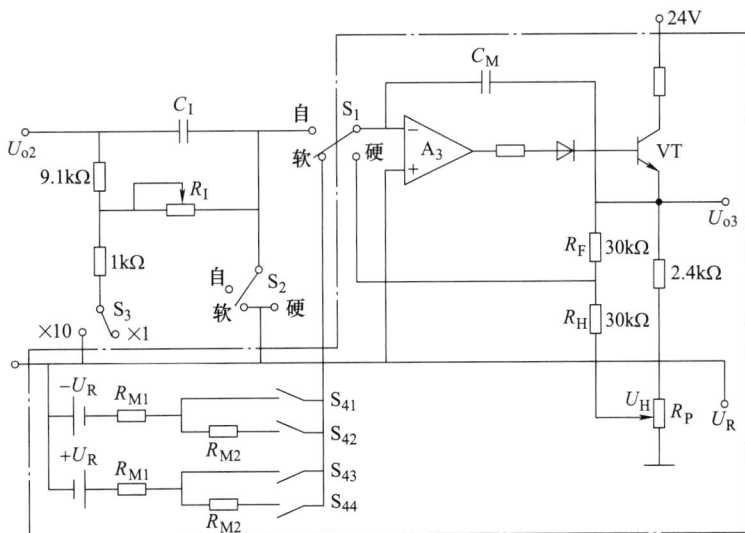

图 4-27 手动操作电路原理图

将 S_1、S_2 置于软手动操作位置可执行软手动操作。这时放大器 A_3 的反相端与自动输入

信号断开，再通过 S_4（S_{41}、S_{42}、S_{43}、S_{44}）的控制，接入电压$+U_R$（或$-U_R$），组成一个积分电路。输出电压的变化规律为

$$\Delta U_{o3} = -\frac{\pm U_R}{R_M C_M}\Delta t \tag{4-21}$$

式中，Δt 为 S_4 接通 U_R 时间。

S_{41} 接通时，电阻 $R_M = R_{M1}$ 较小，输出电压快速上升；S_{42} 接通时，电阻 $R_M = R_{M1}+R_{M2}$ 较大，输出电压慢速上升。同理，S_{43} 接通时输出电压快速下降，S_{44} 接通时输出电压慢速下降。S_4 不接通时，输出电压保持不变。

将 S_1、S_2 置于硬手动操作位置可执行硬手动操作。这时放大器 A_3 的反相端通过电阻 R_H 接至电位器 R_P 的滑动触头，把 R_F 并联在 C_M 上。

图 4-28 为硬手动操作时的电路原理图。因为硬手动输入信号一般为缓慢变化的直流信号，R_F 与 C_M 并联后，可忽略 C_M 的影响。由于 $R_F = R_H$，所以硬手动操作电路实际上是一个放大倍数为 1 的比例电路，即

$$U_{o3} = -U_H \tag{4-22}$$

下面分析一下调节器进行手动-自动切换时的扰动问题。

自动→软手动切换时，当 S_4 尚未扳至 U_R 时，A_3 的反相输入端浮空，这时 $U_F = U_T = U_R$。电容 C_M

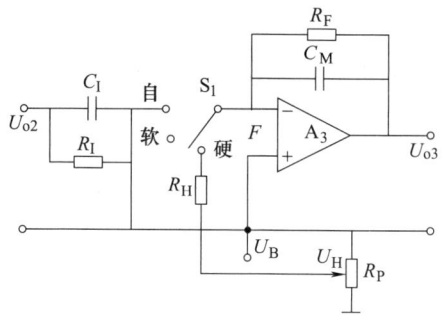

图 4-28　硬手动操作简化电路图

上的电压即为输出电压。由于 C_M 上的电荷无放电回路，输出 U_{o3} 能保持不变。所以在自动切向软手动时，对调节器的输出无影响。当需要软手动时，将 S_4 扳至所需的位置，可使 U_{o3} 线性上升或下降。

软手动→自动切换，当调节器处于软手动时，从图 4-28 可见，电容 C_I 两端电压恒等于信号电压 U_{o2}，当由软手动切至自动时，因 $U_F = U_B$，电容 C_I 与 F 点相连的一端也是 U_B，故在接通瞬间，电容没有充放电现象，所以输出 U_{o3} 亦不变。但当切换至自动后，调节器的输出按输入信号的变化而变化，是正常的调节作用。

上述两种切换称为双向无平衡无扰动切换。所谓无平衡切换，是指在自动和手动相互切换时，无须事先调平衡，可以随时切换至所要求的位置。所谓无扰动切换，如前所述，是指在切换瞬间控制器的输出不发生变化，对生产过程无扰动。

同理，硬手动→软手动或硬手动→自动的切换，也是无平衡无扰动切换。

但是，从自动→硬手动或软手动→硬手动切换时，要做到无扰动切换，必须事先平衡，将硬手动拨杆调到与输出表指示相同。因为电位器是手动控制的，不能自动跟踪信号变化。

（2）调节器的使用　图 4-29 是一种全刻度指示调节器（DTL-3110 型）的面板图。它的正面表盘上装有两个指示表头。其中双针垂直指示器 2 有两个指针。红针为测量信号指针，黑针为给定信号指针，它们可以分别指示测量信号和给定信号。偏差的大小可以根据两个指示值之差读出。由于双针指示器的有效刻度（纵向）为100mm，精度为1%，因此很容易观察控制结果。当仪表处于"内给定"状态时，给定信号是由拨动内给定设定轮 3 给出的，其值由黑针显示出来。

当使用外给定时，仪表右上方的外给定指示灯 7 会亮，提醒操作人员以免误用内给定设定轮。

输出指示器 4 可以显示控制器输出信号的大小。输出指示表下面有表示阀门安全开度的输出记录指示 9，"X"表示关闭，"S"表示打开。11 为输入检测插孔，当调节器发生故障需要把调节器从壳体中卸下时，可把便携式操作器的输出插头插入调节器下部的手动输出插孔 12 内，可以代替调节器进行手动操作。

调节器面板右侧设有自动-软手动-硬手动切换开关 1，以实现无平衡无扰动切换。

一般在刚刚开车时采用手动控制，待系统正常稳定运行时切换到自动控制。当工况不正常时可转为软手动控制，在紧急情况下转为硬手动控制，调到正常工况附近再切换到自动控制。

在调节器中还设有正、反作用切换开关，位于调节器的右侧面，把调节器从壳体中拉出时即可看到。调节器正、反作用的选择是根据工艺要求及调节阀的气开、气关情况来决定的，保证控制系统为负反馈。

调节器 PID 参数的设置（整定）原则见第 6 章。

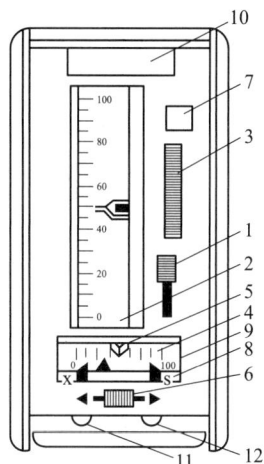

图 4-29　DTL-3110 型调节器正面图
1—自动-软手动-硬手动切换开关
2—双针垂直指示器　3—内给定设定轮
4—输出指示器　5—硬手动操作杆
6—软手动操作板键　7—外给定指示灯
8—阀位指示器　9—输出记录指示
10—位号牌　11—输入检测插孔
12—手动输出插孔

4.4 数字式控制器 *

数字式控制器与模拟式控制器的构成原理和工作方式有根本的差别，但从仪表总的功能和输入输出关系来看，由于数字式控制器备有 A/D 和 D/A 转换器件，因此两者并无外在的明显差异。

4.4.1 数字式控制器的主要特点

相对于模拟调节器，数字式控制器的硬件及其构成原理有很大的差别，它以微处理器为核心，具有丰富的运算控制功能和数字通信功能、灵活方便的操作手段、形象直观的数字或图形显示、高度的安全可靠性，比模拟调节器能更方便、有效地控制和管理生产过程，因而在工业生产过程中得到了越来越广泛的应用。归纳起来，数字式控制器有如下主要特点。

（1）实现了模拟仪表与计算机一体化　将微处理器引入控制器，充分发挥了计算机的优越性，使数字式控制器的功能得到很大的增强，提高了性能价格比。同时考虑到人们长期以来的习惯，数字式控制器在外形结构、面板布置、操作方式等方面保留了模拟式调节器的特征。

（2）运算控制功能强　数字式控制器具有比模拟式调节器更丰富的运算控制功能，一台数字式控制器既可实现简单 PID 控制，也可以实现串级控制、前馈控制、自适应控制、非线性控制和变增益控制等；既可以进行连续控制，也可以进行采样控制、选择控制和批量控制。此外，数字式控制器还可对输入信号进行处理，如线性化、数据滤波、标度变换、逻辑运算等。

（3）通过软件实现所需功能 数字式控制器的运算控制功能是通过软件实现的。在可编程调节器中，软件系统提供了各种功能模块，用户选择所需的功能模块，通过编程将它们连接在一起，构成用户程序，便可实现所需的运算与控制功能。

（4）具有和模拟调节器相同的外特性 尽管数字式控制器内部信息均为数字量，但为了保证数字式控制器能够与传统的常规仪表相兼容，数字式控制器模拟量输入、输出均采用国际统一标准信号（DC 4~20mA，DC 1~5V），可以方便地与 DDZ-Ⅲ 型仪表相连。同时数字式控制器还有数字量输入、输出功能。用户程序采用"面向过程语言（POL）"编写，易学易用。

（5）具有通信功能，便于系统扩展 数字式控制器除了用于代替模拟调节器构成独立的控制系统之外，还可以与上位计算机一起组成 DCS 系统。数字式控制器与上位计算机之间实现串行双向的数字通信，可以将手动/自动状态、PID 参数及输入/输出值等信息送到上位计算机，必要时，上位计算机也可对控制器施加干预，如工作状态的变更、参数的修改等。

（6）可靠性高，维护方便 在硬件方面，一台数字式控制器可以替代数台模拟仪表，同时控制器所用硬件高度集成化，可靠性高。在软件方面，数字式控制器的控制功能主要通过模块软件组态来实现，具有多种故障的自诊断功能，能及时发现故障并采取保护措施。

数字式控制器的规格型号很多，它们在构成规模上、功能完善的程度上都有很大的差别，但它们的基本构成原理则大同小异。

4.4.2 数字式控制器的构成原理

模拟调节器只由模拟元器件构成，它的功能也完全是由硬件构成所决定，因此其控制功能比较单一；而数字式控制器由以微处理器为核心构成的硬件电路和由系统程序、用户程序构成的软件两大部分组成，其控制功能主要是由软件所决定。

1. 数字式控制器的硬件电路

数字式控制器的硬件电路由主机电路（CPU）、过程输入通道、过程输出通道、人机接口电路以及通信接口电路等部分组成，多通道数字控制器构成框图如图 4-30 所示。

（1）主机电路 主机电路是数字式控制器的核心，用于实现仪表数据运算处理及各组成部分之间的管理。主机电路由微处理器（CPU）、只读存储器（ROM、EPROM）、随机存储器（RAM）、定时/计数器（CTC）以及输入/输出接口（I/O 接口）等组成。

（2）过程输入通道 过程输入通道包括模拟量输入通道和开关量输入通道，模拟量输入通道用于连接模拟量输入信号，开关量输入通道用于连接开关量输入信号。通常，数字式控制器都可以接收几个模拟量输入信号和几个开关量输入信号。

1）模拟量输入通道。模拟量输入通道将多个模拟量输入信号分别转换为 CPU 所能接收的数字量，它包括多路模拟开关、采样/保持器和 A/D 转换器。多路模拟开关将多个模拟量输入信号逐个连接到采样/保持器，采样/保持器暂时存储模拟输入信号，并把该值保持一段时间，以供 A/D 转换器转换。A/D 转换器的作用是将模拟信号转换为相应的数字量。常用的 A/D 转换器有逐位比较型、双积分型和 V/F 转换型等。逐位比较型 A/D 转换器的转换速度最快，一般在 10^4 次/s 以上，缺点是抗干扰能力差；其余两种 A/D 转换器的转换速度较慢，通常在 100 次/s 以下，但它们的抗干扰能力较强。

2）开关量输入通道。开关量指的是在控制系统中电接点的"通"与"断"，或者逻辑

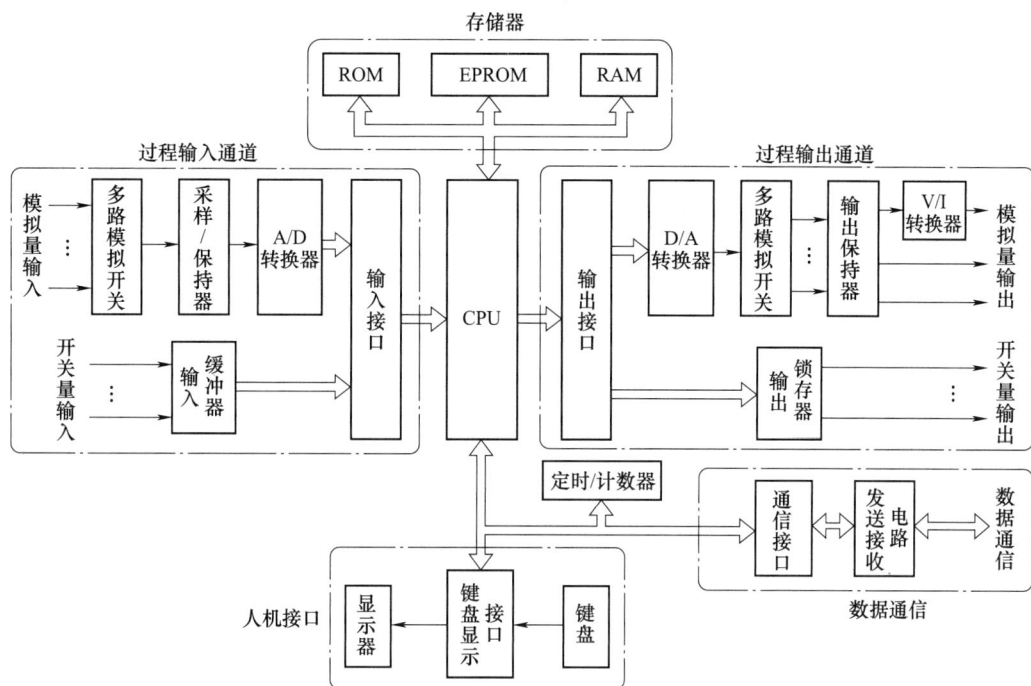

图 4-30 多通道数字式控制器的硬件电路

电路为"1"与"0"这类两种状态的信号,例如各种按钮、接近开关、液(料)位开关、继电器触点的接通与断开,以及逻辑部件输出的高电平与低电平等。开关量输入通道将多个开关输入信号转换成能被计算机识别的数字信号。为了抑制来自现场的干扰,开关量输入通道常采用光电耦合器件为输入电路进行隔离传输。

(3)过程输出通道 过程输出通道包括模拟量输出通道和开关量输出通道,模拟量输出通道用于输出模拟量信号,开关量输出通道用于输出开关量信号。通常,数字式控制器都可以具有几个模拟量输出信号和几个开关量输出信号。

1)模拟量输出通道。模拟量输出通道依次将多个运算处理后的数字信号进行 D/A 转换,并经多路模拟开关送入输出保持电路暂存,以便分别输出模拟电压(1~5V)或电流(4~20mA)信号。该通道包括 D/A 转换器、多路模拟开关、输出保持电路和 V/I 转换器。D/A 转换器起 D/A 转换作用,D/A 转换芯片有 8 位、10 位、12 位等品种可供选用。V/I 转换器将 1~5V 的模拟电压信号转换成 4~20mA 的电流信号,其作用与 DDZ-Ⅲ 型调节器或运算器的输出电路类似。多路模拟开关与模拟量输入通道中的相同。

2)开关量输出通道。开关量输出通道通过锁存器输出开关量(包括数字、脉冲量)信号,以便控制继电器触点和无触点开关的接通与释放,也可控制步进电动机的运转。同开关量输入通道一样,开关量输出通道也常采用光电耦合器件作为输出电路进行隔离传输。

人/机联系部件一般置于控制器的正面和侧面。正面板的布置类似于模拟式调节器,有测量值和给定值显示器,输出电流显示器,运行状态(自动/串级/手动)切换按钮,给定值增/减按钮和手动操作按钮等,还有一些状态显示灯。侧面板有设置和指示各种参数的键盘、显示器。在有些控制器中附带后备手操器。当控制器发生故障时,可用手操器来改变输出电流,进行遥控操作。

139

（4）通信接口电路　控制器的通信部件包括通信接口芯片和发送、接收电路等。通信接口将欲发送的数据转换成标准通信格式的数字信号，经发送电路送至通信线路（数据通道）上；同时通过接收电路接收来自通信线路的数字信号，将其转换成能被计算机接收的数据。数字式控制器大多采用串行传送方式。

2. 数字式控制器的软件

数字式控制器的软件分为系统程序和用户程序两大部分。

（1）系统程序　系统程序是控制器软件的主体部分，通常由监控程序和功能模块两部分组成。

1）监控程序。监控程序使控制器各硬件电路能正常工作并实现所规定的功能，同时完成各组成部分之间的管理。其主要完成的任务如下：

① 系统初始化：对硬件电路的可编程器件（如 I/O 接口、定时/计数器）进行初值设置。

② 键盘和显示管理：识别键码、确定键处理程序的走向和显示格式。

③ 中断管理：识别不同的中断源，比较它们的优先级，以便做出相应的中断处理。

④ 自诊断处理：实时检测控制器各硬件电路是否正常，如果发生异常，则显示故障代码、发出报警或进行相应的故障处理。

⑤ 键处理：根据识别的键码，建立键服务标志，以便执行相应的键服务程序。

⑥ 定时处理：实现控制器的定时（或计数）功能，确定采样周期，并产生时序控制所需的时基信号。

⑦ 通信处理：按一定的通信规程完成与外界的数据交换。

⑧ 掉电处理：用以处理"掉电事故"，当供电电压低于规定值时，CPU 立即停止数据更新，并将各种状态、参数和有关信息存储起来，以备复电后控制器能照常运行。

⑨ 运行状态控制：判断控制器的状态和故障情况，以便进行手动、自动或其他控制。

2）功能模块。功能模块提供了各种功能，用户可以选择所需要的功能模块以构成用户程序，使控制器实现用户所规定的功能。控制器提供的功能模块如下：

① 数据传送：模拟量和数字量的输入与输出。

② PID 运算：通常都有两个 PID 运算模块，以实现复杂控制功能。

③ 基本运算：加、减、乘、除、开方、绝对值等运算。

④ 逻辑运算：逻辑与、或、非、异或运算。

⑤ 高值选择和低值选择。

⑥ 上限幅和下限幅。

⑦ 折线逼近法函数运算：实现函数曲线的线性化处理。

⑧ 一阶惯性滞后处理：完成输入信号的滤波处理或用作补偿环节。

⑨ 纯滞后处理。

⑩ 移动平均值运算：从设定的时间到现在的平均值。

⑪ 脉冲输入计数与积算脉冲输出。

⑫ 控制方式切换　手动、自动、串级等方式切换。

以上为可编程调节器系统程序所包含的基本功能。不同的控制器，其具体用途和硬件结构不完全一样，因而它们所包含的功能在内容和数量上是有差异的。

（2）用户程序　用户程序是用户根据控制系统要求，在系统程序中选择所需要的功能模块，并将它们按一定的规则连接起来的结果，其作用是使控制器完成预定的控制与运算功能。使用者编制程序实际上是完成功能模块的连接，也即组态工作。

用户程序的编程通常采用面向过程语言（POL）。各种可编程调节器一般都有自己专用的 POL，但不论何种 POL，均具有容易掌握、程序设计简单、软件结构紧凑、便于调试和维护等特点。控制器的编程工作是通过专用的编程器进行的，有"在线"和"离线"两种编程方法。

4.4.3　数字式 PID 控制器

目前，在连续生产过程中，数字控制的基本控制方式仍采用 PID 控制规律，因为这是一种理论和技术成熟、应用广泛的控制方式，只要根据 PID 算式编制出程序，就可在计算机上执行。

由于在数字控制系统中，计算机是数字系统，而被控制的对象为连续系统，两者用 A/D、D/A 转换器连接起来，构成一个混合系统，即采样控制系统，如图 4-31 所示。

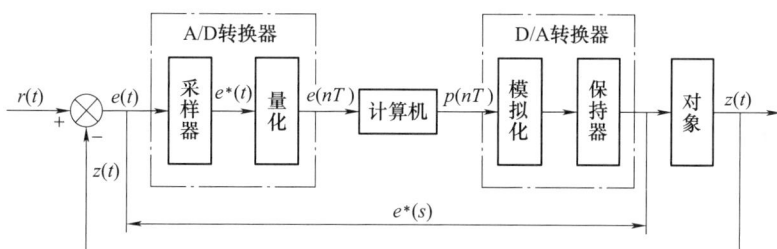

图 4-31　数字控制系统的模拟化分析

该系统的输入量和输出量都是模拟量。在数字控制系统中，给定值一般都是由计算机给出的数字量，也可将其等效为模拟输入量。模拟信号经采样器后变为离散信号，再经 A/D 转换器将其变为数字量，计算机的输出则经 D/A 转换器及保持器变为连续的模拟信号。这样数字部分经采样器、A/D 转换器和 D/A 转换器、保持器就变成连续环节了。

1. 数字 PID 控制算式的基本形式

数字调节中的 PID 控制算式是将 PID 的模拟表达式进行离散化而得到的。PID 的模拟表达式为

$$p = K_P \left(e + \frac{1}{T_I} \int e \, dt + T_D \frac{de}{dt} \right) \tag{4-23}$$

因为采样周期 T_s 相当于信号变化周期是很小的，这样可用矩形法计算积分，用向后差分法带头微分，则式（4-23）中的积分项和微分项可近似表示为

$$\int e \, dt \approx \sum_{i=0}^{n} e_i \Delta t = T_s \sum_{i=0}^{n} e_i \; ; \qquad \frac{de}{dt} \approx \frac{e_n - e_{n-1}}{T_s}$$

式（4-23）便变成了离散 PID 算式

$$p_n = K_P \left[e_n + \frac{T_s}{T_I} \sum_{i=0}^{n} e_i + \frac{T_D}{T_s} (e_n - e_{n-1}) \right] \tag{4-24}$$

式中，$\Delta t = T_s$ 为采样周期；p_n 为第 n 次采样时控制器的输出；e_n 为第 n 次采样的偏差值；$e_n = e - z$；n 为采样序号。

式（4-24）为位置式算式。其计算出的输出量与执行机构（调节阀门）的位置相对应。

由式（4-24）同样可列出第 $n-1$ 次采样的输出表达式为

$$p_{n-1} = K_P\left[e_{n-1} + \frac{T_s}{T_I}\sum_{i=0}^{n-1} e_i + \frac{T_D}{T_s}(e_{n-1} - e_{n-2}) \right] \tag{4-25}$$

由式（4-24）减去式（4-25），可得 PID 控制器输出增量的表达式为

$$\Delta p_n = K_P\left[(e_n - e_{n-1}) + \frac{T_s}{T_I}e_n + \frac{T_D}{T_s}(e_n - 2e_{n-1} + e_{n-2}) \right] \tag{4-26}$$

$$= K_P(e_n - e_{n-1}) + K_I e_n + K_D(e_n - 2e_{n-1} + e_{n-2})$$

式中，K_I 为 PID 控制算式的积分系数，$K_I = K_P\dfrac{T_s}{T_I}$；$K_D$ 为 PID 控制算式的微分系数，$K_D = K_P\dfrac{T_D}{T_s}$。

式（4-26）运算结果 Δp_n 表示了执行机构（调节阀）位置应改变的增量，为增量式算式。

2. 数字 PID 控制算式的变形

（1）非理想微分的数字 PID 控制算式

$$\Delta p_n = K_P\left[(e_n - e_{n-1}) + \frac{T_s}{T_I}e_n + \frac{T_D}{T_s}(e_n - 2e_{n-1} + e_{n-2}) \right] + \alpha p_{D,n-1} \tag{4-27}$$

式（4-27）与理想微分的 PID 控制算式（4-26）相比，多一项 $n-1$ 次采样的微分输出量 $\alpha p_{D,n-1}$。在单位阶跃偏差作用下，它们的输出特性如图 4-32 所示。

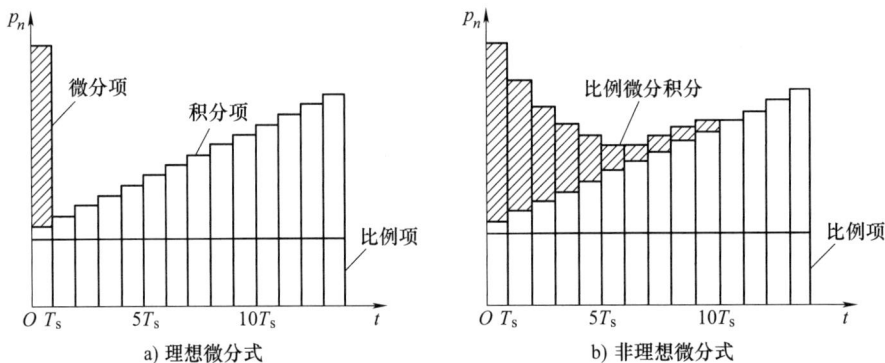

图 4-32　PID 控制算法的输出特性

（2）积分分离的数字 PID 控制算式

$$p_n = K_P e_n + K_1 K_I \sum_{i=0}^{n} e_i + K_D(e_n - e_{n-1}) \tag{4-28}$$

式中，K_1 为逻辑系数，有 $K_1 = \begin{cases} 1 & \text{当 } e_i \leq A \\ 0 & \text{当 } e_i > A \end{cases}$

A 为预定门限值，显然当 $e>A$ 时，积分不起作用，只有当偏差 $e\leq A$ 时，积分才引入。在积分分离 PID 控制算法中，也可用增量式算式。

根据 PID 控制算式，编写相应的控制运算程序，便可利用计算机进行数字 PID 控制。

习题与思考题

4-1 什么是控制器的控制规律？控制器有哪些基本控制规律？

4-2 双位控制规律是怎样的？有何优缺点？

4-3 比例控制规律是怎样的？什么是比例控制的余差？为什么比例控制会产生余差？

4-4 什么是比例控制器的比例度？一台 DDZ-Ⅱ 型液位比例控制器，其液位的测量范围为 $0\sim1.2m$，若指示值从 $0.4m$ 增大到 $0.6m$，比例控制器的输出相应从 5mA 增大到 7mA，试求控制器的比例度及放大系数。

4-5 一台 DDZ-Ⅲ 型温度比例控制器，测量的全量程为 $0\sim1000℃$，若指示值变化 $100℃$，控制器比例度为 80%，求相应的控制器输出将变化多少？

4-6 比例控制器的比例度对控制过程有什么影响？选择比例度时要注意什么问题？

4-7 试写出积分控制规律的数学表达式。为什么积分控制能消除余差？

4-8 什么是积分时间 T_{I}？试述积分时间对控制过程的影响。

4-9 一台具有比例积分控制规律的 DDZ-Ⅱ 型控制器，其比例度 $\delta=200\%$，稳态时输出为 5mA。在某瞬间，输入突然变化了 0.5mA，经过 30s 后，输出由 5mA 变为 6mA，试问该控制器的积分时间 T_{I} 为多少？

4-10 某台 DDZ-Ⅲ 型比例积分控制器，比例度 $\delta=100\%$，积分时间 $T_{\text{I}}=2min$。稳态时，输出为 5mA。某瞬间，输入突然增加了 0.2mA，试问经过 5min 后，输出将由 5mA 变化到多少？

4-11 有一台比例积分控制器，它的比例度 $\delta=50\%$，积分时间 T_{I} 为 1min。开始时，测量、给定和输出都在 50%，当测量突然变化到 55% 时，输出变化到多少？1min 后又变化到多少？

4-12 理想微分控制规律的数学表达式是什么？为什么微分控制规律不能单独使用？

4-13 试写出比例积分微分（PID）三作用控制规律的数学表达式。

4-14 试分析比例、积分、微分控制规律各自的特点。

4-15 DTL-121 型电动调节器由哪些部分组成？各部分的作用如何？

4-16 DDZ-Ⅲ 型调节器如何实现 PID 作用？

4-17 电动调节器 DDZ-Ⅲ 型有何特点？

4-18 DDZ-Ⅲ 型基型调节器由哪几部分组成？各组成部分的作用如何？

4-19 DDZ-Ⅲ 型调节器有哪些工作状态？如何实现状态切换？

4-20 DDZ-Ⅲ 型调节器的软手动和硬手动有什么区别？各用在什么条件下？

4-21 什么叫控制器的无扰动切换？

4-22 数字控制器有哪些主要特点？

4-23 简述数字式控制器的基本构成以及各部分的主要功能。

第 5 章

执 行 器

5.1 概述

5.1.1 执行器在自动控制系统中的作用

执行器是所有完成对受控对象施加调控作用的器件、仪表和装置的总称，它是自动控制系统中的一个重要组成部分。它的作用是接收控制器送来的控制信号（p 或 I），并转换成力或力矩等，以改变操纵介质的流量，从而实现对被控变量的控制。

由于受控对象不同，譬如工业过程中过程参数（温度、压力、流量、物位等）的连续调节与监控、生产过程中工艺流程的 PLC 控制、生产设备的起动或停止等，需要选择相对应的控制模式或执行器。执行器是一个自动控制策略与受控对象的接口环节，而且执行器直接与受控对象接触，安装在受控对象所在的场所，特别是恶劣的工业环境，受控对象具有高压、高温、寒冷、剧毒、易燃、易爆、易渗透、易结晶、强腐蚀和高黏度等不同特点时，执行器能否保持正常工作将直接影响自动控制系统的安全性和可靠性。所以，在实际控制过程中，选择使用正确而适合的执行器是提高整个自动控制水平的关键所在。

5.1.2 执行器的构成

一般来说，执行器由执行机构、调节机构和附件三部分组成。附件包括放大器、阀门定位器、位置发信器和速度发信器等，可根据不同要求选用。执行器有时不用附件，仅由执行机构和调节机构两部分组成，如图 5-1 所示。直接与受控对象接触的部分是调节机构，如继电器的触点、调节阀的阀芯等，通过执行元件直接改变受控对象的动作状况，使受控对象满

图 5-1 执行器的构成框图

足设定的控制要求。执行机构则接收来自控制器的控制信息，并把它转换为驱动调节机构的输出（如继电器的线圈、调节阀的角位移或直线位移）。但无论是开环控制、闭环控制还是人们直接的人工干预，都少不了执行器，因此执行器被称为生产过程自动化的"手脚"。

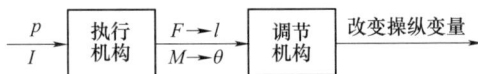

5.1.3 执行器的分类

执行器的种类繁多，根据其发挥的作用，分类如下：

1）按照执行动作过程状况来分类，可分为状态执行器、过程执行器和流程执行器。状态执行器包括继电器、交流接触器、电磁阀、行程开关等；过程执行器有各类调节阀；流程

执行器如 PLC、变频控制器等。

2）按照控制功能不同分为位置型执行器（如阀门开度控制）、速度型执行器（如电动机的转速控制）和功率型控制器（如饮水机水温控制）。

3）按照执行动作所需能量分类，可分为手动操作器（含各种开关、按钮、旋钮、闸刀等）、电动执行器、气动执行器和液动执行器（少用）等。其中气动执行器用压缩空气作为能源，标准气压信号为 $0.02 \sim 0.1$MPa，其特点是结构简单、动作可靠、平稳、输出推力较大、维修方便、防火防爆，而且价格较低，因此广泛地应用于化工、炼油等生产过程中。它还可以方便地与气动仪表配套使用。即使是采用电动仪表或计算机控制时，只要经过电-气转换器或电-气阀门定位器将电信号转换为标准气压信号，仍然可用气动执行器。电动执行器的能源取用方便，电信号有断续信号和连续信号之分，断续信号通常指二位或三位开关信号，连续信号为 $0 \sim 10$mA 和 $4 \sim 20$mA 的直流电流信号，一般默认值为 $4 \sim 20$mA 直流电流信号，信号传递迅速。但由于它结构复杂、防爆性能差，故较少应用。电动执行器包括各类电力电气开关、电动调节阀、可编程控制器等。

4）按照执行器输入信号分，有模拟型执行器和数字型执行器。

5）按照受控对象的特性来分类，主要有：温度控制器（装置），流量控制器（装置），压力控制器（装置），物位控制器（装置），机械量、光学量、磁学量、成分量等控制器（装置）。这种分类主要来自于应用领域。

6）按照执行器应用要求分类，可分为普通型执行器、防爆隔爆型执行器和抗雷击执行器。

按照中国电子学会敏感技术分会等编撰的《2008/2009 传感器与执行器大全——传感器、变送器、执行器（年卷）》中介绍，执行器除包括电动、气动、液压执行器外，还包括泵类、阀类、开关类、接近开关、调节器、连接器、控制器、显示器、记录器、报警器等。

随着高新技术的发展，特别是智能仪表的发展需要，执行器不仅需要高精度、高速度、高质量和高可靠，还增加了"两微"，即结构的微型化和加工的细微化。例如，扫描隧道显微镜（STM）的电子探针、超精定位与微位移工作台的微驱动器等都是微执行器。

5.2　气动执行器

5.2.1　气动执行器的结构与分类

过程控制中，使用最多的执行器是调节阀，因此，执行器一般又称为控制阀或调节阀。执行器由执行机构和调节机构（阀）两部分组成，其原理框图如图 5-1 所示。执行机构是执行器的推动装置，它根据输入控制信号的大小产生相应的推力 F（或力矩 M）和直线位移 l（或角位移 θ），推动调节机构动作，所以它是将控制信号的大小转换为阀杆位移的装置。调节机构是执行器的控制部分，它直接与操纵介质接触，控制流体的流量。所以它是将阀杆的位移转换为流过阀的流量的装置。

气动执行器主要由执行机构与调节机构两大部分组成。图 5-2 是一种常用气动执行器的示意图。气压信号由上部引入，作用在弹性薄膜 1 上，通过推杆 4 推动阀杆 5 产生位移，改变了阀芯 8 与阀座 9 之间的流通面积，从而达到了控制流量的目的。图中上半部分为气动执行机构，下半部分为调节机构（调节阀），7 为阀体。

气动执行器必须还配备一定的辅助装置，常用的有电磁阀、阀位指示发信装置、阀门定位器和手轮机构。

电磁阀是用来控制气动阀气缸中进气、排气的小型阀，依靠电磁铁原理工作。控制机构的线圈和铁心构成电磁铁，通过控制阀体柱塞的移动来挡住或漏出进、排气孔。通过控制电磁线圈的电流通断控制两边气缸的进、排气。

阀位指示发信装置是一种用于阀门开、关状态指示和远程发信的装置，一般用位置开关实现阀门全开、全关到位的信号发送。

阀门定位器的作用是利用反馈原理来改善执行器的性能，使执行器能够按照调

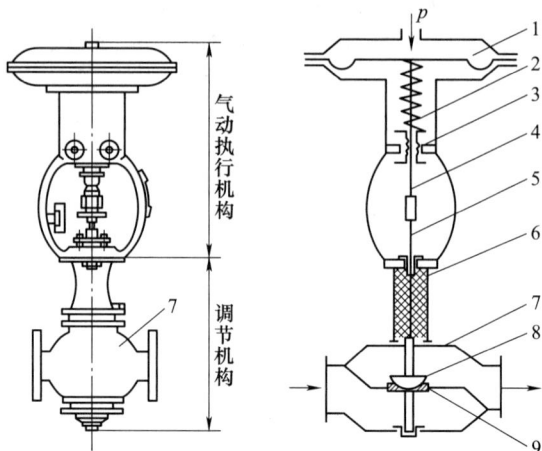

图 5-2 正作用式气动薄膜执行器结构示意图
1—薄膜 2—弹簧 3—调节螺钉 4—推杆 5—阀杆
6—填料 7—阀体 8—阀芯 9—阀座

节器的控制信号，实现准确的定位。手轮机构的作用是当控制系统因停电、停气、调节器无输出或执行机构失灵时，利用它可以直接操纵调节阀，以维持生产的正常进行。

气动活塞式执行机构由于不断排气、进气，活塞不断往复运动，所以耗气量大、易磨损，因此必须配备气动稳压、过滤、喷油装置（气动三联），对气源进行减压、稳压，并将储油器中的润滑油雾化喷入气缸，润滑活塞。

根据不同的使用要求，它们又可分为许多不同的型式，下面分别加以叙述。

1. 执行机构

气动执行机构主要分为薄膜式和活塞式两种，分别如图 5-3 和图 5-4 所示。其中薄膜式执行机构最为常用，它可以用作一般控制阀的推动装置，组成气动薄膜式执行器，习惯上称为气动薄膜调节阀。它的结构简单、价格便宜、维修方便，应用广泛。

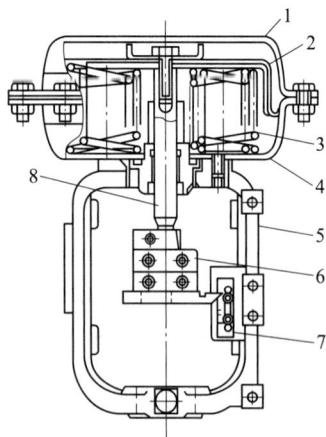

图 5-3 正作用气动薄膜式执行机构结构原理图
1—上膜盖 2—膜片 3—压缩弹簧 4—下膜盖
5—支架 6—连接阀杆螺母 7—行程标尺 8—推杆

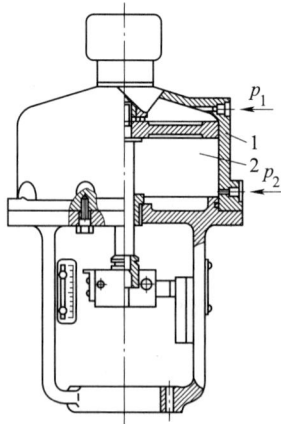

图 5-4 气动活塞式（无弹簧）执行机构
1—活塞 2—气缸

气动活塞式执行机构推力较大，主要适用于大口径、高压降控制阀或蝶阀的推动装置。

除薄膜式和活塞式之外，还有长行程执行机构。它的行程长、转矩大，适于输出转角（0°~90°）和力矩，如用于蝶阀或风门的推动装置。

气动薄膜式执行机构有正作用和反作用两种型式。当来自控制器或阀门定位器的信号压力增大时，阀杆向下动作的叫正作用执行机构（ZMA型）；当信号压力增大时，阀杆向上动作的叫反作用执行机构（ZMB型）。正作用执行机构的信号压力是通入波纹膜片上方的薄膜气室（见图5-2）；反作用执行机构的信号压力是通入波纹膜片下方的薄膜气室。通过更换个别零件，两者便能互相改装。

根据有无弹簧，执行机构可分为有弹簧及无弹簧两种，有弹簧的薄膜式执行机构最为常用，无弹簧的薄膜式执行构常用于双位式控制。

有弹簧的薄膜式执行机构的输出位移与输入气压信号成比例关系，属于比例式。当信号压力（通常为0.02~0.1MPa）通入薄膜气室时，在薄膜上产生一个推力，使阀杆移动并压缩弹簧，直至弹簧的反作用力与推力相平衡，阀杆稳定在一个相应的位置。信号压力越大，阀杆的位移量也越大。阀杆的位移即为执行机构的直线输出位移，也称行程（L）。行程规格有10mm、16mm、25mm、40mm、60mm、100mm等。薄膜的有效面积有200cm^2、280cm^2、400cm^2、630cm^2、1000cm^2、1600cm^{2}等六种规格。弹簧和膜片是影响执行机构线性特性的关键零件。调节件用以调整压缩弹簧的预紧量，以改变行程的零位。

2. 调节机构

调节机构即控制阀或调节阀，实际上是一个局部阻力可以改变的节流元件，通过阀杆上部件与执行机构相连。由于阀芯在阀体内移动，改变了阀芯与阀座之间的流通面积，即改变了阀的阻力系数，操纵介质的流量也就相应地改变，从而达到控制工艺参数的目的。

根据不同的使用要求，调节阀的结构型式很多，主要有图5-5所示几种。

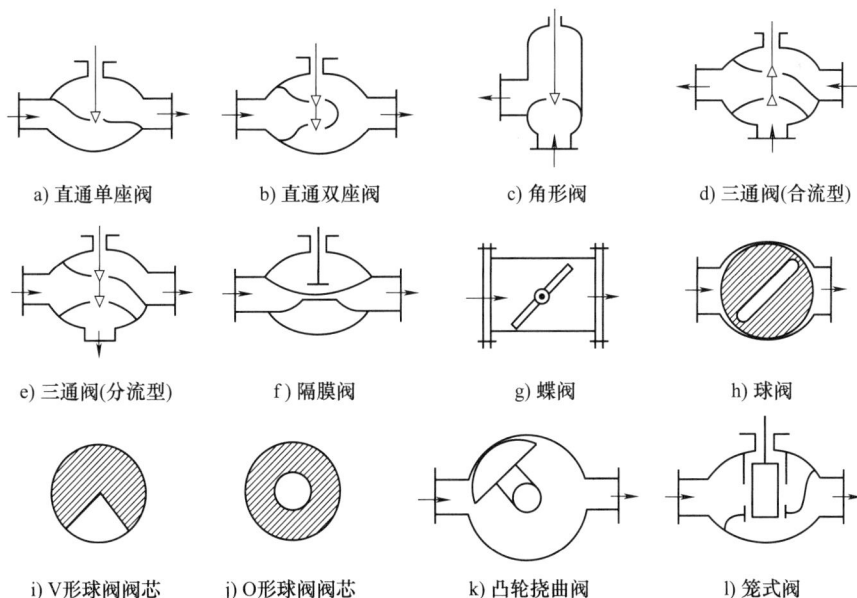

图5-5 调节阀的结构型式示意图

（1）直通单座控制阀　这种阀的阀体内只有一个阀芯与阀座，如图5-5a所示。其特点是结构简单、泄漏量小，易于保证关闭，甚至完全切断。但是在压差大的时候，流体对阀芯上下作用的推力不平衡，这种不平衡力会影响阀芯的移动。因此这种阀一般应用在小口径、低压差的场合。

（2）直通双座控制阀　阀体内有两个阀芯和阀座，如图5-5b所示。这是最常用的一种类型。由于流体流过的时候，作用在上、下两个阀芯上的推力方向相反而大小近似相等，可以互相抵消，所以不平衡力小。但是，由于加工的限制，上、下两个阀芯、阀座不易保证同时密闭，因此泄漏量较大。

（3）角形控制阀　角形阀的两个接管呈直角形，一般为底进侧出，如图5-5c所示。这种阀的流路简单、阻力较小，适用于现场管道要求直角连接，介质为高黏度、高压差和含有少量悬浮物和固体颗粒状的场合。

（4）三通控制阀　三通阀共有三个出入口与工艺管道连接。其流通方式有合流（两种介质混合成一路）型和分流（一种介质分成两路）型两种，分别如图5-5d、e所示。这种阀可以用来代替两个直通阀，适用于配比控制与旁路控制。与直通阀相比，组成同样的系统时，可省掉一个二通阀和一个三通接管。

（5）隔膜控制阀　它采用耐腐蚀衬里的阀体和隔膜，如图5-5f所示。隔膜阀结构简单、流阻小，流通能力比同口径的其他种类的阀要大。由于介质用隔膜与外界隔离，故无填料，介质也不会泄漏。这种阀耐腐蚀性强，适用于强酸、强碱、强腐蚀性介质的控制，也能用于高黏度及悬浮颗粒状介质的控制。

（6）蝶阀　又名翻板阀，如图5-5g所示。蝶阀具有结构简单、重量轻、价格便宜、流阻极小的优点，但泄漏量大，适用于大口径、大流量、低压差的场合，也可以用于含少量纤维或悬浮颗粒状介质的控制。

（7）球阀　球阀的阀芯与阀体都呈球形体，转动阀芯使之与阀体处于不同的相对位置时，就具有不同的流通面积，以达到流量控制的目的，如图5-5h所示。

球阀阀芯有V形和O形两种开口形式，分别如图5-5i、j所示。O形球阀的节流元件是带圆孔的球形体，转动球体可起控制和切断的作用，常用于双位式控制。V形球阀的节流元件是V形缺口球形体，转动球心使V形缺口起节流和剪切的作用，适用于高黏度和污秽介质的控制。

（8）凸轮挠曲阀　又名偏心旋转阀。它的阀芯呈扇形球面状，与挠曲臂及轴套一起铸成，固定在转动轴上，如图5-5k所示。凸轮挠曲阀的挠曲臂在压力作用下能产生挠曲变形，使阀芯球面与阀座密封圈紧密接触，密封性好。同时，它的重量轻、体积小、安装方便，适用于高黏度或带有悬浮物的介质流量控制。

（9）笼式阀　又名套筒型控制阀，它的阀体与一般的直通单座阀相似，如图5-5l所示。笼式阀内有一个圆柱形套筒（笼子）。套筒壁上有一个或几个不同形状的孔（窗口），利用套筒导向，阀芯在套筒内上下移动，由于这种移动改变了笼子的节流孔面积，就形成了各种特性并实现流量控制。笼式阀的可调比大、振动小、不平衡力小、结构简单、套筒互换性好，更换不同的套筒（窗口形状不同）即可得到不同的流量特性，阀内部件所受的汽蚀小、噪声小，是一种性能优良的阀，特别适用于要求低噪声及压差较大的场合，但不适用于高温、高黏度及含有固体颗粒的流体。

除以上所介绍的阀以外，还有一些特殊的控制阀。例如小流量阀适用于小流量的精密控制，超高压阀适用于高静压、高压差的场合。

5.2.2 控制阀的流量特性

1. 控制阀的工作原理

从流体力学观点来看，调节机构和普通阀门一样，是一个局部阻力可以变化的节流元件。流体流过调节阀时，由于阀芯和阀座之间流通截面积的局部缩小，形成局部阻力，使流体在调节阀处产生能量损失。对不可压缩流体而言，由能量守恒原理可知，控制阀上的能量损失可表示为

$$H = \frac{p_1 - p_2}{\rho g} \tag{5-1}$$

式中，H 为单位质量流体的能量损失；p_1 为阀前压力；p_2 为阀后压力；ρ 为流体密度；g 为重力加速度。

如果控制阀的开度不变，流体的密度不变，那么单位质量流体的能量损失与流体的动能成正比，即

$$H = \xi \frac{u^2}{2g} \tag{5-2}$$

式中，u 为流体的平均流速；ξ 为控制阀阻力系数，与阀门结构型式、开度和流体的性质有关。

流体的平均流速计算式为

$$u = Q/A \tag{5-3}$$

式中，Q 为流体体积流量；A 为控制阀接管流通面积，$A = \pi D_g^2 / 4$，D_g 为阀公称直径。

综合式（5-1）~式（5-3）可得控制阀的流量方程式为

$$Q = \frac{A}{\sqrt{\xi}} \sqrt{\frac{2(p_1 - p_2)}{\rho}} = \frac{A}{\sqrt{\xi}} \sqrt{\frac{2\Delta p}{\rho}} \tag{5-4}$$

式（5-4）即为不可压缩流体情况下控制阀实际应用的流量方程。在控制阀口径一定（A 一定）和 Δp、ρ 不变的情况下，流量 Q 仅随阻力系数 ξ 变化，阀的开度增大，阻力系数 ξ 减小，流量随之增大。控制阀就是通过改变阀芯行程实现开度的变化，即改变其阻力系数 ξ 来实现流量控制的。

2. 控制阀的流量系数

流量系数的定义：将式（5-4）改写为

$$Q = \frac{A}{\sqrt{\xi}} \sqrt{\frac{2\Delta p}{\rho}} = K \sqrt{\frac{\Delta p}{\rho}} \tag{5-5}$$

式中，K 为流量系数，$K = \sqrt{2} A / \sqrt{\xi}$。$K$ 的大小反映了流过阀的流量，即流通能力的大小。

控制阀流量系数的大小与流体的种类、性质、工况及阀芯阀座的结构尺寸等许多因素有关。不同单位制下流量系数的定义不同。

采用国际单位制时，流量系数定义为：在控制阀全开、阀前后压差为 100kPa、流体密度为 1g/cm³（即 5~40℃ 的水）时，每小时通过阀门的流量数（m³/h），用 K_V 表示。按此定义，一个 $K_V = 50$ 的控制阀，则表示当阀全开、阀前后压差为 100kPa 时，每小时通过的水量为 50m³。该定义下的流量系数即额定流量系数。

采用工程单位制时，流量系数的定义为：5~40℃ 的水，在 1kgf/cm²（1kgf/cm² =

98.0665kPa）的阀前后压差下，每小时流过阀门的流量数（m³/h），用 C 表示。

采用英制单位时，流量系数的定义为：40~60℉的水，保持阀两端压差为 1lbf/in²（1lbf/in² = 6894.76Pa），每分钟流过阀门的美国加仑数（USgal，1USgal = 3.78541dm³），用 C_V 表示。

各流量系数的转换关系如下：

$$K_V = 0.865C_V \qquad K_V = 1.01C$$
$$C_V = 1.156K_V \qquad C_V = 1.167C$$
$$C = 0.9903 K_V \qquad C = 0.857 C_V$$

流量系数 K_V 值的计算：根据我国有关规定，控制阀流量系数计算采用国际单位制，即使用 K_V。

流量系数计算式可从式（5-5）直接获得，若将式中 Δp 的单位取为 kPa，则不可压缩流体 K_V 值的计算公式可写为

$$K_V = 10Q_{max}\sqrt{\frac{\rho}{\Delta p}} \tag{5-6}$$

式中，Q_{max} 为控制阀全开时的体积流量（m³/h）；Δp 为阀前后压差（kPa）；ρ 为介质密度（g/cm³）。

式（5-6）只适合于一般液体介质。由于流体的种类和性质将影响流量系数的大小，因此在计算 K_V 值时应考虑不同流体的影响因素。例如，对于高黏度的液体，在按式（5-6）计算 K_V 值时，还需乘上黏度系数。对于气体和蒸气，由于具有可压缩性，通过阀门后的气体密度将小于阀门前的密度，因此对气体和蒸气的 K_V 值计算，要用压缩因数等加以修正。对于气液两相混合流体，必须考虑两种流体之间的相互影响。

流体的流动状态也会影响流量系数的大小。当阀门前后压差达到某一临界值时，通过阀的流量将达到极限，这时即使进一步增加压差，流量也不会再增加，这种达到极限流量的流动状态称为阻塞流。此时的 K_V 值计算要引入与阻塞流有关的系数：压力恢复系数、临界压差比等。

控制阀的流量系数 K_V 表示控制阀容量的大小，是表示控制阀流通能力的参数。因此，控制阀流量系数 K_V 亦可称为控制阀的流通能力。

在一定条件下 ξ 是一个常数，因而根据流量系数 K_V 的值就可确定 D_g，即可确定阀的几何尺寸。因此，流量系数 K_V 是选择控制阀口径的一个重要依据。

3. 控制阀的流量特性

控制阀的流量特性是指操纵介质流过阀门的相对流量与阀门的相对开度（相对位移）间的关系，即

$$\frac{Q}{Q_{max}} = f\left(\frac{l}{L}\right) \tag{5-7}$$

式中，相对流量 Q/Q_{max} 是控制阀某一开度时流量 Q 与全开时流量 Q_{max} 之比；相对开度 l/L 是控制阀某一开度行程 l 与全开行程 L 之比。

一般来说，改变控制阀芯与阀座间的流通截面积，便可控制流量。但实际上还有多种因素影响，例如在节流面积改变的同时还发生阀前后压差的变化，而这又将引起流量变化。为了便于分析，先假定阀前后压差固定，然后再引申到真实情况，于是有理想流量特性与工作流量特性之分。

（1）控制阀的理想流量特性 在不考虑控制阀前后压差变化时得到的流量特性称为理想流量特性。它取决于阀芯的形状（见图5-6），主要有直线、等百分比（对数）、抛物线及快开等几种流量特性。

1）直线流量特性。直线流量特性是指控制阀的相对流量与相对开度成直线关系，即单位位移变化所引起的流量变化是常数。用数学式表示为

$$\frac{\mathrm{d}(Q/Q_{max})}{\mathrm{d}(l/L)} = K \tag{5-8}$$

式中，K 为常数，即控制阀的放大系数。将式（5-8）积分可得

$$\frac{Q}{Q_{max}} = K\frac{l}{L} + C \tag{5-9}$$

式中，C 为积分常数。边界条件为：$l=0$ 时，$Q=Q_{min}$（Q_{min} 为控制阀能控制的最小流量）；$l=L$ 时，$Q=Q_{max}$。把边界条件代入式（5-9），可分别得

$$C = \frac{Q_{min}}{Q_{max}} = \frac{1}{R}; \quad K = 1 - C = 1 - \frac{1}{R} \tag{5-10}$$

式中，R 为控制阀所能控制的最大流量 Q_{max} 与最小流量 Q_{min} 的比值，即 $R=Q_{max}/Q_{min}$，称为控制阀的可调范围或可调比。

值得指出的是，Q_{min} 并不等于控制阀全关时的泄漏量，一般它是 Q_{max} 的 2%~4%，对应于 $R=50\sim25$。国产控制阀理想可调范围 $R=30$（这是对于直通单座、直通双座、角形阀和阀体分离阀而言的，隔膜阀的可调范围为10）。

将式（5-10）代入式（5-9），可得

$$\frac{Q}{Q_{max}} = \frac{1}{R} + \left(1 - \frac{1}{R}\right)\frac{l}{L} \tag{5-11}$$

式（5-11）表明 Q/Q_{max} 与 l/L 之间呈线性关系，在直角坐标上是一条直线，如图5-7中直线2所示。要注意的是，当可调比 R 不同时，特性曲线在纵坐标上的起点是不同的。当 $R=30$，$l/L=0$ 时，$Q/Q_{max}=0.033$。为便于分析和计算，假设 $R=\infty$，即特性曲线以坐标原点为起点，这时当位移变化10%所引起的流量变化总是10%。但不同开度时的流量变化的相对值是不同的。以相对开度 $l/L=10\%$、50%、80% 三点为例，若位移变化量都为10%，则

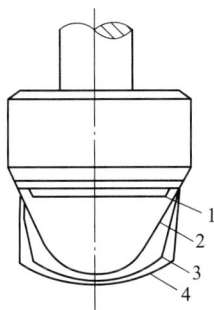

图5-6 不同流量特性的阀芯形状
1—快开 2—直线 3—抛物线 4—等百分比

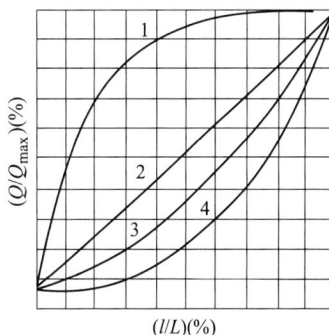

图5-7 理想流量特性
1—快开 2—直线 3—抛物线 4—等百分比

对原开度为 10% 时，流量变化的相对值为 $\dfrac{20-10}{10} \times 100\% = 100\%$

对原开度为 50% 时，流量变化的相对值为 $\dfrac{60-50}{50} \times 100\% = 20\%$

对原开度为 80% 时，流量变化的相对值为 $\dfrac{90-80}{80} \times 100\% = 12.5\%$

可见，在流量小时，流量变化的相对值大；在流量大时，流量变化的相对值小。也就是说，当阀门在小开度时控制作用太强；而在大开度时控制作用太弱，这是不利于控制系统的正常运行的。从控制系统来讲，当系统处于小负荷时（初始流量较小），要克服外界干扰的影响，希望控制阀动作所引起的流量变化量不要太大，以免控制作用太强产生超调，甚至发生振荡；当系统处于大负荷时，要克服外界干扰的影响，希望控制阀动作所引起的流量变化量要大一些，以免控制作用微弱而使控制不够灵敏。直线流量特性不能满足以上要求。

2）等百分比（对数）流量特性。等百分比流量特性是指单位相对行程变化所引起的相对流量变化与此点的相对流量成正比关系，即控制阀的放大系数随相对流量的增加而增大。用数学式表示为

$$\frac{\mathrm{d}(Q/Q_{\max})}{\mathrm{d}(l/L)} = K\frac{Q}{Q_{\max}} \tag{5-12}$$

将式（5-12）积分得

$$\ln\frac{Q}{Q_{\max}} = K\frac{l}{L} + C$$

将前述边界条件代入，可得 $C = \ln\dfrac{Q_{\min}}{Q_{\max}} = \ln\dfrac{1}{R} = -\ln R$，$K = \ln R$，最后得

$$\frac{Q}{Q_{\max}} = R^{\left(\frac{l}{L}-1\right)} \tag{5-13}$$

相对开度与相对流量呈对数关系，如图 5-7 中曲线 4 所示。曲线斜率即放大系数随行程的增大而增大。在同样的行程变化值下，流量小时，流量变化小，控制平稳缓和；流量大时，流量变化大，控制灵敏有效。

3）抛物线流量特性。抛物线流量特性是指控制阀的相对流量 $Q/Q_{\max}$ 与相对开度 l/L 之间成抛物线关系，即

$$\frac{\mathrm{d}(Q/Q_{\max})}{\mathrm{d}(l/L)} = K\left(\frac{Q}{Q_{\max}}\right)^{1/2} \tag{5-14}$$

在直角坐标上为一条抛物线，如图 5-7 中曲线 3 所示，它介于直线及对数曲线之间。数学表达式为

$$\frac{Q}{Q_{\max}} = \frac{1}{R}\left[1 + (\sqrt{R}-1)\frac{l}{L}\right]^2 \tag{5-15}$$

4）快开特性。这种流量特性在开度较小时就有较大流量，随开度的增大，流量很快就达到最大，即图 5-7 中曲线 1，故称为快开特性。快开特性的阀芯形式是平板形的，适用于迅速启闭的切断阀或双位控制系统。其数学关系为

$$\frac{\mathrm{d}(Q/Q_{\max})}{\mathrm{d}(l/L)} = K\left(\frac{Q}{Q_{\max}}\right)^{-1} \tag{5-16}$$

由此可得

$$\frac{Q}{Q_{\max}} = \frac{1}{R} \left[1 + (R^2 - 1) \frac{l}{L} \right]^{1/2} \tag{5-17}$$

（2）控制阀的工作流量特性   在实际生产中，控制阀前后压差总是变化的，这时的流量特性称为工作流量特性。

1）串联管道的工作流量特性。以图5-8所示串联系统为例来讨论，系统总压差 Δp 等于管路系统（除控制阀外的全部设备和管道的各局部阻力之和）的压差 Δp_2 与控制阀的压差 Δp_1 之和（见图5-9）。以 s 表示控制阀全开时阀上压差与系统总压差（即系统中最大流量时动力损失总和）之比，也称阻力比或分压比。

$$s = \frac{\text{控制阀全开时阀上压差 } \Delta p_{1\min}}{\text{系统总压差（即系统中最大流量时动力损失总和）} \Delta p}$$

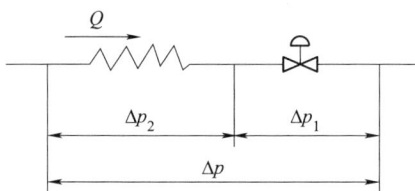

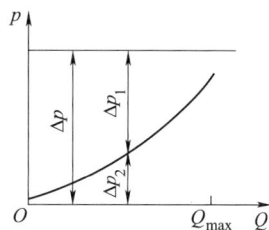

图 5-8　串联管道的情形　　　　　图 5-9　管道串联时控制阀压变化情况

以 $Q_{\max}$ 表示管道阻力等于零时控制阀的全开流量，此时阀上压差为系统总压差。于是可得串联管道以 $Q_{\max}$ 作为参比值的工作流量特性，如图5-10所示。

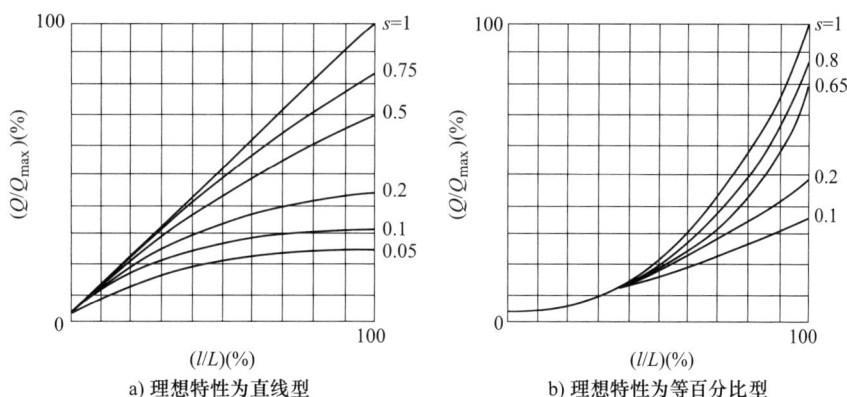

a) 理想特性为直线型　　　　　b) 理想特性为等百分比型

图 5-10　管道串联时控制阀的工作流量特性

图5-10中，当 $s=1$ 时，管道阻力损失为零，系统总压差全降在阀上，工作特性与理想特性一致。随着 s 值的减小，直线特性渐渐趋近于快开特性，等百分比特性渐渐接近于直线特性。所以，在实际使用中，一般希望 s 值不低于0.3，常选 $s=0.3 \sim 0.5$。当 $s>0.6$ 时，与理想流量特性相差无几。

在现场使用中，若控制阀选得过大或生产在低负荷状态，控制阀将工作在小开度。有时，为了使控制阀有一定的开度而把工艺阀门关小些以增加管道阻力，使流过控制阀的流量降低，这样，s 值下降，使流量特性畸变，控制质量恶化。

2) 并联管道的工作流量特性。控制阀一般都装有旁路，以便手动操作和维护。当生产量提高或控制阀选小时，将旁路阀打开一些，此时控制阀的理想流量特性就改变成为工作流量特性。

图 5-11 表示并联管道时的情况。显然这时管路的总流量 Q 是控制阀流量 Q_1 与旁路流量 Q_2 之和，即 $Q = Q_1 + Q_2$。

若以 x 代表并联管道时控制阀全开时的流量 Q_{1max} 与总管最大流量 Q_{max} 之比（分流比），可以得到在压差 Δp 为一定，而 x 为不同数值时的工作流量特性，如图 5-12 所示。图中，纵坐标流量以总管最大流量 Q_{max} 为参比值。

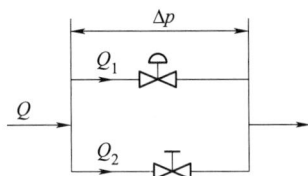

图 5-11 并联管道的情况

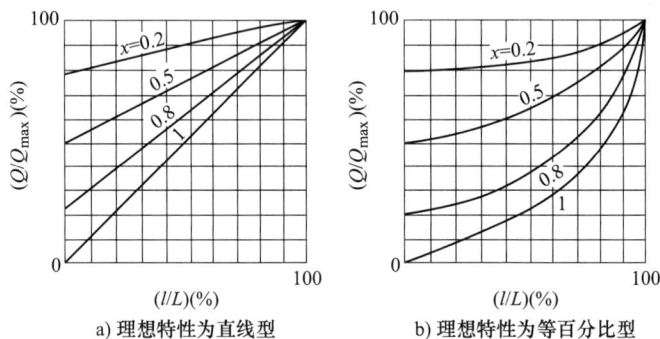

图 5-12 并联管道时控制阀的工作流量特性

a) 理想特性为直线型   b) 理想特性为等百分比型

由图 5-12 可见，当 $x = 1$ 时，即旁路阀关闭、$Q_2 = 0$ 时，控制阀的工作流量特性与它的理想流量特性相同。随着 x 值的减小，即旁路阀逐渐打开，虽然阀本身的流量特性变化不大，但可调范围大大降低了。控制阀关死，即 $l/L = 0$ 时，流量 Q_{min} 比控制阀本身的 Q_{1min} 大得多。同时，在实际使用中总存在着串联管道阻力的影响，控制阀上的压差还会随流量的增加而降低，使可调范围下降得更多，控制阀在工作过程中所能控制的流量变化范围更小，甚至几乎不起控制作用。所以，采用打开旁路阀的控制方案是不好的，一般认为旁路流量最多只能是总流量的百分之十几，即 x 值最小不低于 0.8。

综合上述串、并联管道的情况，可得如下结论：

1) 串、并联管道都会使阀的理想流量特性发生畸变，串联管道的影响尤为严重。

2) 串、并联管道都会使控制阀的可调范围降低，并联管道的影响尤为严重。

3) 串联管道使系统总流量减少，并联管道使系统总流量增加。

4) 串、并联管道都会使控制阀的放大系数减小，即输入信号变化引起的流量变化值减少。串联管道时控制阀若处于大开度，则 s 值降低对放大系数影响更为严重；并联管道时控制阀若处于小开度，则 x 值降低对放大系数影响更为严重。

（3）调节阀的可调比   调节阀的可调比 R 是指调节阀所能控制的最大流量 Q_{max} 与最小流量 Q_{min} 之比，即 $R = Q_{max}/Q_{min}$。可调比也称为可调范围，它反映了调节阀的调节能力。需注意的是，Q_{min} 是调节阀所能控制的最小流量，与调节阀全关时的泄漏量是不同的。一般 Q_{min} 为最大流量的 2%~4%，而泄漏量仅为最大流量的 0.1%~0.01%。

类似于调节阀的流量特性，调节阀前后压差的变化，也会引起可调比变化，因此，可调比也分为理想可调比和实际可调比。

1) 理想可调比。调节阀前后压差一定时的可调比称为理想可调比，以 R 表示，即

$$R = \frac{Q_{max}}{Q_{min}} = \frac{K_{max}\sqrt{\Delta p/\rho}}{K_{min}\sqrt{\Delta p/\rho}} = \frac{K_{max}}{K_{min}} \tag{5-18}$$

由式（5-18）可见，理想可调比等于调节阀的最大流量系数与最小流量系数之比，它是由结构设计决定的。可调比反映了调节阀的调节能力的大小，因此希望可调比大一些为好，但由于阀芯结构设计和加工的限制，K_{min} 不能太小。因此，理想可调比一般不会太大。目前，我国调节阀的理想可调比主要有 30 和 50 两种。

2）实际可调比。调节阀在实际使用时，串联管路系统中管路部分的阻力变化，将使调节阀前后压差发生变化，从而使调节阀的可调比也发生相应的变化，这时的可调比称实际可调比，以 R_r 表示。

图 5-8 所示的串联管道，随着流量 Q 的增加，管道的阻力损失也增加。若系统的总压差 Δp 不变，则调节阀上的压差 Δp_1 相应减小，这就使调节阀所能通过的最大流量减小，从而降低调节阀的实际可调比。此时，调节阀的实际可调比为

$$R_r = \frac{Q_{max}}{Q_{min}} = \frac{K_{max}\sqrt{\Delta p_{1min}/\rho}}{K_{min}\sqrt{\Delta p_{1max}/\rho}} = R\sqrt{\frac{\Delta p_{1min}}{\Delta p_{1max}}}$$

$$\approx R\sqrt{\frac{\Delta p_{1min}}{\Delta p}} = R\sqrt{s} \tag{5-19}$$

式中，Δp_{1max} 为调节阀全关时的阀前后压差，它约等于管道系统的压差 Δp；Δp_{1min} 为调节阀全开时的阀前后压差。

式（5-19）表明，s 值越小，即串联管道的阻力损失越大，实际可调比越小。其变化情况如图 5-13 所示。

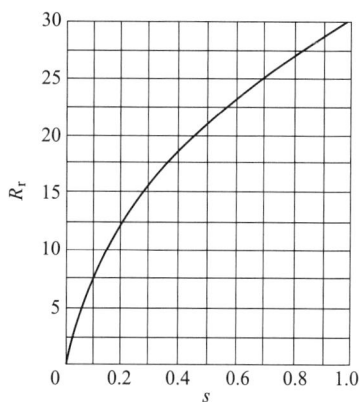

图 5-13 串联管道时的可调比

5.3 电动执行器

电动执行器接收来自控制器的 4～20mA 或 0～10mA 的直流电流信号，并将其转换成相应的角位移或直行程位移，去操纵阀门、挡板等控制机构，以实现自动控制。

电动执行器有角行程、直行程和多转式等类型。角行程电动执行机构以电动机为动力元件，将输入的直流电流信号转换为相应的角位移（0°～90°），这种执行机构适用于操纵蝶阀、挡板之类的旋转式控制阀。直行程执行机构接收输入的直流电流信号后，使电动机转动，然后经减速器减速并转换为直线位移输出，去操纵单座、双座、三通等各种控制阀和其他直线式控制机构。多转式电动执行机构主要用来开启和关闭闸阀、截止阀等多转式阀门，由于它的电动机功率比较大，最大的有几十千瓦，一般多用作就地操作和遥控。

几种类型的电动执行机构在电气原理上基本上是相同的，只是减速器不一样。以下简单介绍一下角行程的电动执行机构。

角行程电动执行机构主要由伺服放大器、伺服电动机、减速器、位置发送器和操纵器组成，如图 5-14 所示。其工作过程大致如下：伺服放大器将由控制器来的输入信号 I_i 与位置反馈信号 I_f 进行比较，当无信号输入时，由于位置反馈信号也为零，放大器无输出，电动机不转；如有信号输入，且与反馈信号比较产生偏差，使放大器有足够的输出功率，驱动伺服

电动机，经减速后使减速器的输出轴转动，直到与输出轴相连的位置发送器的输出电流与输入信号相等为止。此时输出轴就稳定在与该输入信号相对应的转角位置上，实现了输入电流信号与输出转角的转换。

位置发送器是能将执行机构输出轴的位移转变为 DC 4~20mA（或 DC 0~10mA）反馈信号的装置，它的主要部分是差动变压器，其原理如图 5-15 所示。

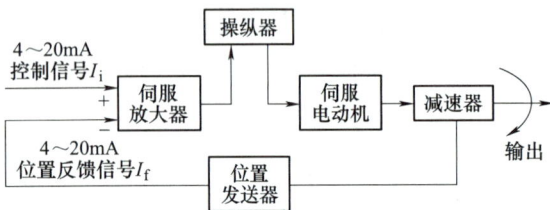

图 5-14　角行程执行机构的组成示意图　　　　图 5-15　差动变压器原理图

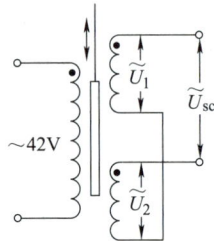

在差动变压器的一次侧加一交流稳压电源后，其二次侧分别会感应出交流电压 $\tilde{U}_1$、$\tilde{U}_2$，它们反向串联后，输出电压 $\tilde{U}_{sc}$。由于两个二次绕组匝数相等，故感应电压 $\tilde{U}_{sc}$ 的大小将取决于铁心的位置。

铁心的位置是与执行机构输出轴的位置相对应的。当铁心在中间位置时，因两个二次绕组的磁路对称，故在任一瞬间穿过两个二次绕组的磁通都相等，因而感应电压 $\tilde{U}_1 = \tilde{U}_2$。但因两绕组反向串联，它们所产生的电压互相抵消，因而输出电压 $\tilde{U}_{sc} = 0$。

当铁心自中间位置有一向上的位移时，使两个绕组磁路不对称，这时上边绕组中交变磁通的幅值将大于下边绕组中交变磁通的幅值，两个绕组中的感应电压将是 $\tilde{U}_1 > \tilde{U}_2$，因而有输出电压 $\tilde{U}_{sc} = \tilde{U}_1 - \tilde{U}_2 \neq 0$，与 $\tilde{U}_1$ 同相位。

反之，当铁心下移时，$\tilde{U}_1 < \tilde{U}_2$，此时输出电压 $\tilde{U}_{sc} = \tilde{U}_1 - \tilde{U}_2 \neq 0$，但与 $\tilde{U}_2$ 同相位。

信号 $\tilde{U}_{sc}$ 经过整流、滤波等电路处理后，可以得到 4~20mA（或 0~10mA）的直流电流信号，它的大小与执行机构输出位移相对应。这个信号被反馈到伺服放大器的输入端，与输入信号相比较。

电动执行机构不仅可与控制器配合实现自动控制，还可通过操纵器实现控制系统的自动控制和手动控制的相互切换。当操纵器的切换开关置于手动操作位置时，由正、反操作按钮直接控制电动机的电源，以实现执行机构输出轴的正转或反转，进行遥控手动操作。

5.4　电-气转换器

在实际控制系统中，电与气两种信号常是混合使用的，这样可以取长补短，因而有各种电-气转换器及气-电转换器把电信号（DC 4~20mA 或 DC 0~10mA）与气信号（0.02~0.1MPa）进行转换。电-气转换器可以把电动变送器来的电信号变为气信号，送到气动控制器或气动显示仪表；也可把电动控制器的输出信号变为气信号去驱动气动控制阀，此时常用电-气阀门定位器，它具有电-气转换器和气动阀门定位器两种作用。

5.4.1 气动仪表的基本元件

气动仪表由气阻、气容、弹性元件、喷嘴-挡板机构和功率放大器等基本元件组成。

1. 气阻

气阻与电子线路中的电阻相似，它可以改变气路中的气体流量。在流体呈层流状态时，气阻的大小与两端的压降成正比，与流过的流量成反比，可表示为

$$R = \Delta p/M \tag{5-20}$$

式中，R 为气阻；Δp 为气阻两端的压降；M 为气体的质量流量。

气阻有恒气阻（如毛细管、小孔等）与可调气阻（变气阻）以及线性气阻与非线性气阻之分。流过气阻的流体为层流状态时，气阻呈现为线性；而在流过气阻的流体为紊流状态时，气阻呈现为非线性。

2. 气容

气容在气路中的作用与电容在电路中的作用相似，它是一个具有一定容积的气室，是储能元件，其两端的气压不能突变。气容分固定气容和弹性气容两种，气容结构原理如图 5-16 所示。

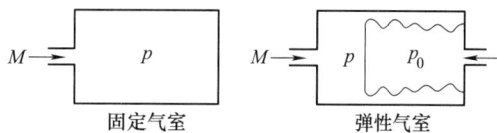

图 5-16　气容结构原理图

根据气体状态方程式，固定气容可表示为

$$C = \frac{V}{RT} \tag{5-21}$$

式中，V 为气室体积；R 为气体常数，$R=8314.4\text{J}/(\text{kmol}\cdot\text{K})$；$T$ 为气体热力学温度。

由式（5-12）可见，当温度 T 不变时，气容量 C 与气室的容积 V 成正比，由于固定气室的容积恒定，因此，固定气室的气容量为恒值。

弹性气容的表达式为

$$C = \frac{A_e^2}{C_b}\rho\left(1 - \frac{dp_0}{dp}\right) + \frac{V}{RT} \tag{5-22}$$

式中，A_e 为波纹管的有效面积；C_b 为波纹管的刚度系数；ρ 为气体密度；p_0、p 分别为波纹管内、外压力。

由式（5-22）可知，弹性气容在工作过程中容积 V 发生变化，则气容量 C 也随之改变。当波纹管内、外压力的变化量不相等时，气容量还与弹性气容的结构变量和内、外压力变化量的比值有关。当内、外压力的变化量相等时，即 $dp_0 = dp$ 时，则弹性气容就变为固定气容。

3. 弹性元件

弹性元件为适应不同的工作目的，可做成不同的结构和形状。它们包括各种不同形状的弹簧、波纹管、金属膜片和非金属膜片等。这些不同结构和形状的弹性元件，在气动仪表中分别用来产生力、存储机械能、缓冲振动、把某些物理量（力、差压、温度）转换为位移、在仪器的连接处产生一定的操纵拉力等。

弹性元件的质量指标有弹性特性、刚度与灵敏度、弹性滞后与迟滞量、弹性后效现象等。

1）弹性特性。弹性特性指弹性元件的变形与作用力或其他变量之间的关系。

2）刚度与灵敏度。通常把使弹性元件产生单位形变（位移）所需的作用力或力矩称为弹性元件的刚度，刚度的倒数称为灵敏度。

3）弹性滞后与迟滞量。在弹性元件的弹性范围内，逐渐加载和卸载的过程中，弹性特性不重合的现象叫作弹性元件的弹性滞后现象。迟滞量表征滞后最大值，用相对量表示，即弹性元件的正、反行程的位移最大变差 Γ_{max} 与最大位移量 S_{max} 的百分比。

4）弹性后效现象。弹性元件在弹性变形范围内，其位移（形变）不能立即与所施载荷相对应，需经一段时间后，才能达到相应的载荷的形变。弹性元件的弹性后效有时达 $2\% \sim 3\%$。

弹性元件的滞后现象和后效现象是弹性元件的缺点，为减小其影响，常用特种合金（如铍青铜）来制作弹性元件。

4. 喷嘴-挡板机构

喷嘴-挡板机构的作用是把微小的位移转换成相应的压力信号，它由恒节流孔（恒气阻）、节流气室和喷嘴、挡板所形成的变节流孔（变气阻）组成。其结构如图 5-17 所示，图 5-18 为其背压与挡板位移特性。

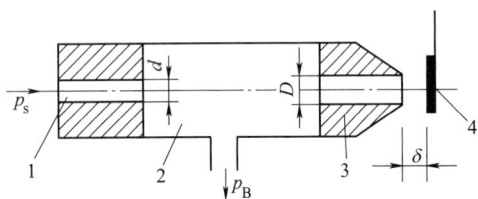

图 5-17　喷嘴-挡板结构图
1—恒节流孔　2—节流气室　3—喷嘴　4—挡板

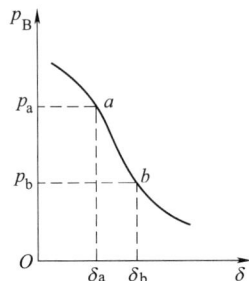

图 5-18　喷嘴背压与挡板位移特性

图 5-17 中，恒节流孔是一孔径 d 为 $0.1 \sim 0.25\text{mm}$、长为 $5 \sim 20\text{mm}$ 的毛细管；喷嘴直径 D 为 $0.8 \sim 1.2\text{mm}$。喷嘴、挡板构成一个变气阻，气阻值取决于喷嘴与挡板间的间隙 δ。喷嘴和恒节流孔之间的气室直径约 2mm。140kPa 的气源压力 p_s 经恒节流孔进入节流气室，再由喷嘴-挡板的间隙排出。当挡板的位置改变时，气室压力 p_B（常称喷嘴背压）也改变。

当 δ 在 $\delta_a \sim \delta_b$ 区间变化时，p_B 和 δ 呈线性关系。$\delta_a \sim \delta_b$ 是喷嘴-挡板的工作区，只有 $0.01 \sim 0.1\text{mm}$ 的变化范围，其间 p_B 有 8kPa 变化量。可见，喷嘴-挡板机构把微小的位移变化量转换成相当大的气压信号。p_B 的变化量经功率放大器放大 10 倍后，输出压力为 $20 \sim 100\text{kPa}$。

5. 功率放大器

功率放大器将喷嘴-挡板的输出压力和流量都放大。目前广泛采用耗气式放大器，它由壳体、膜片、锥阀、球阀、簧片、恒气阻等组成。图 5-19 为其结构原理图。

当输入信号（喷嘴背压）p_B 增大时，金属膜片受力而产生向下的推力，此力克服簧片

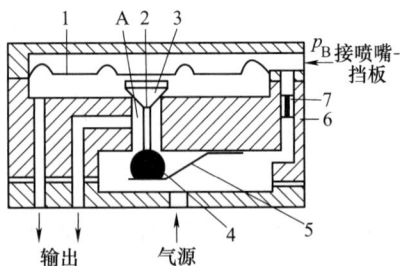

图 5-19　功率放大器结构原理图
1—膜片　2—阀杆　3—锥阀　4—球阀
5—簧片　6—壳体　7—恒气阻

158

的预紧力，推动阀杆下移，使球阀开大，锥阀关小，A 室的输出压力增大。锥阀与球阀都是可调气阻，这两个可调气阻构成一个节流气室（A）。当阀杆产生位移时，同时改变锥阀与球阀的气阻值。一个增加，另一个减小，即改变了节流气室的分压系数。因此，对于一定的背压 p_B 就有一输出值与之相对应。

5.4.2　电-气转换器

电-气转换器的结构原理如图 5-20 所示，它按力矩平衡原理工作。当 4~20mA 或 0~10mA 直流电流信号通入置于恒定磁场里的测量线圈 7 中时，所产生的磁通与磁钢 8 在空气隙中的磁通相互作用而产生一个向上的电磁力（即测量力）。由于线圈固定在杠杆 6 上，使杠杆绕十字弹簧片 4 偏转，于是装在杠杆另一端的挡板 1 靠近喷嘴，使其背压升高，经过气动放大器 10

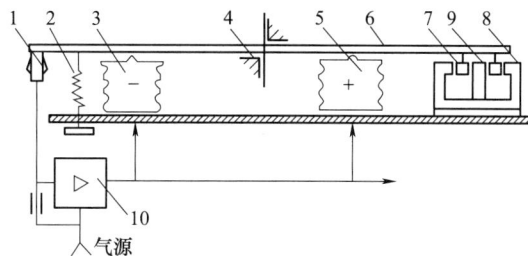

图 5-20　电-气转换器原理结构图
1—挡板　2—调零弹簧　3—负反馈波纹管　4—十字弹簧片
5—正反馈波纹管　6—杠杆　7—测量线圈
8—磁钢　9—铁心　10—气动放大器

功率放大后，一方面输出，一方面反馈到正、负两个波纹管，建立起与测量力矩相平衡的反馈力矩。于是输出信号（0.02~0.1MPa）就与线圈电流成一一对应的关系。

由于负反馈力矩比线圈产生的测量力矩大得多，因而设置了正反馈波纹管，负反馈力矩减去正反馈力矩后的差就是反馈力矩。调零弹簧 2 用来调节输出气压的初始值。如果输出气压变化的范围不对，可调永久磁钢的分磁螺钉。

5.4.3　电-气阀门定位器

阀门定位器是气动调节阀的辅助装置，与气动执行机构配套使用。阀门定位器将来自调节器的控制信号，成比例地转换成气压信号输出至执行机构，使阀杆产生位移，其位移量通过机械机构反馈到阀门定位器，当位移反馈信号与输入的控制信号相平衡时，阀杆停止动作，调节阀的开度与控制信号相对应。由此可见，阀门定位器与气动执行机构构成一个负反馈系统，因此采用阀门定位器可以提高执行机构的线性度，实现准确定位，并且可以改变执行机构的特性，从而可以改变整个执行器的特性。按结构型式，阀门定位器可以分为电-气阀门定位器、气动阀门定位器和智能式阀门定位器。

电-气阀门定位器一方面具有电-气转换器的作用，将电动控制器输出的 DC 4~20mA 信号成比例地转换成 20~100kPa 气压信号去操纵气动执行机构；另一方面还具有气动阀门定位器的作用，可以使阀门位置按控制器送来的信号准确定位（即输入信号与阀门位置呈一一对应关系）。同时，改变图 5-21 中反馈凸轮 5 的形状或安装位置，还可以改变控制阀的流量特性和实现正、反作用（即输出信号可以随输入信号的增加而增加，也可以随输入信号的增加而减少）。

电-气阀门定位器的整机结构如图 5-21 所示。它主要由电磁部分（包括永久磁钢 1、杠杆 4 和输入线圈 2 等）、气路部分（包括喷嘴 12、挡板 13、气动放大器 14 等）、反馈机构（比例臂 8、凸轮 7、反馈杆 6、反馈弹簧 5 以及连接件等）以及接线盒等几部分组成。气源压力和输出气压都由压力表指示。

由调节器送来的 4~20mA 控制信号输入线圈 2 后而产生磁场，使位于线圈中的杠杆 4 磁

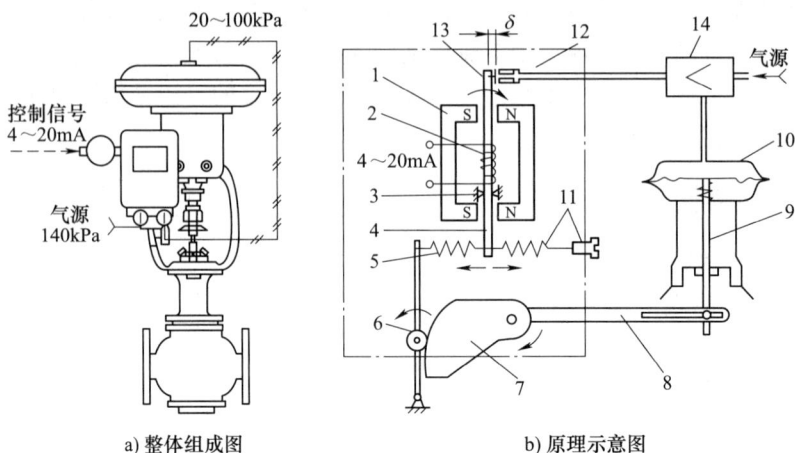

图 5-21　电-气阀门定位器结构原理图

1—永久磁钢　2—输入线圈　3—支点　4—杠杆　5—反馈弹簧　6—反馈杆（滚轮）　7—凸轮　8—比例臂
9—推杆　10—调节阀　11—调零装置　12—喷嘴　13—挡板　14—气动放大器

化。杠杆在永久磁钢的磁场中受电磁力作用，使之产生以支点 3 为中心的偏转力矩。杠杆 4 的偏转改变了其上挡板 13 与喷嘴 12 间的间隙，从而引起气动放大器背压的变化，此背压经气动放大器 14 放大后，得到 20~100kPa 的气压信号，驱动气动薄膜调节阀 10 的推杆 9 下移。

调节阀推杆 9 下移时，带动比例臂 8，使凸轮 7 顺时针转动。凸轮推动反馈杆 6 逆时针偏转，通过反馈弹簧 5 给杠杆以反馈力，当推杆下移到与输入电流对应时，杠杆上达到受力平衡，从而实现输入电流与阀位的比例关系。

调整调零装置 11 的调零螺钉就可以通过其调零弹簧来改变动铁的初始位置，从而实现调零。

5.4.4　智能式阀门定位器*

智能式阀门定位器有只接收 4~20mA 直流电流信号的，也有既接收 4~20mA 的模拟信号，又接收数字信号的，即 HART 通信的阀门定位器；还有只进行数字信号传输的现场总线阀门定位器。

智能式阀门定位器的硬件电路由信号调理部分、微处理器、电气转换控制部分和阀门检测控制部分等部分构成，如图 5-22 所示。

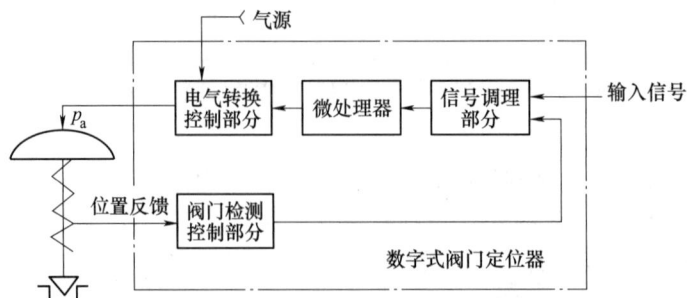

图 5-22　智能式阀门定位器的构成原理

信号调理部分将输入信号和阀位反馈信号转换为微处理器所能接收的数字信号后送入微处理器；微处理器将这两个数字信号按照预先设定的特性关系进行比较，判断阀门开度是否与输入信号相对应，并输出控制电信号至电气转换控制部分；电气转换控制部分将这一信号转换为气压信号送至气动执行机构，推动调节机构动作；阀门检测控制部分检测执行机构的阀杆位移并将其转换为电信号反馈到阀门定位器的信号调理部分。

智能式阀门定位器通常都有液晶显示器和手动操作按钮，显示器用于显示阀门定位器的各种状态信息，按钮用于输入组态数据和手动操作。

智能式阀门定位器以微处理器为核心，同时采用了各种新技术和新工艺，因此其具有许多模拟式阀门定位器所难以实现或无法实现的优点。

（1）定位精度和可靠性高 智能式阀门定位器机械可动部件少，输入信号和阀位反馈信号的比较是直接的数字比较，不易受环境影响，工作稳定性好，不存在机械误差造成的死区影响，因此具有更高的定位精度和可靠性。

（2）流量特性修改方便 智能式阀门定位器一般都包含有常用的直线、等百分比和快开特性功能模块，可以通过按钮或上位机、手持式数据设定器直接设定。

（3）零点、量程调整简单 零点调整与量程调整互不影响，因此调整过程简单快捷。许多品种的智能式阀门定位器具有自动调整功能，不但可以自动进行零点与量程的调整，而且能自动识别所配装的执行机构规格，如气室容积、作用形式、行程范围、阻尼系数等，并自动进行调整，从而使调节阀处于最佳工作状态。

（4）具有诊断和监测功能 除一般的自诊断功能之外，智能式阀门定位器能输出与调节阀实际动作相对应的反馈信号，可用于远距离监控调节阀的工作状态。

接收数字信号的智能式阀门定位器，具有双向通信能力，可以就地或远距离地利用上位机或手持式操作器进行阀门定位器的组态、调试、诊断。

5.5 调节阀的选择

调节阀的选用是否得当，将直接影响自动控制系统的控制质量、安全性和可靠性，因此，必须根据工况特点、生产工艺及控制系统的要求等多方面的因素，综合考虑，正确选用。调节阀的选择主要是从三方面考虑：执行器的结构型式、调节阀的流量特性和调节阀的口径。

5.5.1 调节阀结构型式的选择

1. 执行机构的选择

如前所述，执行机构包括气动、电动和液动三大类，而液动执行机构使用甚少，同时气动执行机构中使用最广的是气动薄膜执行机构，因此执行机构的选择主要是指对气动薄膜执行机构和电动执行机构的选择，两种执行机构特性的比较见表5-1。

气动和电动执行机构各有其特点，并且都包括有各种不同的规格品种。选择时，可以根据实际使用要求，结合表5-1综合考虑确定选用哪一种执行机构。

调节阀的结构型式主要根据工艺条件，如温度、压力及介质的物理、化学特性（如腐蚀性、黏度等）来选择。例如强腐蚀介质可采用隔膜阀、高温介质可选用带翅形散热片的结构型式。

表 5-1 气动薄膜式执行机构和电动执行机构的比较

序号	比较项目	气动薄膜执行机构	电动执行机构
1	可靠性	高（简单、可靠）	较低
2	驱动能源	需另设气源装置	简单、方便
3	价格	低	高
4	输出力	小	大
5	刚度	小	大
6	防爆性能	好	差
7	工作环境温度范围	大（−40~+80℃）	小（−10~+55℃）

2. 气开式与气关式的选择

在采用气动执行机构时，还必须确定整个气动调节阀的作用方式。

气动执行器有气开式与气关式两种。有压力控制信号时阀关、无控制信号压力时阀开的为气关式；反之，为气开式。由于执行机构有正、反作用，调节阀（具有双导向阀芯的）也有正、反作用。因此气动执行器的气关或气开即由此组合而成，如图 5-23 和表 5-2 所示。

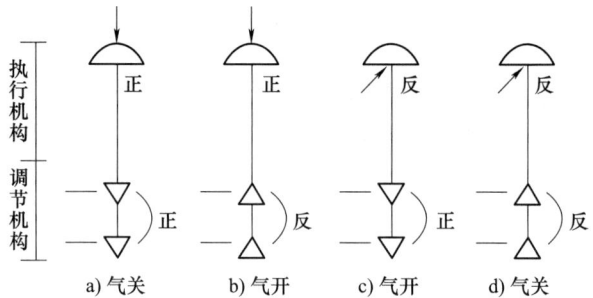

图 5-23 组合方式图

表 5-2 组合方式表

序号	执行机构	调节阀	气动执行器	序号	执行机构	调节阀	气动执行器
a)	正	正	气关（正）	c)	反	正	气开（反）
b)	正	反	气开（反）	d)	反	反	气关（正）

气开、气关的选择主要从工艺生产安全要求出发。考虑原则是：信号压力中断时，应保证设备和操作人员的安全。如果阀处于打开位置时危害性小，则应选用气关式，以便气源系统发生故障、气源中断时，阀门能自动打开，保证安全。反之，阀处于关闭时危害性小，则应选用气开阀。例如，加热炉的燃料气或燃料油应采用气开式调节阀，即当信号中断时应切断进炉燃料，以免炉温过高造成事故。又如，控制进入设备易燃气体的调节阀，应选用气开式，以防爆炸，若介质为易结晶物料，则选用气关式，以防堵塞。

3. 调节机构的选择

调节机构的选择主要依据如下：

1）流体性质：如流体种类、黏度、毒性、腐蚀性、是否含悬浮颗粒等。

2）工艺条件：如温度、压力、流量、压差、泄漏量等。

3）过程控制要求：控制系统精度、可调比、噪声等。

根据以上各点进行综合考虑，并参照各种调节机构的特点及其适用场合，同时兼顾经济性来选择满足工艺要求的调节机构。在执行器的结构型式选择时，还必须考虑调节机构的材质、公称压力等级和上阀盖的型式等问题，这些方面的选择可以参考有关资料。

5.5.2 调节阀流量特性的选择

调节阀的结构型式确定以后，还需确定调节阀的流量特性（即阀芯的形状）。一般是先按控制系统的特点来选择阀的希望流量特性，然后再考虑工艺配管情况来选择相应的理想流量特性。使调节阀安装在具体的管道系统中，畸变后的工作流量特性能满足控制系统对它的要求。目前使用比较多的是等百分比流量特性。

生产过程中常用的调节阀的理想流量特性主要有直线、等百分比、快开三种，其中快开特性一般应用于双位控制和程序控制。因此，流量特性的选择实际上是指如何选择直线特性和等百分比特性。

调节阀流量特性的选择可以通过理论计算，但其过程相当复杂，且实用上也无此必要。因此，目前对调节阀流量特性多采用经验准则或根据控制系统的特点进行选择，可以从以下几方面考虑。

1. 考虑系统的控制品质

一个理想的控制系统，希望其总的放大系数在系统的整个操作范围内保持不变。但在实际生产过程中，操作条件的改变、负荷变化等原因都会造成控制对象特性改变，因此控制系统总的放大系数将随着外部条件的变化而变化。适当地选择调节阀的特性，以调节阀的放大系数的变化来补偿控制对象放大系数的变化，可使控制系统总的放大系数保持不变或近似不变，从而达到较好的控制效果。例如，控制对象的放大系数随着负荷的增加而减小时，如果选用具有等百分比流量特性的调节阀，它的放大系数随负荷增加而增大，那么，就可使控制系统的总放大系数保持不变，近似为线性。

2. 考虑工艺管道情况

在实际使用中，调节阀总是和工艺管道、设备连在一起的。如前所述，调节阀在串联管道时的工作流量特性与 s 值的大小有关，即与工艺配管情况有关。因此，在选择其特性时，还必须考虑工艺配管情况。具体做法是先根据系统的特点选择所需要的工作流量特性，再按照表 5-3 考虑工艺配管情况确定相应的理想流量特性。

表 5-3　工艺配管情况与流量特性关系

配管情况	$s=0.6\sim1$		$s=0.3\sim0.6$	
阀的工作特性	直线	等百分比	直线	等百分比
阀的理想特性	直线	等百分比	等百分比	等百分比

从表 5-3 可以看出，当 $s=0.6\sim1$ 时，所选理想特性与工作特性一致；当 $s=0.3\sim0.6$ 时，若要求工作特性是直线的，则理想特性应选等百分比的，这是因为理想特性为等百分比特性的调节阀，当 $s=0.3\sim0.6$ 时，经畸变后其工作特性已近似为直线特性了。当 $s<0.3$ 时，直线特性已严重畸变为快开特性，不利于控制；等百分比理想特性也已严重偏离理想特性，接近于直线特性，虽然仍能控制，但控制范围已大大减小。因此一般不希望 s 小于 0.3。

目前，已有低 s 值调节阀，即压降比调节阀，它利用特殊的阀芯轮廓曲线或套筒窗口形状，使调节阀在 $s=0.1$ 时，其工作流量特性仍然为直线特性或等百分比特性。

3. 考虑负荷变化情况

直线特性调节阀在小开度时流量相对变化值大，控制过于灵敏，易引起振荡，且阀芯、阀座也易受到破坏，因此在 s 值小、负荷变化大的场合，不宜采用。等百分比特性调节阀的放大系数随调节阀行程增加而增大，流量相对变化值是恒定不变的，因此它对负荷变化有较强的适应性。

5.5.3 调节阀口径的选择

调节阀口径选择得合适与否将会直接影响控制效果。口径选择得过小，会使流经调节阀的介质达不到所需要的最大流量。在大的干扰情况下，系统会因介质流量（即操纵变量的数值）的不足而失控，因而使控制效果变差，此时若企图通过开大旁路阀来弥补介质流量的不足，则会使阀的流量特性产生畸变；口径选择得过大，不仅会浪费设备投资，而且会使调节阀经常处于小开度工作，控制性能也会变差，容易使控制系统变得不稳定。

调节阀口径的选择实质上就是根据特定的工艺条件（即给定的介质流量、阀前后的压差以及介质的物性参数等）进行流量系数 K_V 值的计算［见式（5-6）］，然后按调节阀生产厂家的产品目录，选出相应的调节阀口径，使得通过调节阀的流量满足工艺要求的最大流量且留有一定的裕量，但裕量不宜过大。

5.5.4 气动执行器的安装和维护

气动执行器的正确安装和维护，是保证它能发挥应有效用的重要一环。对气动执行器的安装和维护，一般应注意下列几个问题。

1）为便于维护检修，气动执行器应安装在靠近地面或楼板的地方。当装有阀门定位器或手轮机构时，更应保证观察、调整和操作的方便。手轮机构的作用是：在开停车或事故情况下，可以用它来直接人工操作调节阀，而不用气压驱动。

2）气动执行器应安装在环境温度不高于+60℃和不低于−40℃的地方，并应远离振动较大的设备。为了避免膜片受热老化，调节阀的上膜盖与载热管道或设备之间的距离应大于200mm。

3）阀的公称通径与管道公称通径不同时，两者之间应加一段异径管。

4）气动执行器应该是正立垂直安装于水平管道上。特殊情况下需要水平或倾斜安装时，除小口径阀外，一般应加支撑。即使正立垂直安装，当阀的自重较大和有振动场合时，也应加支撑。

5）通过调节阀的流体方向在阀体上有箭头标明，不能装反，正如孔板不能反装一样。

6）调节阀前后一般要各装一只切断阀，以便修理时拆下调节阀。考虑到调节阀发生故障或维修时，不影响工艺生产的继续进行，一般应装旁路阀，如图 5-24 所示。

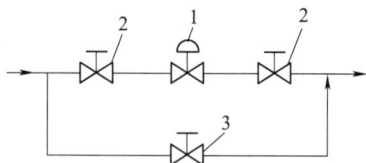

图 5-24 调节阀在管道中的安装
1—调节阀 2—切断阀 3—旁路阀

7）调节阀安装前，应对管路进行清洗，排去污物和焊渣。安装后还应再次对管路和阀门进行清洗，并检查阀门与管道连接处的密封性能。当初次通入介质时，应使阀门处于全开位置以免杂质卡住。

8）在日常使用中，要对调节阀经常维护和定期检修。应注意填料的密封情况和阀杆上下移动的情况是否良好，气路接头及膜片有否漏气等。检修时重点检查部位有阀体内壁、阀座、阀芯、膜片及密封圈、密封填料等。

5.6 电磁阀*

电磁阀是以电磁铁为动力元件进行阀门开闭动作的电动执行器。执行结构（电磁铁）和阀体是电磁阀不可分割的组成部分。

电磁阀是用电磁控制的工业设备，用在工业控制系统中调整介质的方向、流量、速度和其他参数。电磁阀用电磁效应进行控制，主要的控制方式由继电器控制。这样，电磁阀可以配合不同的电路来实现预期的控制，而控制的精度和灵活性都能够保证。电磁阀有很多种，不同的电磁阀在控制系统的不同位置发挥作用，最常用的是单向阀、安全阀、方向调节阀、速度调节阀等。

5.6.1 电磁阀分类

电磁阀从原理上分为三大类：直动式电磁阀、分步直动式电磁阀、先导式电磁阀。

电磁阀从阀结构和材料上的不同与原理上的区别，分为六个分支小类：直动膜片结构、分步直动膜片结构、先导膜片结构、直动活塞结构、分步直动活塞结构、先导活塞结构。电磁阀从功能分类，种类较多，具体分类见表5-4。

表5-4 电磁阀按功能分类

大通径燃气电磁阀	水用电磁阀	蒸汽电磁阀	制冷电磁阀	三通电磁阀
带信号反馈电磁阀	超低温电磁阀	先导式电磁阀	低温电磁阀	燃气电磁阀
脉冲铝合金电磁阀	膜片式电磁阀	消防电磁阀	氨用电磁阀	气体电磁阀
零压起动电磁阀	超高温电磁阀	液体电磁阀	喷泉电磁阀	微型电磁阀
高压活塞电磁阀	内螺纹电磁阀	常闭电磁阀	热水电磁阀	脉冲电磁阀
二位五通电磁阀	液压电磁阀	常开电磁阀	油用电磁阀	直流电磁阀
二位三通电磁阀	耐腐蚀电磁阀	信号电磁阀	进水电磁阀	高压电磁阀
直角脉冲电磁阀	不锈钢电磁阀	法兰电磁阀	塑料电磁阀	防爆电磁阀
可调流量电磁阀	直动式电磁阀	黄铜电磁阀	真空电磁阀	通用电磁阀

5.6.2 电磁阀选用

电磁阀主要用于液体和气体管路的开关控制，一般用于DN50及以下管道的控制。

电磁阀选型首先依次遵循安全性、可靠性、适用性、经济性四大原则；其次，根据六个方面的现场工况进行选择，即管道参数、流体参数、压力参数、电气参数、动作方式和特殊要求。安全性要关注腐蚀性介质、爆炸性环境和管内介质最高工作压力；可靠性要关注工作寿命、工作制式（长期工作、反复短时工作和短时工作）、工作频率和动作可靠性；适用性需要全面了解现场状况，包括介质特性、管道参数、环境条件、电源条件和控制精度；经济性是选用的指标之一，但必须是在安全、适用、可靠的基础上的经济性，它不单是产品的售价，更要优先考虑其功能和质量以及安装维修及其他附件所需费用。更重要的是，一只电磁阀在整个自控系统中乃至生产线中所占成本微乎其微，但如果错选，就会造成巨大损失。

电磁阀的安装要注意较多的注意事项，要严格按照相应规程，图5-25所示的是基本的安装要求。

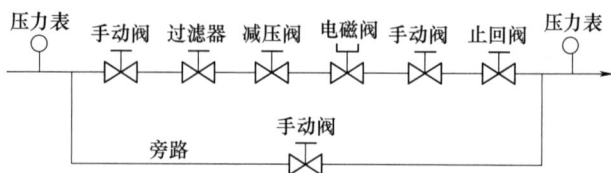

图 5-25　电磁阀基本安装要求

5.6.3　电磁阀的特点

电磁阀结构紧凑、尺寸小、质量轻、维护简单、可靠性高，并且价格低廉；它的零部件数量通常仅为电动执行器的1/3左右，而高度也只有电动执行器或气动执行器的1/4~1/3。

1. 电磁阀的主要技术特点

外漏杜绝，内漏易控，使用安全；系统简单，价格低廉；动作快速，功率微小，外形轻巧；调节精度受限，适用介质受限；型号多样，用途广泛。

2. 电磁阀的主要技术功能

（1）简化控制回路　目前国内电磁阀通径已扩展至300mm，介质温度为-200~450℃，工作压力为0~25MPa，动作时间从十几秒到几毫秒。这就可以取代原有体积庞大价格昂贵的两位控制的快速切断阀和气动开关阀、电动开关阀，简化原采用气动阀和电动阀的控制回路。

（2）简化管路系统　一般自动调节阀工作时，在管路上须配用一些辅助阀门、管件和旁路，并加装手动阀和隔离阀，加上各类接头等管件，管路系统所占空间大，安装费时，还容易泄漏。多功能电磁阀巧妙地省去了这些外加的附件仍具有隔离旁路的功能，单向电磁阀、组合电磁阀和带过滤的电磁阀都已在简化管路方面发挥了作用。

（3）简化阀门结构和工艺　电磁阀属于原理和结构都简单的自动调节阀，普通电磁阀线圈部件已采用塑料封装，减少引出线断裂的故障，同时易实现防水、防爆等防护要求。高压和高温的电磁阀也出现了简化结构和工艺。

3. 电磁阀和电动执行器（电动阀）的主要区别

（1）开关形式　电磁阀通过线圈驱动，只能开或关，开关动作时间短。电动阀的驱动一般是用电动机，开或关动作可以调节，完成调节需要一定的时间。

（2）工作性质　电磁阀一般流通系数很小，而且工作压力差很小。电动阀的驱动一般是用电动机，比较耐电压冲击。电磁阀是快开和快关的，一般用在小流量和小压力，要求开关频率高的地方。电动阀反之。电动阀的开度可以控制，状态有开、关、半开半关，可以控制管道中介质的流量，而电磁阀达不到这个要求。电磁阀一般断电可以复位，电动阀要有这样的功能需要加复位装置。

（3）适用工艺　电磁阀适合一些特殊工艺要求，如泄漏、流体介质特殊等，价格较贵。电动阀一般用于调节，也有开关量的，如风机盘管末端。

4. 电磁阀的发展方向

（1）智能化　电磁阀需要与智能仪表更好地配合，特别是位式控制，以提高系统的控制精度和可靠性。在功能上实现双联组合（大小不同的电磁阀组合，如控制温度、压力、液位等参数；大阀保证基础量，小阀提供补偿量）、三个工作位置控制、自保持式控制（脉冲信号下的阀门动作）等。

（2）通用性　主要是增强通用性能，降低制造、购销、存储、安装、维护的成本，包括响应时间可调、扩展介质适用范围、开度可调与手动兼容等。

（3）专用化 目前电磁阀的销售总量已超过了气动/电动调节阀，更需要发展专用电磁阀，如燃气、蒸气、水用、油用和空调用电磁阀等。

5.7 变频器*

变频器是现代电动机控制领域技术含量最高、控制功能最全、控制效果最好的电动机控制装置，它通过改变电网的频率来调节电动机的转速和转矩，进而控制泵、风机等以调节流量，达到控制的目的。因为涉及电力电子技术、微机技术，因此使用变频器成本高，对维护技术人员的要求也高。

变频器（variable voltage variable frequency inverter，VVVF）是应用变频技术与微电子技术，通过改变电动机工作电源的频率和幅度的方式来控制交流电动机的电力传动元件，利用电力半导体器件的通断作用将工频电源变换为另一频率，采取脉冲宽度调制和脉冲幅度调制等实现对交流异步电动机的软起动、变频调速、提高运转精度、改变功率因素、过电流/过电压/过载保护等功能。脉冲宽度调制（pulse width modulation，PWM）是按一定规律改变脉冲序列的脉冲宽度，以调节输出量和波形的一种调制方式；脉冲幅度调制（pulse amplitude modulation，PAM）是按一定规律改变脉冲列的脉冲幅度，以调节输出量值和波形的一种调制方式。

变频器的主电路大体上分为电压型和电流型两类：电压型是将电压源的直流变换为交流的变频器，直流回路的滤波是电容；电流型是将电流源的直流变换为交流的变频器，其直流回路滤波是电感。变频器的分类见表 5-5。

表 5-5 变频器的分类

分类方法	分类产品
按变换的环节分类	交-直-交变频器、交-交变频器
按直流电源性质分类	电压型变频器、电流型变频器
按主电路工作方法分类	电压型变频器、电流型变频器
按开关方式分类	PAM 控制变频器、PWM 控制变频器和高载频 PWM 控制变频器
按用途分类	通用变频器、高性能专用变频器、高频变频器、单相变频器和三相变频器
按变频器调压方法分类	PAM 变频器、PWM 变频器
按工作原理分类	U/f 控制变频器（VVVF 控制）、SF 控制变频器（转差频率控制）、VC 控制变频器（vector control，矢量控制）
按电压等级分类	高压变频器、中压变频器、低压变频器

变频器通常由四部分组成：整流单元，将工作频率固定的交流电转换为直流电；高容量电容，存储转换后的电能；逆变器，由大功率开关晶体管阵列组成电子开关，将直流电转化成不同频率、宽度、幅度的方波；控制器，按设定的程序工作，控制输出方波的幅度与脉宽，使叠加为近似正弦波的交流电，驱动交流电动机。

任何电动机的电磁转矩都是电流和磁通相互作用的结果，电流是不允许超过额定值的，否则将引起电动机发热。如果磁通减小，电磁转矩也必减小，导致带负载能力降低。根据电动机原理可知，三相异步电机定子每相电动势的有效值 E_1 为

$$E_1 = 4.44 f_1 N_1 \Phi_m \tag{5-23}$$

式中，f_1 为定子频率；N_1 为定子每相绕组有效匝数；Φ_m 为每极磁通量。

由式（5-23）得知，在变频调速时，电动机的磁路随着运行频率在相当大的范围内变化，它极容易使电动机的磁路严重饱和，导致励磁电流的波形严重畸变，产生峰值很高的尖峰电流。在电动势较高时，电动势有效值 E_1 可由相电压 U_1 代替；由式（5-23）可知，为使磁通量 Φ_m 保持一定，则要求 E_1/f_1 一定，即频率与电压要成比例地改变，改变频率的同时控制变频器输出电压，使电动机的磁通保持一定，避免弱磁和磁饱和现象的产生。

在电动机的起动控制方式中，Y-△起动、自耦减压起动因其成本低，维护相对软起动和变频控制容易，目前在实际运用中还占有较大的比例。但因其采用分立电气元器件组装，控制电路接点较多，在运行中，故障率相对也是比较高的。另外在工况环境恶劣（如粉尘、潮湿）的地方，这类故障更多，而检查起来颇费时间。若生产需要必须更改电动机的运行方式，如原来电动机是连续运行的，需要改成定时运行，这就需要增加元器件、更改线路才能实现。如果负载或电动机变动，需要更改电动机的起动方式，也要更改控制电路才能实现。

软起动器和变频器是两种完全不同用途的产品。软起动器实际上是个调压器，只是改变电源电压，相当于减压起动器；用于电动机起动时，输出只改变电压并没有改变频率。变频器用于需要调速的地方，其输出不但改变电压而且同时改变频率；变频器具备所有软起动器的功能，但它的价格比软起动器贵得多，结构也复杂得多。

变频器不仅具备所有软起动器的功能，而且变频器对于电动机、风机、水泵更具有显著的节能效果。为了保证生产的可靠性，各种生产机械在设计配用动力驱动时，都留有一定的富余量。当电动机不能在满负载下运行时，除达到动力驱动要求外，多余的力矩增加了有功功率的消耗，造成电能的浪费。风机、泵类等设备传统的调速方法是通过调节入口或出口的挡板、阀门开度来调节给风量和给液量，其输入功率大，且大量的能源消耗在挡板、阀门的截流过程中。当使用变频调速时，如果流量要求减小，通过降低泵或风机的转速即可满足要求。

5.8 数字阀*

数字阀是组合式流量调节阀。调节部件使 4 位二进制数的每位权系数呈 8：4：2：1 的比例关系是通过 4 个节流口面积大小成 8：4：2：1 的比例关系来实现的，供给电磁铁的电流通断控制信号组成的 4 位二进制码由 0000 到 1111 可组成 16 种不同的流量状态。另外节流口面积可方便地实现比例保持不变的同时放大和缩小。该阀换向时间短、切换频率高、抗干扰能力强、制造方便，适用于流体的计算机或数字控制系统中调节流体的流量。

5.8.1 基本原理

二进制数字式流量调节阀，是由底座、调节部件、电磁换向阀、阀体、调节动块、节流口等部件组成。这 4 个节流口的节流面积，严格保持 8：4：2：1 的比例关系，且在设定最大流量时，节流口面积同时改变大小，但 8：4：2：1 的比例关系不变。流体进入数字流量阀后分 4 条支路，每条支路又由一个换向阀和一个节流口组成，并且分别对应于 4 位二进制码的控制信号的每一位数，电磁换向阀断开时对应于 0，接通时对应于 1。4 个节流口面积 8、4、2、1 的比例关系分别对应于 4 位二进制码从高位到低位的权系数。4 条支路的流体汇总后的总流量随4位二进制码控制信号从0000到1111可组成16种不同的流量状态。

数字阀是由多个按二进制排列的阀门组成的阀组。每个阀门的流量系数按二进制序列设计，即按2的幂次设计，例如，2^0、2^1、2^2、2^3等设计。下面以一个8个阀门组成的8位数字阀为例说明。假设该数字阀的最小流量系数为0.25，则第一个阀的流量系数设计为0.25，第二个阀的流量系数设计为0.5，即后一阀的流量系数是前一阀流量系数的2倍，则第8个阀的流量系数是32。这8个阀只开最小一个阀时，流量可达$0.25m^3/h$（以K_V计算），8个阀全部打开时流量可达$63.75m^3/h$，可调比达255：1。如果每个阀开启时的流量满足以上要求，则控制流量的精度可达$0.25m^3/h$。

数字阀的驱动信号是二进制的数字信号，例如，8位数字阀由8个二进制信号驱动，当这些信号取不同数值时可获得0~255数值，对应的流量为$0.25~63.75m^3/h$，因此，8位数字阀的可调比是255：1。增加数字阀的倍数，可提高可调比，例如，10位数字阀的可调比是1023：1。

组成数字阀的各阀是开关阀，即只有开和关两种状态。因此，对它们的控制可采用电磁阀或带弹簧返回的活塞式执行机构实现。各阀的开关速度很快，例如，电磁驱动的数字阀可达25ms，活塞式执行机构驱动的数字阀可达50~100ms。各阀的关闭特性是衡量数字阀性能的重要指标，它不仅影响流通能力和泄漏量，也影响控制系统的控制品质。为保证各阀的关闭特性，通常采用弹簧返回式执行机械，同时，对大流量系数的阀采用多个较小口径的阀同时开闭来实现。例如，流量系数为32的阀用4个流量系数为8的阀并联组成，流量系数为16的阀用2个流量系数为8的阀并联组成。这样，4个流量系数为8的阀，其泄漏量小于一个流量系数为32的阀的泄漏量。

通常，组成数字阀的各阀所使用的节流孔都安装预先校正流量特性的喷嘴或文丘里管，因此，流量的控制精度可达0.015级，所以，数字阀还可作为流量的校准装置或直接作为流量仪表使用。在作为流量仪表使用时，每个阀的节流孔要进行校准，其节流孔入口通常安装流量调节装置用于流速测定，出口也设置开关控制，通过计算机将各节流孔的信号检测并记录。因此，数字阀作为流量仪表使用时，其测量精度远高于其他常规流量仪表。

5.8.2　主要特点

1. 复现性、跟踪性好

数字阀响应快，即使是活塞式执行机构，其响应时间也仅50~100ms，与生产过程时间常数和时滞比较，可认为没有时滞和时间常数，因此，阀位复现性好，几乎没有回差。此外，各阀是开关式控制，因此，数字阀不会发生超调或欠调情况，具有良好跟踪特性。

2. 可直接与计算机或其他数字式控制装置连接

数字阀的驱动信号是二进制信号，因此可方便地与计算机或其他数字式控制装置直接连接，不需要D/A转换等装置，因此，精度得到提高。与计算机等数字式控制装置直接连接的另一个优点是可通过计算机控制装置完成有关模型的计算，实现模型运算和控制。例如，可直接根据流体温度、压力和流量计算出该流体的质量流量，从而用数字阀直接实现质量流量控制。

3. 分辨率高

数字阀的位数越多，在同样的最大流量系数条件下，可控制的流量分辨率越高。

169

4. 精度高

由于组成数字阀的各阀，其节流孔是经过流量校正的，因此，其流量控制精度可很高。

5. 响应速度快、关闭特性好

与生产过程的时间常数比较，可认为阀的开关是瞬时完成的，因此，数字阀的响应速度快。此外，在数字阀设计中，采取了一系列措施来降低和消除泄漏量，使数字阀的关闭特性好。

6. 结构复杂、价格贵

数字阀位数越多，控制元件越多，结构也越复杂，因此，价格也越贵。此外，数字阀对流体温度也有限制，影响了其使用范围。

习题与思考题

5-1 气动执行器主要由哪两部分组成？各起什么作用？

5-2 调节阀的结构主要有哪些类型？它们各适用于什么场合？

5-3 为什么说双座阀产生的不平衡力比单座阀的小？

5-4 试分别说明调节阀的流量特性和理想流量特性的含义。常用的调节阀理想流量特性有哪些？

5-5 为什么说等百分比流量特性又叫对数流量特性？与线性流量特性相比，它有什么优点？

5-6 什么叫调节阀的工作流量特性？

5-7 什么叫调节阀的可调范围？在串、并联管道中，可调范围为什么会变化？

5-8 已知阀的最大流量 $Q_{max} = 50 m^3/h$，可调范围 $R = 30$。

（1）计算其最小流量 Q_{min}，并说明 Q_{min} 是否就是阀的泄漏量。

（2）若阀的流量特性为直线流量特性，问在理想情况下阀的相对行程 $l/L = 0.2$、0.8 时的流量值 Q。

（3）若阀的流量特性为等百分比流量特性，问在理想情况下阀的相对行程 $l/L = 0.2$、0.8 时的流量值 Q。

5-9 阀的理想流量特性分别为直线流量特性和等百分比流量特性，试求出在理想情况下，相对行程分别为 $l/L = 0.2$ 和 0.8 时的两种阀的相对放大系数（阀的可调比 $R = 30$）。

$$\frac{d(Q/Q_{max})}{d(l/L)} = K_{相对}$$

5-10 已知阀的最大流量 $Q_{max} = 100 m^3/h$，可调范围 $R = 30$。试分别计算在理想情况下阀的相对行程为 $l/L = 0.1$、0.2、0.8、0.9 时的流量值 Q，并比较不同理想流量特性的调节阀在小开度与大开度时的流量变化情况。

（1）直线流量特性。

（2）等百分比流量特性。

5-11 什么是串联管道中的阻力比 s？s 值的变化为什么会使理想流量特性发生畸变？

5-12 什么是并联管道中的分流比 x？试说明 x 值对调节阀流量特性的影响？

5-13 已知某调节阀串联在管道中，系统总压差为 100kPa，阻力比为 $s = 0.5$。阀全开时流过水的最大流量为 $60 m^3/h$。阀的理想可调范围 $R = 30$，假设流动状态为非阻塞流。问该阀的额定（最大）流量系数 K_{max} 及实际的可调范围 R_r 为多少？

5-14 某台调节阀的额定流量系数 $K_V = 100$。当阀前后压差为 200kPa 时，其两种流体密度分别为 $1.2 g/cm^3$ 和 $0.8 g/cm^3$，流动状态均为非阻塞流时，问所能通过的最大流量各是多少？

5-15 对于一台可调范围 $R = 30$ 的调节阀，已知其最大流量系数为 $K_V = 100$，流体密度为 $1 g/cm^3$。阀由全关到全开时，由于串联管道的影响，使阀两端的压差由 100kPa 降为 60kPa，如果不考虑阀的泄漏量的影响，试计算系统的阻力比（或分压比）s，并说明串联管道对可调范围的影响（假设被控流体为非阻塞的液体）。

5-16 某台调节阀的流量系数 $K_V = 200$。当阀前后压差为 1.2MPa，流体密度为 $0.81g/cm^3$，流动状态为非阻塞流时，问所能通过的最大流量为多少？如果压差变为 0.2MPa 时，所能通过的最大流量为多少？

5-17 如果调节阀的旁路流量较大，会出现什么情况？

5-18 什么叫气动执行器的气开式与气关式？其选择原则是什么？

5-19 要想将一台气开阀改为气关阀，可采取什么措施？

5-20 试述电-气转换器的用途与工作原理。

5-21 试述电-气阀门定位器的基本原理与工作过程。

5-22 电-气阀门定位器有什么用途？

5-23 调节阀的安装与日常维护要注意什么？

5-24 电动执行器有哪几种类型？各使用在什么场合？

5-25 电动执行器的反馈信号是如何得到的？试简述差动变压器将位移转换为电信号的基本原理。

5-26 请说明电磁阀的控制特点。

第 **6** 章

自动控制系统

自动控制系统是生产过程自动化的核心，它主要由两大部分组成：一部分是起控制作用的全套仪表，称为自动化装置，它包括测量元件及变送器、控制器、执行器等；另一部分是自动化装置所控制的生产设备或生产过程，称为被控对象，简称对象。

在前面几章介绍自动控制系统的基本知识后，就可以针对不同的被控对象，选用相应的自动化装置，设计合适的自动控制系统，实现生产过程的自动化。

简单控制系统是一种最基本的自动控制系统，其特点是：组成简单，需要自动化仪表少，设备投资省，维修、投运和整定都比较简单，能解决生产中大量的定值控制问题，约占生产过程中全部自动控制系统的80%，它是生产过程自动化中最简单、最基本、应用最广的一种形式。然而，随着生产的发展、工艺的革新、生产过程的大型化和复杂化，必然导致对操作条件的要求更加严格，变量之间的关系更加复杂。同时，现代化生产往往对产品的质量提出更高的要求，例如甲醇精馏塔的温度偏离不允许超过1℃，石油裂解气的深冷分离中，乙烯纯度要求达到99.99%。此外，生产过程中的某些特殊要求，如物料配比、前后生产工序协调、安全生产软保护等问题，这些问题的解决都是简单控制系统所不能胜任的，因此，相应地就出现了一些与简单控制系统不同的其他控制形式，这些控制系统统称为复杂控制系统。复杂控制系统种类繁多，根据系统的结构和所担负的任务来分，常见的复杂控制系统有串级、均匀、比值、分程、前馈、取代、多冲量等控制系统。

下面对主要的控制系统分别进行讨论。

6.1 简单控制系统

简单控制系统是结构最简单、使用最普遍的一种自动控制系统，也是各类复杂控制系统、先进控制系统的基础。因此，掌握简单控制系统的基本原理和设计方法非常重要。由于简单控制系统的工作原理在前述章节已做介绍与讨论，本节以简单控制系统的设计、投运与整定为主要内容。

6.1.1 简单控制系统的结构与组成

从第1章已知，自动控制系统是由被控对象和自动化装置两大部分组成，即

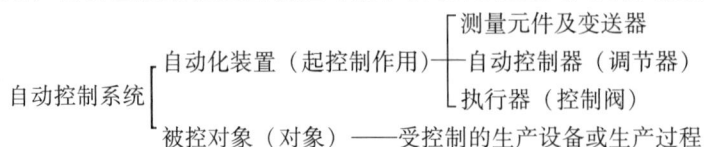

$$
自动控制系统
\begin{cases}
自动化装置（起控制作用）
\begin{cases}
测量元件及变送器 \\
自动控制器（调节器） \\
执行器（控制阀）
\end{cases} \\
被控对象（对象）——受控制的生产设备或生产过程
\end{cases}
$$

由于构成自动控制系统的这两大部分（主要是指自动化装置）的数量、连接方式及其目的不同，自动控制系统可以有许多类型。所谓简单控制系统，通常是指由一个测量元件及变送器、一个控制器、一个控制阀和一个对象所构成的单闭环控制系统，因此也称为单回路控制系统。其框图如图1-11所示。

图6-1所示的液位控制系统与图6-2所示的温度控制系统都是简单控制系统的例子。

图6-1所示的液位控制系统中，贮槽是被控对象，液位是被控变量，变送器LT将反映液位高低的信号送往液位控制器LC。控制器的输出信号送往执行器，改变控制阀开度使贮槽输出流量发生变化以维持液位稳定。

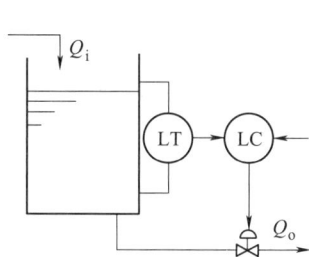

图6-1　液位控制系统

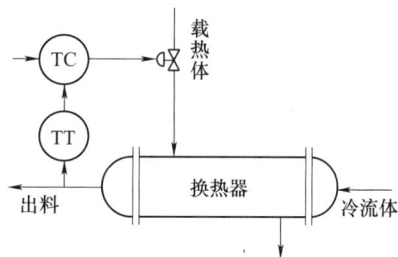

图6-2　温度控制系统

图6-2所示的温度控制系统，是通过改变进入换热器的载热体流量，以维持换热器出口物料的温度在工艺规定的数值上。

需要说明的是，在图6-2所示系统中画出了检测变送器LT及TT这个环节，根据第1章中所介绍的控制流程图，按自控设计规范，测量变送环节是被省略不画的，所以在本书以后的控制系统图中，也将不再画出测量变送环节，但要注意在实际的系统中总是存在这一环节，只是在画图时被省略罢了。

图6-3是图6-1和图6-2所示控制系统的框图，也是简单控制系统的典型框图。由图可知，简单控制系统由四个基本环节组成，即被控对象（简称对象）、测量变送环节、控制器和执行器。对于不同对象的简单控制系统（例如图6-1和图6-2所示的系统），尽管其具体装置与变量不相同，但都可以用相同的框图来表示，这就便于对它们的共性进行研究。

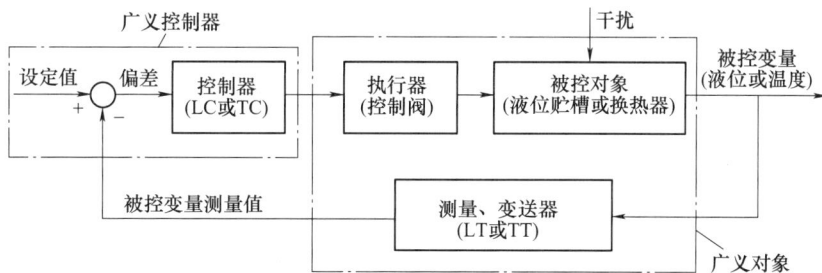

图6-3　简单控制系统框图

由图6-3还可以看出，在该系统中有着一条从系统的输出端引向输入端的反馈路线，也就是说该系统中的控制器是根据被控变量的测量值与给定值的偏差来进行控制的，这是简单反馈控制系统的又一特点。

简单控制系统的结构比较简单，所需的自动化装置数量少，投资低，操作维护也比较方便，而且在一般情况下，都能满足控制质量的要求，在工业生产过程中得到了广泛的应用。据某大型化肥厂统计，简单控制系统约占控制系统总数的85%。

前面几章已经分别介绍了组成简单控制系统的各个组成部分，包括被控对象、测量变送装置、控制器、执行器等。本章将介绍组成简单控制系统的基本原则、被控变量及操纵变量的选择、控制器控制规律和作用方向的选择及控制器参数的工程整定等。

6.1.2 被控变量的选择

自动控制的目的是：使生产过程自动按照预定的目标进行，并使工艺参数保持在预先设定的数值上（或按预定规律变化）。生产过程中希望借助自动控制保持恒定值（或按一定规律变化）的变量称为被控变量。在构成一个自动控制系统时，被控变量的选择十分重要，它关系到系统能否达到稳定操作、增加产品产量、提高产品质量和生产效益、改善劳动条件、保证生产安全等目的，关系到控制方案的成败。如果被控变量选择不当，不管组成什么形式的控制系统，也不管配上多么精密先进的工业自动化装置，都不能达到预期的控制效果。

被控变量的选择是与生产工艺密切相关的，而影响一个生产过程正常操作的因素是很多的，但并非所有影响因素都要加以自动控制。所以，必须深入研究、分析生产工艺，找出影响生产的关键变量作为被控变量。所谓关键变量，是指这样一些变量：它们对产品的产量、质量以及安全具有决定性的作用，而人工操作又难以满足要求的；或者人工操作虽然可以满足要求，但是，这种操作是既紧张而又频繁的。

根据被控变量与生产过程的关系，可分为两种类型的控制形式：直接指标控制与间接指标控制。如果被控变量本身就是需要控制的工艺指标（温度、压力、流量、液位、成分等），则称为直接指标控制；如果工艺是按质量指标进行操作的，照理应以产品质量作为被控变量进行控制，但有时缺乏各种合适的获取质量信号的检测手段，或虽能检测，但信号很微弱或滞后很大，这时可选取与直接质量指标有单值对应关系而反应又快的另一变量，如温度、压力等作为间接控制指标，进行间接指标控制。被控变量的选择，有时是一件十分复杂的工作，除了前面所说的要找出关键变量外，还要考虑许多其他因素，下面先举一个例子来略加说明，然后再归纳出选择被控变量的一般原则。

图 6-4 是精馏过程的示意图。它的工作原理是利用被分离物各组分的挥发度不同，把混合物中的各组分进行分离。假定该精馏塔的操作是要使塔顶（或塔底）馏出物达到规定的纯度，那么塔顶（或塔底）馏出物的组分 x_D（或 x_B）应作为被控变量，因为它就是工艺上的质量指标。

如果检测塔顶（或塔底）馏出物的组分 x_D（或 x_B）尚有困难，或滞后太大，那么就不能直接以 x_D（或 x_B）作为被控变量进行直接指标控制。这时可以在与 x_D（或 x_B）有关的参数中找出合适的变量作为被控变量，进行间接指标控制。

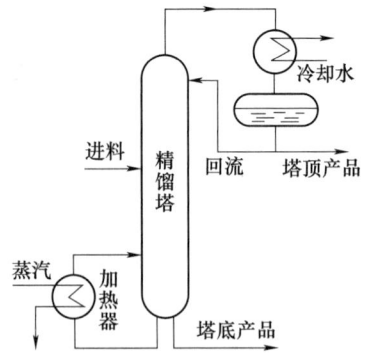

图 6-4 精馏过程示意图

在二元系统的精馏中，当气液两相并存时，塔顶易挥发组分的浓度 x_D、塔顶温度 T_D、压力 p 三者之间有一定的关系。当压力恒定时，组分 x_D 和温度 T_D 之间存在有单值对应的关系。图 6-5 所示为苯、甲苯二元系统中易挥发组分苯的浓度与温度之间的关系。易挥发组分的浓度越高，对应的温度越低；相反，易挥发组分的浓度越低，对应的温度越高。

当温度 T_D 恒定时，组分 x_D 和压力 p 之间也存在着单值对应关系，如图 6-6 所示。易挥发组分浓度越高，对应的压力也越高；反之，易挥发组分的浓度越低，对应的压力也越低。由此可见，在组分、温度、压力三个变量中，只要固定温度或压力中的一个，另一个变量就可以代替 x_D 作为被控变量。在温度和压力中，究竟应选哪一个参数作为被控变量呢？

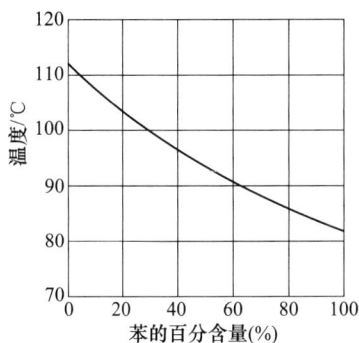

图 6-5　苯-甲苯溶液的 T-x 图
（p=常数）

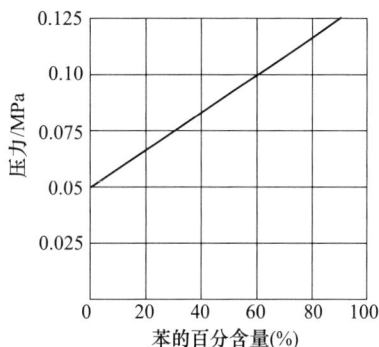

图 6-6　苯-甲苯溶液的 p-x 图
（T=常数）

从工艺合理性考虑，常常选择温度作为被控变量。这是因为：第一，在精馏塔操作中，压力往往需要固定。只有将塔操作在规定的压力下，才易于保证塔的分离纯度，保证塔的效率和经济性。若塔压波动，就会破坏原来的气液平衡，影响相对挥发度，使塔处于不良工况。同时，随着塔压的变化，往往还会引起与之相关的其他物料量的变化，影响塔的物料平衡，引起负荷的波动。第二，在塔压固定的情况下，精馏塔各层塔板上的压力基本上是不变的，这样各层塔板上的温度与组分之间就有一定的单值对应关系。由此可见，固定压力，选择温度作为被控变量是可能的，也是合理的。

在选择被控变量时，还必须使所选变量有足够的灵敏度。在上例中，当 x_D 变化时，温度 T_D 的变化必须灵敏，有足够大的变化，容易被测量元件所感受，且使相应的测量仪表比较简单、便宜。

此外，还要考虑简单控制系统被控变量间的独立性。假如在精馏操作中，塔顶和塔底的产品纯度都需要控制在规定的数值，据以上分析，可在固定塔压的情况下，塔顶与塔底分别设置温度控制系统。但这样一来，由于精馏塔各塔板上物料温度相互之间有一定联系，塔底温度提高，上升蒸汽温度升高，塔顶温度相应亦会提高；同样，塔顶温度提高，回流液温度升高，会使塔底温度相应提高。也就是说，塔顶的温度与塔底的温度之间存在关联问题。因此，以两个简单控制系统分别控制塔顶温度与塔底温度，势必造成相互干扰，使两个系统都不能正常工作。所以采用简单控制系统时，通常只能保证塔顶或塔底一端的产品质量。工艺要求保证塔顶产品质量，则选塔顶温度为被控变量；若工艺要求保证塔底产品质量，则选塔底温度为被控变量。如果工艺要求塔顶和塔底产品纯度都要保证，则通常需要组成复杂控制系统，增加解耦装置，解决相互关联问题。

从上面举例中可以看出，要正确地选择被控变量，必须了解工艺过程和工艺特点对控制的要求，仔细分析各变量之间的相互关系。选择被控变量时，一般要遵循下列原则：

1）被控变量应能代表一定的工艺操作指标或能反映工艺操作状态，一般都是工艺过程中比较重要的变量。

2）被控变量在工艺操作过程中经常要受到一些干扰影响而变化，为维持被控变量的恒定，需要较频繁的调节。

3）尽量采用直接指标作为被控变量，当无法获得直接指标信号，或其测量和变送信号滞后很大时，可选择与直接指标有单值对应关系的间接指标作为被控变量。

4）被控变量应能被测量出来（可测性），并具有足够高的灵敏度。

5）被控变量应是独立可控的（可控性）。

6）选择被控变量时，必须考虑工艺合理性和国内仪表产品现状。

石油、化工操作过程控制大体分三类：物料平衡控制和能量平衡控制；产品质量或成分控制；限制条件或超限保护控制。作为物料平衡控制的工艺变量常常是流量、液位和压力，它们是可以直接被检测出来作为被控变量的。而作为产品质量控制的成分往往找不到合适、可靠的在线分析仪表，因而常常采用反应器的温度、精馏塔某一块灵敏板的温度或温差来代替成分作为被控变量。

6.1.3 操纵变量的选择

1. 操纵变量与干扰变量

在自动控制系统中，把用来克服干扰对被控变量的影响，实现控制作用的变量称为操纵变量。最常见的操纵变量是介质的流量。此外，也有以转速、电压等作为操纵变量的。

当被控变量选定以后，应对生产工艺进行分析，找出有哪些因素会影响被控变量发生变化。一般来说，影响被控变量的外部输入往往有若干个而不是一个，在这些输入中，有些是可控（可以调节）的，有些是不可控的。原则上，是在诸多影响被控变量的输入中选择一个对被控变量影响显著而且可控性良好的输入作为操纵变量，而其他未被选中的所有输入量则视为系统的干扰。下面举一实例加以说明。

图6-7是炼油和化工厂中常见的精馏设备。如果根据工艺要求，选择提馏段某块塔板（一般为温度变化最灵敏的板，称为灵敏板）的温度作为被控变量。那么，自动控制系统的任务就是通过维持灵敏板上温度恒定，来保证塔底产品的成分满足工艺要求。

从工艺分析可知，影响提馏段灵敏板温度 $T_灵$ 的因素主要有：进料的流量（$Q_入$）、成分（$x_入$）、温度（$T_入$），回流的流量（$Q_回$）、回流液温度（$T_回$）、加热蒸汽流量（$Q_蒸$）、冷凝器冷却温度及塔压等。这些因素都会影响被控变量（$T_灵$）

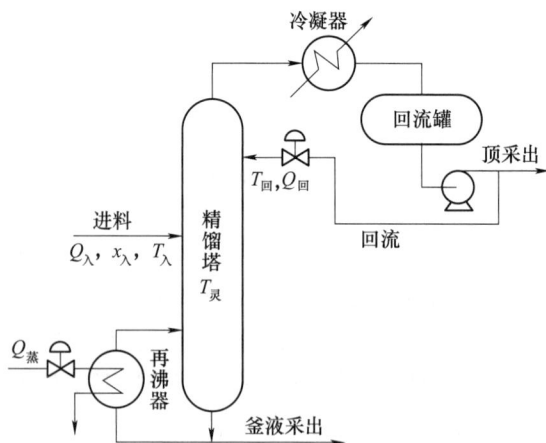

图6-7 精馏塔流程图

变化，如图6-8所示。现在的问题是选择哪一个变量作为操纵变量。为此，可先将这些影响因素分为两大类，即可控的和不可控的。从工艺角度看，本例中只有回流量和蒸汽流量为可控因素，其他一般为不可控因素。当然，在不可控因素中，有些也是可以调节的，例如

$Q_入$、塔压等，只是工艺上一般不允许用这些变量去控制塔的温度（因为$Q_入$的波动意味着生产负荷的波动；塔压的波动意味着塔的工况不稳定，并会破坏温度与成分的单值对应关系，这些都是不允许的。因此，将这些影响因素也看成是不可控因素）。在两个可控因素中，蒸汽流量对提馏段温度影响比起回流量对提馏段温度影响来说更及时、更显著。同时，从节能角度来讲，控制蒸汽流量比控制回流量消耗的能量要小，所以通常应选择蒸汽流量作为操纵变量。

2. 对象特性对选择操纵变量的影响

操纵变量与干扰变量作用在对象上，都会引起被控变量变化，图6-9是其示意图。干扰变量由干扰通道施加在对象上，起着破坏作用，使被控变量偏离给定值；操纵变量由控制通道施加到对象上，使被控变量回复到给定值，起着校正作用。这是一对相互矛盾的变量，它们对被控变量的影响都与对象特性有密切的关系。因此在选择操纵变量时，要认真分析对象特性，以提高控制系统的控制质量。

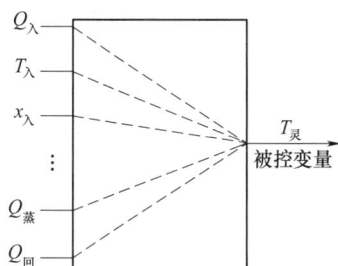

图6-8　影响提馏段温度的各种因素示意图　　图6-9　干扰通道与控制通道之间的关系

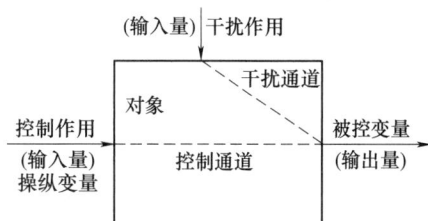

（1）对象静态特性的影响　在选择操纵变量构成自动控制系统时，一般希望控制通道的放大系数K_c要大些，这是因为K_c的大小表征了操纵变量对被控变量的影响程度。K_c越大，表示控制作用对被控变量影响越显著，即控制作用更为有效。所以从控制的有效性来考虑，K_c越大越好。当然，有时K_c过大，会引起过于灵敏，使控制系统不稳定，这也是要引起注意的。

另一方面，对象干扰通道的放大系数K_f则越小越好。K_f小，表示干扰对被控变量的影响不大，过渡过程的超调量不大，故确定控制系统时，也要考虑干扰通道的静态特性。

总之，在诸多变量都要影响被控变量时，从静态特性考虑，应该选择其中放大系数大的可控变量作为操纵变量。

（2）对象动态特性的影响

1）控制通道时间常数的影响。操纵变量的控制作用是通过控制通道施加于对象去影响被控变量的。所以控制通道的时间常数不能过大，否则会使操纵变量的校正作用迟缓、超调量大、过渡时间长。要求对象控制通道的时间常数T_c小一些，使之反应灵敏、控制及时，从而获得良好的控制质量。例如在前面列举的精馏塔提馏段温度控制中，由于回流量对提馏段温度影响的通道长，时间常数大，而加热蒸汽量对提馏段温度影响的通道短，时间常数小，因此选择蒸汽量作为操纵变量是合理的。

2）控制通道纯滞后τ_0的影响。控制通道的物料输送或能量传递都需要一定的时间。这样造成的纯滞后τ_0对控制质量是有影响的。图6-10所示为纯滞后对控制质量影响的示意图。

图中，C表示被控变量在干扰作用下的变化曲线（这时无校正作用）；A和B分别表示无纯滞后和有纯滞后时操纵变量对被控变量的校正作用；D 和 E 分别表示无纯滞后和有纯滞后情况下被控变量在干扰作用与校正作用同时作用下的变化曲线。

对象控制通道无纯滞后时，当控制器在 t_0 时间接收正偏差信号而产生校正作用 A，使被控变量从 t_0 以后沿曲线 D 变化；当对象有纯滞后 τ_0 时，控制器虽在 t_0 时间后发出了校正作用，但由于纯滞后的存在，使之对被控变量的影响推迟了 τ_0 时间，即对被控变量的实际校正作用是沿曲线 B 发生变化的。因此被控变量是沿曲线 E 变化的。比较 E、D 曲线，可见纯滞后使超调量增加；反之，当控制器接收负偏差时所产生的校正作用，由于存在纯滞后，使被控变量继续下降，可能造成过渡过程的振荡加剧，以致时间变长，稳定性变差。所以，在选择操纵变量构成控制系统时，应使对象控制通道的纯滞后时间 τ_0 尽量小。

3）干扰通道时间常数的影响。干扰通道的时间常数 T_f 越大，表示干扰对被控变量的影响越缓慢，这是有利于控制的。所以，在确定控制方案时，应设法使干扰到被控变量的通道长些，即时间常数要大一些。

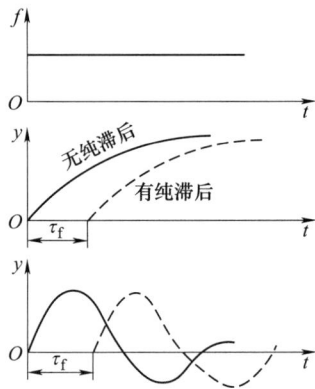

4）干扰通道纯滞后 τ_f 的影响。如果干扰通道存在纯滞后 τ_f，即干扰对被控变量的影响推迟了时间 τ_f，因而，控制作用也推迟了时间 τ_f，使整个过渡过程曲线推迟了时间 τ_f，只要控制通道不存在纯滞后，通常是不会影响控制质量的，如图 6-11 所示。

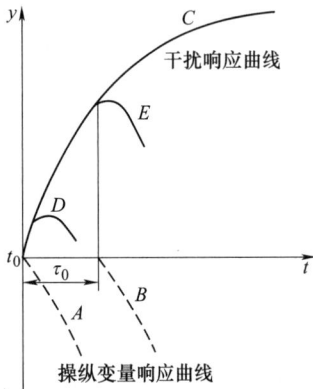

图 6-10　纯滞后 τ_0 对控制质量的影响　　　图 6-11　干扰通道纯滞后 τ_f 的影响

3. 操纵变量的选择原则

根据以上分析，概括来说，操纵变量的选择原则主要有以下几条。

1）操纵变量应是可控的，即工艺上允许调节的变量。

2）操纵变量一般应比其他干扰对被控变量的影响更加灵敏、及时。为此，应通过合理选择操纵变量，使控制通道的放大系数适当大、时间常数适当小（但不宜过小，否则易引起振荡）、纯滞后时间尽量小。为使其他干扰对被控变量的影响减小，应使干扰通道的放大系数尽可能小、时间常数尽可能大。

3）在选择操纵变量时，除了从自动化角度考虑外，还要考虑工艺的合理性与生产的经济性。一般说来，不宜选择生产负荷作为操纵变量，因为生产负荷直接关系到产品的产量，是不宜经常波动的。另外，从经济性考虑，应尽可能地降低物料与能量的消耗。

6.1.4　测量元件特性的影响

测量变送装置是控制系统中获取信息的装置，也是系统进行控制的依据。所以，要求它能正确、可靠、及时地反映被控变量的状况。

1. 测量元件的时间常数

测量元件，特别是测温元件，由于存在热阻和热容，它本身具有一定的时间常数，因而造成测量滞后。

测量元件时间常数对测量的影响如图 6-12 所示。若被控变量 y 做阶跃变化时，测量值 z 慢慢趋近 y，如图 6-12a 所示，显然，前一段两者差距很大；若 y 做递增变化，而 z 则一直跟不上去，总存在着偏差，如图 6-12b 所示；若 y 做周期性变化，z 的振荡幅值将比 y 减小，而且落后一个相位，如图 6-12c 所示。

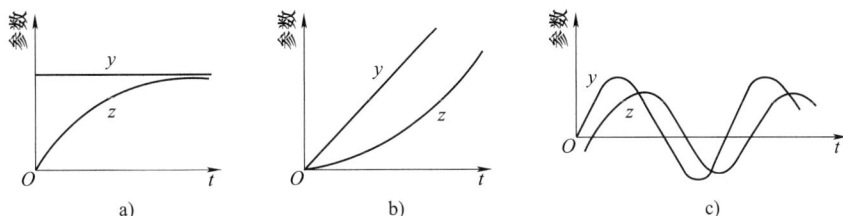

图 6-12 测量元件时间常数对测量的影响

测量元件的时间常数越大，以上现象愈加显著。假如将一个时间常数大的测量元件用于控制系统，那么，当被控变量变化时，由于测量值不等于被控变量的真实值，所以控制器接收到的是一个失真信号，它不能发挥正确的校正作用，控制质量无法达到要求。因此，控制系统中的测量元件时间常数不能太大，最好选用惰性小的快速测量元件，例如用快速热电偶代替工业用普通热电偶或温包。必要时也可以在测量元件之后引入微分作用，利用它的超前作用来补偿测量元件引起的动态误差。

当测量元件的时间常数 T_m 小于对象时间常数的 1/10 时，对系统的控制质量影响不大。这时就没有必要盲目追求小时间常数的测量元件。

有时，测量元件安装是否正确，维护是否得当，也会影响测量与控制，特别是流量测量元件和温度测量元件，例如工业用的孔板、热电偶和热电阻元件等。如安装不正确，则往往会影响测量精度，不能正确地反映被控变量的变化情况，这种测量失真的情况必然会影响控制质量。同时，在使用过程中要经常注意维护、检查，特别是在使用条件比较恶劣的情况（如介质腐蚀性强、易结晶、易结焦等）下，更应该经常检查，必要时进行清理、维修或更换。例如，当用热电偶测量温度时，有时会因使用一段时间后，热电偶表面结晶或结焦，使时间常数大大增加，以致严重地影响控制质量。

2. 测量元件的纯滞后

当测量存在纯滞后时，也和对象控制通道存在纯滞后一样，会严重地影响控制质量。

测量的纯滞后有时是由于测量元件安装位置引起的。例如图 6-13 中的 pH 值控制系统，如果被控变量是中和槽内出口溶液的 pH 值，但作为测量元件的测量电极却安装在远离中和槽的出口管道处，并且

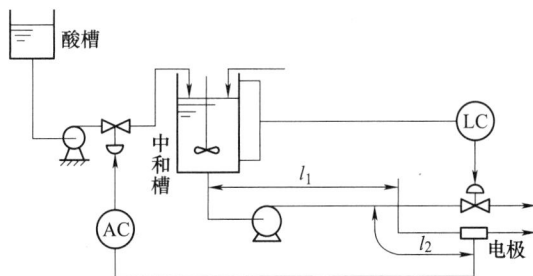

图 6-13 pH 值控制系统示意图

将电极安装在流量较小、流速很慢的副管道（取样管道）上，这样一来，电极所测得的信号与中和槽内溶液的 pH 值在时间上就延迟了一段时间 τ_0，其大小为

$$\tau_0 = \frac{l_1}{v_1} + \frac{l_2}{v_2} \tag{6-1}$$

式中，l_1、l_2 分别为电极离中和槽的主、副管道的长度；v_1、v_2 分别为主、副管道内流体的流速。

这一纯滞后使测量信号不能及时反映中和槽内溶液 pH 值的变化，因而降低了控制质量。目前，以物性作为被控变量时往往都有类似问题，这时引入微分作用是徒劳的，加得不好，反而会导致系统不稳定。所以在测量元件的安装上，一定要注意尽量减小纯滞后。对于大纯滞后的系统，简单控制系统往往是无法满足控制要求的，必须采用复杂控制系统。

3. 信号的传送滞后

信号传送滞后通常包括测量信号传送滞后和控制信号传送滞后两部分。

测量信号传送滞后是指由现场测量变送装置的信号传送到控制室的控制器所引起的滞后。对于电信号来说，可以忽略不计，但对于气信号来说，由于气动信号管线具有一定的容量，所以，会存在一定的传送滞后。

控制信号传送滞后是指由控制室内控制器的输出控制信号传送到现场执行器所引起的滞后。对于气动薄膜控制阀来说，由于膜头空间具有较大的容量，所以控制器的输出变化到引起控制阀开度变化，往往具有较大的容量滞后，这样就会使得控制不及时，控制效果变差。

信号的传送滞后对控制系统的影响基本上与对象控制通道的滞后相同，应尽量减小。所以，一般气压信号管路不能超过 300m，直径不能小于 6mm，或者用阀门定位器、气动继电器增大输出功率，以减小传送滞后。在可能的情况下，现场与控制室之间的信号尽量采用电信号传递，必要时可用气-电转换器将气信号转换为电信号，以减小传送滞后。

6.1.5 控制器的选择

在选择控制器时，不仅要确定控制器的控制规律，而且要确定控制器的正、反作用。

1. 控制器控制规律的确定

前面已经讲过，简单控制系统由被控对象、控制器、执行器和测量变送装置四大基本部分组成。在现场控制系统安装完毕或控制系统投运前，往往是被控对象、测量变送装置和执行器这三部分的特性就完全确定了，不能任意改变。这时可将对象、测量变送装置和执行器合在一起，称之为广义对象。于是控制系统可看成由控制器与广义对象两部分组成，如图 6-14 所示。在广义对象特性已经确定的情况下，如何

图 6-14 简单控制系统简化框图

通过控制器控制规律的选择与控制器参数的工程整定，来提高控制系统的稳定性和控制质量，这就是本节与下一节所要讨论的主要问题。

目前工业上常用的控制器主要有四种控制规律：位式控制、比例（P）控制规律、比例积分（PI）控制规律和比例积分微分（PID）控制规律。

选择哪种控制规律主要是根据广义对象的特性和工艺的要求来决定的。下面分别说明各种控制规律的特点及应用场合。

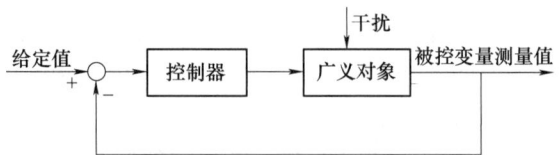

（1）位式控制　位式控制属于简单控制方式，一般适用于对控制质量要求不高，被控对象是单容量的，且容量较大、滞后较小、负荷变化不大也不太激烈、工艺允许被控变量波动范围较宽的场合，如脱水罐放水的液位控制系统，以及气动仪表空气压缩机储罐的压力控制系统等。

（2）比例（P）控制器　比例控制器是具有比例控制规律的控制器，它的输出 p 与输入偏差 e（实际上是指它们的变化量）之间的关系为

$$p = K_P e \tag{6-2}$$

比例控制器的可调整参数是比例放大系数 K_P，或比例度 δ，对于单元组合仪表来说，它们的关系为

$$\delta = \frac{1}{K_P} \times 100\% \tag{6-3}$$

比例控制器的特点是：控制器的输出与偏差成比例，即控制阀门位置与偏差之间具有一一对应关系。当负荷变化时，比例控制器克服干扰能力强、控制及时、过渡时间短。在常用控制规律中，比例作用是最基本的控制规律，不加比例作用的控制规律是很少采用的。但是，纯比例控制系统在过渡过程终了时存在余差。负荷变化越大，余差就越大。

比例控制器适用于控制通道滞后较小、负荷变化不大、工艺上没有提出无差要求的系统，例如中间贮槽的液位、精馏塔塔釜液位以及不太重要的蒸汽压力控制系统等。

（3）比例积分（PI）控制器　比例积分控制器是具有比例积分控制规律的控制器。其输出 p 与输入偏差 e 的关系为

$$p = K_P\left(e + \frac{1}{T_I}\int e \mathrm{d}t\right) \tag{6-4}$$

比例积分控制器的可调整参数是比例放大系数 K_P（或比例度 δ）和积分时间 T_I。

比例积分控制器的特点是：由于在比例作用的基础上加上积分作用，而积分作用的输出是与偏差的积分成比例，只要偏差存在，控制器的输出就会不断变化，直至消除偏差为止。所以采用比例积分控制器，在过渡过程结束时是无余差的，这是它的显著优点。但是，加上积分作用，会使稳定性降低，虽然在加积分作用的同时，可以通过加大比例度，使稳定性基本保持不变，但超调量和振荡周期都相应增大，过渡过程的时间也加长。

比例积分控制器是使用最普遍的控制器。它适用于控制通道滞后较小、负荷变化不大、工艺参数不允许有余差的系统。例如流量、压力和要求严格的液位控制系统，常采用比例积分控制器。

（4）比例积分微分（PID）控制器　比例积分微分控制器是具有比例积分微分控制规律的控制器，常称为三作用控制器。理想的三作用控制器，其输出 p 与输入偏差 e 之间具有下列关系：

$$p = K_P\left(e + \frac{1}{T_I}\int e \mathrm{d}t + T_D \frac{\mathrm{d}e}{\mathrm{d}t}\right) \tag{6-5}$$

比例积分微分控制器的可调整参数有三个，即比例放大系数 K_P（或比例度 δ）、积分时间 T_I 和微分时间 T_D。

比例积分微分控制器的特点是：微分作用使控制器的输出与输入偏差的变化速度成比例，它对克服对象的滞后有显著的效果。在比例的基础上加上微分作用能提高稳定性，再加上积分作用可以消除余差。所以，适当调整 δ、T_I、T_D 三个参数，可以使控制系统获得较高

的控制质量。

比例积分微分控制器适用于容量滞后较大、负荷变化大、控制质量要求较高的系统，应用最普遍的是温度控制系统与成分控制系统。对于滞后很小或噪声严重的系统，应避免引入微分作用，否则会由于被控变量的快速变化引起控制作用的大幅度变化，严重时会导致控制系统不稳定。

值得提出的是，目前生产的模拟式控制器一般都同时具有比例、积分、微分三种作用。只要将其中的微分时间 T_D 置于 0，就成了比例积分控制器，如果同时将积分时间 T_I 置于无穷大，便成了比例控制器。

2. 控制器正、反作用的确定

自动控制系统是具有被控变量负反馈的闭环系统。也就是说，如果被控变量值偏高，则控制作用应使之降低；相反，如果被控变量值偏低，则控制作用应使之升高。控制作用对被控变量的影响应与干扰作用对被控变量的影响相反，才能使被控变量值回复到给定值。这里，就有一个作用方向的问题。控制器的正、反作用是关系到控制系统能否正常运行与安全操作的重要问题。

在控制系统中，不仅是控制器，而且被控对象、测量元件及变送器和执行器都有各自的作用方向。它们如果组合不当，使总的作用方向构成正反馈，则控制系统不但不能起控制作用，反而破坏了生产过程的稳定。所以，在系统投运前必须注意检查各环节的作用方向，其目的是通过改变控制器的正、反作用，以保证整个控制系统是一个具有负反馈的闭环系统。

所谓作用方向，就是指输入变化后，输出的变化方向。当某个环节的输入增加（或减小）时，其输出也增加（或减小），则称该环节为正作用方向；反之，当环节的输入增加（或减小）时，输出减小（或增加）的称反作用方向。

对于测量元件及变送器，其作用方向一般都是正的，因为当被控变量增加时，其输出量（测量值）一般也是增加的，所以在考虑整个控制系统的作用方向时，可不考虑测量元件及变送器的作用方向（因为它总是正的），只需要考虑控制器、执行器和被控对象三个环节的作用方向，使它们组合后能起到负反馈的作用。

对于执行器，它的作用方向取决于是气开阀还是气关阀（注意不要与执行机构和控制阀的正作用及反作用混淆）。气开阀在没有控制信号输入时，阀门处于全关闭状态；当控制器输出信号（即执行器的输入信号）增加时，气开阀的开度增加，因而流过阀的流体流量也增加，故气开阀是正方向。反之，气关阀在没有控制信号输入时，阀门处于全开状态；当气关阀接收的控制信号增加时，气关阀的开度减小，流过阀的流体流量反而减少，所以是反方向。执行器的气开或气关形式主要应从工艺安全角度来确定。

对于被控对象的作用方向，则随具体对象的不同而各不相同。当操纵变量增加时，被控变量也增加的对象属于正作用。反之，被控变量随操纵变量的增加而降低的对象属于反作用。

由于控制器的输出取决于被控变量的测量值与给定值之差（偏差），所以被控变量的测量值与给定值变化时，对输出的作用方向是相反的。因此，对于控制器的作用方向是这样规定的：当给定值不变（定值控制系统），被控变量测量值增加时，控制器的输出也增加，称为正作用方向；或者当测量值不变（随动控制系统），给定值减小时，控制器的输出增加的称为正作用方向。反之，如果测量值增加（或给定值减小）时，控制器的输出减小的称为反作用方向。

在一个设计、安装好的控制系统中，控制器正、反作用方向的选择原则和步骤如下：

首先，按生产过程工艺机理，由操纵变量对被控变量的影响方向来确定对象的正、反作用方向。

其次，由工艺安全条件来确定执行器的气开、气关型式。

最后，由对象、执行器、控制器三个环节作用方向组合为反（即使整个控制系统构成负反馈的闭环系统）来选择控制器的正、反作用。

图 6-15 是一个简单的原油加热炉出口温度控制系统。在本系统中，加热炉是对象，燃料气流量是操纵变量，被加热的原料油出口温度是被控变量。由此可知，当操纵变量燃料气流量增加时，被控变量是增加的，故对象是正作用方向。从工艺安全考虑，为了防止当控制信号突然中断（如气源突然断气）时，控制阀大开而烧坏炉子，所以执行器应选气开阀，那么这时执行器便是正作用方向。为了保证由对象、执行器与控制器所组成的系统是负反馈

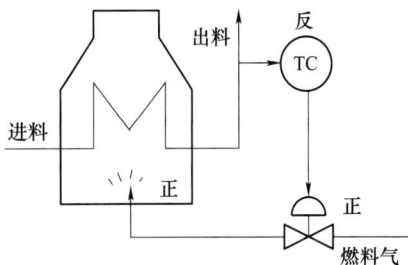

图 6-15　加热炉出口温度控制

的，控制器就应该选为反作用。这样才能当炉温升高时，控制器 TC 的输出减小，因而关小燃料气的阀门（因为是气开阀，当输入信号减小时，阀门是关小的），使炉温降下来。

图 6-16 是一个简单的液位控制系统。工艺要求气源断气时防止物料溢出，则执行器应采用气关阀，故执行器是反方向。当出口流量增大，导致液位下降，所以对象的作用方向是反的。这时控制器的作用方向必须为反，才能使当液位升高时，LC 输出减小，从而关小（开大）出口阀，使液位降下来。如果工艺要求气源断气时防止物料流走，则应选气开阀，LC 控制器选正方向。

控制器的正、反作用可以通过改变控制器上的正、反作用开关自行选择，一台正作用的控制器，只要将其测量值与给定值的输入线互换一下，就成了反作用的控制器，其原理如图 6-17 所示。

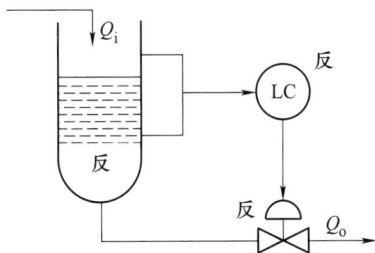

图 6-16　液位控制系统

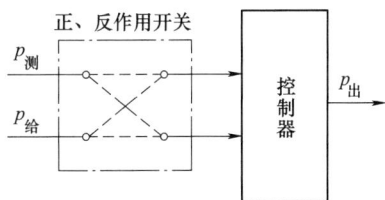

图 6-17　控制器正、反作用开关示意图

183

6.1.6　控制器参数的工程整定

一个自动控制系统的过渡过程或者控制质量，与被控对象、干扰形式与大小、控制方案的确定及控制器参数整定有着密切的关系。在控制方案、广义对象的特性、控制规律都已确定的情况下，控制质量主要就取决于控制器参数的整定。所谓控制器参数的整定，就是按照已定的控制方案，求取使控制质量最好的控制器参数值。具体来说，就是确定最合适的控制

器的比例度 δ、积分时间 T_I 和微分时间 T_D。当然，这里所谓最好的控制质量不是绝对的，是根据工艺生产的要求而提出的所期望的控制质量。例如，对于单回路简单控制系统，一般希望过渡过程呈 4：1（或 10：1）的衰减振荡过程。

控制器参数整定的方法很多，主要有两大类，一类是理论计算的方法，另一类是工程整定法。

理论计算的方法是根据已知的广义对象特性及控制质量的要求，通过理论计算出控制器的最佳参数。这种方法由于比较烦琐、工作量大，计算结果有时与实际情况不甚符合，故在工程实践中长期没有得到推广和应用。

工程整定法是在已经投运的实际控制系统中，通过试验或探索来确定控制器的最佳参数。这种方法是工艺技术人员在现场经常遇到的。下面介绍其中的几种常用工程整定法。

1. 临界比例度法

这是目前使用较多的一种方法。它是先通过试验得到临界比例度 δ_k 和临界周期 T_k，然后根据经验总结出来的关系求出控制器各参数值。具体做法如下：

在闭环控制系统中，先将控制器变为纯比例作用，即将 T_I 放在 "∞" 位置上，T_D 放在 "0" 位置上，并将比例度预置在较大的数值上。在达到稳定后，用改变给定值的办法加入阶跃干扰作用，如图 6-18 所示。然后从大到小地逐渐改变控制器的比例度，直至系统产生等幅振荡（即临界振荡），如表 6-1 中曲线所示。这时的比例度叫临界比例度 δ_k，周期为临界振荡周期 T_k。记下 δ_k 和 T_k，然后按表 6-1 中的经验公式计算出控制器的各参数整定数值。

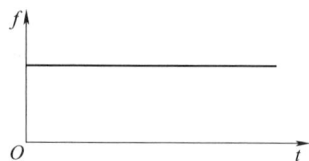

图 6-18　阶跃干扰信号

临界比例度法比较简单方便，容易掌握和判断，适用于一般的控制系统。但是对于临界比例度很小的系统不适用。因为临界比例度很小，则控制器输出的变化一定很大，被调参数容易超出允许范围，影响生产的正常运行。

表 6-1　临界比例度法参数计算公式表

控制作用	比例度 δ	积分时间 T_I	微分时间 T_D	
比例	$2\delta_k$			
比例+积分	$2.2\delta_k$	$0.85T_k$		
比例+微分	$1.8\delta_k$		$0.1T_k$	
比例+积分+微分	$1.7\delta_k$	$0.5T_k$	$0.125T_k$	

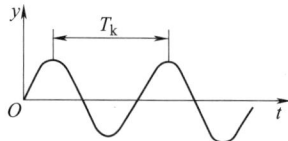

临界比例度法是要使系统达到等幅振荡后，才能找出 δ_k 与 T_k，对于工艺上不允许产生等幅振荡的系统，本方法亦不适用。

2. 衰减曲线法

衰减曲线法是通过使系统产生衰减振荡来整定控制器的参数值的，具体做法如下：

在闭环控制系统中，先将控制器变为纯比例作用，并将比例度预置在较大的数值上。在达到稳定后，用改变给定值的办法加入阶跃干扰，然后从大到小改变比例度，观察被控变量记录曲线的衰减比，直至出现 4：1 衰减比为止，见表 6-2 中曲线，记下此时的比例度 δ_s（称 4：1 衰减比例度），从曲线上得到衰减振荡周期 T_s。然后根据表 6-2 中的经验公式，求出控制器的参数整定值。

表6-2 4：1衰减曲线法控制器参数计算表

控制作用	比例度 δ	积分时间 T_I	微分时间 T_D	
比例	δ_s			
比例+积分	$1.2\delta_s$	$0.5T_s$		
比例+积分+微分	$0.8\delta_s$	$0.3T_s$	$0.1T_s$	

有的过程，若4：1衰减仍嫌振荡过强，可采用10：1衰减曲线法。方法同上，得到10：1衰减曲线（见表6-3中曲线）后，记下此时的比例度 δ_s' 和最大偏差时间 T_r（又称上升时间），然后根据表6-3中的经验公式，求出相应的 δ、T_I、T_D 值。

表6-3 10：1衰减曲线法控制器参数计算表

控制作用	比例度 δ	积分时间 T_I	微分时间 T_D	
比例	δ_s'			
比例+积分	$1.2\delta_s'$	$2T_r$		
比例+积分+微分	$0.8\delta_s'$	$1.2T_r$	$0.4T_r$	

用衰减曲线法必须注意以下几点：

1）加的干扰幅值不能太大，要根据生产操作要求来定，一般为额定值的5%左右，也有例外的情况。

2）必须在工艺参数稳定情况下才能施加干扰，否则得不到正确的 δ_s、T_s 或 δ_s'、T_r。

3）对于反应快的系统，如流量、管道压力和小容量的液位控制等，要在记录曲线上严格得到4：1衰减曲线比较困难。一般以被控变量来回波动两次达到稳定（即理想过渡过程两个波），就可以近似地认为达到4：1衰减过程了。

衰减曲线法比较简便，适用于一般情况下的各种参数的控制系统。但对于干扰频繁、记录曲线不规则、不断有小摆动的情况，由于不易得到准确的衰减比例度 δ_s 和衰减振荡周期 T_s，使得这种方法很难应用。

3. 经验凑试法

经验凑试法是根据经验先将控制器参数按表6-4放在一个数值上，直接在闭环的控制系统中，通过改变给定值施加干扰，在记录仪上观察过渡过程曲线，运用 δ、T_I、T_D 对过渡过程的影响为指导，按照规定顺序，对比例度 δ、积分时间 T_I 和微分时间 T_D 逐个整定，直到获得满意的过渡过程为止。

各类控制系统中控制器参数的经验数据，列于表6-4中，供整定时参考选择。

表6-4 控制器参数的经验数据表

控制对象	对象特性	$\delta(\%)$	T_I/min	T_D/min
流量	对象时间常数小，参数有波动，δ 要大，T_I 要短，不用微分	$40\sim100$	$0.3\sim1$	
温度	对象容量滞后较大，即参数受干扰后变化迟缓，δ 应小，T_I 要长，一般需加微分	$20\sim60$	$3\sim10$	$0.5\sim3$
压力	对象容量滞后一般，不算大，一般不需加微分	$30\sim70$	$0.4\sim3$	
液位	对象时间常数范围较大，要求不高时，δ 可在一定范围内选取，一般不用微分	$20\sim80$	$0.4\sim3$	

表6-4中给出的只是一个大体范围，有时变动较大。例如：流量控制系统的 δ 值有时需在200%以上；有的温度控制系统，由于容量滞后大，T_I 往往要在15min以上。另外，选取 δ

185

值时还应注意测量部分的量程和控制阀的尺寸，如果量程小（相当于测量变送器的放大系数 K_m 大）或控制阀的尺寸选大（相当于控制阀的流量系数 C 大），δ 应适当选大一些，即 K_c 小一些，这样可以适当补偿 K_m 大或 C 大带来的影响，使整个回路的放大系数保持在一定范围内。

整定的步骤有以下两种。

1）先用纯比例作用进行凑试，待过渡过程已基本稳定并符合要求后，再加积分作用消除余差，最后加入微分作用提高控制质量。按此顺序观察过渡过程曲线进行整定工作。具体做法如下：

根据经验并参考表 6-4 的数据，选定一个合适的 δ 值作为起始值，把积分时间放在"∞"，微分时间置于"0"，将系统投入自动。改变给定值，观察被控变量记录曲线形状。如曲线不是 4∶1 衰减（这里假定要求过渡过程是 4∶1 衰减振荡的），例如衰减比大于 4∶1，说明选的 δ 偏大，适当减小 δ 值再看记录曲线，直到呈 4∶1 衰减为止。注意，当把控制器比例度改变以后，若无干扰，就看不出衰减振荡曲线，一般都要稳定以后再改变一下给定值才能看到。若工艺上不允许反复改变给定值，那只好等候工艺本身出现较大干扰时再看记录曲线。δ 值调整好后，若要求消除余差，则要引入积分作用。一般积分时间可先取为衰减周期的一半值，并在积分作用引入的同时，将比例度增加 10%～20%，看记录曲线的衰减比和消除余差的情况，若不符合要求，再适当改变 δ 和 T_I 值，直到记录曲线满足要求。如果是三作用控制器，则在已调整好 δ 和 T_I 的基础上再引入微分作用，而在引入微分作用后，允许把 δ 值缩小一点，把 T_I 值也再缩小一点。微分时间 T_D 也要在表 6-4 给出的范围内凑试，以使过渡过程时间短，超调量小，控制质量满足生产要求。

经验凑试法的关键是"看曲线，调参数"。因此，必须弄清楚控制器参数变化对过渡过程曲线的影响关系。一般来说，在整定中，观察到曲线振荡很频繁，应把比例度 δ 增大以减少振荡；当曲线最大偏差大且趋于非周期过程时，应把比例度 δ 减小。当曲线波动较大时，应增大积分时间 T_I；而在曲线偏离给定值后，长时间回不来，则应减小积分时间 T_I，以加快消除余差的过程。如果曲线振荡得厉害，应把微分时间 T_D 减到最小，或者暂时不加微分作用，以免更加剧振荡；在曲线最大偏差大而衰减缓慢时，应增加微分时间 T_D。经过反复凑试，一直调到过渡过程振荡两个周期后基本达到稳定，品质指标达到工艺要求为止。

在一般情况下，比例度过小、积分时间过小或微分时间过大，都会产生周期性的激烈振荡。但是，积分时间过小引起的振荡，周期较长；比例度过小引起的振荡，周期较短；微分时间过大引起的振荡周期最短，如图 6-19 所示，曲线 a 的振荡是积分时间过小引起的，曲线 b 的振荡是比例度过小引起的，曲线 c 的振荡则是由于微分时间过大引起的。

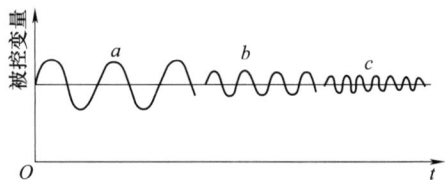

图 6-19　三种振荡曲线比较图

比例度过小、积分时间过小和微分时间过大引起的振荡，还可以这样进行判别：从给定值指针动作之后，一直到测量指针发生动作，如果这段时间短，则应把比例度增加；如果这段时间长，则应把积分时间增大；如果时间最短，则应把微分时间减小。

如果比例度过大或积分时间过大，都会使过渡过程变化缓慢，如何判别这两种情况呢？一般地说，比例度过大，曲线波动较剧烈、不规则地较大地偏离给定值，而且，形状像波浪般起伏变化，如图 6-20 曲线 a 所示。如果曲线通过非周期的不正常路径，慢慢地回复到给定值，这说明积分时间过大，如图 6-20 曲线 b 所示。应当注意，积分时间过大或微分时间过大，超出允许的范围时，不管如何改变比例度，都是无法补救的。

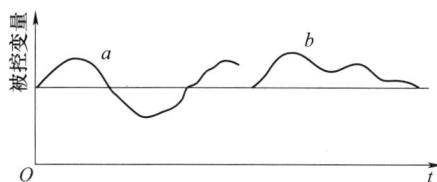

图 6-20　比例度过大、积分时间
过大时两种曲线比较图

2）经验凑试法还可以按下列步骤进行：先按表 6-4 中给出的范围把 T_I 定下来，如要引入微分作用，可取 $T_D = (1/3 \sim 1/4)T_I$，然后对 δ 进行凑试，凑试步骤与前一种方法相同。

一般来说，这样凑试可较快地找到合适的参数值。但是，如果开始 T_I 和 T_D 设置得不合适，则可能得不到所要求的记录曲线。这时应将 T_D 和 T_I 做适当调整，重新凑试，直至记录曲线合乎要求为止。

经验凑试法的特点是方法简单，适用于各种控制系统，因此应用非常广泛。特别是外界干扰作用频繁、记录曲线不规则的控制系统，采用此法最为合适。但是此法主要是靠经验，在缺乏实际经验或过渡过程本身较慢时，往往较为费时。为了缩短整定时间，可以运用优选法，使每次参数改变的大小和方向都有一定的目的性。值得注意的是，对于同一个系统，不同的人采用经验凑试法整定，可能得出不同的参数值，这是由于对每一条曲线的看法，有时会因人而异，没有一个很明确的判断标准，而且不同的参数匹配有时会使所得过渡过程衰减情况极为相近。例如某初馏塔塔顶温度控制系统，如采用如下两组参数：

$$\delta = 15\% \quad T_I = 7.5\text{min}$$
$$\delta = 35\% \quad T_I = 3\text{min}$$

系统都得到 10:1 的衰减曲线，超调量和过渡时间基本相同。

最后必须指出，在一个自动控制系统投运时，控制器的参数必须整定，才能获得满意的控制质量。同时，在生产进行的过程中，如果工艺操作条件改变，或负荷有很大变化，被控对象的特性就要改变，因此，控制器的参数必须重新整定。由此可见，整定控制器参数是经常要做的工作，对工艺操作人员与仪表技术人员来说，都是需要掌握的。

现场工程技术人员在实践中总结出 PID 调节工程常用口诀如下：

参数整定找最佳，从小到大顺序查；先是比例后积分，最后再把微分加。

曲线振荡很频繁，比例度盘要放大；曲线漂浮绕大弯，比例度盘往小扳。

曲线偏离回复慢，积分时间往下降；曲线波动周期长，积分时间再加长。

曲线振荡频率快，先把微分降下来；动差大来波动慢，微分时间应加长。

理想曲线两个波，前高后低 4 比 1；一看二调多分析，调节质量不会低。

6.2　串级控制系统

6.2.1　概述

串级控制系统是在简单控制系统的基础上发展起来的。当对象的滞后较大，干扰比较剧烈、频繁时，采用简单控制系统往往控制质量较差，满足不了工艺上的要求，这时，可考虑采用串级控制系统。

为了说明串级控制系统的结构及其工作原理，下面先举一个例子。

管式加热炉是炼油、化工生产中的重要装置之一。无论是原油加热或重油裂解，对炉出口温度的控制十分重要。将温度控制好，一方面可延长炉子寿命，防止炉管烧坏；另一方面可保证后面精馏分离的质量。为了控制原油出口温度，可以设置图 6-21 所示的温度控制系统，根据原油出口温度的变化来控制燃料阀门的开度，即改变燃料量来维持原油出口温度保持在工艺所规定的数值上，这是一个简单控制系统。

乍一看，上述控制方案是可行的、合理的。但是在实际生产过程中，特别是当加热炉的燃料压力或燃料本身的热值有较大波动时，上述简单控制系统的控制质量往往很差，原料油的出口温度 θ 波动较大，难以满足生产上的要求。

为什么会产生上述情况呢？这是因为当燃料压力或燃料本身的热值变化后，先影响炉膛的温度，然后通过传热过程才能逐渐影响原料油的出口温度。这个通道容量滞后很大，时间常数约为 15min，反应缓慢，而温度控制器 TC 是根据原料油的出口温度与给定值的偏差工作的。所以当干扰作用在对象上后，并不能较快地产生控制作用以克服干扰对被控变量的影响。由于控制不及时，所以控制质量很差。当工艺上要求原料油的出口温度非常严格时，上述简单控制系统是难以满足要求的。为了解决容量滞后问题，还需对加热炉的工艺做进一步分析。

管式加热炉内是一根很长的受热管道，它的热负荷很大。燃料在炉膛燃烧后，通过炉膛与原料油的温差将热量传给原料油。因此，燃料量的变化或燃料热值的变化，首先使炉膛温度发生变化。那么是否能以炉膛温度作为被控变量组成单回路控制系统呢？当然这样做会使控制通道容量滞后减少，时间常数约为 3min，控制作用比较及时。但是炉膛温度毕竟不能真正代表原料油的出口温度。炉膛温度控制好了，但其原料油的出口温度并不一定就能满足生产的要求，这是因为即使炉膛温度恒定的话，原料油本身的流量或入口温度变化仍会影响其出口温度。

为了解决管式加热炉的原料油出口温度的控制问题，人们在生产实践中，往往根据炉膛温度的变化，先改变燃料量，然后再根据原料油出口温度与其给定值之差，进一步改变燃料量，以保持原料油出口温度的恒定。模仿这样的人工操作程序就构成了以原料油出口温度为主要被控变量的炉出口温度与炉膛温度的串级控制系统，如图 6-22 所示。它的工作过程是：在稳定工况下，原料油出口温度和炉膛温度都处于相对稳定状态，控制燃料的阀门保持在一定的开度。

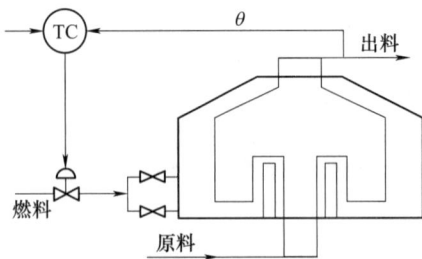

188

图 6-21　管式加热炉出口温度控制系统　　图 6-22　管式加热炉出口温度-炉膛温度串级控制系统

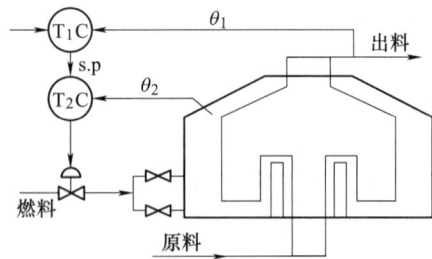

假定在某一时刻，燃料的压力和或热值（与组分有关）发生变化，这个干扰首先使炉

腔温度 θ_2 发生变化，它的变化促使控制器 T_2C 进行工作，改变燃料的加入量，从而使炉腔温度的偏差随之减少。与此同时，由于炉腔温度的变化，或由于原料油本身的进口流量或温度发生变化等，会使原料油出口温度 θ_1 发生变化。θ_1 的变化通过控制器 T_1C 不断地去改变控制器 T_2C 的给定值。这样，两个控制器协同工作，直到原料油出口温度重新稳定在给定值时，控制过程才结束。

图 6-23 是上述串级控制系统的框图。根据信号传递的关系，图中将管式加热炉对象分为两部分。一部分为受热管道，图上标为温度对象 1（主对象），它的输出变量为原料油出口温度 θ_1；另一部分为炉腔及燃烧装置，图上标为温度对象 2（副对象），它的输出变量为炉腔温度 θ_2。干扰 F_2 表示燃料压力、组分等的变化，它通过温度对象 2 首先影响炉腔温度 θ_2，然后再通过温度对象 1 影响原料油出口温度 θ_1。干扰 F_1 表示原料油本身的流量、进口温度等的变化，它通过温度对象 1 直接影响原料油出口温度 θ_1。

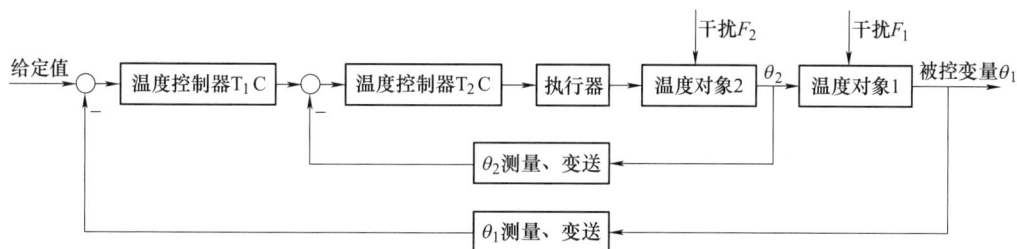

图 6-23　管式加热炉出口温度与炉腔温度串级控制系统框图

从图 6-22 或图 6-23 可以看出，在这个控制系统中，有两个控制器 T_1C 和 T_2C，分别接收来自对象不同部位的测量信号 θ_1 和 θ_2。其中一个控制器 T_1C 的输出作为另一个控制器 T_2C 的给定值，而 T_2C 的输出去控制执行器以改变操纵变量。从系统的结构来看，这两个控制器是串接工作的，因此，这样的系统称为串级控制系统。

为了更好地阐述和研究问题，这里介绍几个串级控制系统中常用的技术术语。

1）主变量：工艺控制指标，在串级控制系统中起主导作用的被控变量，如上例中的原料油出口温度 θ_1。

2）副变量：串级控制系统中为了稳定主变量或因某种需要而引入的辅助变量，如上例中的炉腔温度 θ_2。副变量相当于主对象的操纵变量。

3）主对象：为主变量表征其特性的生产设备或生产过程，如上例中从炉腔温度检测点到炉出口温度检测点间的工艺生产设备，主要是指炉内原料油的受热管道，图 6-23 中标为温度对象 1。

4）副对象：为副变量表征其特性的工艺生产设备，如上例中执行器至炉腔温度检测点间的工艺生产设备，主要指燃料燃烧装置及炉腔部分，图 6-23 中标为温度对象 2。

5）主控制器：按主变量的测量值与给定值的偏差而工作，其输出作为副变量给定值的控制器，又名主导控制器，如上例中的温度控制器 T_1C。

6）副控制器：其给定值来自主控制器的输出，并按副变量的测量值与给定值的偏差而工作的控制器，又名随动控制器，如上例中的温度控制器 T_2C。

7）主回路：是由主变量的测量变送装置，主、副控制器，执行器和主、副对象构成的外回路，亦称外环或主环；或由主测量变送器、主控制器、副回路和主对象构成的回路。

8）副回路：是由副变量的测量变送装置，副控制器，执行器和副对象所构成的内回路，亦称内环或副环。

根据前面所介绍的串级控制系统的专用术语，各种具体对象的串级控制系统都可以画成如图 6-24 所示的典型形式的框图。图中的主测量变送器和副测量变送器分别表示主变量和副变量的测量变送装置。

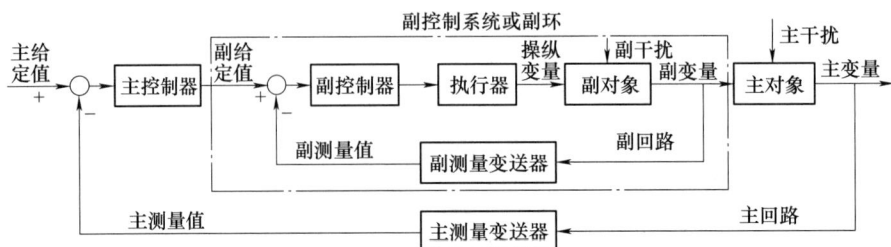

图 6-24　串级控制系统的框图

从图 6-24 可清楚地看出，该系统中有两个闭合回路，副回路是包含在主回路中的一个小回路，两个回路都是具有负反馈的闭环系统。

6.2.2　串级控制系统的工作过程

下面以图 6-22 所示的管式加热炉出口温度-炉腔温度串级控制系统为例，来说明串级控制系统是如何有效地克服滞后、提高控制质量的。为了便于分析问题，先假定从工艺安全考虑，执行器采用气开型式，温度控制器 T_1C 和 T_2C 都采用反作用（主、副控制器的正、反作用的选择原则后面再讨论）。下面针对不同情况来分析该串级控制系统的工作过程。

1. 干扰进入副回路

当系统的干扰只是燃料的压力或组分波动时，亦即在图 6-23 所示的框图中，干扰 F_1 不存在，只有 F_2 作用在温度对象 2 上，这时干扰进入副回路。若采用简单控制系统（见图 6-21），干扰 F_2 先引起炉腔温度 θ_2 变化，然后通过管壁传热才能引起原料油出口温度 θ_1 变化。只有当 θ_1 变化以后，控制作用才能开始，因此控制迟缓、滞后大。设置了副回路后，干扰 F_2 引起 θ_2 变化，温度控制器 T_2C 及时进行控制，使其很快稳定下来，如果干扰量小，经过副回路控制后，此干扰一般影响不到原料油出口温度 θ_1；在大幅度的干扰下，其大部分影响为副回路所克服，波及原料油出口温度 θ_1 已是强弩之末了。而原料油出口温度 θ_1 的变化，再由主回路进一步控制，彻底消除干扰的影响，使被控变量回复到给定值。

由于副回路控制通道短，时间常数小，所以当干扰进入回路时，可以获得比单回路控制系统超前的控制作用，有效地克服燃料压力或热值变化等对原料油出口温度的影响，从而大大提高了控制质量。

2. 干扰作用于主对象

假如在某一时刻，由于原料油的进口流量或温度变化，亦即在图 6-23 所示的框图中，F_2 不存在，只有 F_1 作用于温度对象 1 上。若 F_1 的作用结果使原料油出口温度 θ_1 升高，这时温度控制器 T_1C 的测量值 θ_1 增加，因而 T_1C 的输出降低，即 T_2C 的给定值降低。由于这时炉腔温度暂时还没有变，即 T_2C 的测量值 θ_2 没有变，因而 T_2C 的输出将随着给定值的降低而降低（因为对于偏差来说，给定值降低相当于测量值增加，T_2C 是反作用的，故输出降低）。随着 T_2C 的输出降低，气开型阀门的开度也随之减小，于是燃料供给量减少，促使原料油出口温度降低直至恢复到给定值。在整个控制过程中，温度控制器 T_2C 的给定值不断变化，要求炉膛温度 θ_2 也随之不断变化，这是为了维持 θ_1 不变所必需的。如果由于干扰作用 F_1 的结果使 θ_1 增加超过给定值，那么必须相应降低 θ_2，才能使 θ_1 回复到给定值。所以，在串级控制系统中，如果干扰作用于主对象，由于副回路的存在，因此可以及时改变副变量的数值，以达到稳定主变量的目的。

3. 干扰同时作用于副回路和主对象

如果除了进入副回路的干扰外，还有其他干扰作用在主对象上。亦即在图 6-23 所示的框图中，F_1、F_2 同时存在，分别作用在主、副对象上。这时可以根据干扰作用下主、副变量变化的方向，分下面两种情况进行讨论。

一种是在干扰作用下，主、副变量的变化方向相同，即同时增加或同时减小。譬如在图 6-22所示的温度-温度串级控制系统中，一方面由于燃料压力增加（或热值增加）使炉膛温度 θ_2 增加，同时由于原料油进口温度增加（或流量减少）而使原料油出口温度 θ_1 增加。这时主控制器的输出由于 θ_1 增加而减小。副控制器的输出由于测量值 θ_2 增加，给定值（即 T_1C 输出）减小，这时给定值和炉膛温度 θ_2 之间的差值更大，副控制器的输出也就大大减小，使控制阀关得更小些，更多地减少燃料供给量，直至主变量 θ_1 恢复到给定值为止。由于此时主、副控制器的工作都是使阀门关小的，所以加强了控制作用，加快了控制过程。

另一种情况是主、副变量的变化方向相反，一个增加，另一个减小。譬如在上例中，假定一方面由于燃料压力升高（或热值增加）而使炉膛温度 θ_2 增加，另一方面由于原料油进口温度降低（或流量增加）而使原料油出口温度 θ_1 降低。这时主控制器的测量值 θ_1 降低，其输出增大，这就使副控制器的给定值也随之增大，而这时副控制器的测量值 θ_2 也在增大。如果两者增加量恰好相等，则偏差为零，这时副控制器输出不变，阀门不需要动作；如果两者增加量虽不相等，由于能互相抵消掉一部分，因而偏差也不大，只要控制阀稍稍动作一点，即可使系统达到稳定。

通过以上分析可以看出，在串级控制系统中，由于引入一个闭合的副回路，不仅能迅速克服作用于副回路的干扰，而且对作用于主对象上的干扰也能加速克服过程。副回路具有先调、粗调、快调的特点；主回路具有后调、细调、慢调的特点，并对于副回路没有完全克服掉的干扰影响能彻底加以克服。因此，在串级控制系统中，主、副回路相互配合、相互补充，充分发挥了控制作用，大大提高了控制质量。

6.2.3 串级控制系统的特点及适用范围

由上所述，可以看出串级控制系统有以下几个特点。

1. 分级控制思想

串级控制系统是将一个控制通道较长的对象分为两级，把许多干扰在第一级副环就基本克服掉，剩余的影响及其他干扰的综合影响再由主环加以克服。这种控制思想在许多非工程非自然学科领域应用也非常普遍。

2. 串级系统的结构组成

串级控制系统有两个闭合回路：主回路和副回路；有两个控制器：主控制器和副控制器；有两个测量变送器，分别测量主变量和副变量；只有一个执行器。

3. 串级控制系统的工作方式

串级控制系统中，主、副控制器是串联工作的。主控制器的输出作为副控制器的给定值，系统通过副控制器的输出去操纵执行器动作，实现对主变量的定值控制。所以在串级控制系统中，主回路是个定值控制系统，而副回路是个随动控制系统。

如果把副环视为一个整体，它就相当于主回路的执行器，这样主环就相当于一个简单控制系统。由于主回路工作于定值方式，因此，也可以认为串级控制系统就是定值控制系统。

4. 副回路的作用

在系统特性上，串级控制系统由于副回路的引入，改善了对象的特性，使控制过程加快、加强，具有超前控制的作用，从而有效地克服滞后，提高了控制质量。

5. 适用范围

串级控制系统由于增加了副回路，因此具有一定的自适应能力，可用于负荷和操作条件有较大变化的场合。

在本章6.1节已经讲过，对于一个控制系统来说，控制器参数是在一定的负荷、一定的操作条件下，按一定的质量指标整定得到的。因此，一组控制器参数只能适应一定的负荷和操作条件。如果对象具有非线性，那么，随着负荷和操作条件的改变，对象特性就会发生变化。这样，原先的控制器参数就不再适应了，需要重新整定。如果仍用原先的参数，控制质量就会下降。这一问题在单回路控制系统中是难于解决的。在串级控制系统中，主回路是一个定值系统，副回路却是一个随动系统。当负荷或操作条件发生变化时，主控制器能够适应这一变化及时地改变副控制器的给定值，使系统运行在新的工作点上，从而保证在新的负荷和操作条件下，控制系统仍然具有较好的控制质量。

由于串级控制系统具有上述特点，所以当对象的滞后和时间常数很大，干扰作用强而频繁，负荷变化大，简单控制系统满足不了控制质量的要求时，可采用串级控制系统。

6.2.4 串级控制系统中副回路的确定

由于串级系统比单回路系统多了一个副回路，因此与单回路系统相比，串级系统具有一些单回路系统所没有的优点。然而，要发挥串级系统的优势，副回路的设计则是一个关键。副回路设计得合理，串级系统的优势会得到充分发挥，串级系统的控制质量将比单回路控制系统有明显的提高；副回路设计不合适，串级系统的优势将得不到发挥，控制质量的提高将不明显，甚至弄巧成拙，导致串级控制系统无法工作，这就失去设计串级控制系统的意义了。

所谓副回路的确定，实际上就是根据生产工艺的具体情况，选择一个合适的副变量，从而构成一个以副变量为被控变量的副回路。

为了充分发挥串级系统的优势，副回路的确定应考虑如下一些原则。

1. 主、副变量间应有一定的内在联系

在串级控制系统中，副变量的引入往往是为了提高主变量的控制质量。因此，在主变量确定以后，选择的副变量应与主变量间有一定的内在联系，即副变量的变化应在很大程度上能影响主变量的变化。实际上，副变量是主变量的操纵变量。

选择串级控制系统的副变量一般有两类情况。一类情况是选择与主变量有一定关系的某一中间变量作为副变量，例如前面所讲的管式加热炉的温度串级控制系统中，选择的副变量是燃料进入量至原料油出口温度通道中间的一个变量，即炉膛温度。由于它的滞后小、反应快，可以提前预报主变量 θ_1 的变化，因此控制炉膛温度 θ_2 对平稳原料油出口温度 θ_1 波动有着显著的作用。另一类情况是选择的副变量就是操纵变量本身，这样能及时克服它的波动，减少对主变量的影响。下面举一个例子来说明这种情况。

图 6-25 是精馏塔塔釜温度与加热蒸汽流量串级控制系统的示意图。精馏塔塔釜温度是保证产品分离纯度（主要指塔底产品的纯度）的重要间接控制指标，一般要求它保持在一定的数值上。通常采用改变进入再沸器的加热蒸汽量来克服干扰（如精馏塔的进料流量、温度及组分的变化等）对塔釜温度的影响，从而保持塔釜温度的恒定。但是，由于温度对象滞后比较大，由加热蒸汽量到塔釜温度的通道比较长，当蒸汽压力波动比较厉害时，控制不及时，使控制质量不够理想。为解决这个问题，可以构成如图 6-25 所示的塔釜温度与加热蒸汽流量的串级控制系统。温度控制器 TC 的输出作为蒸汽流量控制器 FC 的给定值，亦即流量控制器的给定值应该由温度控制的需要来决定它应该"变"或"不变"，以及变化的"大"或"小"。通过这套串级控制系统，在塔釜温度稳定不变时，蒸汽流量能保持恒定值，而当温度在外来干扰作用下偏离给定值时，又要求蒸汽流量能做相应的变化，以使能量的需要与供给之间得到平衡，从而保持釜温在要求的数值上。在这个例子中，选择的副变量就是操纵变量（加热蒸汽量）本身。这样，当干扰来自蒸汽压力或流量的波动时，副回路能及时加以克服，以大大减少这种干扰对主变量的影响，使塔釜温度的控制质量得以提高。

2. 要使系统的主要干扰被包含在副回路内

从前面的分析中已知，串级控制系统的副回路具有反应速度快、抗干扰能力强（主要指进入副回路的干扰）的特点。如果在确定副变量时，一方面能将对主变量影响最严重、变化最剧烈的干扰包含在副回路内，另一方面又使副对象的时间常数很小，这样就能充分利用副环的快速抗干扰性能，将干扰的影响抑制在最低限度。这样，主要干扰对主变量的影响就会大大减小，从而提高了控制质量。

例如在管式加热炉中，如果主要干扰来自燃料的压力波动时，可以设置图 6-26 所示的加热炉原料油出口温度与燃料压力串级控制系统。在这个系统中，由于选择了燃料压力作为副变量，副对象的控制通道很短，时间常数很小，因此控制作用非常及时，比起图 6-22 所示的控制方案，能更及时、有效地克服由于燃料压力波动对原料油出口温度的影响，从而大大提高了控制质量。

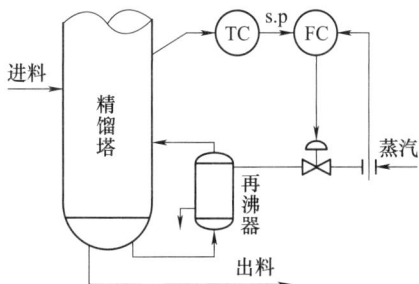

图 6-25　精馏塔塔釜温度与
加热蒸汽流量串级控制系统

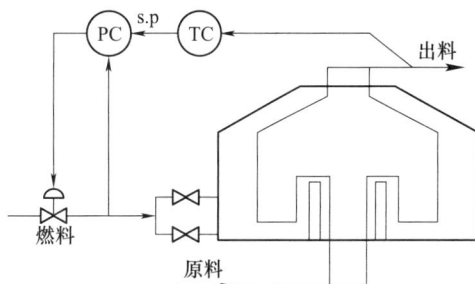

图 6-26　加热炉出口温度
与燃料压力串级控制系统

但是还必须指出，如果管式加热炉的主要干扰来自燃料组分（或热值）波动时，就不宜采用图 6-26 所示的控制方案，因为这时主要干扰并没有被包含在副环内，所以不能充分发挥副环抗干扰能力强的这一优点。此时仍宜采用图 6-22 所示的温度-温度串级控制系统，选择炉膛温度作为副变量,这样,燃料组分(或热值)波动的这一主要干扰也就被包含在副环内了。

3. 在可能的情况下,应使副环包含更多的次要干扰

在生产过程中,除了主要干扰外,还有较多的次要干扰,或者系统的干扰较多且难于分出主要干扰与次要干扰。在这种情况下,选择副变量应考虑使副环尽量多包含一些干扰,这样可以充分发挥副环的快速抗干扰能力,以提高串级控制系统的控制质量。

比较图6-22与图6-26所示的控制方案,显然图6-22所示的控制方案中,其副环包含的干扰更多一些,凡是能影响炉膛温度的干扰都能在副环中加以克服,从这一点上来看,图6-22所示的串级控制方案似乎更理想一些。

需要说明的是,在考虑到使副环包含更多干扰时,也应同时考虑到副环的灵敏度,因为这两者经常是相互矛盾的。随着副回路包含干扰的增多,副环将随之扩大,副变量离主变量也就越近。这样一来,副对象的控制通道就变长,滞后也就增大,从而会削弱副回路的快速、有力控制的特性。例如对于管式加热炉,如采用图6-22所示的控制方案,当主要干扰来自燃料的压力波动时,必须通过燃烧过程影响炉膛温度后,副回路方能施加控制作用来克服这一扰动的影响。而对于图6-26所示的控制方案,只要燃料压力一波动,在尚未影响到炉膛温度时,控制作用就已经开始。这对抑制扰动来说,就显得更为迅速、有力。

因此,在选择副变量时,既要考虑到使副环包含较多的干扰,又要考虑到使副变量不要离主变量太近,否则一旦干扰影响到副变量,很快也就会影响到主变量,这样副环的作用也就不大了。当主要干扰来自控制阀方面时,选择控制介质的流量或压力作为副变量来构成串级控制系统(见图6-25或图6-26)是很适宜的。

4. 副变量的选择应考虑到主、副对象时间常数的匹配,以防"共振"的发生

在串级控制系统中,主、副对象的时间常数不能太接近。这一方面是为了保证副回路具有快速的抗干扰性能,另一方面由于串级系统中主、副回路之间是密切相关的,副变量的变化会影响到主变量,而主变量的变化通过反馈回路又会影响到副变量,如果主、副对象的时间常数比较接近,那么主、副回路的工作频率也就比较接近,这样,一旦系统受到干扰,就有可能产生"共振"。而一旦系统发生"共振",轻则会使控制质量下降,重则会导致系统的发散而无法工作。因此,必须设法避免共振的发生。所以,在选择副变量时,应注意使主、副对象的时间常数之比为3~10,以减少主、副回路的动态联系,避免"共振"。当然,也不能盲目追求减小副对象的时间常数,否则可能使副回路包含的干扰太少,使系统抗干扰能力反而减弱了。

5. 当对象具有较大的纯滞后而影响控制质量时,在选择副变量时应使副环尽量少包含纯滞后或不包含纯滞后

对于含有大纯滞后的对象,往往由于控制不及时而使控制质量很差,这时可采用串级控制系统,并通过合理选择副变量将纯滞后部分放到主对象中去,以提高副回路的快速抗干扰能力,及时克服干扰的影响,从而提高主变量的控制质量。

对于图6-27所示地化纤厂胶液压力控制系统,其工艺流程为:纺丝胶液由计量泵1输送至板式热交换器2中进行冷却,随后被送往过滤器3滤去杂质。工艺上要求过滤前的胶液压力稳定在0.25MPa,因为压力波动将直接影响到过滤效果和后面喷丝头的正常工作。由于胶液黏度大,控制通道又比较长,所以纯滞后比较大,单回路压力控制方案效果不好。为了提高控制质量,可在计量泵和冷却器之间,靠近计量泵的某个适当位置,选择一个压力测量点，并以它为副变量组成一个压力-压力串级控制系统，如图 6-27 所示。

图中，主控制器 P_1C 的输出作为副控制器 P_2C 的给定值，由副控制器的输出来改变计量泵的转速，从而控制纺丝胶液的压力。采用上述方案后，当纺丝胶液黏度发生变化或因计量泵前的混合器有污染而引起压力变化时，副变量可及时反映出来，并通过副回路进行克服，从而稳定了过滤器前的胶液压力。

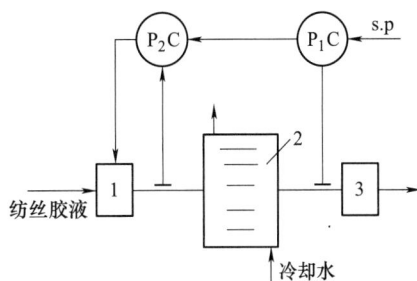

图 6-27 压力-压力串级控制系统
1—计量泵 2—板式热交换器 3—过滤器

不过应当指出，这种方法具有很大局限性，即只有当纯滞后环节能够大部分乃至全部都可以被划入主对象中去时，这种方法才能有效地提高系统的控制质量，否则将不会获得很好的效果。

6.2.5 主、副控制器控制规律及正、反作用的选择

1. 控制规律的选择

串级控制系统中主、副控制器的控制规律是根据控制的要求来进行选择的。

串级控制系统的目的是为了高精度地稳定主变量。主变量是生产工艺的主要控制指标，它直接关系到产品的质量或生产的正常进行，工艺上对它的要求比较严格。一般来说，主变量不允许有余差。所以，主控制器通常都选用比例积分控制规律，以实现主变量的无差控制。有时，对象控制通道容量滞后比较大，例如温度对象或成分对象等，为了克服容量滞后，可以选择比例积分微分控制规律。

在串级控制系统中，稳定副变量并不是目的，设置副变量的目的就在于保证和提高主变量的控制质量。在干扰作用下，为了维持主变量的不变，副变量就要变。副变量的给定值是随主控制器的输出变化而变化的。所以，在控制过程中，对副变量的要求一般都不很严格，允许它有波动。因此，副控制器一般采用比例控制规律。为了能够快速跟踪，最好不带积分作用，因为积分作用会使跟踪变得缓慢。副控制器的微分作用也是不需要的，因为当副控制器有微分作用时，一旦主控制器输出稍有变化，就容易引起控制阀大幅度地变化，这对系统的稳定是不利的。

2. 控制器正、反作用的选择

串级控制系统中，必须分别根据各种不同情况，选择主、副控制器的作用方向，使系统为负反馈系统。选择方法如下。

1）串级控制系统中的副控制器作用方向的选择，是根据工艺安全等要求，选定执行器的气开、气关型式后，按照使副控制回路成为一个负反馈系统的原则来确定的。因此，副控制器的作用方向与副对象特性，执行器的气开、气关型式有关，其选择方法与简单控制系统中控制器正、反作用的选择方法相同，这时可不考虑主控制器的作用方向，只是将主控制器的输出作为副控制器的给定值就行了。

例如，图 6-22 所示的管式加热炉出口温度-炉膛温度串级控制系统中的副回路，如果为了在气源中断时停止供给燃料，以防烧坏炉子，那么执行器应该选气开阀，是正作用方向。当燃料量加大时，炉膛温度 θ_2（副变量）是增加的，因此副对象是正作用方向。为了使副回路构成一个负反馈系统，副控制器 T_2C 应选择反作用方向。只有这样，才能当炉膛温度受到干扰作

用上升时，T_2C 的输出降低，从而使气开阀关小，减少燃料量，促使炉膛温度下降。

又如图 6-25 所示的精馏塔塔釜温度与加热蒸汽流量的串级控制系统中，如果基于工艺上的考虑，选择执行器为气关阀。那么，为了使副回路是一个负反馈控制系统，副控制器 FC 的作用方向应选择为正作用。这时，当由于蒸汽压力波动而使加热蒸汽流量增加时，副控制器的输出就将增加，以使控制阀关小（因是气关阀），保证进入再沸器的加热蒸汽流量不受或少受蒸汽压力波动的影响。这样，就充分发挥了副回路克服蒸汽压力波动这一干扰的快速作用，提高了主变量的控制质量。

2）串级控制系统中，主控制器作用方向的选择可按下述方法进行：当主、副变量在增加（或减小）时，如果由工艺分析得出，为使主、副变量减小（或增加），要求控制阀的动作方向是一致的时候，主控制器应选反作用；反之，则应选正作用。串级控制系统中主控制器作用方向的选择完全由工艺情况确定，与执行器的气开、气关型式及副控制器的作用方向完全无关。

根据以上分析：串级控制系统中主、副控制器正、反作用的选择可以按"先副后主"的顺序，即先确定执行器的气开、气关型式及副控制器的正、反作用，然后确定主控制器的作用方向；也可以按"先主后副"的顺序，即先按工艺过程特性的要求确定主控制器的作用方向，然后按一般单回路控制系统的方法再选定执行器的气开、气关型式及副控制器的作用方向。

例如图 6-22 所示的管式加热炉串级控制系统，不论是主变量 θ_1 或副变量 θ_2 增加时，对控制阀动作方向的要求是一致的，都要求关小控制阀，减少供给的燃料量，才能使 θ_1 或 θ_2 降下来，所以此时主控制器 T_1C 应确定为反作用方向。图 6-25 所示的精馏塔塔釜温度串级控制系统，由于蒸汽流量（副变量）增加时，需要关小控制阀，塔釜温度（主变量）增加时，也需要关小控制阀，因此它们对控制阀的动作方向要求是一致的，所以主控制器 TC 也应为反作用方向。

图 6-28 是冷却器温度串级控制系统的示意图。为了保证被冷却物料出口温度的恒定，并及时克服冷剂压力波动对控制质量的影响，设计了以被冷却物料出口温度为主变量、冷剂流量为副变量的串级控制系统。分析冷却器的特性可以知道，当主变量即被冷却物料出口温度增加时，需要开大控制阀，而当副变量即冷剂流量增加时，需要关小控制阀，它们对控制阀动作方向的要求是不一致的，因此主控制器 TC 的作用方向应选用正作用。

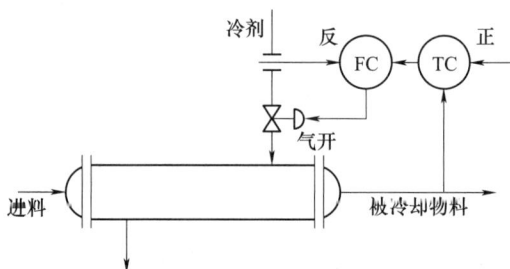

图 6-28　冷却器温度-流量串级控制系统

3）当由于工艺过程的需要，控制阀由气开改为气关，或由气关改为气开时，只需改变副控制器的正、反作用而不需改变主控制器的正、反作用。

3. 串级控制与主控的切换

在有些生产过程中，要求控制系统既可以进行串级控制，又可以实现主控制器单独工作，即切除副控制器，由主控制器的输出直接控制执行器（称为主控）。这就是说，若系统由串级切换为主控时，是用主控制器的输出代替原先副控制器的输出去控制执行器，而若系统由主控切换为串级时，是用副控制器的输出代替主控制器的输出去控制执行器。无论哪一种切换，都必须保证当主变量变化时，去控制阀的信号完全一致。以图 6-22 所示的管式加热炉出口温度串级控制系统为例，当执行器为气开阀时，T_1C 和 T_2C 均为反作用。主变量 θ_1 增加时，去执行器的气压信号是要求减小的。这样才能关小阀门，减少燃料供给量，以使温度 θ_1 下降，当系统由串级切换为主控时，若 θ_1 增加，要求主控制器的输出也减小，因此这时主控制器仍为反作用的，不需要改变方向。相反，如果工艺要求执行器改为气关阀，那么 T_1C 为反作用，T_2C 为正作用。这时若系统为串级控制，θ_1 增加，T_2C 的输出（即去执行器的信号）是增加的，这样才能关小阀门，减少燃料供给量。若这时系统由串级切换为主控，为了保证在 θ_1 增加时，主控制器的输出（即去执行器的信号）仍是增加的，主控制器就必须是正作用，这样才能保证由串级改为主控后，控制系统（这时实际上是单回路的）是一个具有负反馈的闭环系统。

总之，系统串级与主控切换的条件是：当主变量变化时，串级时副控制器的输出与主时主控制器的输出信号方向完全一致。根据这一条件可以断定：只有当副控制器为反作用时，才能在串级与主控之间直接进行切换，如果副控制器为正作用，则在串级与主控之间进行切换的同时，要改变主控制器的正、反作用。为了能使串级系统在串级与主控之间方便地切换，在执行器气开、气关型式的选择不受工艺条件限制，可以任选的情况下，应选择能使副控制器为反作用的那种执行器类型，这样就可免除在串级与主控切换时来回改变主控制器的正、反作用。

6.2.6　控制器参数的工程整定

串级控制系统从整体上来看是个定值控制系统，要求主变量有较高的控制精度。但从副回路来看是个随动系统，要求副变量能准确、快速地跟随主控制器输出的变化而变化。只有明确了主、副回路的不同作用和对主、副变量的不同要求后，才能正确地通过参数整定，确定主、副控制器的不同参数，来改善控制系统的特性，获取最佳的控制过程。

串级控制系统主、副控制器的参数整定方法主要有以下两种。

1. 两步整定法

按照串级控制系统主、副回路的情况，先整定副控制器，后整定主控制器的方法叫作两步整定法，整定过程是：

1）在工况稳定，主、副控制器都在纯比例作用运行的条件下，将主控制器的比例度先固定在100%的刻度上，逐渐减小副控制器的比例度，求取副回路在满足某种衰减比（如 4∶1）过渡过程下的副控制器比例度和操作周期，分别用 δ_{2s} 和 T_{2s} 表示。

2）在副控制器比例度等于 δ_{2s} 的条件下，逐步减小主控制器的比例度，直至主回路得到同样衰减比下的过渡过程，记下此时主控制器的比例度 δ_{1s} 和操作周期 T_{1s}。

3）根据上面得到的 δ_{1s}、T_{1s}、δ_{2s}、T_{2s}，分别按表 6-2 和表 6-3 的规定关系计算主、副控制器的比例度、积分时间和微分时间。

4）按"先副后主""先比例次积分后微分"的整定规律，将计算出的控制器参数加到控制器上。

5）观察控制过程，适当调整，直到获得满意的过渡过程。

如果主、副对象时间常数相差不大，动态联系密切，可能会出现"共振"现象，主、副变量长时间地处于大幅度波动情况，控制质量严重恶化。这时可适当减小副控制器比例度或积分时间，以达到减小副回路操作周期的目的。同理，可以加大主控制器的比例度或积分时间，以期增大主回路的操作周期，使主、副回路的操作周期之比加大，避免"共振"。这样做的结果会在一定程度上降低原先期望的控制质量。如果主、副对象特性太接近，则说明确定的控制方案欠妥当，副变量的选择不合适，这时就不能完全靠控制器参数的改变来避免"共振"了。

2. 一步整定法

两步整定法虽能满足主、副变量的要求，但要分两步进行，需寻求两个 4∶1 的衰减振荡过程，比较烦琐。为了简化步骤，串级控制系统中主、副控制器的参数整定可以采用一步整定法。

所谓一步整定法，就是根据经验先将副控制器一次调好，不再变动，然后按一般单回路控制系统的整定方法直接整定主控制器参数。

一步整定法的依据是：在串级控制系统中，一般来说，主变量是工艺的主要操作指标，直接关系到产品的质量或生产过程的正常运行，因此，对它的要求比较严格。而副变量的设置主要是为了提高主变量的控制质量，对副变量本身没有很高的要求，允许它在一定范围内变化。因此，在整定时不必把过多的精力花在副环上。只要把副控制器的参数置于一定数值后，集中精力整定主环，使主变量达到规定的质量指标就行了。虽然按照经验一次设置的副控制器参数不一定合适，但是这没有关系，因为副控制器的放大倍数不合适，可以通过调整主控制器的放大倍数来进行补偿，结果仍然可以使主变量呈现 4∶1（或 10∶1）衰减振荡过程。

经验证明，这种整定方法对于那些对主变量要求较高，而对副变量没有什么要求或要求不严格，允许它在一定范围内变化的串级控制系统，是很有效的。

人们经过长期的实践，大量的经验积累，总结得出对于在不同的副变量情况下，副控制器参数可按表 6-5 所给出的数据进行设置。

表 6-5　采用一步整定法时副控制器参数选择范围

副变量类型	副控制器比例度 δ_2（%）	副控制器比例放大倍数 $K_{P2} = 1/\delta_2$
温度	20~60	5.0~1.7
压力	30~70	3.0~1.4
流量	40~80	2.5~1.25
液位	20~80	5.0~1.25

一步整定法的整定步骤如下：

1）在生产正常、系统为纯比例运行的情况下，按照表 6-5 所列数据，将副控制器比例度调到某一适当的数值。

2）利用简单控制系统中任一种参数整定方法整定主控制器的参数。

3）如果出现"共振"现象，则可加大主控制器或减小副控制器的参数整定值，一般即能消除。

6.3　均匀控制系统

6.3.1　均匀控制的目的

在石油、化工生产中，各生产设备都是前后紧密联系在一起的。前一设备的出料，往往是后一设备的进料，各设备的操作情况也是互相关联、互相影响的。图 6-29 所示的连续精馏的多塔分离过程就是一个最能说明问题的例子。甲塔的出料为乙塔的进料。对甲塔来说，为了稳定操作需保持塔釜液位稳定，为此必然频繁地改变塔底的排出量，这就使塔釜失去了缓冲作用；而对乙塔来说，从稳定操作要求出发，希望进料量尽量不变或少变；这样甲、乙两塔间的供求关系就出现了矛盾。如果采用图 6-29 所示的控制方案，两个控制系统是无法同时正常工作的。如果甲塔的液位上升，则液位控制器 LC 就会开大出料阀 1，而这将引起乙塔进料量增大，于是乙塔的流量控制器 FC 又要关小阀 2，其结果会使甲塔液位升高，出料阀 1 继续开大，如此下去，顾此失彼，解决不了供求之间的矛盾。

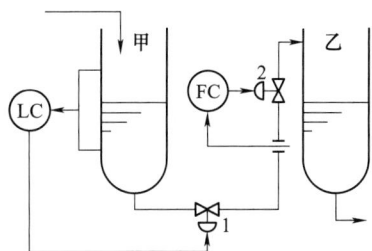

图 6-29 前后精馏塔之间的供求关系

解决矛盾的方法，可在两塔之间设置一个中间缓冲贮罐，既满足甲塔控制液位的要求，又缓冲了乙塔进料流量的波动。但是增加设备会使流程复杂化。当物料易分解或聚合时，就不宜在贮罐中久存，所以此法不能完全解决问题。

那么，能不能从控制方案出发，将两塔的供求矛盾限制在一定范围内，以基本满足前后两塔的不同要求呢？从工艺和设备上分析，塔釜有一定的容量，其容量虽不像贮罐那么大，但是液位并不要求保持在定值上，允许在一定的范围内变化。至于乙塔的进料，若不能做到定值控制，但能使其缓慢变化，与进料流量剧烈的波动相比，对乙塔的操作也是很有益的。为了解决前后工序供求矛盾，达到前后兼顾协调操作，使液位和流量均匀变化，为此组成的系统称为均匀控制系统。

均匀控制通常是同时兼顾液位和流量两个变量，通过均匀控制，使两个互相矛盾的变量达到下列要求：

1）表征前后供求矛盾的两个变量在控制过程中都应该是缓慢变化的。因为均匀控制是指前后设备的物料供求之间的均匀，两个变量都不应该稳定在某一固定的数值。图 6-30a 中把液位控制成比较平稳的直线，因此下一设备的进料量必然波动很大，这样的控制过程只能看作液位的定值控制，而不能看作均匀控制。反之，图 6-30b 中把后一设备的进料量控制成比较平稳的直线，那么，前一设备的液位就必然波动很厉害，所以，它只能被看作是流量的定值控制。只有如图 6-30c 所示的液位和流量的控制曲线才符合均匀控制的要求，两者都有一定程度的波动，但波动都比较缓慢。

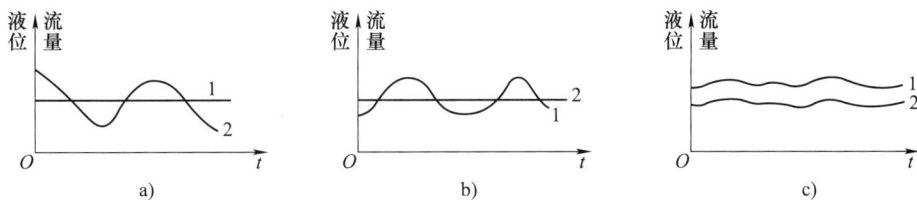

图 6-30 前一设备的液位和后一设备的进料量之关系
1—液位变化曲线 2—流量变化曲线

2）前后互相联系又互相矛盾的两个变量应保持在所允许的范围内波动。图 6-29 中，甲塔塔釜液位的升降变化不能超过规定的上下限，否则就有淹过再沸器蒸汽管或被抽干的危险。同样，乙塔进料流量也不能超越它所能承受的最大负荷或低于最小处理量，否则就不能保证精馏过程的正常进行。

均匀控制的设计必须满足这两个限制条件。当然，这里的允许波动范围比定值控制过程的允许偏差要大得多。

明确均匀控制的目的及其特点是十分必要的。因为在实际运行中，有时因不清楚均匀控制的设计意图而变成单一变量的定值控制，或者想把两个变量都控制成很平稳，这样最终都会导致均匀控制系统的失败，达不到工艺的要求。

6.3.2 均匀控制方案

1. 简单均匀控制

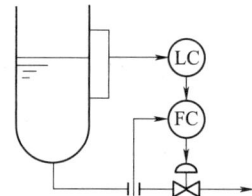

图 6-31 所示为简单均匀控制系统。外表看起来与简单的液位定值控制系统一样，但系统设计的目的不同。定值控制是通过改变排出流量来保持液位为给定值，而简单均匀控制是为了协调液位与排出流量之间的关系，允许它们都在各自许可的范围内做缓慢的变化。

简单均匀控制系统均匀控制的目标是通过控制器的参数整定来实现的。简单均匀控制系统中的控制器一般都是纯比例作用的，比例度的整定不能按 4∶1（或 10∶1）衰减振荡过程来整定，而是将比例度整定得很大，以使液位变化时，控制器的输出变化很小，排出流量只做微小缓慢的变化。有时为了克服连续发生的同一方向干扰所造成的过大偏差，防止液位超出规定范围，则引入积分作用。这时比例度一般大于 100%，积分时间也要放得大一些。至于微分作用，是与均匀控制的目的背道而驰的，故不采用。

2. 串级均匀控制

前面讲的简单均匀控制方案，虽然结构简单，但有局限性。当塔内压力或排出端压力变化时，即使控制阀开度不变，流量也会随阀前后压差变化而改变。等到流量改变影响到液位变化后，液位控制器才进行控制，显然这是不及时的。为了克服这一缺点，可在原方案基础上增加一个流量副回路，即构成串级均匀控制系统，图 6-32 是其原理图。

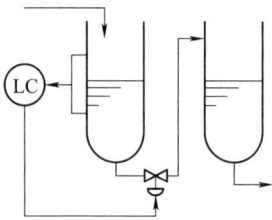

图 6-31　简单均匀控制系统　　　　　图 6-32　串级均匀控制系统

从图 6-32 中可以看出，在系统结构上，它与串级控制系统是相同的。液位控制器 LC 的输出，作为流量控制器 FC 的给定值，用流量控制器的输出来操纵执行器。由于增加了副回路，可以及时克服由于塔内或排出端压力改变所引起的流量变化。这些都是串级控制系统的特点。但是，由于设计这一系统的目的是为了协调液位和流量两个变量的关系，使之在规定的范围内做缓慢的变化，所以本质上是均匀控制。

串级均匀控制系统也是通过控制器参数整定来实现均匀控制的。在串级均匀控制系统中，参数整定的目的不是使变量尽快地回到给定值，而是要求变量在允许的范围内做缓慢的变化。参数整定的方法也与一般的串级控制系统不同。一般串级控制系统的比例度和积分时间是由大到小地进行调整，串级均匀控制系统却正相反，是由小到大地进行调整。均匀控制系统的控制器参数数值一般都很大。

串级均匀控制系统的主、副控制器一般都采用纯比例作用。只在要求较高时，为了防止偏差过大而超过允许范围，才引入适当的积分作用。

6.4　比值控制系统

6.4.1　概述

在炼油、化工、天然气处理与加工及其他工业生产过程中，工艺上常需要将两种或两种以上的物料保持一定的比例关系，如果比例一旦失调，将影响生产或造成事故。

例如，在重油气化的造气生产过程中，进入气化炉的氧气和重油流量应保持一定的比例，若氧油比过高，因炉温过高将导致喷嘴和耐火砖烧坏，严重时甚至会引起炉子爆炸；如果氧量过低，则生成的炭黑增多，还会发生堵塞现象。所以保持合理的氧油比，不仅为了使生产能正常进行，且对安全生产来说具有重要意义。在锅炉燃烧过程中，需要保持燃料油量和空气按一定的比例进入炉膛，才能提高燃烧过程的经济性。再如，许多化学反应过程的各种反应物间需要保持一定的比例，才能充分进行化学反应。这样类似的例子在各种工业生产中是大量存在的。

实现两个或两个以上参数符合一定比例关系的控制系统，称为比值控制系统，通常为流量比值控制系统。

在需要保持比值关系的两种物料中，必有一种物料处于主导地位，这种物料称之为主物料，表征这种物料的参数称之为主动量，用 Q_1 表示。由于在生产过程控制中主要是流量比值控制系统，所以主动量也称为主流量；而另一种物料按主物料进行配比，在控制过程中随主物料而变化，因此称为从物料，表征其特性的参数称为从动量或副流量，用 Q_2 表示。一般情况下，总是将生产中的主要物料定为主物料，如上例中的重油和燃料油均为主物料，而相应跟随变化的氧和空气则为从物料。在有些场合，以不可控物料作为主物料，用改变可控物料即从物料的量来实现它们之间的比值关系。比值控制系统就是要实现副流量 Q_2 与主流量 Q_1 成一定比值关系，即

$$K = Q_2/Q_1 \tag{6-6}$$

式中，K 为副流量与主流量的流量比值。

6.4.2　比值控制系统的类型

比值控制系统主要有以下几种方案。

1. 开环比值控制系统

开环比值控制系统是最简单的比值控制方案，图 6-33 是其原理图。图中 Q_1 是主流量，Q_2 是副流量。当 Q_1 变化时，通过控制器 FC 及安装在从物料管道上的执行器来控制 Q_2，以满足 $Q_2=KQ_1$ 的要求。

图 6-34 是该系统的框图。从图中可以看到，该系统的测量信号取自主物料 Q_1，但控制器的输出却去控制从物料的流量 Q_2，整个系统没有构成闭环，所以是一个开环系统。

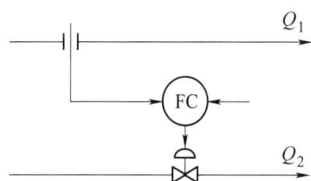

图 6-33　开环比值控制系统

这种方案的优点是结构简单，只需一台纯比例控制器，其比例度可以根据比值要求来设定。但是如果仔细分析一下这种开环比值系统，其实质只能保持执行器的阀门开度与 Q_1 之

间成一定比例关系。因此，当 Q_2 因阀门两侧压力差发生变化而波动时，系统不起控制作用，此时就保证不了 Q_2 与 Q_1 的比值关系了。也就是说，这种比值控制方案对副流量 Q_2 本身无抗干扰能力。所以这种系统只能适用于副流量较平稳且比值要求不高的场合。实际生产过程中，Q_2 本身常常要受到干扰，因此生产上很少采用开环比值控制方案。

2. 单闭环比值控制系统

单闭环比值控制系统是为了克服开环比值控制方案的不足，在开环比值控制系统的基础上，通过增加一个副流量的闭环控制系统而组成的，如图 6-35 所示。图 6-36 是该系统的框图。

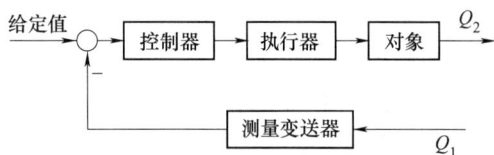

图 6-34　开环比值控制系统框图

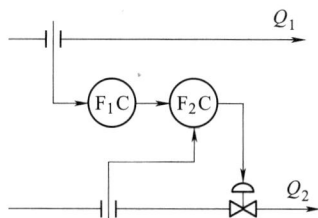

图 6-35　单闭环开环比值控制

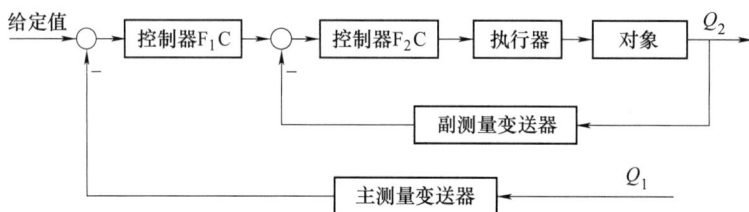

图 6-36　单闭环比值控制系统框图

从图 6-36 中可以看出，单闭环比值控制系统与串级控制系统具有相类似的结构型式，但两者是不同的。单闭环比值控制系统的主流量 Q_1 相似于串级控制系统中的主变量，但主流量并没有构成闭环系统，Q_2 的变化并不影响到 Q_1。尽管它亦有两个控制器，但只有一个闭合回路，这就是两者的根本区别。

在稳定情况下，主、副流量满足工艺要求的比值，$Q_2/Q_1 = K$。当主流量 Q_1 变化时，经变送器送至主控制器 F_1C（或其他计算装置）。F_1C 按预先设置好的比值使输出成比例地变化，也就是成比例地改变副流量控制器 F_2C 的给定值，此时副流量闭环系统为一个随动控制系统，从而 Q_2 跟随 Q_1 变化，使得在新的工况下，流量比值 K 保持不变。当主流量没有变化而副流量由于自身干扰发生变化时，此副流量闭环系统相当于一个定值控制系统，通过控制克服干扰，使工艺要求的流量比值仍保持不变。

单闭环比值控制系统的优点是它不但能实现副流量跟随主流量的变化而变化，而且还可以克服副流量本身干扰对比值的影响，因此主、副流量的比值较为精确。另外，这种方案的结构型式较简单，实施起来也比较方便，所以得到广泛的应用，尤其适用于主物料在工艺上不允许进行控制的场合。

单闭环比值控制系统，虽然能保持两物料量比值一定，但由于主流量是不受控制的，当主流量变化时，总的物料量就会跟着变化。

3. 双闭环比值控制系统

双闭环比值控制系统是为了克服单闭环比值控制系统主流量不受控制，生产负荷（与总物料量有关）在较大范围内波动的不足而设计的。它是在单闭环比值控制的基础上，增加主流量控制回路而构成的。图6-37是它的原理图。从图6-37可以看出，当主流量 Q_1 变化时，一方面通过主流量控制器 F_1C 对它进行控制，另一方面通过比值控制器K（可以是乘法器）乘以适当的系数后作为副流量控制器的给定值，使副流量跟随主流量的变化而变化。

图6-38是双闭环比值控制系统的框图。由图6-38可见，该系统具有两个闭合回路，分别对主、副流量进行定值控制。同时，由于比值控制器K的存在，使得主流量从受到干扰作用开始到重新稳定在给定值这段时间内，副流量能跟随主流量的变化而变化。这样不仅实现了比较精确的流量比值，而且也确保了两物料总量基本不变，这是它的一个主要优点。

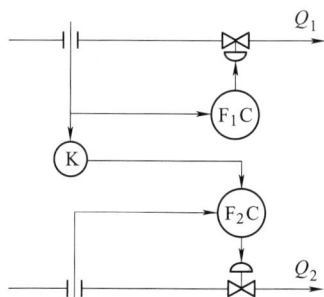

图6-37 双闭环比值控制系统

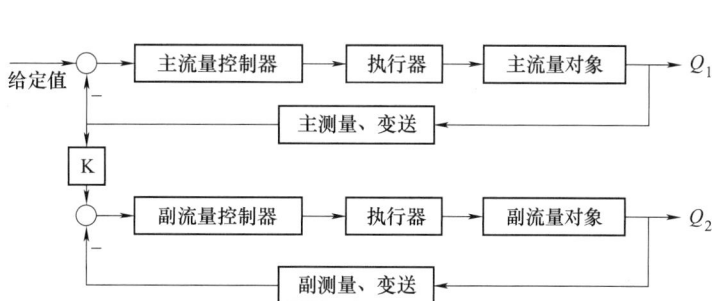

图6-38 双闭环比值控制系统框图

双闭环比值控制系统的另一个优点是提降负荷比较方便，只要缓慢地改变主流量控制器的给定值，就可以提降主流量，同时副流量也就自动跟踪提降，并保持两者比值不变。

这种比值控制方案的缺点是结构比较复杂，使用的仪表较多，投资较大，系统调整比较麻烦。

双闭环比值控制系统主要适用于主流量干扰频繁、工艺上不允许负荷有较大波动或工艺上经常需要提降负荷的场合。

4. 变比值控制系统

以上几种控制方案都属于定比值控制系统。控制过程的目的是要保持主、从物料的比值关系为定值。但有些化学反应过程，要求两种物料的比值能灵活地随第三变量的需要而加以调整，这样就出现一种变比值控制系统。

图6-39是变换炉的半水煤气与蒸汽的变比值控制系统的示意图。在变换炉生产过程中，半水煤气与蒸汽的量需保持一定的比值，但其比值系数要能随一段触媒层的温度变化而变化，才能在较大负荷变化下保持良好的控制质量。在这里，蒸汽与半水煤气的流量经测量变送后，送往除法器，计算得到它们的实际比值，作为流量比值控制器FC的测量值。而FC的给定值来自温度控制器TC，最后通过调整蒸汽量（实

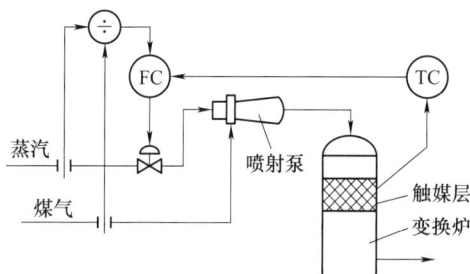

图6-39 变比值控制系统

际上是调整了蒸汽与半水煤气的比值）来使变换炉触媒层的温度恒定在规定的数值上。

图6-40是该变比值控制系统的框图。

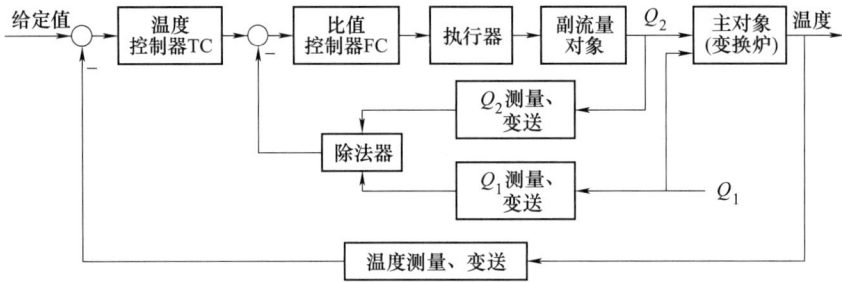

图6-40　变比值控制系统的框图

由图6-40可见，从系统的结构上来看，实际上是变换炉触媒层温度与蒸汽/半水煤气的比值串级控制系统。系统中控制器的选择：温度控制器TC按串级控制系统中主控制器要求选择，比值系统按单闭环比值控制系统来确定。

6.5　前馈控制系统

前馈的概念很早就已产生了，由于人们对它认识不足和自动化工具的限制，致使前馈控制发展缓慢。近年来，随着新型仪表与电子计算机的出现和广泛应用，为前馈控制创造了有利条件，前馈控制又重新被重视。目前前馈控制已在锅炉、精馏塔、换热器和化学反应器等设备上获得成功的应用。

6.5.1　前馈控制系统及其特点

在大多数控制系统中，控制器是按照被控变量相对于给定值的偏差而进行工作的。控制作用影响被控变量，而被控变量的变化又返回来影响控制器的输入，使控制作用发生变化。这些控制系统都属于反馈控制。不论什么干扰，只要引起被控变量变化，都可以进行控制，这是反馈控制的优点。例如在图6-41所示的换热器出口温度的反馈控制中，

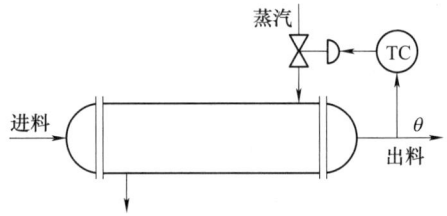

图6-41　换热器的反馈控制

所有影响被控变量θ的因素，如进料流量、温度的变化，蒸汽压力的变化等，它们对出口物料温度θ的影响都可以通过反馈控制来克服。但是，在这样的系统中，控制信号总是要在干扰已经造成影响，被控变量偏离给定值以后才能产生，控制作用总是不及时的。特别是在干扰频繁，对象有较大滞后时，控制质量的提高受到很大的限制。

如果已知影响换热器出口物料温度变化的主要干扰是进口物料流量的变化，为了及时克服这一干扰对被控变量θ的影响，可以测量进料流量，根据进料流量大小的变化直接去改变加热蒸汽量的大小，这就是所谓的"前馈"控制。图6-42是换热器的前馈控制系统示意图。当进料流量变化时，通过前馈控制器FC去开大或关小加热蒸汽阀，以克服进料流量变化对出口物料温度的影响。

为了对前馈控制有进一步的认识，下面仔细分析一下前馈控制的特点，并与反馈控制做一简单的比较。

1. 前馈控制是基于不变性原理工作的，比反馈控制及时、有效

前馈控制是根据干扰的变化产生控制作用的。如果能使干扰作用对被控变量的影响与控制作用对被控变量的影响在大小上相等、方向上相反的话，就能完全克服干扰对被控变量的影响。图 6-43 就可以充分说明这一点。

在图 6-42 所示的换热器前馈控制系统中，当进料流量突然阶跃增加 ΔQ_1 后，就会通过干扰通道使换热器出口物料温度 θ 下降，其变化曲线如图 6-43 中曲线 1 所示。与此同时，进料流量的变化经检测变送后，送入前馈控制器 FC，按一定的规律运算后输出去开大蒸汽阀。由于加热蒸汽量增加，通过加热器的控制通道会使出口物料温度 θ 上升，如图 6-43 中曲线 2 所示。由图 6-43 可知，干扰作用使温度 θ 下降，控制作用使温度 θ 上升。如果控制规律选择合适，可以得到完全的补偿。也就是说，当进口物料流量变化时，可以通过前馈控制，使出口物料的温度完全不受进口物料流量变化的影响。显然，前馈控制对于干扰的克服要比反馈控制及时得多。干扰一旦出现，不需等到被控变量受其影响产生变化，就会立即产生控制作用，这个特点是前馈控制的一个主要优点。

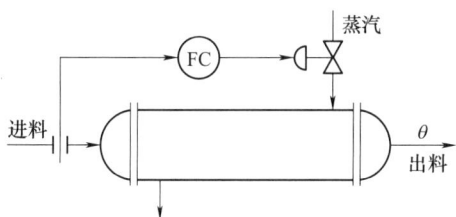

图 6-42 换热器的前馈控制

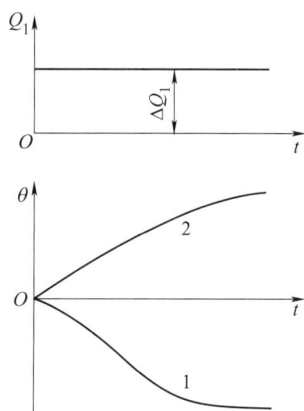

图 6-43 前馈控制系统的补偿过程

图 6-44a、b 分别表示反馈控制与前馈控制的框图。

由图 6-44 可以看出，反馈控制与前馈控制的检测信号与控制信号有如下不同的特点：

1）反馈控制的依据是被控变量与给定值的偏差，检测的信号是被控变量，控制作用发生时间是在偏差出现以后。

2）前馈控制的依据是干扰的变化，检测的信号是干扰量的大小，控制作用的发生时间是在干扰作用的瞬间而不需等到偏差出现之后。

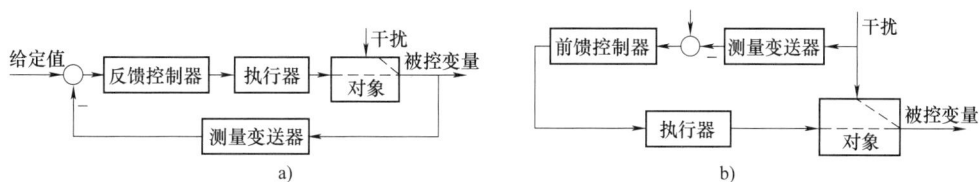

图 6-44 反馈控制与前馈控制框图

2. 前馈控制属于开环控制系统

反馈控制系统是一个闭环控制系统，而前馈控制是一个开环控制系统，这也是它们两者的基本区别。由图 6-44b 可以看出，在前馈控制系统中，被控变量根本没有被检测。

当前馈控制器按扰动量产生控制作用后，对被控变量的影响并不返回来影响控制器的输入信号——扰动量，所以整个系统是一个开环系统。

前馈控制系统是一个开环系统，这一点从某种意义上来说是前馈控制的不足之处。反馈控制由于是闭环系统，控制结果能够通过反馈获得检验，而前馈控制其控制效果并不通过反馈来加以检验。如上例中，根据进口物料流量变化这一干扰施加前馈控制作用后，出口物料的温度（被控变量）是否达到所希望的温度是不得而知的。因此，要想综合设计一个合适的前馈控制作用，必须对被控对象的特性做深入的研究和彻底的了解。

3. 前馈控制使用的是视对象特性而定的"专用"控制器

一般的反馈控制系统均采用通用类型的 PID 控制器，而前馈控制要采用专用前馈控制器（或前馈补偿装置）。对于不同的对象特性，前馈控制器的控制规律是不同的。为了使干扰得到完全克服，干扰通过对象的干扰通道对被控变量的影响，应该与控制作用（也与干扰有关）通过控制通道对被控变量的影响大小相等、方向相反。所以，前馈控制器的控制规律取决于干扰通道的特性与控制通道的特性。对于不同的对象特性，就应该设计具有不同控制规律的控制器。

4. 一种前馈作用只能克服一种干扰

由于前馈控制作用是按干扰进行工作的，而且整个系统是开环的，因此根据一种干扰设置的前馈控制就只能克服这一干扰对被控变量的影响，而对于其他干扰，由于这个前馈控制器无法感受到，也就无能为力了。而反馈控制只用一个控制回路就可克服多个干扰，所以说这一点也是前馈控制系统的一个弱点。

6.5.2 前馈控制的主要形式

1. 单纯的前馈控制形式

前面列举的图 6-42 所示的换热器出口物料温度控制就属于单纯的前馈控制系统，它是按照干扰的大小来进行控制的。根据对干扰补偿的特点，可分为静态前馈控制和动态前馈控制。

（1）静态前馈控制系统　在图 6-42 中，前馈控制器的输出信号是按干扰的大小随时间变化的，它是干扰量和时间的函数。而当干扰通道和控制通道动态特性相同时，便可以不考虑时间函数，只按静态关系确定前馈控制作用。静态前馈是前馈控制中的一种特殊形式。如当干扰阶跃变化时，前馈控制器的输出也为一个阶跃变化。图 6-42 中，如果主要干扰是进料流量的波动 ΔQ_1，那么前馈控制器的输出 Δm_f 为

$$\Delta m_f = K_f \Delta Q_1 \qquad (6\text{-}7)$$

式中，K_f 为前馈控制器的比例系数。这种静态前馈实施起来十分方便，用常规仪表中的比值器或比例控制器即可作为前馈控制器使用，K_f 为其比值或比例系数。

在有条件列写各参数的静态方程时，可按静态方程式来实现静态前馈。图 6-45 是蒸汽加热的换热器，冷料进入量为 Q_1，进口温度为 θ_1，出口温度 θ_2 是被控变量。

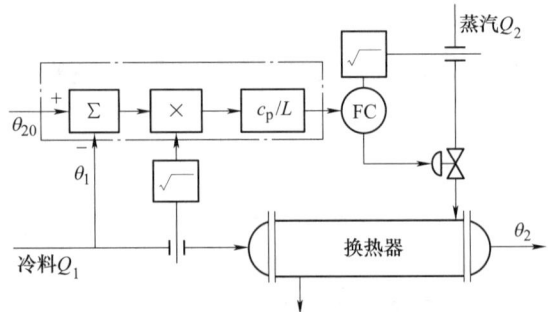

图 6-45　静态前馈控制实施方案

分析影响出口温度 θ_2 的因素：进料 Q_1 增加，使 θ_2 降低；入口温度 θ_1 提高，使 θ_2 升高；蒸汽压力下降，使 θ_2 降低。假如这些干扰当中，进料量 Q_1 变化幅度大而且频繁，现在只考虑对干扰 Q_1 进行静态补偿的话，可利用热平衡原理来分析，近似的平衡关系是蒸汽冷凝放出的热量等于进料流体获得的热量，即

$$Q_2 L = Q_1 c_p (\theta_2 - \theta_1) \tag{6-8}$$

式中，L 为蒸汽冷凝热；c_p 为被加热物料的比热容；Q_1 为进料流量；Q_2 为蒸汽流量。

当进料增加后为 $Q_1 + \Delta Q_1$，为保持出口温度 θ_2 不变，Q_2 需要相应地变化到 $Q_2 + \Delta Q_2$。此时可得相应的热平衡关系为

$$(Q_2 + \Delta Q_2) L = (Q_1 + \Delta Q_1) c_p (\theta_2 - \theta_1) \tag{6-9}$$

根据以上两个方程可得

$$\Delta Q_2 L = \Delta Q_1 c_p (\theta_2 - \theta_1)$$

即

$$\Delta Q_2 = \frac{c_p (\theta_2 - \theta_1)}{L} \Delta Q_1 = K \Delta Q_1 \tag{6-10}$$

因此，若能使 Q_2 与 Q_1 的变化量保持 $\Delta Q_2 / \Delta Q_1 = K = \dfrac{c_p (\theta_2 - \theta_1)}{L}$ 的关系，就可以实现静态补偿。根据静态控制方程式（6-10），构成换热器静态前馈控制实施方案如图 6-45 所示。

此方案将主、次干扰 θ_1、Q_1、Q_2 等都引入系统，控制质量得到提高。热交换器是应用前馈控制较多的场合，换热器具有滞后大、时间常数大、反应慢的特性，前馈控制就是针对这种对象特性设计的，故能很好地发挥作用。图 6-45 中点画线框内的环节，就是前馈控制所应该起的作用（K），可用前馈控制器，也可用单元组合仪表来实现。

（2）动态前馈控制系统 静态前馈控制只能保证被控变量的静态偏差接近或等于零，并不能保证动态偏差达到这个要求，故必须考虑对象的动态特性，从而确定前馈控制器的规律，才能获得动态前馈补偿。现在图 6-45 所示静态前馈控制基础上加一个动态前馈补偿环节，便构成了图 6-46 所示动态前馈控制实施方案。

图 6-46 中的动态补偿环节的特性，应该是针对对象的动态特性来确定的。但是考虑到工业对象的特性千差万别，如果按对象特性来设计前馈控制器的话，将会花样繁多，一般都比较复杂，实现起来比较困难。因此，可在静态前馈控制的基础上，加上延迟环节或微分环节，以达到干扰作用的近似补偿。按此原理设计的一种前馈控制器，有三个可以调整的参数：K、T_1、T_2。K 为放大倍数，是为了静态

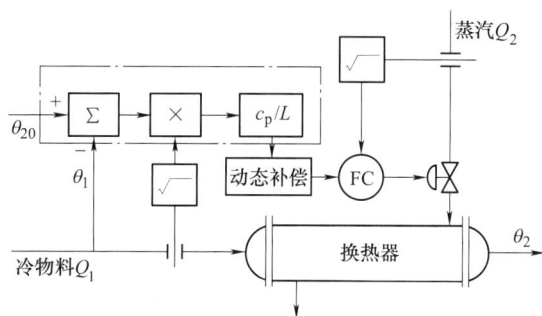

图 6-46 动态前馈控制实施方案

补偿用的。T_1、T_2 是时间常数，都有可调范围，分别表示延迟作用和微分作用的强弱。相对于干扰通道而言，控制通道反应快的给它加强延迟作用，反应慢的给它加强微分作用。根据两通道的特性适当调整 T_1、T_2 的数值，使两通道反应合拍便可以实现动态补偿，消除动态偏差。

2. 前馈-反馈控制

前面已经谈到，前馈与反馈控制的优缺点是相对应的。若将它们组合起来，取长补短，使前馈控制用来克服主要干扰，反馈控制用来克服其他的多种干扰，两者协同工作，一定能提高控制质量。

图 6-42 所示的换热器前馈控制系统仅能克服由于进料量变化对被控变量 θ 的影响。如果还同时存在其他干扰，例如进料温度、蒸汽压力的变化等，它们对被控变量 θ 的影响，通过这种单纯的前馈控制系统是得不到克服的。因此，往往用前馈来克服主要干扰，再用反馈来克服其他干扰，组成如图 6-47 所示的前馈-反馈控制系统。

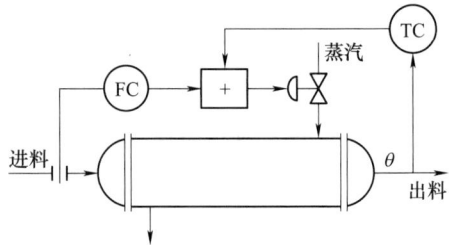

图 6-47　换热器的前馈-反馈控制

图 6-47 中的控制器 FC 起前馈控制作用，用来克服由于进料量波动对被控变量 θ 的影响，而温度控制器 TC 起反馈控制作用，用来克服其他干扰对被控变量 θ 的影响，前馈和反馈控制作用相加，共同改变加热蒸汽量，以使出料温度 θ 维持在给定值上。

图 6-48 是前馈-反馈控制系统的框图。从图 6-48 可以看出，前馈-反馈控制系统虽然也有两个控制器，但在结构上与串级控制系统是完全不同的。串级控制系统是由内、外（或主、副）两个反馈回路所组成，而前馈-反馈控制系统是由一个闭环反馈回路和另一个开环的补偿回路叠加而成。

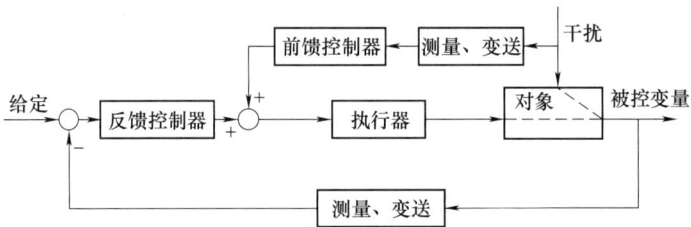

图 6-48　前馈-反馈控制系统框图

6.5.3　前馈控制的应用场合

前馈控制主要的应用场合有下面几种。

1）干扰幅值大而频繁，对被控变量影响剧烈，仅采用反馈控制达不到要求的对象。

2）主要干扰是可测而不可控的变量。所谓可测，是指干扰量可以运用检测变送装置将其在线转化为标准的电信号或气信号。但目前对某些变量，特别是某些成分量还无法实现上述转换，也就无法设计相应的前馈控制系统。所谓不可控，主要是指这些干扰难以通过设置单独的控制系统予以稳定，这类干扰在连续生产过程中是经常遇到的，其中也包括一些虽能控制但生产上不允许控制的变量，例如负荷量等。

3）当对象的控制通道滞后大，反馈控制不及时，控制质量差，可采用前馈或前馈-反馈控制系统，以提高控制质量。

6.6 选择性控制系统

6.6.1 选择性控制的基本概念

通常自动控制系统只能在生产工艺处于正常情况下进行工作。一旦生产出现事故，控制器就要改为手动，待事故被排除后，控制系统再重新投入工作。对于现代化大型生产过程来说，生产过程自动化仅仅做到这一步是不够的，远远不能满足生产要求。在这些大型工业生产过程中，除了要求控制系统在生产处于正常运行情况下，能够克服外界干扰，维持生产的平稳运行外，当生产操作达到安全极限时，控制系统应有一种应变能力，能采取相应的保护措施，促使生产操作离开安全极限，返回到正常情况，或者使生产暂时停止，以防事故的发生或进一步扩大。像大型压缩机的防喘振措施、精馏塔的防液泛措施等都属于非正常生产过程的保护性措施。

属于生产保护性措施有两类，分别为硬保护措施和软保护措施。

所谓硬保护措施就是当生产操作达到安全极限时，有声、光警报产生。这时，或是由操作工将控制器切换到手动，进行手动操作、处理；或是通过专门设置的联锁保护线路，实现自动停车，达到生产安全的目的。就人工保护来说，由于大型工厂生产过程的强化，限制性条件多而严格，生产安全保护的逻辑关系往往比较复杂，即使编写出详尽的操作规程，人工操作也难免出错。此外，由于生产过程进行的速度往往很快，操作人员的生理反应难以跟上，因此，一旦出现事故状态，情况十分紧急，容易出现手忙脚乱的情况，某个环节处理不当，就会使事故扩大。因此，在遇到这类问题时，常常采用联锁保护的办法进行处理。当生产达到安全极限时，通过专门设置的联锁保护线路，能自动使设备停车，达到保护的目的。

通过事先专门设置的联锁保护线路，虽然能在生产操作达到安全极限时起到安全保护的作用，但是，这种硬性保护方法，动辄就使设备停车，这必然会影响到生产。对于大型连续生产过程来说，即使是短暂的设备停车也会造成巨大的经济损失。因此，这种硬保护措施已逐渐不为人们所欢迎，相应情况下就出现了一种生产的软保护措施。

所谓生产的软保护措施，就是通过一个特定设计的自动选择性控制系统，当生产短期内处于不正常情况时，既不使设备停车又起到对生产进行自动保护的目的。在这种自动选择性控制系统中，已经考虑到了生产工艺过程限制条件的逻辑关系。当生产操作条件趋向限制条件时，一个用于控制不安全情况的控制方案将自动取代正常情况下工作的控制方案。直到生产操作重新回到安全范围时，正常情况下工作的控制方案又自动恢复对生产过程的正常控制。因此，这种选择性控制系统有时被称为取代控制系统或自动保护控制系统。某些选择性控制系统甚至可以使开、停车这样的工作都能够由系统控制自动地进行而无需人参与。

要构成选择性控制，生产操作必须要具有一定选择性的逻辑关系。而选择性控制的实现则需要靠具有选择功能的自动选择器（高值选择器或低值选择器）或有关的切换装置（切换器、带电接点的控制器或测量仪表）来完成。

选择性控制系统在结构上的最大特点是有一个选择器，通常是两个输入信号，一个输出信号，如图6-49所示。对于高选器（HS），输出信号 Y 等于 X_1 和 X_2 中数值较大的一个，如 $X_1=5mA$，$X_2=4mA$，则 $Y=5mA$。对于低选器（LS），输出信号 Y 等于 X_1 和 X_2 中数值较小的一个。

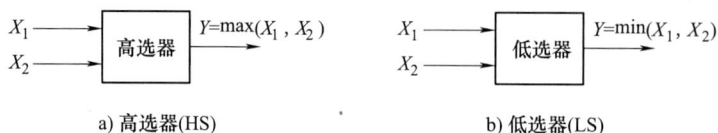

a) 高选器(HS)　　　　　　　　　　　　　　b) 低选器(LS)

图 6-49　高选器和低选器

使用高选器时，正常工艺情况下参与控制的信号应该比较强，若设其为 X_1，则 X_1 应明显大于 X_2。出现不正常工艺时，X_2 变得大于 X_1，高选器输出 Y 转而等于 X_2；待工艺恢复正常后，X_2 又下降到小于 X_1，Y 又恢复为选择 X_1。这就是选择性控制原理。使用低选器的原理与此相仿。

6.6.2　选择性控制系统的类型

1. 开关型选择性控制系统

在这一类选择性控制系统中，一般有 A、B 两个可供选择的变量。其中一个变量 A 假定是工艺操作的主要技术指标，它直接关系到产品的质量或生产效率；另一个变量 B，工艺上对它只有一个限值要求，只要不超出限值，生产就是安全的，一旦超出这一限值，生产过程就有发生事故的危险。因此，在正常情况下，变量 B 处于限值以内，生产过程就按照变量 A 来进行连续控制。一旦变量 B 达到极限值时，为了防止事故的发生，所设计的选择性控制系统将通过专门的装置（电接点、信号器、切换器等）切断变量 A 控制器的输出，而将控制阀迅速关闭或打开，直到变量 B 回到限值以内时，系统才自动重新恢复到按变量 A 进行连续控制。

开关型选择性控制系统一般都用作系统的限值保护。图 6-50 所示的丙烯冷却器的控制可作为一个应用的实例。

在乙烯分离过程中，裂解气经五段压缩后其温度已达 88℃。为了进行低温分离，必须将它的温度降下来，工艺要求降到 15℃ 左右。为此，工艺上采用了丙烯冷却器这一设备。在冷却器中，利用液态丙烯低温下蒸发吸热的原理，达到降低裂解气温度的目的。

为了使得经冷却器后的裂解气达到一定温度，一般的控制方案是选择经冷却后的裂解气温度为被控变量，以液态丙烯流量为操纵变量，组成如图 6-50a 所示的温度控制系统。

图 6-50a 所示的方案实际上是通过改变换热面积的方法来达到控制温度的目的。当裂解气出口温度偏高时，控制阀开大，液态丙烯流量就随之增大，冷却器内丙烯的液位将会上升，冷却器内列管被液态丙烯淹没的数量则增多，换热面积就增大，丙烯气化所带走的热量将会增多，因而裂解气温度就会下降。反过来，当裂解气出口温度偏低时，控制阀关小，丙烯液位则下降，换热面积就减小，丙烯气化带走热量也减小，裂解气温度则上升。因此，通过对液态丙烯流量的控制就可以达到维持裂解气出口温度不变的目的。

然而，有一种情况必须加以考虑。当裂解气温度过高或负荷量过大时，控制阀将要大幅度地被打开。当冷却器中的列管全部为液态丙烯所淹没，而裂解气出口温度仍然降不到希望的温度时，就不能再一味地使控制阀开度继续增加了。因为，一方面这时液位继续升高已不再能增加换热面积，换热效果也不再能够提高，再增加控制阀的开度，冷剂量液态丙烯将得不到充分的利用；另一方面，液位的继续上升会使冷却器中的丙烯蒸发空间逐渐减小，甚至会完全没有蒸发空间，以至于使气相丙烯会出现带液现象。气相丙烯带液进入压缩机将会损坏压缩机，这是不允许的。为此，必须对图 6-50a 所示的方案进行改造，即需要考虑到当丙烯液位上升到极限情况时的防护性措施，于是就构成了如图 6-50b 所示的裂解气出口温度与丙烯冷却器液位的开关型选择性控制系统。

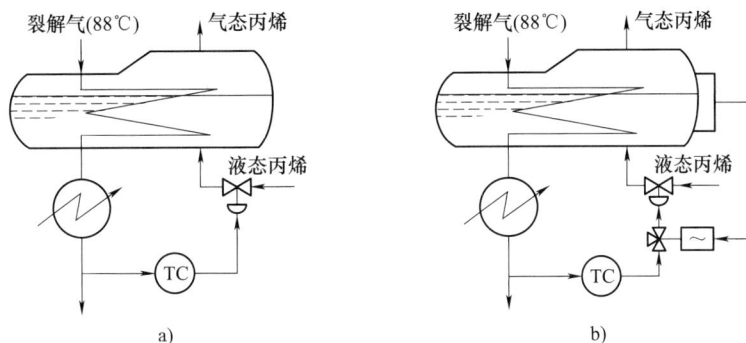

图 6-50 丙烯冷却器的两种控制方案

图 6-50b 所示方案是在图 6-50a 所示方案的基础上增加了一个带上限节点的液位变送器（或报警器）和一个连接于温度控制器 TC 与执行器之间的电磁三通阀。上限节点一般设定在液位总高度的 75% 左右。在正常情况下，液位低于 75%，节点是断开的，电磁阀失电，温度控制器的输出可直通执行器，实现温度自动控制。当液位上升达到 75% 时，这时保护压缩机不致受损坏已变为主要矛盾。于是液位变送器的上限节点闭合，电磁阀得电而动作，将控制器输出切断，同时使执行器的膜头与大气相通，膜头压力很快下降为零，控制阀将很快关闭（对气开阀而言），这就终止了液态丙烯继续进入冷却器。待冷却器内液态丙烯逐渐蒸发，液位缓慢下降到低于 75% 时，液位变送器的上限节点又断开，电磁阀重新失电，于是温度控制器的输出又直接送往执行器，恢复成温度控制系统。

此开关型选择性控制系统的框图如图 6-51 所示。图中的"开关"实际上是一只电磁三通阀，可以根据液位的不同情况分别让执行器接通温度控制器或接通大气。

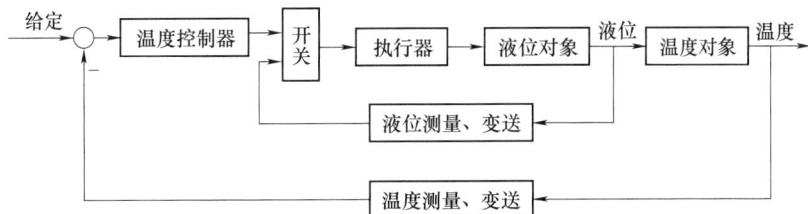

图 6-51 开关型选择性控制系统框图

上述开关型选择性控制系统也可以通过图6-52所示方案来实现。在该系统中采用了一台信号器和一台切换器。

信号器的信号关系是：

当液位低于 75% 时，输出 $p_2 = 0$；当液位达到 75%时，输出 $p_2 = 0.1\text{MPa}$。

切换器的信号关系是：

当 $p_2 = 0$ 时，$p_y = p_x$；当 $p_2 = 0.1\text{MPa}$ 时，$p_y = 0$。

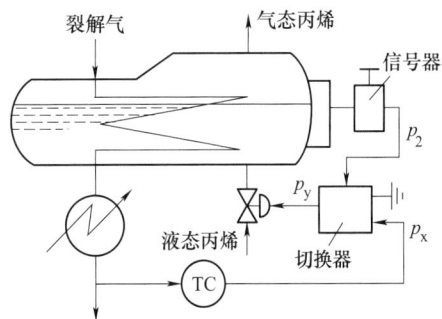

图 6-52 开关型选择性控制系统

在信号器与切换器的配合作用下，当液位低于75%时，执行器接收温度控制器来的控制信号，实现温度的连续控制；当液位达到75%时，执行器接收的信号为零，于是控制阀全关，液位则停止上升并缓慢下降，这就防止了气态丙烯带液现象的发生，对后续的压缩机起着保护作用。

2. 连续型选择性控制系统

连续型选择性控制系统与开关型选择性控制系统的不同之处就在于：当取代作用发生后，控制阀不是立即全开或全关，而是在阀门原来的开度基础上继续进行连续控制。因此，对执行器来说，控制作用是连续的。

在连续型选择性控制系统中，一般具有两台控制器，它们的输出通过一台选择器（高选器或低选器）后送往执行器。这两台控制器，一台在正常情况下工作，另一台在非正常情况下工作。在生产处于正常情况下，系统由用于正常情况下工作的控制器进行控制；一旦生产出现不正常情况时，用于非正常情况下工作的控制器将自动取代正常情况下工作的控制器对生产过程进行控制；直到生产恢复到正常情况，正常情况下工作的控制器又取代非正常情况下工作的控制器，恢复对生产过程的控制。

下面举一个连续型选择性控制系统的应用实例。

在大型合成氨工厂中，蒸汽锅炉是一个很重要的动力设备，它直接担负着向全厂提供蒸汽的任务。它的正常与否将直接关系到合成氨生产的全局。因此，必须对蒸汽锅炉的运行采取一系列保护性措施。锅炉燃烧系统的选择性控制系统就是这些保护性措施项目之一。蒸汽锅炉所用的燃料为天然气或其他燃料气。在正常情况下，根据产汽压力来控制所加的燃料量。当用户所需蒸汽量增加时，蒸汽压力就会下降。为了维持蒸汽压力不变，必须在增加供水量（供水量另有其他系统进行控制，这里暂不研究）的同时相应地增加燃料气量。当用户所需蒸汽量减少时，蒸汽压力就会上升，这时就得减少燃料气量。对于燃料气压力对燃烧过程的影响，经过研究发现：进入炉膛燃烧的燃气压力不能过高，当燃料气压力过高时，就会产生脱火现象。一旦脱火现象发生，大量燃料气就会因未燃烧而导致烟囱冒黑烟，这不但会污染环境，更严重的是燃烧室内枳存大量燃料气与空气的混合物，会有爆炸的危险。为了防止脱火现象的产生，在锅炉燃烧系统中采用了如图6-53所示的蒸汽压力与燃料气压力的自动选择性控制系统。

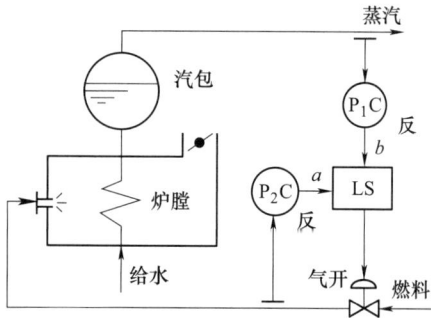

图6-53　辅助锅炉压力取代控制方案

图6-53中采用了一台低选器（LS），通过它选择蒸汽压力控制器 P_1C 与燃料气压力控制器 P_2C 之一的输出送往设置在燃料气管线上的控制阀。

低选器的特性是：它能自动地选择两个输入信号中较低的一个作为它的输出信号。

本系统的框图如图6-54所示。

现在分析该选择性控制系统的工作情况：在正常情况下，燃料气压力低于给定值，燃料气压力控制器 P_2C 所感受到的是负偏差，由于 P_2C 是反作用（根据系统控制要求决定的）控制器，因此它的输出 a 将呈现为高信号。而与此同时蒸汽压力控制器 P_1C 的输出 b 则呈现为低信号。这样，低选器（LS）将选中 b 作为输出，也即此时执行器将根据蒸汽压力控制器的输出而工作，系统实际上是一个以蒸汽压力作为被控变量的单回路控制系统。

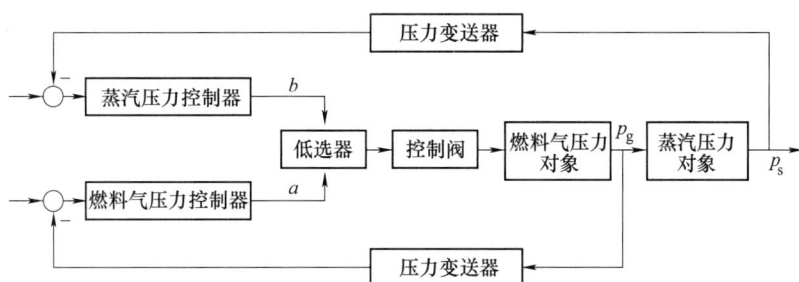

图 6-54　蒸汽压力与燃料气压力选择性控制系统框图

当燃料气压力升高（由于控制阀开大引起的）到超过给定值时，由于燃料气压力控制器 P_2C 的比例度一般都设置得比较小，一旦出现这种情况时，它的输出 a 将迅速减小，这时将出现 $b>a$，于是低选器（LS）将改选 a 信号作为输出送往执行器。此时防止脱火现象产生已经上升为主要矛盾，因此，系统将改为以燃料气压力为被控变量的单回路控制系统。

待燃料气压力下降到低于给定值时，a 又迅速升高成为高信号，此时蒸汽压力控制器 P_1C 的输出 b 又成为低信号了，于是蒸汽压力控制器将迅速取代燃料气压力控制器的工作，系统又将恢复以蒸汽压力作为被控变量的正常控制了。

注意：当系统处于燃料气压力控制时，蒸汽压力的控制质量将会明显下降，但这是为了防止事故发生所采取的必要的应急措施，这时的蒸汽压力控制系统实际上停止了工作，被属于非正常控制的燃料气压力控制系统所取代。

3. 混合型选择性控制系统

在这种混合型选择性控制系统中，既包含有开关型选择的内容，又包含有连续型选择的内容。例如，锅炉燃烧系统既考虑脱火又考虑回火的保护问题就可以通过设计一个混合型选择性控制系统来解决。

关于燃料气管线压力过高会产生脱火的问题前面已经做了介绍。然而，当燃料气管线压力过低时又会出现什么现象和产生什么危害呢？

当燃料气压力不足时，燃料气管线的压力就有可能低于燃烧室压力，这样就会出现危险的回火现象，危及燃料气罐使之发生燃烧和爆炸。因此，回火现象和脱火现象一样，也必须设法加以防止。为此，可在图 6-53 所示的蒸汽压力与燃料气压力连续型选择性控制系统的基础上增加一个防止燃料气压力过低的开关型选择的内容，如图 6-55 所示。

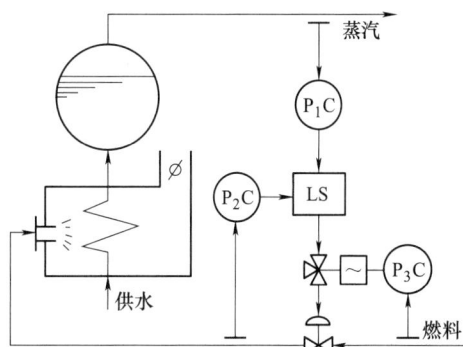

图 6-55　混合型选择性控制方案

在本方案中增加了一个带下限节点的压力控制器 P_3C 和一台电磁三通阀。当燃料气压力正常时，下限节点是断开的，电磁阀失电，此时系统的工作过程与图 6-53 没有什么两样，低选器（LS）的输出可以通过电磁阀，送往执行器。

一旦燃料气压力下降到极限值时，为防止回火的产生，下限节点接通，电磁阀通电，于是便切断了低选器（LS）送往执行器的信号，并同时使控制阀膜头与大气相通，膜头内压力迅速下降到零，于是控制阀将关闭（气开阀），回火事故将不致发生。当燃料气压力上升达到正常时，下限节点又断开，电磁阀失电，于是低选器的输出又被送往执行器，恢复成图6-53所示的蒸汽压力与燃料气压力连续型选择性控制方案。

6.6.3 积分饱和及其防止

1. 积分饱和的产生及其危害性

一个具有积分作用的控制器，当其处于开环工作状态时，如果偏差输入信号一直存在，那么，由于积分作用的结果，将使控制器的输出不断增加或不断减小，一直达到输出的极限值为止，这种现象称之为积分饱和。产生积分饱和的条件有三个：

1）控制器具有积分作用。

2）控制器处于开环工作状态。

3）控制器的输入偏差信号长期存在。

在选择性控制系统中，任何时候选择器只能选中两个控制器的其中一个，被选中的控制器的输出送往执行器，而未被选中的控制器则处于开环工作状态。这个处于开环工作状态下的控制器如果具有积分作用，在偏差长期存在的条件下，就会产生积分饱和。

当控制器处于积分饱和状态时，它的输出将达到最大或最小的极限值，该极限值已超出执行器的有效输入信号范围。对于气动薄膜控制阀来说，有效输入信号范围为 $20\sim100$ kPa，也就是说，当输入由 20kPa 变化到 100kPa 时，控制阀就可以由全开变为全关（或由全关变为全开），当输入信号在这个范围以外变化时，控制阀将停留在某一极限位置（全开或全关）不再变化。由于控制器处于积分饱和状态时，它的输出已超出执行器的有效输入信号范围，所以当它在某个时刻重新被选择器选中，需要它取代另一个控制器对系统进行控制时，它并不能立即发挥作用。这是因为要它发挥作用，必须等它退出饱和区，即输出慢慢返回到执行器的有效输入范围以后，才能使执行器开始动作，因而控制是不及时的。这种取代不及时（或者说取代虽然及时，但真正发挥作用不及时），有时会给系统带来严重的后果，甚至会造成事故，因而必须设法防止和克服。

2. 抗积分饱和措施

前面已经分析过，产生积分饱和有三个条件：即控制器具有积分作用、输入偏差信号长期存在和控制器处于开环工作状态。需要指出，除选择性控制系统会产生积分饱和现象外，只要满足产生积分饱和的三个条件，其他系统也会产生积分饱和问题。如用于控制间歇生产过程的控制器，当生产停下来而控制器未切入手动，在重新开车时，控制器就会有积分饱和的问题，其他如系统出现故障、阀芯卡住、信号传送管线泄漏等都会造成控制器的积分饱和问题。

目前防止积分饱和的方法主要有以下两种。

（1）限幅法 这种方法是通过一些专门的技术措施对积分反馈信号加以限制，从而使控制器输出信号被限制在工作信号范围之内。在气动和电动Ⅱ型仪表中有专门的限幅器（高值限幅器和低值限幅器），在电动Ⅲ型仪表中则有专门设计的限幅型控制器。采用这种专用控制器后就不会出现积分饱和的问题。

（2）积分切除法 这种方法是当控制器处于开环工作状态时，就将控制器的积分作用切除掉，这样就不会使控制器输出一直增大到最大值或一直减小到最小值，当然也就不会产生积分饱和问题了。

在电动Ⅲ型仪表中，有一种 PI-P 型控制器就属于这一类型。当控制器被选中处于闭环工作状态时，就具有比例积分控制规律；而当控制器未被选中处于开环工作状态时，仪表线路具有自动切除积分作用的功能，结果控制器就只具有比例控制作用。这样就不能向最大或最小两个极端变化，积分饱和问题也就不存在了。

实例分析：反应器节水系统是一个具有选择性控制的分程控制系统，如图 6-56a 所示。L_1C、L_2C 和 PC 是控制调节器；LS 是低选器。该系统用于高压聚乙烯装置。反应器分为预热区、反应区和冷却区三个区域。由三组压力不同的热水系统循环，产生的蒸汽送管网。该控制系统使热水尽量利用热水槽所提供的循环热水，不足时才用软水补充。现分析该系统的工作原理。

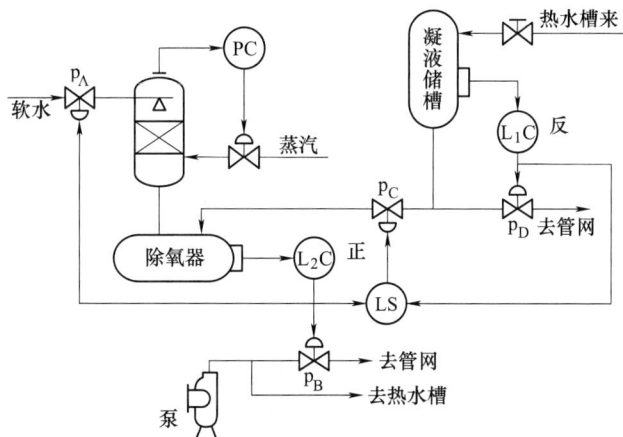

a) 控制系统原理示意图

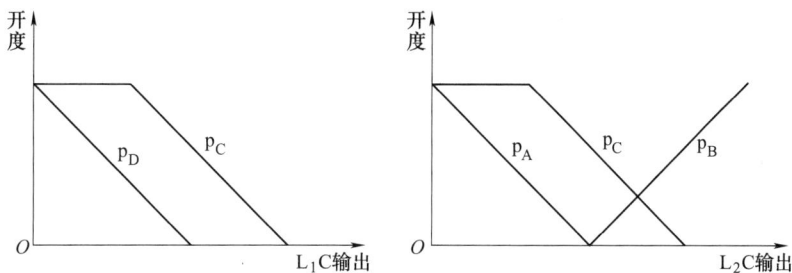

b) 控制器输出

图 6-56　反应器节水系统——具有选择性控制的分程控制系统

控制系统由两套液位控制系统组成，L_1C 和 L_2C 分别控制冷凝储槽液位和除氧器液位，由四个调节阀 p_A、p_B、p_C 和 p_D 组成分程控制系统。分程关系如图 6-56b 所示。L_1C 和 L_2C 组成选择性控制系统，L_1C 是反作用控制器，L_2C 是正作用控制器。

正常工况时，若冷液储槽液位 L_1 低，L_1C 输出高，p_D 全关，低选器不能选中，因此，L_1C 不能控制 p_C；若除氧器液位 L_2 低，L_2C 输出低，低选器选中，p_C 全开，p_B 全关，L_2C 控制 p_A 的开度，通过补充软水调节液位。

取代工况时，如果 L_1 高，则 L_1C 输出低，被低选器选中，控制 p_C 开度，调节排到除氧器的水量，L_1C 液位再升高，则 p_C 全开，通过调节 p_D 开度控制液位；如果 L_2 高，则 L_2C 输出增加，p_A 全关，关小 p_C，打开 p_B，调节送管网水量控制除氧器液位。

低选器选两个调节器输出中的低值，因此，只有在 L_2 高、L_1 低时，才关小 p_C。其他情况，p_c 均为全开，以便尽量利用热水槽所提供的循环热水，节省工业用水。

6.7 分程控制系统

6.7.1 分程控制概述

在反馈控制系统中，通常都是一台控制器的输出只控制一台控制阀，然而分程控制系统则不然。在这种控制系统中，一台控制器的输出可以同时控制两台甚至两台以上的控制阀。

在这里，控制器的输出信号被分割成若干个信号范围段，由每一段信号去控制一台控制阀。由于是分段控制，故取名为分程控制系统。

分程控制系统的框图如图 6-57 所示。

分程控制系统中控制器输出信号的

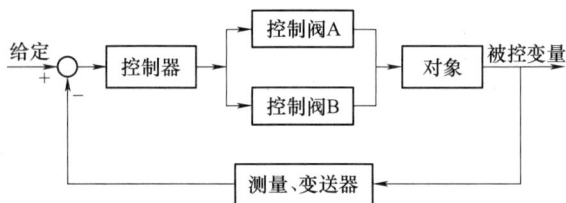

图 6-57 分程控制系统的框图

分段一般是由附设在控制阀上的阀门定位器来实现的。阀门定位器相当于一台放大系数可变且零点可以调整的放大器。如果在分程控制系统中，采用了两台分程阀，在图 6-57 中分别为控制阀 A 和控制阀 B。将执行器的输入信号 20~100kPa 分为两段，要求 A 阀在 20~60kPa 信号范围内做全行程动作（即由全关到全开或由全开到全关）；B 阀在 60~100kPa 信号范围内做全行程动作。那么，就可以对附设在控制阀 A、B 上的阀门定位器进行调整，使控制阀 A 在 20~60kPa 的输入信号下走完全行程，使控制阀 B 在 60~100kPa 的输入信号下走完全行程。这样一来，当控制器输出信号在小于 60kPa 范围内变化时，就只有控制阀 A 随着信号压力的变化改变自己的开度，而控制阀 B 则处于某个极限位置（全开或全关），其开度不变。当控制器输出信号在 60~100kPa 范围内变化时，控制阀 A 因已移动到极限位置开度不再变化，控制阀 B 的开度却随着信号大小的变化而变化。

分程控制系统就控制阀的开、关型式可以划分为两类：一类是两个控制阀同向动作，即随着控制器输出信号（即阀压）的增大或减小，两控制阀都开大或关小，其动作过程如图 6-58 所示，其中图 6-58a 为气开阀的情况，图 6-58b 为气关阀的情况。另一类是两个控制阀异向动作，即随着控制器输出信号的增大或减小，一个控制阀开大，另一个控制阀则关小，如图 6-59 所示，其中图 6-59a 是 A 为气关阀、B 为气开阀的情况，图 6-59b 是 A 为气开阀、B 为气关阀的情况。

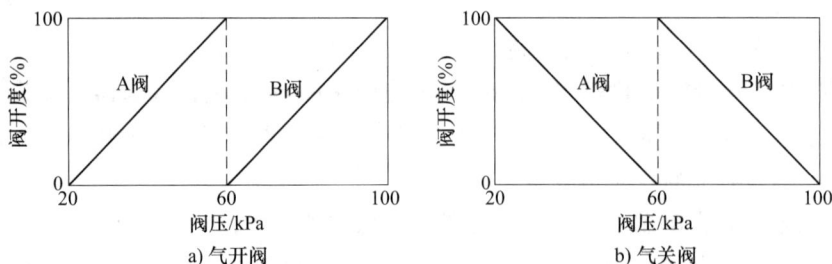

图 6-58 两阀同向动作

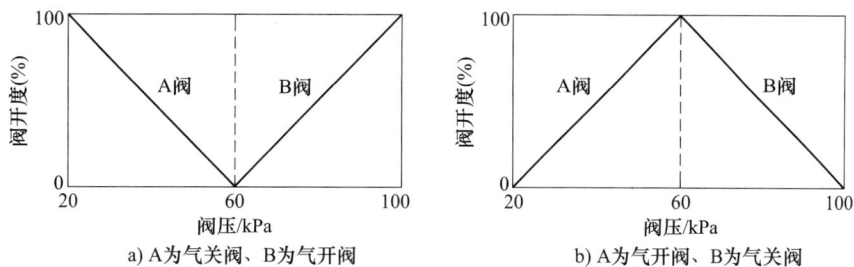

a) A为气关阀、B为气开阀　　　　　b) A为气开阀、B为气关阀

图 6-59 两阀异向动作

分程阀同向或异向动作的选择问题，要根据生产工艺的实际需要来确定。

6.7.2 分程控制的应用场合

1. 用于扩大控制阀的可调比（范围）R，改善控制品质

有时生产过程要求有较大范围的流量变化，但是控制阀的可调范围是有限制的（国产统一设计柱塞控制阀可调范围 $R = Q_{max}/Q_{min} = 30$）。若采用一个控制阀，则能够控制的最大流量和最小流量相差不可能太悬殊，满足不了生产上流量大范围变化的要求，这时可考虑采用两个控制阀并联的分程控制方案。

现以某厂蒸汽压力减压系统为例。锅炉产汽压力为10MPa，是高压蒸汽，而生产上需要的是压力平稳的4MPa 中压蒸汽。为此，需要通过节流减压的方法将10MPa 的高压蒸汽节流减压成 4MPa 的中压蒸汽。在选择控制阀口径时，为了适应大负荷下蒸汽供应量的需要，控制阀的口径就要选择得很大。然而，在正常情况下，蒸汽量却不需要这么大，这就得要将阀关小。也就是说，正常情况下控制阀只在小开度下工作。而大阀在小开度下工作时，除了阀特性会发生畸变外，还容易产生噪声和振荡，

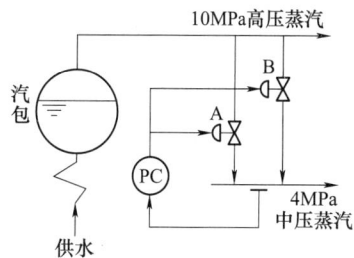

图 6-60 蒸汽减压系统分程控制

这样就会使控制效果变差，控制质量降低。为解决这一矛盾，可采用两台控制阀，构成分程控制方案，如图 6-60 所示。

在该分程控制方案中采用了 A、B 两台控制阀（假定根据工艺要求均选择为气开阀）。其中 A 阀在控制器输出压力为 20~60kPa 时，由全关到全开，B 阀在控制器输出压力为 60~100kPa 时，由全关到全开。这样在正常情况下，即小负荷时，B 阀处于关闭状态，只通过A 阀开度的变化来进行控制。当大负荷时，A 阀已全开仍满足不了蒸汽量的需要，中压蒸汽管线的压力仍达不到给定值，于是反作用式的压力控制器 PC 输出增加，超过了 60kPa，使B 阀也逐渐打开，以弥补蒸汽供应量的不足。

2. 用于控制两种不同的介质，以满足工艺生产的要求

在某些间歇式生产的化学反应过程中，当反应物料投入设备后，为了使其达到反应温度，往往在反应开始前，需要给它提供一定的热量。一旦达到反应温度后，就会随着化学反应的进行而不断放出热量，这些放出的热量如不及时移走，反应就会越来越剧烈，从而会有爆炸的危险。因此，对这种间歇式化学反应器，既要考虑反应前的预热问题，又需要考虑反应过程中移走热量的问题。为此，可设计如图 6-61 所示的分程控制系统。在该系统中，利

用 A、B 两台控制阀，分别控制冷水与蒸汽两种不同介质，以满足工艺上需要冷却和加热的不同需要。

图中，温度控制器 TC 选择为反作用，冷水控制阀 A 选为气关式，蒸汽控制阀 B 选为气开式，两阀的分程情况如图 6-62 所示。

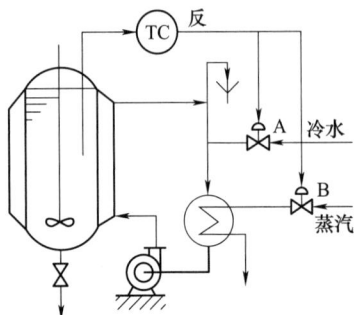

图 6-61　间隙反应器分程控制

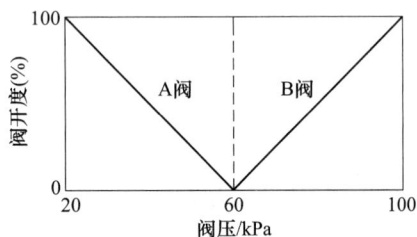

图 6-62　A、B 阀特性图

该系统的工作过程如下：

在进行化学反应前的升温阶段，由于温度测量值小于给定值，控制器 TC 输出较大（大于 60kPa），因此，A 阀将关闭，B 阀被打开，此时蒸汽通入热交换器使循环水被加热，循环热水再通入反应器夹套为反应物加热，以便使反应物温度慢慢升高。

当反应物温度达到反应温度时，化学反应开始，于是就有热量放出，反应物的温度将逐渐升高。由于控制器 TC 是反作用的，故随着反应物温度的升高，控制器的输出逐渐减小。与此同时，B 阀将逐渐关闭。待控制器输出小于 60kPa 以后，B 阀全关，A 阀则逐渐打开。这时，反应器夹套中流过的将不再是热水而是冷水。这样一来，反应所产生的热量就不断被冷水所移走，从而达到维持反应温度不变的目的。

本方案中选择蒸汽控制阀为气开式，冷水控制阀为气关式是从生产安全角度考虑的。因为，一旦出现供气中断情况，A 阀将处于全开，B 阀将处于全关。这样，就不会因为反应器温度过高而导致生产事故。系统的框图如图 6-63 所示。

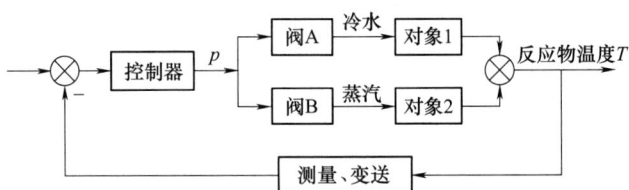

图 6-63　间隙反应器分程控制框图

3. 用作生产安全的防护措施

有时为了生产安全起见，需要采取不同的控制手段，这时可采用分程控制方案。

例如在各类炼油或石油化工厂中，有许多存放各种油品或石油化工产品的贮罐。这些油品或石油产品不宜与空气长期接触，因为空气中的氧气会使油品氧化而变质，甚至引起爆炸。为此，常常在贮罐上方充以惰性气体 N_2，以使油品与空气隔绝，这种措施通常称为氮封。为了保证空气不进贮罐，一般要求氮气压力应保持为微正压。

这里需要考虑的一个问题就是贮罐中物料量的增减会导致氮封压力的变化。当抽取物料时，氮封压力会下降，如不及时向贮罐中补充 N_2，贮罐就有被吸瘪的危险。而当向贮罐中进料时，氮封压力又会上升，若不及时排出贮罐中一部分 N_2 气体，贮罐就可能被鼓坏。为了维持氮封压力，可采用如图 6-64 所示的分程控制方案。

本方案中采用的 A 阀为气开式，B 阀为气关式，它们的分程特性如图 6-65 所示。

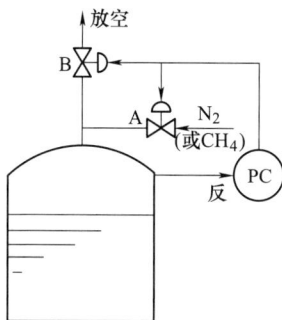

图 6-64　贮罐氮封（或气封）分程控制方案

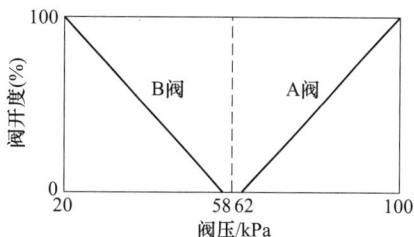

图 6-65　氮封分程阀特性图

当贮罐压力升高时，测量值将大于给定值，压力控制器 PC 的输出将下降，这样 A 阀将关闭，而 B 阀将打开，于是通过放空的办法将贮罐内的压力降下来。当贮罐内压力降低，测量值小于给定值时，控制器输出将变大，此时 B 阀将关闭而 A 阀将打开，于是 N_2 气体被补充加入贮罐中，以提高贮罐的压力。

为了防止贮罐中压力在给定值附近变化时 A、B 两阀的频繁动作，可在两阀信号交接处设置一个不灵敏区，如图 6-65 所示。方法是通过阀门定位器的调整，使 B 阀在 20~58kPa 信号范围内从全开到全关，使 A 阀在 62~100kPa 信号范围内从全关到全开，而当控制器输出压力在 58~62kPa 范围变化时，A、B 两阀都处于全关位置不动。这样做的结果，对于贮罐这样一个空间较大，因而时间常数较大，且控制精度不是很高的具体压力对象来说，是有益的。因留有这样一个不灵敏区之后，将会使控制过程变化趋于缓慢，系统更为稳定。

在油田联合站内，有许多用于污水处理的贮罐，为了防止空气中的氧气在污水中加速罐体腐蚀，一般在污水罐上方充以天然气（CH_4），以使污水与空气隔绝，通常称之为气封。其控制方案与前面氮封相同。

6.7.3　分程控制中的几个问题

1）控制阀流量特性要正确选择。因为在两阀分程点上，控制阀的放大倍数可能出现突变，表现在特性曲线上产生斜率突变的折点，这在大小控制阀并联时尤其重要。如果两控制阀均为线性特性，则情况更严重，如图 6-66a 所示。如果采用对数特性控制阀，分程信号重叠一小段，则情况会有所改善，如图 6-66b 所示。

2）大小阀并联时，大阀的泄漏量不可忽视，否则就不能充分发挥扩大可调范围的作用。当大阀的泄漏量较大时，系统的最小流通能力就不再是小阀的最小流通能力了。

3）分程控制系统本质上是简单控制系统，因此控制器的选择和参数整定，可参照简单控制系统处理。不过在运行中，如果两个控制通道特性不同，就是说广义对象特性是两个，控制器参数不能同时满足两个不同对象特性的要求。遇此情况，只好照顾正常情况下的被控对象特性，按正常情况下整定控制器的参数。对另一台阀的操作要求，只要能在工艺允许的范围内即可。

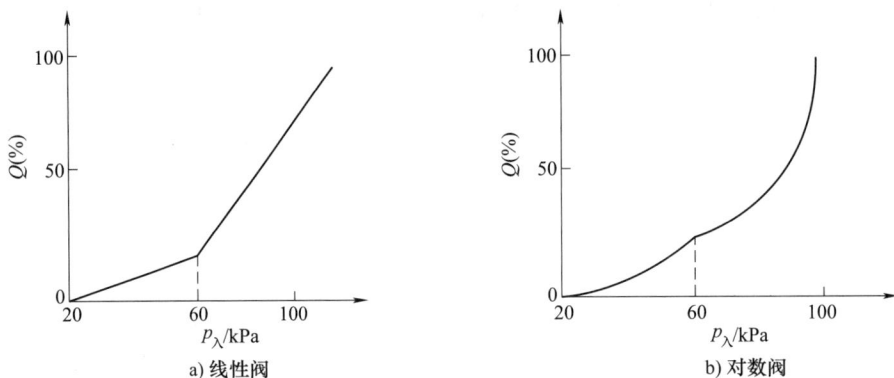

a) 线性阀 b) 对数阀

图 6-66　分程阀门特性

6.8　新型控制系统简介*

6.8.1　新型控制系统概述

20 世纪 40 年代开始形成的控制理论被称为经典控制理论。经典控制理论对线性定常对象、单输入单输出等简单对象极为有效。其中最辉煌的成果之一是 PID 控制规律。PID 控制规律具有控制原理简单、易于实现等诸多优点。到目前为止，工业控制中仍有 85% 以上的系统使用 PID 控制规律。但随着科学技术和工业生产的迅速发展，生产过程不断地趋向于大型化和复杂化，对于大型、复杂、多变量、各变量之间相互关联以及具有非线性和时变性的工业过程来说，经典控制理论就有其局限性。

在 20 世纪 60 年代发展起来的现代控制理论，以状态空间法为基础，已取得很大进展。从单变量系统发展到多输入-多输出系统的分析和设计，对自动控制技术的发展起到了积极的推动作用。但由于实际工业过程常具有非线性、时变性和不确定性，且大多数工业过程是多变量的，难于建立其精确的数学模型，即使一些对象能够建立起数学模型，其结构也往往十分复杂，难于设计并实现有效控制。基于上述原因，在工业过程控制领域，应用现代控制理论设计的过程控制器的控制效果收效甚少，占统治地位的仍然是经典的 PID 控制器。

为了克服理论与应用间的上述不协调现象，从 20 世纪 70 年代以来，广大科学工作者、工程技术人员不断探索新的理论与方法。除了加强对生产过程的建模、系统辨识、自适应控制、鲁棒控制（robust control）等的研究外，开始打破传统控制思想的束缚，试图面向工业过程的特点，寻找各种对模型要求低、在线计算方便、控制综合效果好的基于模型的控制算法。数字计算机向小型机、微型机、大容量、低成本方向的发展，也为这类算法的实现提供了物质基础。其间，人工智能理论和技术的发展，使智能控制理论逐渐形成一个新兴的学科领域，模糊控制理论、人工神经元网络和专家系统在过程控制中的应用也越来越广泛。

随着现代自动化水平的日益提高，系统规模日益扩大，系统的复杂性迅速增加，同时系统的投资也越来越大，因此人们迫切希望提高控制系统的可靠性和可维修性。故障检测和诊断技术就是为提高系统的可靠性和可维修性开辟了一条新的途径。

自适应控制、预测控制、模糊控制、神经元网络控制、智能控制与专家系统、故障检测与故障诊断等新型控制系统与传统的 PID 控制相比，它们的控制性能有了较明显的提高，

220

在实际复杂工业过程控制中得到了成功的应用，受到工程界的普遍欢迎和好评。

下面简单介绍几种新型控制系统的控制方法和特点。

6.8.2　自适应控制系统

1. 基本概念

自适应控制系统是指能够适应被控过程参数的变化，自动地调整控制的参数从而补偿过程特性变化的控制系统。

自适应控制系统的适用对象是：非线性的工业对象和非定常而具有时变特性的工业对象。因为传统的线性控制是根据线性化模型和其稳态工作点以及过程参数的值而设计的，当过程的稳态工作点改变时，需要调整控制器参数来补偿这种变化，这时可采用自适应控制系统。

自适应控制系统的工作特点是：首先测量系统的输入和输出值，根据这些值产生系统的动态特性，再与希望系统比较，从而在自适应机构中决定如何改变控制的参数和结构，以保证系统的最优性能。由适应机构输出信号改变控制方式，使被控对象达到合适的控制。由此可见，自适应控制的工作特点是：辨识、决策、控制。

2. 自适应控制系统的基本类型

工业上常用的自适应控制系统的形式很多，目前理论上较完整、应用较为广泛的自适应控制系统主要有以下三类。

（1）简单自适应控制系统　用一些简单的方法来辨识过程参数或环境条件的变化，按一定的规模来调整控制器参数，控制算法也比较简单。

（2）模型参考自适应控制系统　模型参考自适应控制系统框图如图 6-67 所示。它利用一个具有预期的品质指标，并代表理想过程的参考模型，要求实际过程的模型特性向它靠拢。这就是在原来反馈控制回路的基础上，增加一个根据参考模型与实际过程输出之间的偏差，通过调整机构（适应机构）来自动调整控制算法的自适应控制回路，以便使被调整系统的性能接近参考模型规定的性能。此类系统发展很快。

（3）自校正适应性控制系统　它先用辨识方法取得过程数学模型的参数，然后以此自行校正控制算法，使其品质为最小方差，实现最优控制。系统框图如图 6-68 所示。

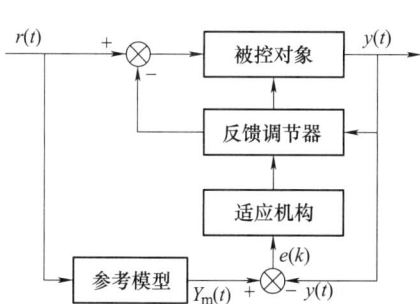

图 6-67　模型参考自适应控制系统框图

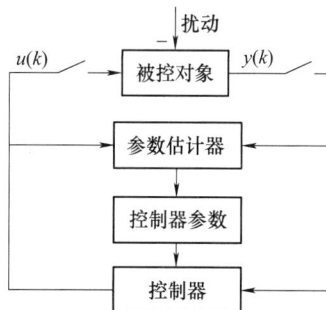

图 6-68　自校正适应性控制系统框图

6.8.3　推断控制系统

在化工炼油生产过程中，有时需控制的过程输出量不能直接测得，因而就不能实施一般的反馈控制。如果扰动可测，则还可以采用前馈控制。而如果扰动也不能测得，则唯一的方法就是采用推断控制。

推断控制是由美国学者 C. B. Brosilow 等于 1978 年提出来的。所谓推断控制（又称推断控制系统）就是指利用模型，由可测信息将不可测的被控变量推算出来以实现反馈控制，或将不可测的扰动推算出来以实现前馈控制的一类控制系统。

对于不可测的被控变量，若只依靠可测的辅助输出变量（非被控变量的变量）即能推算出来，这就是推断控制中最简单的情况，习惯上称这种系统为"按计算指标的控制系统"。对于这种系统，从结构来分有两类情况：一类是由辅助输出推算出来的值直接作为被控变量的测量值；另一类情况是以某辅助输出变量为被控变量，而它的设定值则由模型算式推算而来。在本质上，这两种情况是一致的。下面以精馏塔内回流控制为例说明推断控制的实现。

精馏塔内回流通常是指精馏塔的精馏段内上一层塔盘向下一层塔盘流动的液体流量。从精馏塔的操作原理来看，当塔的进料流量、温度和成分都比较稳定时，内回流稳定是保证塔操作良好的一个重要因素。因为内回流量不能直接测量，需用下面的工艺算式推得：

$$L_1 = L_0 \left[1 + \frac{c_p}{\lambda} (T_{OH} - T_L) \right] \tag{6-11}$$

式中，L_1、L_0 分别为内回流量和外回流量；T_{OH} 为塔顶第一层塔板温度；T_L 为外回流液温度；λ 为冷凝液的汽化热；c_p 为外回流液的比热容。

按式（6-11）构成的内回流控制系统如图 6-69 所示。图中，FC 为内回流控制器。

有许多场合要用到推断控制，如被控变量不可直接测量的聚合反应的平均分子量控制，或由于检测仪表价格昂贵或测量滞后太大的精馏塔顶、塔底产品成分的控制等。

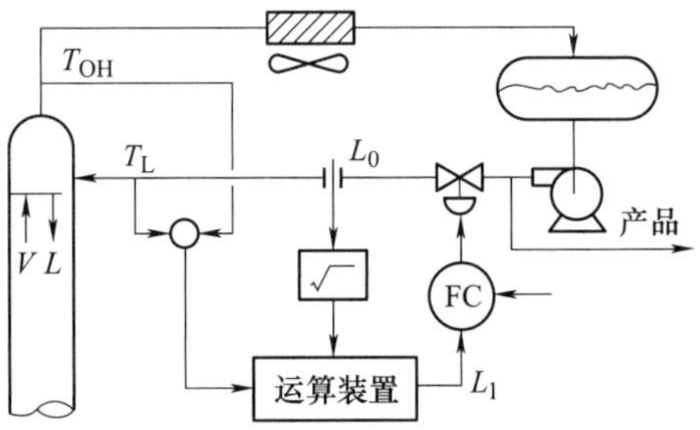

图 6-69　精馏塔内回流推断控制系统

6.8.4　预测控制系统

预测控制可被认为是近年来出现的集中不同名称的新型控制系统的总称，它们尽管分别由不同国家的工程师和学者所开发，但在系统结构和基本原理上有共同的特征，这其中包括模型预测启发控制（model predictive heuristic control，MPHC）、模型算法控制（model algorithmic control，MAC）、动态矩阵控制（dynamic matrix control，DMC）以及预测控制（predictive control，PC）等。这些算法在表达形式和控制方案等方面各有不同，但基本思想类似，都是采用工业过程中较易得到的对象脉冲响应或阶跃响应曲线，把它们在采样时刻的一系列数值作为描述对象动态特性的信息，从而构成预测模型。这样就可以确定一个控制量的时间序列，使未来一段时间中被控变量与经过"柔化"后的期望轨迹之间的误差最小。上述优化过程的反复在线进行，构成了预测控制的基本思想。

预测控制系统的原理框图如图 6-70 所示。

一般认为这类系统有以下三大要素。

（1）内部模型　从图 6-70 中可以看出，在预测和控制算法中都引入了过程的内部模型。这种内部模型开始是非参量的，如动态矩阵控制中采用阶跃响应曲线的数据等，使建模工作

变得相当简单。预测是用内部模型来
进行的，依据当前和过去的控制作用
和被控变量的测量值，来估计今后若
干步内的变量值和偏差。

（2）参考轨迹　设定值通过滤
波器处理，成为参考轨迹，作用于系
统，其目的是使被控变量的变化能比
较缓和、平稳地进行，或可称之为设
定作用的"柔化"。

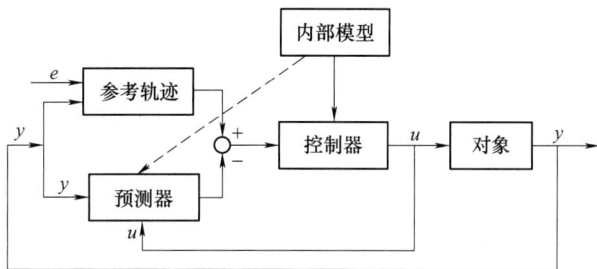

图 6-70　预测控制系统的原理框图

（3）控制算法　预测控制算法的特点是基于预测结果，求取能消除偏差，并使调节过
程品质优化的控制作用。为了确定应当采取的控制作用的数值，也需要数学模型，即内部
模型。

预测控制在工业应用上颇为成功，在理论上也有特色，这类控制系统具有良好的鲁棒
性，即使实际过程的特性与模型有一定程度的失配，仍能良好工作，这与其他按模型来设计
的系统（如大纯滞后系统的史密斯预估控制）相比，有明显的优越性。

那么为什么预测控制能够如此有效？有这样两种看法，但它们之间也可互为补充解释。

一种看法认为预测控制的取胜是采用了滚动的时域指标，通过当时的预测值来设计控制
算法。正如企业调整生产计划一样，可以不是全年一次完全定死，而是在每个月或每个季
度，依据原定指标或已经取得的成绩，来筹划和确定下个月或下个季度的计划。这样可不断
地吸收新的信息，加以调整，即使原来的考虑有些脱离当前现实，也可以及时改进。优化目
标随时间而推移，而不是一成不变。优化过程不是一次离线进行，而是反复在线进行。滚动
优化目标有局限性，结果可能是次优的，但是却可顾及模型失配等不确定性。

另一种看法则认为采用内部模型控制
是预测控制的精髓。预测控制系统的原理
图也可画成图 6-71 所示框图，该图说明了
内模控制的特征。实际上，预测控制都是
以时间离散方式进行的，这里为了说明方
便，简化为时间连续系统的形式，并用传
递函数来表示各个环节的特性。

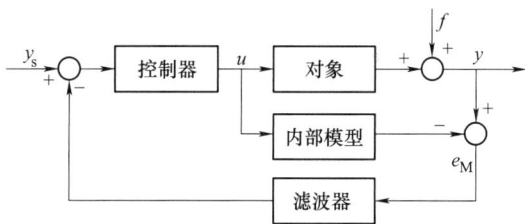

图 6-71　内模控制的框图

与简单的反馈控制系统相比较，这里
增加了内部模型（简称内模）和滤波器。在此，内模实际上起着两方面的作用，一是用以
产生被控变量的预测值，二是用以作为控制器设计的依据。如果模型和对象完全一致，而且
扰动 f 为零，则两者输出的偏差 e_M 也将为零，这当然是理想状态，此时，这个闭环系统实质
上和开环没有区别。在实际中，内部模型可能和对象不完全一致，模型和对象之间有失配
量，这时候通过滤波器的参数选择，使系统保持稳定。

可以这么说，预测控制策略采用了双重的预测方式，即基于模型的输出预测和估计偏差
的误差预测。闭环的反馈控制主要是针对后者进行的，也就是说，是在模型失配量和扰动作
用的影响下进行的。至于控制作用的主体，则依据模型得出，接近于开环调节，对象参数的
变化对稳定性的影响要比闭环时小得多。

对于其他新型控制系统的控制方法和特点，读者可以参考相关文献资料。

习题与思考题

6-1 简单控制系统由哪几部分组成？各部分的作用是什么？

6-2 什么叫直接指标控制和间接指标控制？各使用在什么场合？

6-3 被控变量的选择原则是什么？

6-4 什么叫可控因素（变量）与不可控因素？当存在着若干个可控因素时，应如何选择操纵变量才是比较合理的控制方案？

6-5 操纵变量的选择原则是什么？

6-6 一个系统的对象有容量滞后，另一个系统由于测量点位置造成纯滞后，如果分别采用微分作用克服滞后，效果如何？

6-7 控制器控制规律选择的原则是什么？

6-8 比例控制器、比例积分控制器、比例积分微分控制器的特点分别是什么？各使用在什么场合？

6-9 为什么说比例控制作用是最基本的控制作用？

6-10 为什么要考虑控制器的作用方向？如何选择？

6-11 被控对象、执行器、控制器的正、反作用各是怎样规定的？

6-12 图6-72是一反应器温度控制系统示意图。试画出这一系统的框图，并说明各方框的含义，指出它们具体代表什么。假定该反应器温度控制系统中，反应器内需维持一定温度，以利反应进行，但温度不允许过高，否则有爆炸危险。试确定执行器的气开、气关型式和控制器的正、反作用。

6-13 试确定图6-73所示两个系统中执行器的气开、气关型式及控制器的正、反作用。

（1）图6-73a为一加热器出口物料温度控制系统，要求物料温度不能过高，否则容易分解；

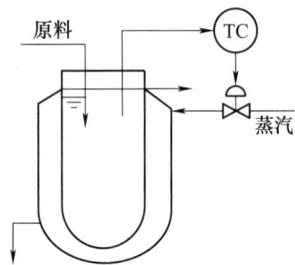

图6-72 反应器温度控制系统

（2）图6-73b为一冷却器出口物料温度控制系统，要求物料温度不能太低，否则容易结晶。

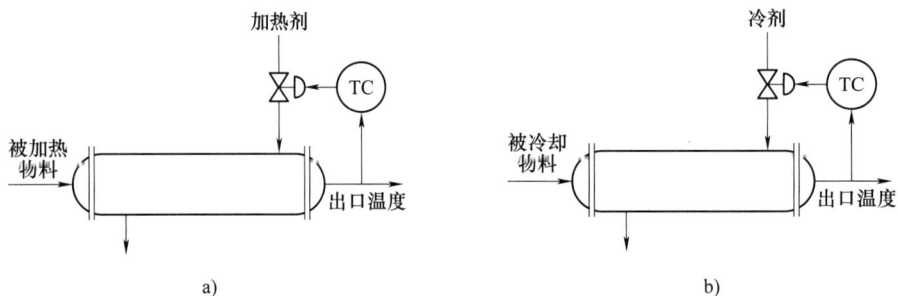

图6-73 温度控制系统

6-14 图6-74为贮槽液位控制系统，为安全起见，贮槽内液体严格禁止溢出，试在下述两种情况下，分别确定执行器的气开、气关型式及控制器的正、反作用。

（1）选择流入量 Q_i 为操纵变量；

（2）选择流出量 Q_o 为操纵变量。

6-15 图6-75所示为一锅炉汽包液位控制系统的示意图，要求锅炉不能烧干。试画出该系统的框图，判断控制阀的气开、气关型式，确定控制器的正、反作用，并简述当加热室温度升高导致蒸汽蒸发量增加时，该控

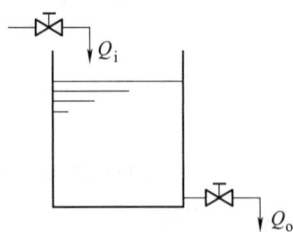

图6-74 液位控制

制系统是如何克服扰动的。

6-16 图 6-76 所示为精馏塔温度控制系统的示意图，它通过控制进入再沸器的蒸汽量实现被控变量的稳定。试画出该控制系统的框图，确定控制阀的气开、气关型式和控制器的正、反作用，并简述由于外界扰动使精馏塔温度升高时该系统的控制过程（此处假定精馏塔的温度不能太高）。

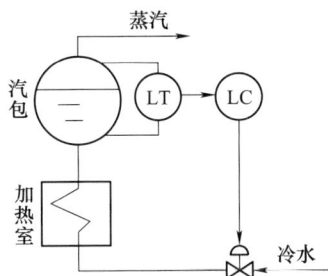

图 6-75　锅炉汽包液位控制系统

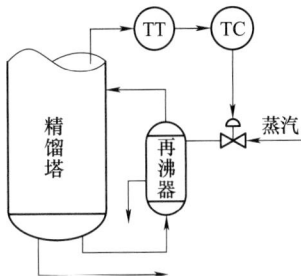

图 6-76　精馏塔温度控制系统

6-17 控制器参数整定的任务是什么？工程上常用的控制器参数整定有哪几种方法？

6-18 某控制系统采用 DDZ-Ⅲ 型控制器，用临界比例度法整定参数。已测得 $\delta_k = 30\%$、$T_k = 3\min$。试确定 PI 作用和 PID 作用时控制器的参数。

6-19 某控制系统用 4：1 衰减曲线法整定控制器的参数。已测得 $\delta_s = 50\%$、$T_s = 5\min$。试确定 PI 作用和 PID 作用时控制器的参数。

6-20 临界比例度的意义是什么？为什么工程上控制器采用的比例度要大于临界比例度？

6-21 试述用衰减曲线法整定控制器参数的步骤及注意事项。

6-22 如何区分由于比例度过小、积分时间过小或微分时间过大所引起的振荡过渡过程？

6-23 经验凑试法整定控制器参数的关键是什么？

6-24 什么叫串级控制？画出一般串级控制系统的典型框图。

6-25 串级控制系统有哪些特点？主要使用在什么场合？

6-26 串级控制系统中的主、副变量应如何选择？

6-27 为什么说串级控制系统中的主回路是定值控制系统，而副回路是随动控制系统？

6-28 为什么在一般情况下，串级控制系统中的主控制器应选择 PI 或 PID 作用的，而副控制器选择 P 作用的？

6-29 串级控制系统中主、副控制器的参数整定有哪两种主要方法？试分别说明之。

6-30 图 6-77 所示为聚合釜温度控制系统。试问：

（1）这是一个什么类型的控制系统？试画出它的框图；

（2）如果聚合釜温度不允许过高，否则易发生事故，试确定控制阀的气开、气关型式；

（3）确定主、副控制器的正、反作用；

（4）简述当冷却水压力变化时的控制过程；

（5）如果冷却水的温度是经常波动的，上述系统应如何改进？

（6）如果选择夹套内的水温作为副变量构成串级控制系统，试画出它的框图，并确定主、副控制器的正、反作用。

图 6-77　聚合釜温度控制系统

6-31 均匀控制系统的目的和特点是什么？

6-32 图 6-78 是串级均匀控制系统示意图，试画出该系统的框图，并分析这个方案与普通串级控制系统的异同点。如果控制阀选择为气开式，试确定 LC 和 FC 控制器的正、反作用。

6-33 什么叫比值控制系统？

6-34 画出单闭环比值控制系统的框图，并分析为什么说单闭环比值控制系统的主回路是不闭合的。

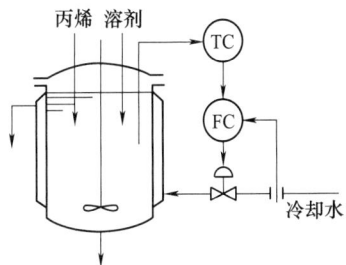

6-35 试简述图 6-79 所示单闭环比值控制系统，在 Q_1 和 Q_2 分别有波动时控制系统的控制过程。

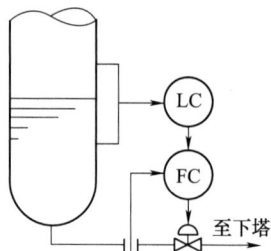

图 6-78 串级均匀控制系统

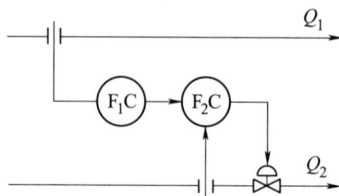

图 6-79 单闭环比值控制系统

6-36 与开环比值控制系统相比，单闭环比值控制系统有什么优点？

6-37 试画出双闭环比值控制系统的框图。与单闭环比值控制系统相比，它有什么特点？使用在什么场合？

6-38 什么是变比值控制系统？

6-39 在图 6-80 所示的控制系统中，被控变量为精馏塔塔底温度，控制手段是改变进入塔底再沸器的热剂流量，该系统采用 2℃ 的气态丙烯作为热剂，在再沸器内释热后呈液态进入冷凝液贮罐。试分析：

（1）该系统是一个什么类型的控制系统？试画出其框图；

（2）若贮罐中的液位不能过低，试确定调节阀的气开、气关型式及控制器的正、反作用；

（3）简述系统的控制过程。

6-40 前馈控制系统有什么特点？应用在什么场合？

6-41 在什么情况下要采用前馈-反馈控制系统？试画出它的框图，并指出在该系统中，前馈和反馈作用各起什么作用？

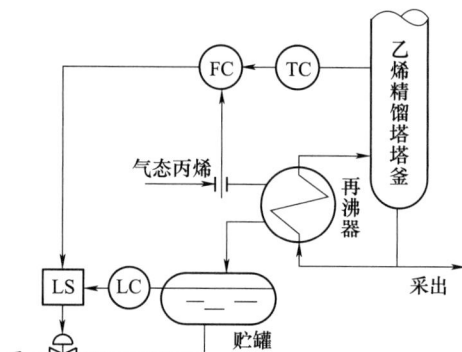

图 6-80 精馏塔控制系统

6-42 什么叫生产过程的软保护措施？与硬保护措施相比，软保护措施有什么优点？

6-43 选择性控制系统的特点是什么？

6-44 选择性控制系统有哪几种类型？

6-45 什么是控制器的积分饱和现象？产生积分饱和的条件是什么？

6-46 积分饱和的危害是什么？有哪几种主要的抗积分饱和措施？

6-47 从系统的结构上来说，分程控制系统与连续型选择性控制系统的主要区别是什么？分别画出它们的框图。

6-48 分程控制系统主要应用在什么场合？

6-49 采用两个控制阀并联的分程控制系统为什么能扩大控制阀的可调范围？

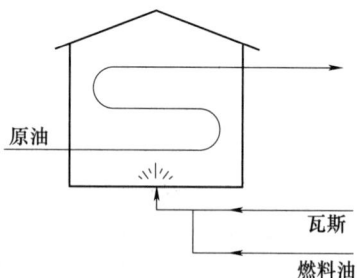

图 6-81 原油管式加热炉

6-50 图 6-81 为一管式加热炉，工艺要求用瓦斯与燃料油加热，使原油出口温度保持恒定。为了节省燃料油，要求尽量采用瓦斯供热，只有当瓦斯不足以提供所需热量时，才以燃料油作为补充。请设计出分程控制系统。

第 7 章

典型设备与过程控制方案

控制方案的确定是实现生产过程自动化的重要环节。要设计出一个好的控制方案，必须深入了解生产工艺，按工程的内在机理来探讨其自动控制方案。生产过程是由基本操作单元和典型操作设备组成的。生产过程自动化的单元操作主要有动量传递过程、热量传递过程、质量传递过程和化学反应过程。操作设备种类繁多，控制方案也因不同对象而异。本章从自动控制的角度出发，根据对象特性和控制要求，分析典型生产过程自动化操作单元中若干具有代表性的设备的控制方案，从中阐明设计控制方案的一般原则和方法。

7.1 流体输送设备的自动控制

在石油、化工等自动化生产中，各种物料大多数是在连续流动状态下，进行传热、传质或化学反应等过程。为使物料便于输送、控制，多数物料是以气态或液态方式在管道内流动。对于固态物料，有时也进行流态化。流体的输送是一个动量传递过程，流体在管道内流动，从泵或压缩机等输送设备获得能量，以克服流动阻力。泵是液体的输送设备，压缩机则是气体的输送设备。

流体输送设备的基本任务是输送流体和提高流体的压头。在连续性生产过程中，除某些特殊情况，如泵的起停、压缩机的程序控制和信号联锁外，对流体输送设备的控制，多数是属于流量或压力的控制，如定值控制、比值控制及以流量作为副变量的串级控制等。此外，还有为保护输送设备不致损坏的一些保护性控制方案，如离心式压缩机的"防喘振"控制方案。

7.1.1 离心泵的控制方案

离心泵是最常见的液体输送设备。它的压头是由旋转叶轮作用于液体的离心力而产生的。转速越高，则离心力越大，压头也越高。泵的压头 H 和流量 Q 及转速 n 之间的关系，称为泵的特性，如图 7-1 所示。也可由下列经验公式来近似：

$$H = k_1 n^2 - k_2 Q^2 \tag{7-1}$$

离心泵流量控制的目的是要将泵的排出流量恒定于某一给定的数值上。流量控制在石油、化工生产中是常见的，例如，进入化学反应器的原料量需要维持恒定、精馏塔的进料量或回流量需要维持恒定、原油和天然气输送管道的流量也需要维持恒定等。

离心泵的流量控制主要有三种方案。

1. 控制泵的出口阀门开度

通过控制泵出口阀门开度来控制流量的方法如图 7-2 所示。当干扰作用使被控变量（流量）发生变化偏离给定值时，控制器发出控制信号，阀门动作，控制结果使流量回到给定值。

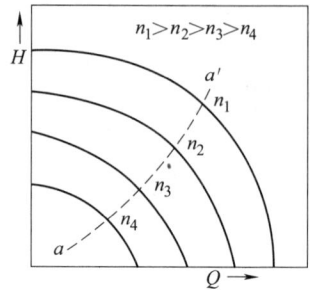

图 7-1　离心泵的特性曲线

aa'—相应于最高效率的工作点

在一定转速下，离心泵的排出流量 Q 与泵产生的压头 H 有一定的对应关系，如图 7-3 曲线 A 所示。在不同流量下，泵所能提供的压头是不同的，曲线 A 称为泵的流量特性曲线。泵提供的压头又必须与管路上的阻力相平衡才能进行操作。克服管路阻力所需压头大小随流量的增加而增加，如曲线 1、2、3 所示。曲线 1 称为管路特性曲线。曲线 A 与曲线 1 的交点 C_1 即为进行操作的工作点。此时泵所产生的压头正好用来克服管路的阻力，C_1 点对应的流量 Q_1 即为泵的实际出口流量。

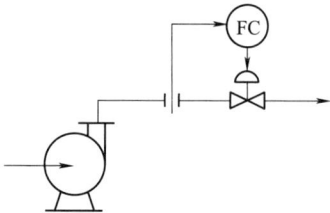

图 7-2　改变泵出口阻力控制流量

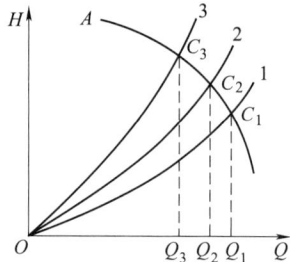

图 7-3　泵的流量特性曲线与管路特性曲线

改变出口阀门的开度就是改变管路上的阻力。当控制阀开度发生变化时，由于转速是恒定的，所以泵的特性没有变化，即图 7-3 中的曲线 A 没有变化。但管路上的阻力却发生了变化，即管路特性曲线不再是曲线 1，随着控制阀的关小，可能变为曲线 2 或曲线 3 了。工作点就由 C_1 移向 C_2 或 C_3，出口流量也由 Q_1 改变为 Q_2 或 Q_3，如图 7-3 所示。这就是通过控制泵的出口阀开度来改变排出流量的基本原理。

采用本方案时，要注意控制阀一般应该安装在泵的出口管线上，而不应该安装在泵的吸入管线上（特殊情况除外）。这是因为控制阀在正常工作时，需要有一定的压降，而离心泵的吸入高度是有限的。

控制出口阀门开度的控制方案的特点是简单可行，应用广泛。但是，此方案总的机械效率较低，特别是控制阀开度较小时，阀上压降较大，对于大功率泵，损耗的功率相当大，因此是不经济的。

2. 控制泵的转速

当泵的转速改变时，泵的流量特性曲线会发生改变。图 7-4 中，曲线 1、2、3 表示转速分别为 n_1、n_2、n_3 时的流量特性，且有 $n_1 > n_2 > n_3$。在同样的流量情况下，泵的转速提高会使压头 H 增加。在一定的管路特性曲线 B 的情况下，减小泵的转速，会使工作点由 C_1 移向 C_2 或 C_3，流量相应也由 Q_1 减少到 Q_2 或 Q_3。

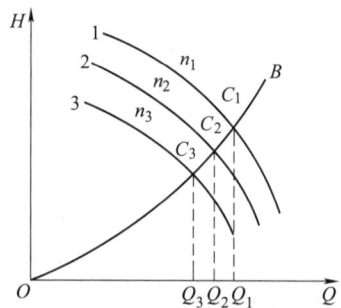

图 7-4　改变泵的转速控制流量

这种方案从能量消耗的角度来衡量最为经济，机械效率较高，但调速机构一般较复杂，所以多用在蒸汽透平驱动离心泵的场合，此时仅需控制蒸汽量即可控制转速。

3. 控制泵的出口旁路

如图 7-5 所示，将泵的部分排出量重新送回到吸入管路，用改变旁路阀开度的方法来控制泵的实际排出量。

控制阀装在旁路上，由于压差大，流量小，所以控制阀的尺寸可以选得比装在出口管道上的小得多。但是这种方案不经济，因为旁路阀消耗一部分高压液体能量，使总的机械效率降低，故很少采用。

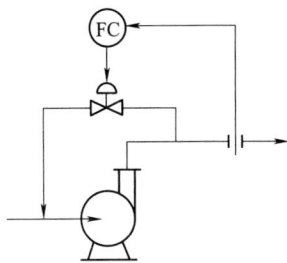

图 7-5　改变旁路阀控制流量

7.1.2　往复泵的控制方案

往复泵也是常见的流体输送机械，多用于流量较小、压头要求较高的场合，它是利用活塞在气缸中往复滑行来输送流体的。

往复泵提供的理论流量 $Q_{理}$（单位为 $\mathrm{m^3/h}$）可按下式计算：

$$Q_{理} = 60nFs \tag{7-2}$$

式中，n 为每分钟的往复次数；F 为气缸截面积（$\mathrm{m^2}$）；s 为活塞行程（m）。

从式（7-2）中可清楚地看出，从泵体角度来说，影响往复泵出口流量变化的仅有 n、F、s 三个参数，或者说只能通过改变 n、F、s 来控制流量。明确这一点对设计流量控制方案很有帮助。常用的流量控制方案有三种。

1. 改变原动机的转速

这种方案适用于以蒸汽机或汽轮机作为原动机的场合，此时，可借助于改变蒸汽流量的方法方便地控制转速，进而控制往复泵的出口流量，如图 7-6 所示。当用电动机作为原动机时，由于调速机构较复杂，故很少采用。

2. 控制泵的出口旁路

如图 7-7 所示，用改变旁路阀开度的方法来控制实际排出量。这种方案由于高压流体的部分能量要白白消耗在旁路上，故经济性较差。

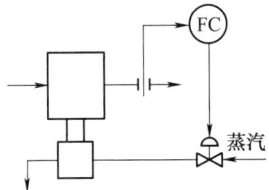

图 7-6　改变原动机转速控制方案

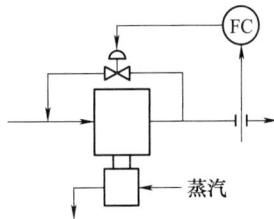

图 7-7　改变旁路流量控制方案

3. 改变冲程 s

计量泵常改变冲程 s 来进行流量控制。冲程 s 的改变可在停泵时进行，也可在运转状态下进行。

往复泵的前两种控制方案，原则上亦适用于其他直接位移式的泵，如齿轮泵等。

往复泵的出口管道上不允许安装控制阀，这是因为往复泵活塞每往返一次，总有一定体积的流体排出。当在出口管线上节流时，压头 H 会大幅度增加。图 7-8 是往复泵的压头 H 与流量 Q 之间的特性曲线。在一定的转速下，随着流量的减少，压头急剧增加。因此，企图用改变出口管道阻力来改变出口流量，既达不到控制流量的目的，又极易导致泵体损坏。

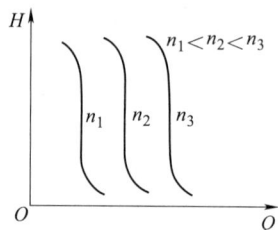

图 7-8　往复泵的特性曲线

7.1.3　压气机的控制方案

压气机和泵同为输送流体的机械，其区别在于压气机是提高气体的压力。气体是可以压缩的，所以要考虑压力对密度的影响。

压气机的种类很多，按其作用原理不同可分为离心式和往复式两大类；按进、出口压力高低的差别，可分为真空泵、鼓风机、压缩机等类型。在制订控制方案时必须考虑到各自的特点。

压气机的控制方案与泵的控制方案相似，被控变量同样是流量或压力，控制方案大体上可分为三类。

1. 直接控制流量

对于低压离心式鼓风机，一般可在其出口直接用控制阀控制流量。由于管径较大，执行器可采用蝶阀。其余情况下，为了防止出口压力过高，通常在入口端控制流量。因为气体的可压缩性，所以这种方案对于往复式压缩机也是适用的。当控制阀关小时，会在压缩机入口端形成负压，这就意味着，吸入同样容积的气体，其质量流量减少了。流量降低到额定值的 50%~70% 以下时，负压严重，压缩机效率大为降低。这种情况下，可采用分程控制方案，如图 7-9 所示。出口流量控制器 FC 操纵两个控制阀。吸入阀只能关小到一定开度，如果需要的流量更小，则应打开旁路阀2，以避免入口端负压严重。两只阀的特性如图 7-10 所示。

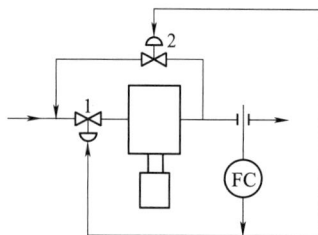

图 7-9　分程控制方案

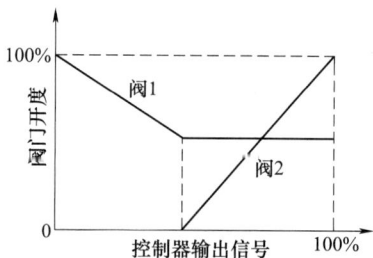

图 7-10　分程阀的特性

为了减少阻力损失，对大型压缩机，往往不用控制吸入阀的方法，而用调整导向叶片角度的方法。

2. 控制旁路流量

它与泵的控制方案相同，如图 7-11 所示。对于压缩比很高的多级压缩机，从出口直接旁路回到入口是不适宜的。这样会使控制阀前后压差太大，功率损耗太大。为了解决这个问题，可以在中间某段安装控制阀，使其回到入口端，用一只控制阀可满足一定工作范围的需要。

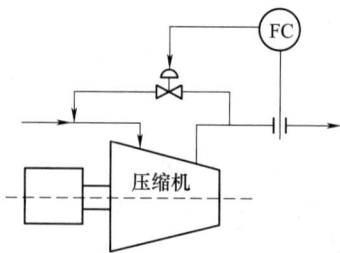

图 7-11　控制压缩机旁路方案

3. 调节转速

压气机的流量控制可以通过调节原动机的转速来达到，这种方案效率最高，节能最好，问题在于调速机构一般比较复杂，没有前两种方案简便。

7.1.4 离心式压缩机的防喘振控制

1. 离心式压缩机的特性曲线及喘振现象

近年来，离心式压缩机的应用日益增加，对于这类压缩机的控制，还有一个特殊的问题，就是"喘振"现象。

图 7-12 是离心式压缩机的特性曲线，即压缩机出口与入口绝对压力之比 p_2/p_1 与进口体积流量 Q 之间的关系曲线。图中 n 是转速，且 $n_1 < n_2 < n_3$。由图可见，对应于不同转速 n 的每一条 p_2/p_1-Q 曲线，都有一个最高点。此点之右，降低压缩比 p_2/p_1 会使流量增大，即 $\Delta Q/\Delta(p_2/p_1)$ 为负值。在这种情况下，压缩机有自衡能力，表现在因干扰作用使出口管网的压力下降时，压缩机能自发地增大排出量，提高压力建立新的平衡；此点之左，降低压缩比 p_2/p_1，反而会使流量减少，即 $\Delta Q/\Delta(p_2/p_1)$ 为正值。这样的对象是不稳定的，这时，如果因干扰作用使出口管网的压力下降时，压缩机不但不增加输出流量，反而减少排出量，致使管网压力进一步下降。因此，离心式压缩机特性曲线的最高点是压缩机能否稳定操作的分界点。在图 7-12 中，连接最高点的虚线是一条表征压缩机能否稳定操作的极限曲线，在虚线的右侧为正常运行区，在虚线的左侧，即图中的阴影部分是不稳定区。

对于离心式压缩机，若由于压缩机的负荷（即流量）减少，使工作点进入不稳定区，将会出现一种危害极大的"喘振"现象。图 7-13 是说明离心式压缩机喘振现象的示意图。图中，Q_B 是在固定转速 n 的条件下对应于最大压缩比 $(p_2/p_1)_B$ 的体积流量，它是压缩机能否正常操作的极限流量。设压缩机的工作点原处于正常运行区的点 A，由于负荷减少，工作点将沿着曲线 ABC 方向移动，在点 B 处压缩机达到最大压缩比，若继续减小负荷，则工作点将落到不稳定区，此时出口压力减小，但与压缩机相连的管路系统在此瞬间的压力不会突变，管网压力反而高于压缩机出口压力，于是发生气体倒流现象，工作点迅速下降到 C。由于压缩机在继续运转，当压缩机出口压力达到管路系统压力后，又开始向管路系统输送气体，于是压缩机的工作点由点 C 突变到点 D，但此时的流量 $Q_D > Q_B$，超过了工艺要求的负荷量，系统压力被迫升高，工作点又将沿 DAB 曲线下降到 C。压缩机工作点这种反复迅速突变的过程，好像工作点一直在"飞动"。这种现象称为压缩机的"喘振"，因为出现这一现象时，气体由压缩机忽进忽出，使转子受到交变负荷，机身发生振动并波及相连的管线，

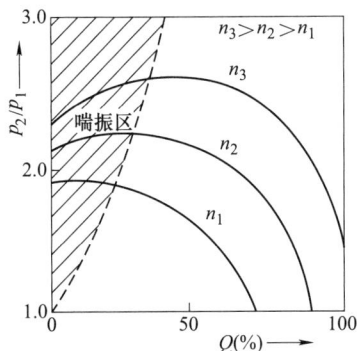

图 7-12 离心式压缩机特性曲线

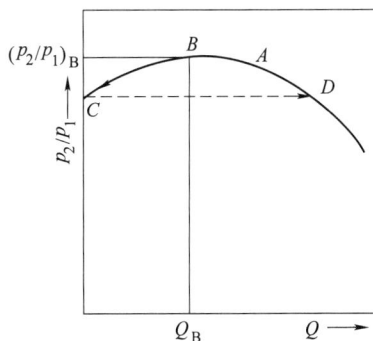

图 7-13 "喘振"现象示意图

表现在流量计和压力表的指针大幅度摆动。如果与机身相连接的管网容量较小并严密，则可听到周期性的如同哮喘病人喘气般的噪声；而当管网音量较大，喘振时会发生周期性间断的吼响声，并使止逆阀发出撞击声，它将使压缩机及所连接的管网系统和设备发生强烈振动，甚至使压缩机遭到破坏。

喘振是离心式压缩机所固有的特性，每一台离心式压缩机都有其一定的喘振区域。负荷减小是离心式压缩机产生喘振的主要原因；此外，被输送气体的吸入状态，如温度、压力等的变化，也是使压缩机产生喘振的因素。一般情况下，吸入气体的温度或压力越低，压缩机越容易进入喘振区。

2. 防喘振控制方案

由上可知，离心式压缩机产生喘振现象的主要原因是由于负荷降低，排气量小于极限值 Q_B 而引起的，只要使压缩机的吸气量大于或等于在该工况下的极限排气量即可防止喘振。工业生产上常用的控制方案有固定极限流量法和可变极限流量法两种。

（1）固定极限流量法 对于工作在一定转速下的离心式压缩机，都有一个进入喘振区的极限流量 Q_B，为了安全起见，规定一个压缩机吸入流量的最小值 Q_P，且有 $Q_P>Q_B$。固定极限流量法防喘振控制的目的就是在当负荷变化时，始终保证压缩机的入口流量 Q_1 不低于 Q_P 值。图7-14是一种最简单的固定极限法防喘振控制方案，这种控制方案与图7-11所示的旁路控制在形式上相同，但其控制目的、测量点的位置不一样。在这种方案中，测量点在压缩机的吸入管线上，流量控制器的给定值为 Q_P，当压缩机的排气量因负荷变小且小于 Q_P时，则开大旁路控制阀以加大回流量，保证吸入流量 $Q_1 \geqslant Q_P$，从而避免喘振现象的产生。

本方案的特点是结构简单，运行安全可靠，投资费用较少。但当压缩机的转速变化时，如按高转速取给定值，势必在低转速时给定值偏高，能耗过大；若按低转速取给定值，则在高转速时仍有因给定值偏低而使压缩机产生喘振的危险。因此，当压缩机的转速不是恒值时，不宜采用这种控制方案。

（2）可变极限流量法 当压缩机的转速可变时，进入喘振区的极限流量也是变化的。图7-15上的喘振极限线是对应于不同转速时的压缩机特性曲线的最高点的连线。只要压缩机的工作点在喘振极限线的右侧，就可以避免喘振发生。但为了安全起见，实际工作点应控制在安全操作线的右侧。安全操作线近似为抛物线，其方程可用下列近似公式表示：

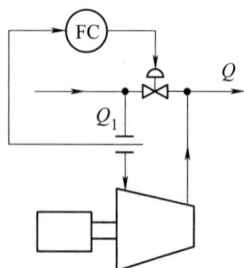

图7-14 防喘振旁路控制

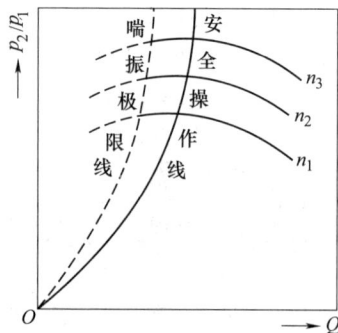

图7-15 离心式压缩机特性曲线

$$\frac{p_2}{p_1} = a + \frac{bQ_1^2}{T_1}$$

$$(7-3)$$

式中，T_1 为入口端绝对温度；Q_1 为入口流量；p_1、p_2 分别为压缩机入口、出口压力；a、b 为系数，一般由压缩机制造厂提供。

p_1、p_2、T_1、Q_1 可以用检测仪表得到。如果压缩比 $\dfrac{p_2}{p_1} \leqslant a + \dfrac{bQ_1^2}{T_1}$，则工况是安全的；如果

压缩比 $\dfrac{p_2}{p_1} > a + \dfrac{bQ_1^2}{T_1}$，则其工况将可能产生喘振。

假定在压缩机的入口端通过测量压差 Δp_1 来测量流量 Q_1，Δp_1 与 Q_1 的关系为

$$Q_1 = K\sqrt{\frac{\Delta p_1}{\rho}} \tag{7-4}$$

式中，ρ 为介质密度；K 为比例系数。

根据气体方程可知

$$\rho = \frac{p_1 M}{zRT_1} \tag{7-5}$$

式中，z 为气体压缩因子；R 为气体常数；p_1 为入口气体的绝对压力；T_1 为入口气体的绝对温度；M 为气体分子量。

将式（7-5）代入式（7-4），可得

$$Q_1^2 = K^2 \frac{\Delta p_1}{\rho} = K^2 \frac{\Delta p_1 zRT_1}{p_1 M} = \frac{K^2}{r} \cdot \frac{\Delta p_1 T_1}{p_1} \tag{7-6}$$

其中，$r = \dfrac{M}{zR}$，是一个常数。

将式（7-6）代入式（7-3），可得

$$\frac{p_2}{p_1} = a + \frac{bK^2}{r} \cdot \frac{\Delta p_1}{p_1} \tag{7-7}$$

因此，为了防止喘振，应有

$$\Delta p_1 \geqslant \frac{r}{bK^2}(p_2 - ap_1) \tag{7-8}$$

图 7-16 就是根据式（7-8）所设计的一种防喘振控制方案。压缩机入口、出口压力 p_1、p_2 经过测量、变送器以后送往加法器 Σ，得到 $(p_2 - ap_1)$ 信号，然后乘以系数 $\dfrac{r}{bK^2}$，作为防喘振控制器 FC 的给定值。控制器的测量值是测量入口流量的压差经过变送器后的信号。当测量值大于给定值时，压缩机工作在正常运行区，旁路阀是关闭的；当测量值小于给定值时，这时需要打开旁路阀以保证压缩机的入口流量不小于给定值。这种方案属于可变极限流量法的防喘振控制方案，这时控制器 FC

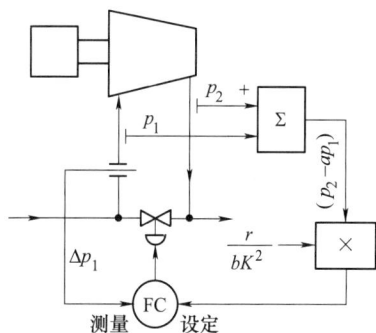

图 7-16　变极限流量防喘振控制方案

的给定值是经过运算得到的，因此能根据压缩机负荷变化的情况随时调整入口流量的给定值，而且由于这种方案将运算部分放在闭合回路之外，因此可像单回路流量控制系统那样整定控制器参数。

233

7.2 传热设备的自动控制

7.2.1 传热设备的结构和特性

在工业生产中，有许多生产过程都要求物料产生必要的物理或化学变化，这些变化中往往会对物料的温度提出一定的要求。例如，蒸馏、干燥、蒸发、结晶等过程都需要根据工艺要求使物料维持一定的温度；还有某些化学变化过程，为了保证反应的正常进行，更需要严格控制反应物或者催化剂的温度。在这些控制温度的场合，不可避免地要对物料进行加热或散热，这个过程统称为传热过程。它是工业生产过程中常见的环节，对保证产品质量和生产正常运行有重要的意义。传热过程通常是在被称为传热设备的装置中进行的，只要对传热设备实施了有效的控制，也就能使传热过程的效果满足要求，最终保证物料必需的工艺温度。本节将先针对比较简单的间接换热过程中传热设备控制问题做讨论，然后介绍工业过程中常用的加热炉设备及其控制方式。

1. 传热设备的结构类型

从物理上讲，热量的交换有直接和间接两种方式。直接换热是指加热流体与被加热流体直接接触，以达到加热或冷却的目的。间接换热是指两种流体被换热设备的器壁所间隔，不直接接触。在间接换热中，热量首先由高温流体传给器壁，器壁再把热量传向低温流体。在化工生产过程中，一般以间接换热较为常见。换热设备的常见结构类型有列管式、夹套式、蛇管式和套管式等四种换热器（见图7-17）和加热锅炉。

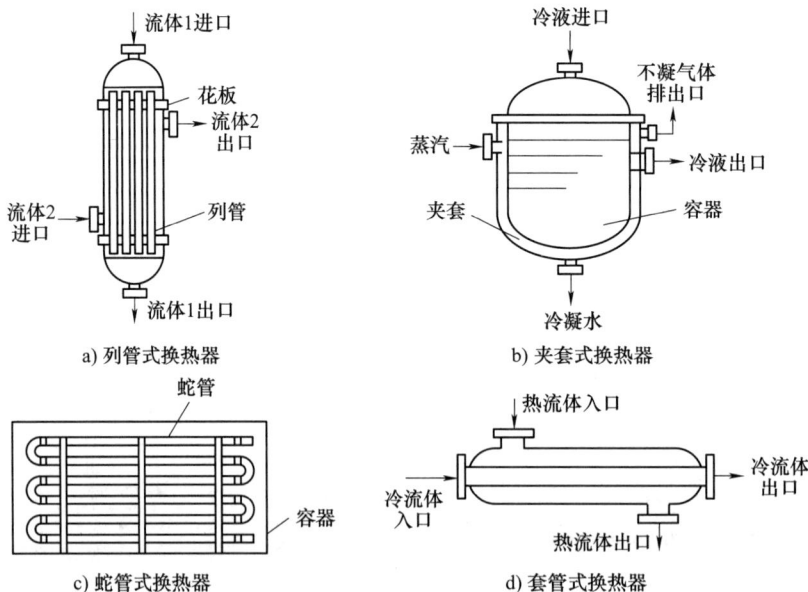

图 7-17 传热设备的结构类型

2. 传热设备的工艺特性

传热设备的传热过程是综合传导、对流及热辐射三种方式的复合过程。其主要特性如下。

（1）传热设备的分布参数特性　分布参数特性是指影响对象输出变量大小的不仅有常规的输入变量和时间，还有对象内部各点的物理位置。根据物料相变情况，传热设备大致可以分为以下几种：

1）在换热过程中，传热壁面两侧流体都无相变，而且当两侧流体都没有轴向混合时，两侧的温度都将是距离和时间的函数，也就是说，两侧都是分布参数对象，一般列管式换热器、套管式换热器属于此类。

2）在换热过程中，传热壁面两侧流体都发生相变，则两侧的温度皆可近似为集中参数，不必作为分布参数处理，典型的例子就是精馏塔的再沸器。相变（汽化或冷凝）的特点是流体温度取决于所处压力，而不是取决于传热量。

3）在换热过程中，传热壁面两侧流体中如果有一侧发生相变，则发生相变的一侧视为集中参数，另一侧需视具体情况而定，例如列管式蒸汽换热器、氨冷凝器等。

由上所述，不少传热对象具有分布参数特性，这类对象的动态数学模型需用偏微分方程来表示，然后求解获得其特性。这样做的好处在于模型比较精确，得到的对象特性比较准确，但整个过程比较复杂和烦琐。虽然有时亦可用集中参数模型来近似，以避免烦琐的求解过程，但精度会差很多，例如当对象的进出口温度不同时，可以把各点温度的平均值作为流体的近似温度来对待。

（2）纯滞后时间及热惯性较大　在实际生产过程中，许多情况下都不允许冷热两流体直接接触，即不允许在传热过程中伴随有物质交换过程。因此，为达到传热目的，只能采用间壁式换热器。在间壁式换热器中，热流体的热量通过对流传热传给间壁，再由间壁将热量以对流方式传给冷流体。因此，间壁式传热设备属典型的多容对象，这类设备一般都带有较大的容量滞后，但可以近似地认为是具有纯滞后环节的多容对象。

传热设备的自动控制系统中的滞后不仅来自于被控对象，而且来自于测温元件。在所有的测量仪表中，测温元件的测量滞后是比较显著的。例如常用的热电偶、热电阻等测温元件，为了保护其不致损坏或被介质腐蚀，一般均加有保护套管，这样就增加了测温元件的测量滞后，因此测温元件的测量滞后也给传热设备的自动控制系统增加了滞后时间。

传热过程与流量、压力的变化过程有明显的不同，那就是传热过程的速度相当慢，被加热（或冷却）物料的温度变化很不明显，反映出被控对象具有很大的热惯性。这种较大的热惯性对物料保持自身温度稳定是有好处的，但是对于必要的温度改变来说，却是一个缺点。为了尽快改变物料温度，在其他条件不变的情况下，必须加大传热过程的推动力即热流和冷流之间的温度差，这就会耗费更多的能量。

7.2.2　换热器的自动控制

在确定换热器的控制方案之前，首先要明确换热器的工作目的，然后确定其被控变量和操作变量，最后制订控制方案。

换热器主要用于冷、热流体间的热量交换，如加热器、致冷器、再沸器等。由于传热的目的不同，因此被控变量也不完全一样。在多数情况下，换热器自动控制的目的是为了使工艺介质加热（或冷却）到某一温度，以满足生产工艺要求；自动控制的方法就是要通过改变换热器的热负荷，以保证工艺介质在换热器出口的温度恒定在给定值上。因此，换热器自动控制的被控变量一般是温度，操纵变量一般选择为载热体的流量。本节按传热的两侧有、无相变的不同情况讨论传热设备的各种温度控制方案。

235

1. 两侧均无相变的换热器控制方案

当换热器两侧流体在传热过程中均不起相变时，常采用下列几种控制方案。

（1）控制载热体的流量 图7-18表示利用控制载热体流量来稳定被加热介质出口温度的控制方案。从传热基本方程式可以解释这种方案的工作原理。

若不考虑传热过程中的热损失，则热流体失去的热量应该等于冷流体获得的热量，可写出下列热量平衡方程式：

$$Q = G_1 c_1 (T_1 - T_2) = G_2 c_2 (t_2 - t_1) \tag{7-9}$$

式中，Q 为单位时间内传递的热量；G_1、G_2 分别是载热体和冷流体的流量；c_1、c_2 分别是载热体和冷流体的比热容；T_1、T_2 分别是载热体的入口和出口温度；t_1、t_2 分别是冷流体的入口和出口温度。

另外，传热过程中传热的速率可按下式计算：

$$Q = KF\Delta t_m \tag{7-10}$$

式中，K 为传热系数；F 为传热面积；Δt_m 为两流体间的平均温差。

由于冷热流体间的传热既符合热量平衡方程式（7-9），又符合传热速率方程式（7-10），因此有下列关系式：

$$G_2 c_2 (t_2 - t_1) = KF\Delta t_m \tag{7-11}$$

移项后可改写为

$$t_2 = \frac{KF\Delta t_m}{G_2 c_2} + t_1 \tag{7-12}$$

从式（7-12）可以看出，在传热面积 F、冷流体进口流量 G_2、温度 t_1 及比热容 c_2 一定的情况下，影响冷流体出口温度 t_2 的因素主要是传热系数 K 及平均温差 Δt_m。控制载热体流量实质上是改变 Δt_m。假如由于某种原因使 t_2 升高，控制器 TC 将使阀门关小以减少载体热流量，传热就更加充分，因此载热体的出口温度 T_2 将要下降，这就必然导致冷、热流体间平均温差 Δt_m 下降，从而使工艺介质出口温度 t_2 也下降。因此这种方案实质上是通过改变 Δt_m 来控制工艺介质出口温度 t_2 的。载热体流量的变化也会引起传热系数 K 的变化，只是通常 K 的变化不大，所以讨论中可以忽略不计。

改变载热体流量是应用最为普遍的控制方案，多适用于载热体流量的变化对温度影响较灵敏的场合。如果载热体本身压力不稳定，可另设稳压系统，或者采用以温度为主变量、流量为副变量的串级控制系统，如图7-19所示。

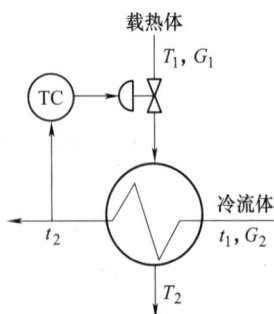

图7-18 改变载热体流量的温度控制方案

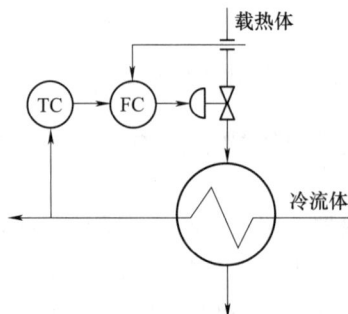

图7-19 改变载热体流量的温度-流量控制方案

（2）控制载热体旁路流量 当载热体是工艺流体，其流量不允许变动时，可采用图7-20

所示的控制方案。这种方案的工作原理与前一种方案相同，也是利用改变温差 Δt_m 的手段来达到温度控制的目的。这里，采用三通控制阀来改变进入换热器的载热体流量与旁路流量的比例，这样既可以改变进入换热器的载热体流量，又可以保证载热体总流量不受影响。这种方案在载热体为工艺主要介质时，极为常见。

旁路的流量一般不用直通阀来直接进行控制，这是由于在换热器内部流体阻力小的时候，控制阀前后压降很小，这样就使控制阀的口径要选得很大，而且阀的流量特性易发生畸变。

（3）控制被加热流体自身流量　如图 7-21 所示，控制阀安装在被加热流体进入换热器的管道上。由式（7-12）可以看出，被加热流体流量 G_2 越大，出口温度 t_2 就越低。这是因为 G_2 越大，流体的流速越快，与热流体换热必然不充分，出口温度一定会下降。这种控制方案，只能用在工艺介质的流量允许变化的场合，否则可考虑采用下一种方案。

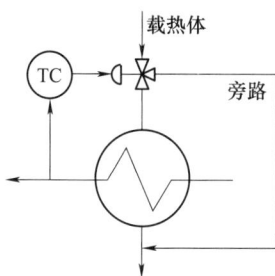

图 7-20　用载热体旁路控制温度

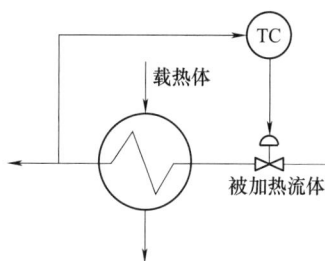

图 7-21　用介质自身流量控制温度

（4）控制被加热流体自身流量的旁路　当被加热流体的总流量不允许控制，而且换热器的传热面积有余量时，可将一小部分被加热流体由旁路直接流到出口处，使冷、热物料混合来控制温度，如图 7-22 所示。这种控制方案从工作原理来说与第三种方案相同，即都是通过改变被加热流体自身流量来控制出口温度的，只是在改变流量的方法上采用三通控制阀，改变进入换热器的被加热介质流量与旁路流量的比例，这一点与第二种方案相似。

图 7-22　用介质旁路控制温度

由于此方案中载热体一直处于最大流量，而且要求传热面积有较大的裕量，因此在通过换热器的被加热介质流量较小时，就不太经济，这是其缺点。

2. 载热体进行冷凝的加热器自动控制（有相变）

利用蒸汽冷凝来加热介质的加热器，在石油、化工中十分常见。在蒸汽加热器中，蒸汽冷凝由汽相变为液相，放出热量，通过管壁加热工艺介质。如果要求加热到 200℃ 以上或 30℃ 以下时，常采用一些有机化工物质作为载热体。

$$蒸汽 \xrightarrow[\text{潜热}]{\text{冷凝}} 液相 \xrightarrow[\text{显热}]{\text{降温}} 液相$$

这种蒸汽冷凝的传热过程不同于两侧均无相变的传热过程。蒸汽在整个冷凝过程中温度保持不变。因此这种传热过程分两段进行，先冷凝后降温。但在一般情况下，由于蒸汽冷凝潜热比凝液降温的显热要大得多，所以有时为简化起见，就不考虑显热部分的热量。当仅考

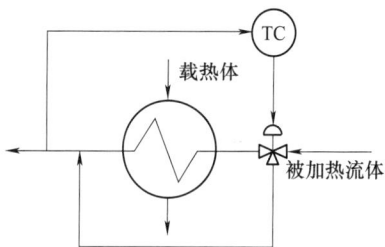

虑汽化潜热时，工艺介质吸收的热量应该等于蒸汽冷凝放出的汽化潜热，于是热量平衡方程式为

$$Q = G_1 c_1 (t_2 - t_1) = G_2 \lambda \qquad (7\text{-}13)$$

式中，Q 为单位时间传递的热量；G_1 为被加热介质流量；G_2 为蒸汽流量；c_1 为被加热介质比热容；t_1、t_2 分别为被加热介质的入口、出口温度；λ 为蒸汽的汽化潜热。

传热速率方程式仍为

$$Q = G_2 \lambda = KF\Delta t_m \qquad (7\text{-}14)$$

式中，K、F、Δt_m 的意义同式（7-10）。

当被加热介质的出口温度 t_2 为被控变量时，常采用下述两种控制方案：一种是控制进入的蒸汽流量 G_2；另一种是通过改变冷凝液排出量以控制冷凝的有效面积 F。

（1）控制蒸汽流量　这种方案最为常见。当蒸汽压力本身比较稳定时，可采用图7-23所示的简单控制方案。通过改变加热蒸汽量来稳定被加热介质的出口温度。当阀前蒸汽压力有波动时，需增设稳压措施，可对蒸汽总管加设压力定值控制，或者采用温度与蒸汽流量（或压力）的串级控制。一般来说，设压力定值控制比较方便，但采用温度与流量的串级控制另有一个好处，它对于副环内的其余干扰，或者阀门特性不够完善的情况，也能有所克服。

（2）控制换热器的有效换热面积（控制凝液排出量）　如图7-24所示，将控制阀装在凝液管线上。如果被加热物料出口温度高于给定值，说明传热量过大，可将凝液控制阀关小，凝液就会积聚起来，减少了有效的蒸汽冷凝面积，使传热量减少，工艺介质出口温度就会降低。反之，如果被加热物料出口温度低于给定值，可开大凝液控制阀，增大有效传热面积，使传热量相应增加。

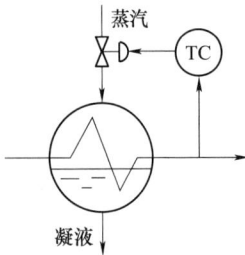

图7-23　用蒸汽流量控制温度　　　　图7-24　用凝液排出量控制温度

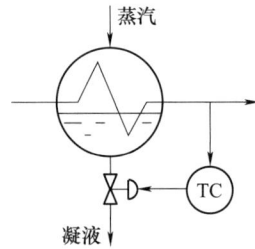

这种控制方案，由于凝液至传热面积的通道是个滞后环节，控制作用比较迟钝。当工艺介质温度偏离给定值后，往往需要很长时间才能校正过来，影响了控制质量。较有效的办法为采用串级控制方案。串级控制有两种方案，图7-25为温度与凝液的液位串级控制，图7-26为温度与蒸汽流量的串级控制。由于串级控制系统克服了进入副回路的主要干扰，改善了对象特性，因而提高了控制品质。

以上两种控制方案及其各自改进的串级控制方案，它们各有优缺点。控制蒸汽流量的方案简单易行、过渡过程时间短、控制迅速，缺点是需选用较大的蒸汽阀门、传热量变化比较剧烈，有时凝液冷到100℃以下，这时加热器内蒸汽一侧会产生负压，造成冷凝液的排放不连续，影响均匀传热。控制凝液排出量的方案，控制通道长、变化迟缓，且需要有较大的传热面积裕量。但由于变化和缓，有防止局部过热的优点，所以对一些过热后会引起化学变化

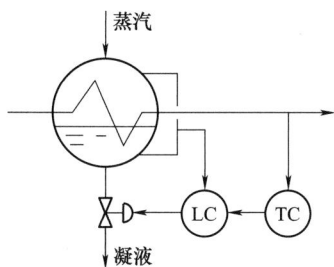

图 7-25 温度-液位串级控制系统

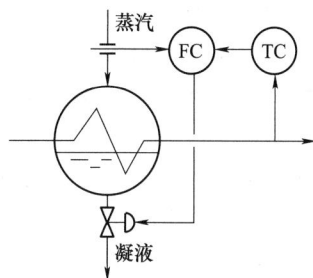

图 7-26 温度-流量串级控制系统

的过敏性介质比较适用。另外，由于蒸汽冷凝后凝液的体积比蒸汽体积小得多，所以可以选用尺寸较小的控制阀门。

3. 冷却剂进行汽化的冷却器自动控制

当用水或空气作为冷却剂不能满足冷却温度的要求时，需要用其他冷却剂。这些冷却剂有液氨、乙烯、丙烯等。这些液体冷却剂在冷却器中由液体汽化为气体时带走大量潜热，从而使另一种物料得到冷却。以液氨为例，当它在常压下汽化时，可以使物料冷却到−30℃的低温。

在这类冷却器中，以氨冷器为最常见，通常采用以下几种控制方案。

（1）控制冷却剂的流量（改变传热面积） 图 7-27 所示方案为通过改变液氨的进入量来控制介质的出口温度。这种方案的控制过程为：当工艺介质出口温度上升时，就相应增加液氨进入量使氨冷器内液位上升，液体传热面积就增加，因而使传热量增加，介质的出口温度下降。

这种控制方案并不以液位为被控变量，但要注意液位不能过高，液位过高会造成蒸发空间不足，使出去的氨气中夹带大量液氨，引起氨压缩机的操作事故。因此，这种控制方案带有上限液位报警，或采用温度-液位自动选择性控制，当液位高于某上限值时，自动把液氨阀关小或暂时切断。

（2）温度与液位的串级控制 图 7-28 所示方案中，操纵变量仍是液氨流量，但以液位作为副变量、以温度作为主变量构成串级控制系统。应用此类方案时，应对液位的上限值加以限制，以保证有足够的蒸发空间。

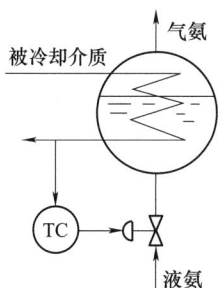

图 7-27 用冷却剂流量控制温度

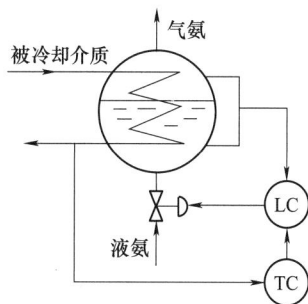

图 7-28 温度-液位串级控制

这种方案的实质仍然是改变传热面积。但由于采用了串级控制，将液氨压力变化而引起液位变化的这一主要干扰包含在副环内，从而提高了控制质量。

239

（3）控制汽化压力 由于氨的汽化温度与压力有关，所以可以将控制阀装在气氨出口管道上，如图 7-29 所示。

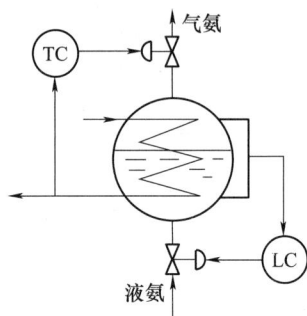

这种控制方案的工作原理是基于当控制阀的开度变化时，会引起氨冷器内汽化压力改变，于是相应的汽化温度也就改变了。譬如说，当工艺介质出口温度升高偏离给定值时，就开大氨气出口管道上的阀门，使氨冷器内压力下降，液氨温度也就下降，冷却剂与工艺介质间的温差 Δt_m 增大，传热量就增大，工艺介质温度就会下降，这样就达到了控制工艺介质出口温度恒定的目的。为了保证液位不高于允许上限，在该方案中还设有辅助的液位控制系统。

图 7-29 用汽化压力控制温度

这种方案控制作用迅速，只要汽化压力稍有变化，就能很快影响汽化温度，达到控制工艺介质出口温度的目的。但是由于控制阀安装在气氨出口管道上，故要求氨冷器要耐压，并且当气氨压力由于整个制冷系统的统一要求不能随意加以控制时，这个方案就不能采用了。

7.2.3 加热炉的自动控制

加热炉也是一种传热设备，其结构型式分为箱式、管式和圆筒式三种。管式加热炉是化工生产中常见的加热设备，为后续工序提供温度合适的原料。若加热炉的温度控制不稳，就会使被加热物料温度的高低变化，直接影响后一工序的操作工况和产品质量；如果炉子的温度太高，则会使物料在加热炉内分解，甚至造成结焦而烧坏炉管；另外，加热炉的平稳操作可以延长炉管使用寿命。因此，加热炉出口温度必须严加控制。

加热炉内热量通过金属管壁传给工艺介质，整个过程同样符合导热与对流传热的基本规律。但加热炉还有一个燃烧室，燃料在燃烧室中燃烧，产生炽热的火焰和高温气流，主要通过辐射方式将热量传给管壁，然后再由管壁传给工艺介质。工艺介质在辐射室获得的热量占总热负荷的 70%～80%，而在对流段获得的热量占热负荷的 20%～30%。因此加热炉的传热过程比较复杂，想从理论上获得对象特性是很困难的。所以，加热炉的对象特性一般是基于定性分析和实验测试获得的。定性分析加热炉的传热过程可知：炉膛火焰将热量辐射给炉管，经热传导、对流传热给工艺介质。所以与一般传热对象一样，加热炉也具有较大的时间常数和滞后时间。特别是炉膛具有较大的热容量，滞后更为明显，因此加热炉属于一种多容量的被控对象。从实测数据看，加热炉的特性在经过简化后可以近似为一个一阶惯性环节加纯滞后对象，其时间常数和纯滞后时间与炉膛容量大小及工艺介质停留时间有关。炉膛容量大，停留时间长，则时间常数和纯滞后时间大，反之亦然。

1. 单回路控制方案

（1）扰动分析 被加热介质的出口温度往往是加热炉最主要的控制指标，常被作为控制系统的被控变量，而操纵变量则大多选择燃料量。很多加热炉的温度要求相当严格，允许波动范围很小，经常在几摄氏度甚至 ±(1～2)℃，这对控制系统的控制品质是个极大的考验。引起加热炉出口温度变化的扰动因素主要有：被加热介质的流量、温度、组分，燃料油（或气）的压力、燃烧值、燃料组分，以及燃料油的雾化情况、空气过量情况、喷嘴阻力、烟囱抽力等。在这些扰动因素中有的是可控的，有的是不可控的，应该区别对待。

（2）单回路控制系统分析 图 7-30 为某一燃油加热炉控制系统示意图，其主要控制系统是以炉出口温度为被控变量、燃料油流量为操纵变量组成的单回路控制系统（TC）。其他

辅助控制系统有:

1)被加热介质的流量控制系统(FC),用于稳定介质流量。

2)燃料油总压控制系统(P₁C),稳定入炉燃料压力,对安全生产有重要意义。

3)采用燃料油时,为改善燃烧效果,还需加入雾化蒸汽(或空气),所以设计了雾化蒸汽压力控制系统(P₂C),以保证燃料油的良好雾化。

采用雾化蒸汽压力控制系统后,在燃油压力变化不大的情况下是可以满足雾化要求的,

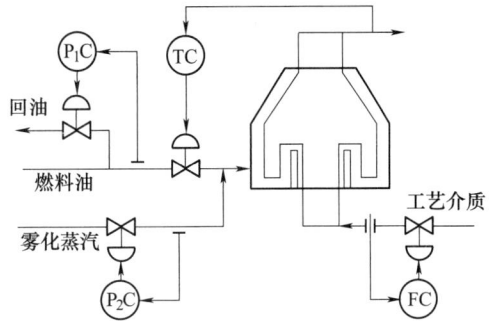

图 7-30   燃油加热炉控制系统示意图

这是目前大多数炼油厂中采用的方案。假如燃料油压变化较大时,单采用雾化蒸汽压力控制就不能保证燃料油得到良好的雾化,这时可以采用如下控制方案:

1)根据燃料油阀后压力与雾化蒸汽压力之差来调节雾化蒸汽,如图 7-31 所示。

2)采用燃料油阀后压力与雾化蒸汽压力比值控制,如图 7-32 所示。

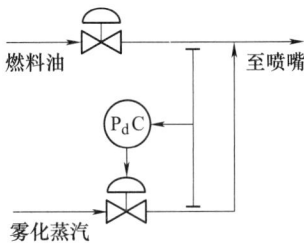

图 7-31   燃料油与雾化蒸汽压差控制系统

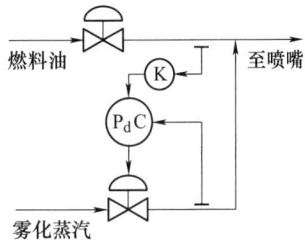

图 7-32   燃料油与雾化蒸汽压力比值控制系统

应该指出,上述两种控制压力的方案也只能保持近似的流量比,不能解决所有问题,还应注意经常保持喷嘴、管道、节流件等通道的畅通,以免喷嘴堵塞及管道局部阻力发生变化,引起控制系统的误动作。此外,如果对燃料油和雾化蒸汽的流量进行比值控制,就能克服上述缺点,但所用仪表多、投资大且燃料油流量测量困难。

因为加热炉需要将工艺介质(物料)从几十摄氏度升温到数百摄氏度,其热负荷很大,所以单回路控制系统往往很难满足工艺要求。当燃料油(或气)的压力或燃烧值(组分)有波动时,就会造成加热量的改变。由于加热炉传递滞后和时间常数均较大,再加上一定的测量滞后,就会使单回路控制系统的控制作用显得不够及时,造成加热炉出口介质温度波动较大,无法满足生产要求。因此,单回路控制系统仅适用于下列情况:对介质温度要求不十分严格;外来扰动缓慢而较小,且不频繁;炉膛容量较小,滞后不大。

2. 串级控制方案

为了改善控制品质,满足生产的需要,石油化工和炼油厂中的加热炉大多采用串级控制系统。由于串级控制系统的优势主要体现在副回路的快速控制,而且主参数大多为介质出口温度,所以这里对串级控制方案的讨论以副回路为主。根据外来扰动因素以及炉子型式不同,可以选择不同的副变量。加热炉串级控制的形式主要有以下几种:

1)炉出口温度与炉膛温度的串级控制。

2)炉出口温度与燃料油(或气)流量的串级控制。

3）炉出口温度与燃料油（或气）阀后压力的串级控制。

4）压力平衡式控制阀（浮动阀）的控制。

（1）炉出口温度与炉膛温度的串级控制　该控制方案如图7-33所示。燃料侧的扰动因素如燃料油（或气）的压力、燃烧值以及燃烧条件扰动如烟囱抽力、助燃空气等的变化将首先导致炉膛温度变化，然后才能影响到炉出口温度，而炉膛温度的滞后与介质出口温度的滞后相比要小得多。所以，采用炉出口温度与炉膛温度串级后，就把原来滞后的对象分为两部分，副回路仅包含较小的滞后，起到超前调节的作用，能使这些扰动因素影响到炉膛温度时就迅速采取控制手段，从而抵消扰动的影响，显著改善控制质量。

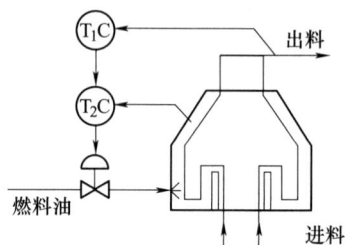

图 7-33　炉出口温度-炉膛温度的串级控制

这种串级控制方案对下述情况更为有效：

1）热负荷较大，而热强度较小。这种情况下不允许炉膛温度有较大波动，以免损坏设备。

2）主要扰动是燃料油（或气）的燃烧值（组分）变化，其他串级控制方案的副环无法感受这种扰动。

3）同一个炉膛内有两组炉管，同时加热两种物料。此时虽然仅控制一组温度，但也能保证另一组的温度比较稳定。

由于把炉膛温度作为副变量，因此采用这种方案时还应注意下述几个方面：

1）应选择有代表性的炉膛温度检测点，选取的关键在于反应灵敏。但实际选择时较困难，特别是圆筒炉。

2）为了保护设备，炉膛温度不应有较大波动。这要求在参数整定时，副控制器不能整定得过于灵敏，且不加微分作用。

3）由于炉膛温度较高，测温元件及其保护套管材料必须耐高温。

（2）炉出口温度与燃料油（或气）流量的串级控制　图7-33所示的辅助控制系统中包含了对燃料油（或气）的压力控制，但并不能保证燃料流量的恒定。如果燃料流量的小幅波动成为主要扰动，则可以考虑采用加热炉出口温度与燃料油（或气）流量的串级控制，如图7-34所示。这种方案的优点是当有燃料油流量的扰动影响时，马上被副环先行调节，使之不会对介质温度产生影响或影响很小，从而改善了控制质量。

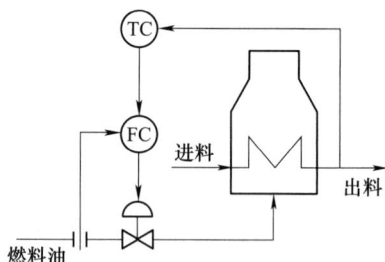

图 7-34　炉出口温度-燃料油流量的串级控制

当系统有特殊要求时，可组成如图7-35所示的炉出口温度、炉膛温度、燃料油流量的三级控制系统。该方案结合了上述两种控制方案的优点，有更好的控制效果。但该方案使用仪表多且整定困难，实用性较差。

（3）炉出口温度与燃料油（或气）阀后压力的串级控制　加热炉出口温度与燃料油流量的串级控制方案并不是什么时候都能够使用的，特别是需燃料油量较少或其输送管道较小时，其流量测量较困难；采用黏度较大的重质燃料油时更难准确测量流量。相比较而言，燃料压力测量较流量方便，因此可以采用炉出口温度-燃料油（或气）阀后压力的串级控制，如图 7-36 所示，该方案应用较广。采用该方案时，需要特别注意燃料喷嘴的状态。如果燃料喷嘴部分堵塞，也会使阀后压力升高，此时副控制器的动作将使阀门关小，这是不正确的。因此，在运行时必须经常检查喷嘴状态，防止调节器的误动作，特别是采用重质燃料油或燃料气中夹带着液体时更要注意。

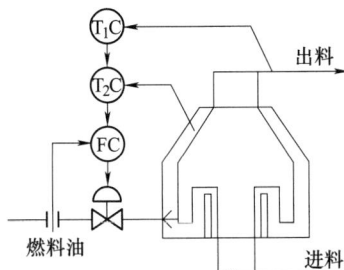

图 7-35　炉出口温度-炉膛温度-燃料油流量的串级控制

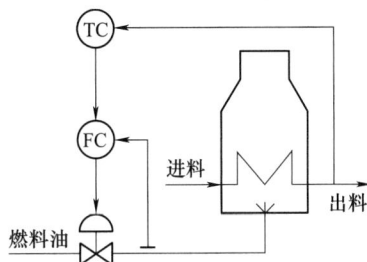

图 7-36　炉出口温度-燃料油阀后压力串级控制方案

（4）采用压力平衡式控制阀（浮动阀）的控制　当使用气态燃料时，采用压力平衡式控制阀（浮动阀）的方案颇有特色，如图 7-37 所示。这里用浮动阀代替了一般控制阀，不仅可以节省压力变送器，且浮动阀本身能够实现压力控制器功能，容易实现串级控制。

浮动阀不用弹簧、不用填料，所以没有摩擦，没有机械间隙，工作灵敏度高，反应迅速。它与精度较高的温度控制器配套组成的控制回路，实际上起到了串级系统副控制器的作用，能获得较好的控制效果。

浮动阀结构如图 7-38 所示。它的膜片上部有来自温度控制器的输出压力 p_1，而膜片下部接燃料气阀后压力 p_2，只有当 $p_1 = p_2$ 时，阀杆才静止，处于平衡状态。如果由于温度的变化而使控制器输出压力改变为 p_1' 时，膜片上下出现压力差，阀杆动作，阀门开度变化，变化的结果是使燃料气压力 $p_2' = p_1'$，重新达到平衡。若由于燃料气流量变化使燃料气压改变，则阀杆动作，改变阀门开度，最终使阀后压力回到平衡状态。

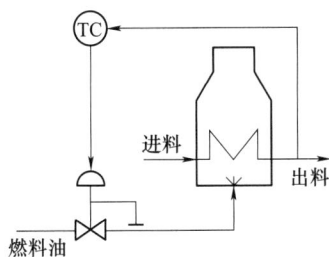

图 7-37　采用浮动阀控制方案

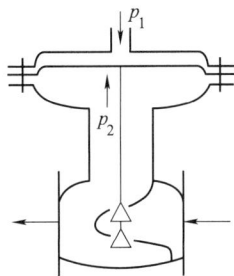

图 7-38　浮动阀示意图

采用这种方案时，被调燃料气阀后压力一般应在 0.04～0.08MPa 之间。若被调燃料气阀后压力大于 0.08MPa，为了满足平衡的要求，则需在温度控制器的输出端串接一个倍数继动器。该方案简便易行，但由于下述原因而受到限制：

1）由于倍数继动器的限制，一般情况下适用于 0.04～0.4MPa 的气体燃料。

2）一般的膜片不适用于液体燃料及温度较高的气体燃料。

3）当膜片上下压差较大时，膜片容易损坏。

（5）其他加热炉控制方案

1）圆筒式加热炉控制方案。在催化裂化装置中，要求原料油的温度在400℃条件下送入反应器，才能保证催化裂化反应的顺利进行。原料油在催化剂作用下，裂化生成汽油和其他气体。对原料油的加热就经常采用圆筒式加热炉，其温度控制系统如图7-39所示。

这一工序采用的燃料油是自身产出的重油，但在刚开工生产时，由于燃料油尚未得到，所以用热裂化来的干气作为燃料。此处采用了浮动阀控制，由炉出口温度控制器输出直接去控制浮动阀。当生产进入正常状态后，本装置产出重质燃料油，此时炉出口温度与燃料油阀后压力组成串级控制，保证炉出口温度满足工艺要求（图7-39中温度控制器的输出增加了一个转换开关，用以选择燃油或燃气）。其余扰动因素采用单回路控制系统予以克服。

2）管式加热炉控制方案。炼油厂的常压蒸馏装置中，管式加热炉是重要设备之一，它的任务是把原油加热至一定温度，然后送到常压分馏塔分离出各种产品。加热炉出口温度是否平稳，直接影响后续工序的分馏效果。因此，炉子出口温度要求严格控制。其控制系统如图7-40所示。图中的加热炉采用方箱式加热炉，用两组炉管进行加热，为保证出口温度的稳定，对两组炉管均采取了出口温度与炉膛温度的串级控制系统，这里的炉膛温度波动不能很大，否则容易影响设备寿命。其余一些扰动因素采用单回路控制系统来克服。

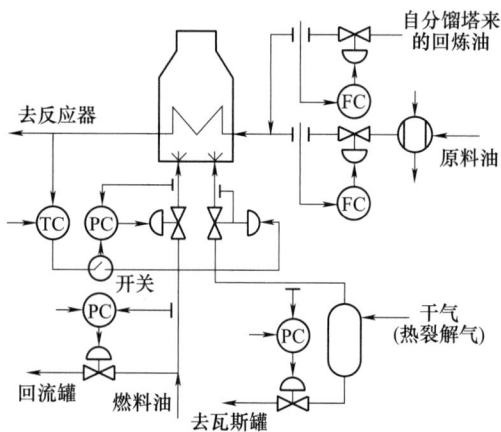

图 7-39　催化裂化装置加热炉的自动控制系统

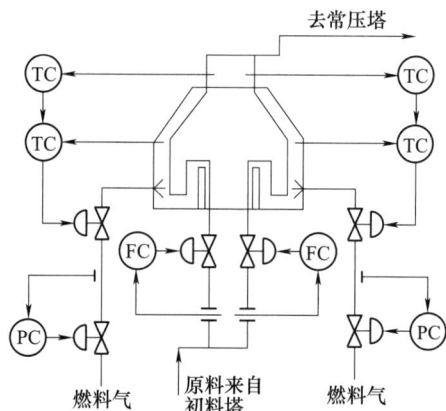

图 7-40　常压蒸馏装置加热炉的自动控制系统

在加热炉的自动控制系统中，有时遇到生产负荷变化如进料流量变化频繁，或者介质初始条件改变如进料温度变化等情况，如果这些扰动幅度较大，那么串级控制方案也难以满足生产要求。此时建议采用如图7-41所示的前馈-反馈控制系统，利用前馈控制克服负荷扰动和原料条件扰动，其余扰动作用则交给反馈控制去克服。

3. 安全联锁保护系统

为了保证加热炉的安全生产，防止发生事故，有必要设置安全联锁保护系统。至于联锁保护系统的构成和动作顺序则应该视具体情况而定。

（1）以燃料气为燃料的加热炉联锁保护系统　在以燃料气为燃料的加热炉中，主要危险来自于：

1）被加热工艺介质流量过少或中断，若不采取相应措施，后果是介质管道爆管甚至损坏加热炉，造成严重的安全事故。此时必须采取的措施应该是切断燃料气控制阀，停止燃烧，而且继续抽出炉膛内高温烟气，降低炉膛温度。

2）当火焰熄灭时，会在燃烧室里形成危险的燃料-空气混合物。此时应该及时将燃气-空气混合物抽出燃烧室，否则在下次点火时有爆炸的危险。

3）当燃料气压过低即流量过小时，会出现回火现象，故要保证最小燃料气流量。

4）当燃料气压力过高时，喷嘴会出现脱火现象，造成熄火甚至形成大量燃料气-空气混合物，造成爆炸事故。

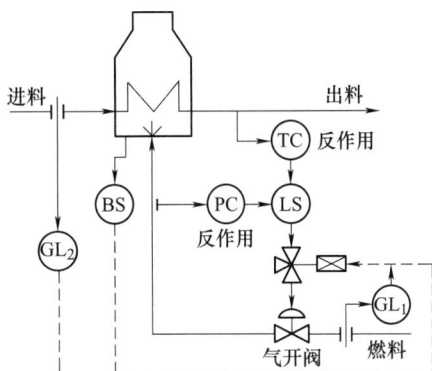

如图 7-42 所示的安全联锁保护系统是常见的安全联锁保护系统。它包括以下几部分：

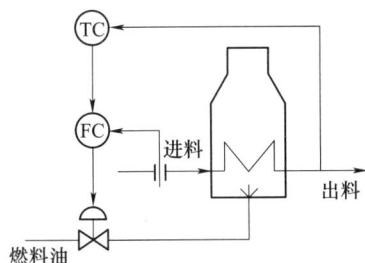

图 7-41　加热炉的前馈-反馈控制系统　　　　图 7-42　加热炉的安全联锁保护系统

1）炉出口温度与控制阀后压力的选择性控制系统。正常生产时，由温度控制器工作；当外界扰动作用使控制阀后压力过高达到安全极限时，压力控制器 PC 通过低选器 LS 取代温度控制器工作。压力控制器的功能是关小控制阀以防止脱火。一旦燃料压力恢复正常，仍由温度控制器进行控制。

2）燃料流量过低联锁报警系统 GL_1。当燃料流量达到一定低限时，则 GL_1 联锁动作，使三通电磁阀线圈失电，这样来自温度控制器的控制信号失去调节作用，燃料气阀完全关闭，防止回火。

3）工艺介质流量过低联锁报警系统 GL_2。当工艺介质流量过低或中断时，GL_2 动作切断燃料气控制阀，停止燃烧。

4）灭火联锁报警系统 BS。当火焰熄灭时，火焰检测开关 BS 动作，切断燃料气控制阀，停止供气，阻止以燃烧室内形成燃料气-空气混合物造成爆炸事故。

上述联锁系统中，系统 1 可以在动作后自动恢复到正常运行状态。其他三个系统动作后均不能自动恢复，必须人工复位，重新投入运行。

（2）以燃料油为燃料的加热炉安全联锁保护系统　这类加热炉中主要的危险包括：进料流量过小或中断；燃料油压力过高会脱火，过低会回火；雾化蒸汽压力过低或中断，会使燃料油得不到良好雾化，甚至无法燃烧。因此以油为燃料的加热炉联锁保护系统，基本上与以气为燃料的加热炉相似，不同之处仅在于将原来的灭火保护系统换成雾化蒸汽压力过低联锁保护系统。

（3）应用示例　某加热炉需将工艺介质加热至 407℃，然后送往下一工序进行反应，进料包括循环气及新鲜气两部分，其中循环气所占比例较大。整个加热炉的控制系统及安全联锁保护系统如图 7-43 所示。

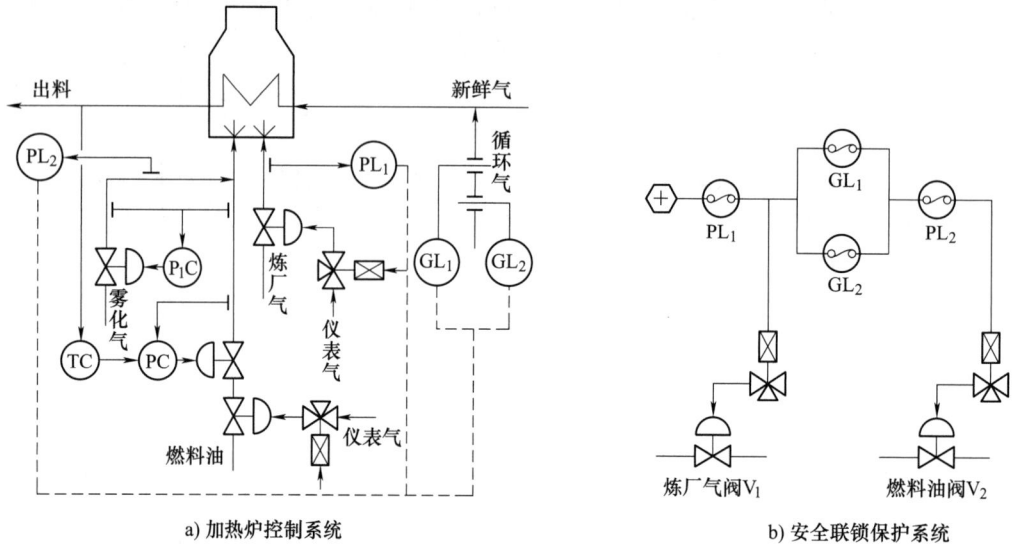

图 7-43　加热炉控制系统及安全联锁保护系统

　　加热炉的主要控制系统是炉出口温度与燃料油阀后压力的串级控制系统。燃料油阀后压力又与雾化蒸汽压力组成压差控制系统，以保证燃料油雾化良好。

　　安全联锁保护系统如图 7-43b 所示。该系统包含了对炼厂气和燃料油的两套保护装置。对炼厂气而言，一旦引火喷嘴用炼厂气压力过低，就会触发联锁系统，切断炼厂气供给。其动作原理如下：当炼厂气压力过低时，PL_1 的常闭触点（即动断触点）断开，三通电磁阀线圈失电，这样由气源供给炼厂气控制阀的气压信号放空，切断炼厂气，防止事故发生。而对燃料油的供给，只要符合以下三个条件中任意一个，均要切断燃料油的供给。

　　1）引火喷嘴用炼厂气压力过低。

　　2）循环气流量过低（为确保动作可靠采用了双套仪表）。

　　3）雾化蒸汽压力过低。

　　其动作原理与上述联锁保护系统相同。

7.3　工业锅炉的自动控制

　　工业锅炉是化工、炼油、发电等工业生产过程中必不可少的重要动力设备，它的作用是生产出高温高压的蒸汽，给后续工段提供做功或加热用的原料。大中型锅炉的控制是相当典型的一个控制系统，它包括汽包液位控制、燃烧过程控制、蒸汽压力控制等多个控制回路，属于比较复杂的控制对象，而其中的汽包液位控制由于对象特性特殊、控制方法有效成为经典的控制系统实例。

7.3.1　工业锅炉的工艺过程

　　常见的锅炉设备的基本结构及主要工艺流程如图 7-44 所示。由图可知，燃料和热空气按一定比例送入燃烧室燃烧，生产的热量传递给蒸汽发生系统，产生饱和蒸汽（负荷量为 D_s）。饱和蒸汽经过热器后形成一定气温的过热蒸汽（负荷量为 D），汇集至蒸汽母管。压

力为 p_m 的过热蒸汽，经负荷设备控制供给负荷设备用。与此同时，燃烧过程中产生的烟气，除将饱和蒸汽变成过热蒸汽外，还分别经过省煤器和空气预热器对锅炉给水和燃烧用空气进行预热，以充分利用热能，最后经引风机送往烟囱，排入大气。

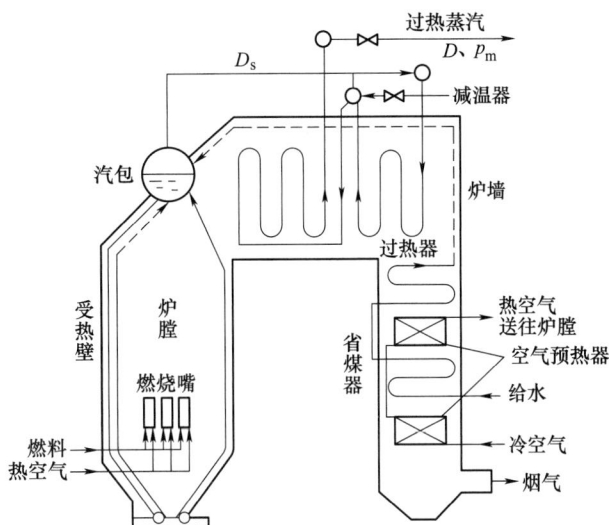

图 7-44　锅炉设备主要工艺流程图

锅炉设备的控制任务主要是根据生产负荷的需要，供应满足某种要求（压力、温度等）的蒸汽，同时使锅炉在安全、经济的条件下运行。主要包括：①锅炉供应的蒸汽量适应负荷变化的需要或保持给定的负荷；②锅炉供给用汽设备的蒸汽压力保持在一定的范围内；③过热蒸汽温度保持在一定的范围内；④汽包中的水位保持在一定范围内；⑤保持锅炉燃烧的经济性和安全运行；⑥炉膛负压保持在一定范围内。

从锅炉的生产过程和设备情况看，它是一个比较复杂的被控对象，其输入变量主要有：负荷、锅炉给水量、燃料量、减温水、送风量和引风量等；输出变量主要有：汽包水位、蒸汽压力、过热蒸汽温度、炉膛负压、过剩空气（烟气含氧量）等。如果将锅炉等效为一个黑匣子，那么就可以用如

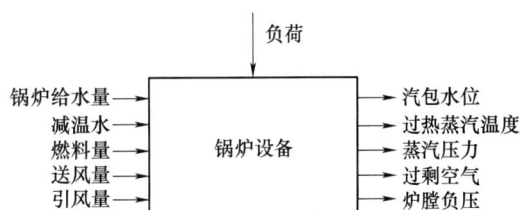

图 7-45　锅炉对象简图

图7-45所示的简图表达它的输入-输出变量之间的关系。由图可以看出，这些输入、输出变量之间并非简单的一一对应的关系，而是相互关联的，具有一定的耦合特性，所以锅炉设备是一个多输入、多输出且相互关联的复杂被控对象。假设其外部设备的用汽负荷发生变化，必将会引起汽包水位、蒸汽压力和过热蒸汽温度等的变化；而燃料量的变化不仅影响蒸汽压力，同时还会影响到汽包水位、过热蒸汽温度、过剩空气和炉膛负压等工程参数；给水量的变化将直接影响汽包水位，同时还对蒸汽压力、过热蒸汽温度等产生间接影响。所以，要想精确地对锅炉的所有输出量进行控制是一件比较困难的事。在目前控制系统中，大多数情况是对锅炉进行适当的假设后，将锅炉设备控制划分为若干个独立子系统，主要有汽包水位的控制、燃烧系统的控制和过热蒸汽系统的控制三个子系统，通过各个子系统分别对相应的变量进行控制，一般不需考虑变量之间的相互影响，从而使锅炉控制变得比较简单。这里主要介绍前两个控制系统。

7.3.2　锅炉汽包水位的自动控制

1. 汽包水位的控制要求

汽包是锅炉的重要组成部分，其水位高低会影响整个系统的安全性。如果水位过低，则由于汽包内的水量较少，气化速度快，若控制不及时，就会在很短的时间内使汽包内的水全

部气化，导致锅炉烧坏和爆炸；水位过高将会影响汽包的水汽分离效果，产生蒸汽带液现象，会使过热器管壁结垢导致损坏，同时过热蒸汽温度急剧下降；该蒸汽作为汽轮机动力的话，还会损坏汽轮机叶片；如果有大量的水进入蒸汽管道，还会导致蒸汽管道爆管的严重后果。可以看出，汽包的水位直接影响锅炉运行的安全性与经济性，是锅炉运行一个非常重要的指标，无论过高或过低都会引起极为严重的后果，对它的控制必须是及时而又准确的。

2. 汽包水位的动态特性

对汽包水位控制的研究已经经历了很长时间，逐渐形成了一套行之有效的控制方法。之所以对它进行大量的研究，不仅是由于它的重要性，还在于它的对象特性具有很强的特殊性，主要表现在其水位在外界扰动作用下的变化过程与一般液位对象存在明显区别，需要进行特殊的分析。汽包内的水位高低与蒸汽负荷量 D、补充给水量 W、补充水温 T、汽包蒸汽压力 p_D 等参数都有关系，而其中影响作用比较大的主要是蒸汽负荷和给水量。一般情况下，用给水量来直接影响水位，所以把给水量对水位的影响称为控制通道影响，把蒸汽负荷对水位的影响称为干扰通道影响。

（1）干扰通道的动态特性　蒸汽负荷（向外提供的蒸汽流量）对水位的影响主要指在燃料量不变的前提下，蒸汽流量突然变化导致的水位变化情况。假设给水量没有同时变化，如果按照常规的物料平衡原则来考虑，必然是物料流出量大于流入量，水位应该随之下降。但是汽包是一个特殊对象，水位的变化情况远比常规对象来得复杂。由于蒸汽流量突然增加，就使短时间内汽包内饱和蒸汽压力迅速下降，造成汽包内水的沸点突然降低，汽化过程加剧，水面以下气泡不仅数量迅速增加而且体积增大，将水位整体抬高，形成虚假的水位上升现象，与一般对象的水位变化恰恰相反，这种现象被称为虚假水位现象。

在蒸汽流量扰动下，水位变化的阶跃响应曲线如图 7-46 所示。当蒸汽流量突然增加时，由物料平衡原理得出的水位变化如曲线 H_1 所示，而由于虚假水位导致的水位变化如曲线 H_2 所示，整体水位 H 的变化则为二者的叠加，即

$$H = H_1 + H_2$$

其变化情况如曲线 H 所示。从图 7-46 中可以看出，在水位变化的初始阶段水位不仅不会下降，反而先上升，过一段时间后才开始下降。反之，当蒸汽流量突然减少时，则水位先下降，然后上升。

虚假水位变化的大小与锅炉的工作压力和蒸发量等有关，一般蒸发量为 $100 \sim 300 t/h$ 的中高压锅炉在负荷突然变化 10% 时，虚假水位可达 $30 \sim 40 mm$。对于这种虚假水位现象，在设计控制方案时必须加以重视。

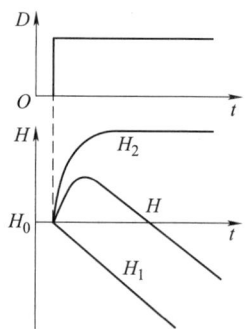

图 7-46　蒸汽流量扰动下水位的阶跃响应曲线

（2）控制通道的动态特性　在给水流量作用下，汽包也不能仅仅当作常规单容对象来考虑，其阶跃响应曲线如图 7-47 所示。对于常规单容无自衡对象而言，水位响应曲线如图 7-47 中曲线 H_1 所示；但由于给水温度要大大低于汽包内饱和水的温度，所以给水量增加后，汽包内的水温必然随之下降，导致水中气泡含量减少、体积下降，引起水位下降。因此实际的水位响应曲线如图 7-47 中曲线 H 所示，即当突然加大给水量后，汽包水位并不立即增加，而要呈现出一段起始惯性段。

一般而言，纯滞后时间 τ 与给水温度相关，水温越低，滞后时间越长，一般 τ 在 $15 \sim$

100s 之间。若采用省煤器，则由于省煤器本身的延迟，会使 τ 增加到 100~200s。

（3）其他干扰因素的影响　除了上述两个比较主要的影响之外，给水温度变化、锅炉排污、吹灰等过程也会对汽包水位造成影响。给水温度会影响水面下的气泡数量和体积，锅炉排污则要排出汽包的部分陈水，吹灰时要使用锅炉自身的蒸汽，这些都对水位有影响，但都属于短时间的扰动，可以很快被抑制下来，无须做特殊处理。

3. 汽包水位的控制方案（多冲量控制）

在锅炉的正常运行中，汽包水位是重要的操作指标，水位控制系统的作用就是自动控制锅炉的给水量，使其适应蒸发量的变化，维持汽包水位在允许的范围内。

锅炉水位的控制方案有下列几种。

（1）单冲量水位控制系统　冲量即变量的意思。单冲量或多冲量控制系统，也就是单变量或多变量控制系统。冲量控制系统的称谓来自于热电行业的锅炉水位控制系统。冲量本身的含义应为作用时间短暂的不连续的量，多冲量控制系统的名称本身并不确切，但由于在锅炉水位控制中已习惯使用这一名称，所以就沿用了。

图 7-48 是锅炉水位单冲量控制系统的示意图。它实际上是根据汽包水位的信号来控制给水量的，属于简单的单回路控制系统。其优点是结构简单、使用仪表少，主要用于蒸汽负荷变化不剧烈、控制要求不十分严格的小型锅炉。它的缺点是不能适应蒸汽负荷的剧烈变化。在燃料量不变的情况下，倘若蒸汽负荷突然有较大幅度的增加，由于汽包内蒸汽压力瞬时下降，汽包内的沸腾状况突然加剧，水中的气泡迅速增多，将水位抬高，形成了虚假的水位上升现象。因为这种升高的水位并不反映汽包中贮水量的真实变化情况，所以称为虚假水位。这种虚假水位会使阀门产生误动作，不但不开大给水阀门，补充由于蒸汽负荷量增加而引起的汽包内贮水量的减少，维持锅炉的水位，反而根据虚假水位的信号去关小控制阀，减少给水流量。显然，这将引起锅炉汽包水位大幅度的波动。严重的甚至会使汽包水位降到危险的程度，以致发生事故。为了克服这种由于虚假水位而引起的控制系统的误动作，可引入双冲量控制系统。

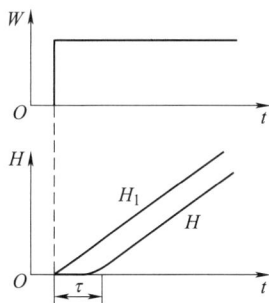

图 7-47　给水流量作用下水位的阶跃响应曲线

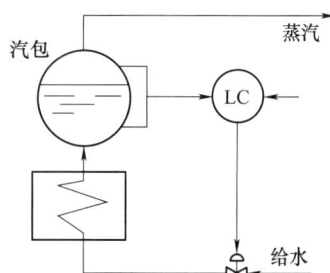

图 7-48　单冲量控制系统

（2）双冲量水位控制系统　图 7-49 是锅炉水位的双冲量控制系统示意图。这里的双冲量是指液位信号和蒸汽流量信号。当控制阀选为气关阀，水位控制器 LC 选为正作用时，其运算器中的水位信号运算符号应为正，以使水位增加时关小控制阀；蒸汽流量信号运算符号应为负，以使蒸汽流量增加时开大控制阀，满足由于蒸汽负荷增加时对增大给水量的要求。图 7-50 所示是双冲量控制系统的框图。

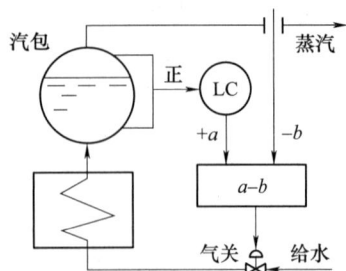

图 7-49　双冲量水位控制系统

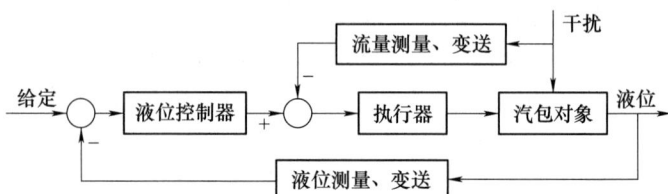

图 7-50　双冲量控制系统框图

由图 7-50 可见，从结构上来说，双冲量控制系统实际上是一个前馈-反馈控制系统。当蒸汽负荷的变化引起水位大幅度波动时，蒸汽流量信号的引入起着超前控制作用（即前馈作用），它可以在水位还未出现波动时提前使控制阀动作，从而减少因蒸汽负荷量的变化而引起的水位波动，改善控制品质。

影响锅炉汽包水位的因素还包括供水压力变化。当供水压力变化时，会引起供水流量变化，进而引起汽包水位的变化。双冲量控制系统对这种干扰的克服是比较迟缓的。它要等到汽包水位变化以后再由水位控制器来调整，使进水阀开大或关小。所以，当供水压力扰动比较频繁时，双冲量水位控制系统的控制质量较差，这时可采用三冲量水位控制系统。

（3）三冲量水位控制系统　图 7-51 是锅炉水位的三冲量控制系统示意图。在系统中除了水位与蒸汽流量信号外，再增加一个供水流量的信号。它有助于及时克服由于供水压力波动而引起的汽包水位的变化。由于三冲量控制系统的抗干扰能力和控制品质都比单冲量、双冲量控制要好，所以用得比较多，特别是在大容量、高参数的近代锅炉上，应用更为广泛。

图 7-52 是三冲量控制系统的一种实施方案，图 7-53 是它的框图。

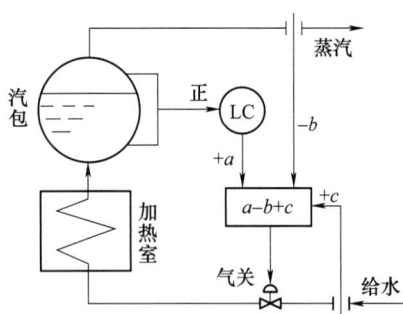

图 7-51　三冲量控制系统

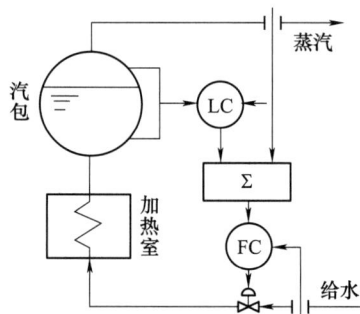

图 7-52　三冲量控制系统的实施方案

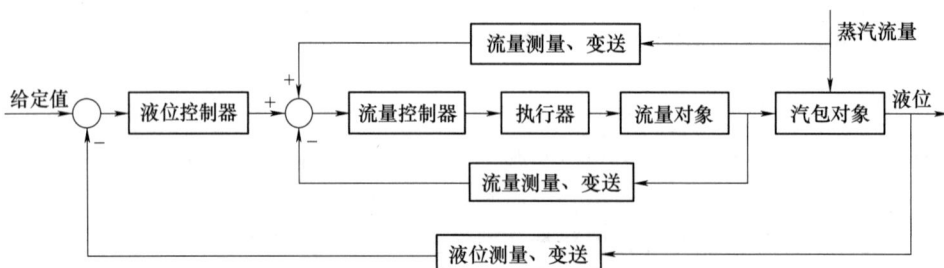

图 7-53　三冲量控制系统框图

由图 7-53 可见，这实质上是前馈-串级控制系统。在这个系统中，是根据三个变量（冲量）来进行控制的。其中汽包水位是被控变量，也是串级控制系统中的主变量，是工艺的主要控制指标；给水流量是串级控制系统中的副变量，引入这一变量的目的是利用副回路克服干扰的快速性来及时克服给水压力变化对汽包水位的影响；蒸汽流量是作为前馈信号引入的，其目的是及时克服蒸汽负荷变化对汽包水位的影响。

无论是双冲量控制方案还是三冲量控制方案，都利用了蒸汽负荷作为前馈控制信号，所以，对蒸汽流量的检测成为非常重要的环节。一般地，对蒸汽流量的检测可以采用测体积或者测质量两种方式，从保持物料平衡的角度来看，采用测质量的方法相对好一些。由于目前大多数场合下测量蒸汽流量都是使用孔板式差压流量计测体积，所以可以在孔板后再增加一个测量蒸汽密度的装置，利用体积流量和蒸汽密度计算出蒸汽的质量流量，将它作为前馈信号来使用。如果不增加密度计，也可利用过热蒸汽的压力和温度查出当前状态下饱和蒸汽的密度，把它作为系数与蒸汽体积流量相乘得到质量流量。这两个方案中，前者的实时性较好，能比较及时地反映蒸汽质量流量的变化；而后者的投资较小，但不能保证蒸汽质量流量的瞬时准确性。由于蒸汽流量的检测精度对汽包水位的控制有着特殊意义，所以应该在允许的情况下尽可能地提高蒸汽流量的检测精度。

7.3.3　锅炉燃烧系统的自动控制

锅炉燃烧系统控制的基本任务是使燃料燃烧时所产生的热量适应蒸汽负荷的需要。因此，锅炉燃烧系统的自动控制有三个主要作用：

1）维持锅炉出口蒸汽压力的稳定，当负荷受干扰而变化时，调节燃料流量使其稳定。

2）保持燃料量与空气量按一定比例送入，即保持燃料燃烧良好。不要因空气量不足，燃烧不完全而使烟囱冒黑烟，造成热量损失且污染空气；也不要因为空气量过多，烟道中带走热量过多而增加热损失，避免炉膛中剩余的 O_2 与燃料中硫化合生成 SO_2 而腐蚀加热器部件。

3）维持炉膛负压不变。负压太小，炉膛容易向外喷火，影响环境卫生、设备和操作人员的安全；负压太高，会使大量冷空气进入炉内，从而使热量损失增加，降低燃烧效率。一般炉膛应保持 –20Pa 左右的负压。

1. 蒸汽压力控制和燃料与空气比值控制

蒸汽压力对象的主要干扰是蒸汽负荷的变化与燃料流量的波动。当蒸汽负荷与燃料流量波动较小时，可采用以蒸汽压力为被控变量，以燃料流量为操纵变量的单回路控制系统。而当燃料流量波动较大时，可采用蒸汽压力与燃料流量的串级控制系统。

燃料流量和空气量组成单闭环比值控制系统，以使燃料与空气保持一定比例，获得充分燃烧。燃料流量是随蒸汽负荷而变化的，是不可控的，所以作为主流量。

图 7-54 是燃烧过程控制系统一例。在燃油锅炉燃烧系统中，希望燃料流量与空气流量成一定比例，而燃料流量取决于蒸汽量的需要，常用蒸汽压力来反映，如蒸汽量要求增加即蒸汽压力降低，燃料量亦要增加，为了保证燃烧完全，应先加大空气量后加大燃料流量；反之在减量时应先减燃料量后减空气量。图 7-54 所示燃烧系统的自动控制由四个控制系统组成：

1）蒸汽出口压力与燃料流量串级控制系统。

2）燃料流量与空气量的单闭环比值控制系统。

3）空气量过少时，自动减少燃料流量的选择性控制系统。

4）蒸汽出口压力降低时，自动加大空气量的选择性控制系统。

这套系统在正常工况下是蒸汽出口压力与燃料流量的串级控制系统及燃料流量与空气量间的比值控制系统。蒸汽压力控制器为反作用，当蒸汽压力下降时，压力控制器输出增加，提高燃料流量控制器的给定值。但是，如果空气量不足，将使燃烧不完全，为此设有低值选择器 LS，它只让两个信号中较小的一个通过，这样保证

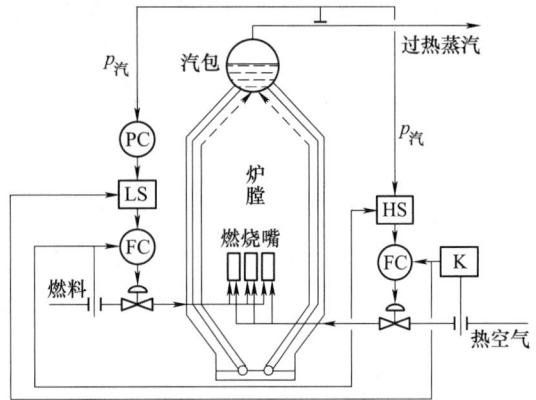

图 7-54　蒸汽压力控制和燃料与空气比值控制

燃料量只在空气量足够的情况下才能加大。压力控制器输出信号将通过高值选择器 HS 来加大空气流量，保证在增加燃料量之前先把空气量加大，使燃烧完全。当蒸汽压力上升时，压力控制器输出将减小，降低燃料控制器的给定值，在减少燃料的同时，通过比值控制系统，自动减少空气流量。这样保证了对燃烧过程的要求，使燃烧完全并适应蒸汽负荷的需要。

2. 炉膛负压控制与有关安全保护系统

图 7-55 所示为燃烧过程控制系统又一例，用它来说明炉膛负压控制与有关安全保护系统。这一套燃烧控制系统，由蒸汽压力与防脱火选择性控制系统、炉膛负压控制系统和防回火低压联锁所组成。

（1）选择性控制及燃料气低流量联锁　如果以燃料气作为燃料，当蒸汽压力升高时，要求加入的燃料流量减少，以降低锅炉的出汽量；反之，在蒸汽压力下降时，则要求燃料流量增加，以增大锅炉的出汽量。但是这样减少和增加燃料流量，受到工艺上的限制。当燃料气压力过高时，会造成炉膛脱火现象；当燃料气压力过低时，

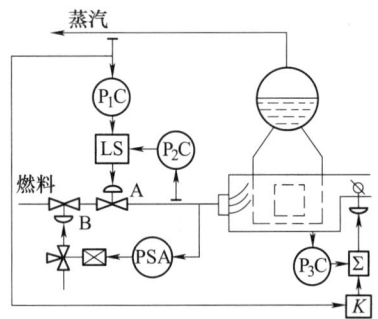

图 7-55　炉膛负压控制系统及安全保护控制系统

又会造成回火现象，这些都是安全生产所不允许的。为解决这一矛盾，保证锅炉出口的蒸汽压力稳定，设计了 P_1C 和 P_2C 的选择性控制系统，用以防止脱火。同时设计了一个低压的联锁装置 PSA，用以防止回火。该选择性控制由 P_1C、P_2C 和 LS 组成。低压的联锁由 PSA 及电磁阀实现。

在正常情况下，P_2C 输出为高信号，低选器选择 P_1C 输出送往调节阀 A，构成蒸汽压力控制。当汽包出口蒸汽压力过低，或由于外来干扰引起燃料气压过高时，P_2C 输出转变为低信号，通过低选器自动取代 P_1C，关小调节阀 A，从而防止因调节阀开度过大或燃气压力过高而造成炉子脱火。

当蒸汽压力过高或燃料气流量过低时，由 PSA 带动联锁装置，关闭电磁阀 B，从而防止因燃气压力过低造成的回火现象。

（2）炉膛负压控制系统　炉膛负压一般通过引风量来控制。但当蒸汽负荷变化较大时，用单回路较难达到满意效果。因为负荷变化后，燃料及送风量均与负荷变化相适应。但引风量只有当炉膛负压产生偏差后，才能由引风控制器去调节。这样引风量的变化落后于送风

量，必然造成炉膛负压的较大波动。

由于燃气量变化对炉膛负压的影响最大，又因燃气流量的变化受汽包出口压力所支配，因此，当蒸汽负荷变化较大时，将蒸汽压力 p_1 信号作为炉膛压力的前馈信号，将该信号加在反馈控制器 P_3C 的输出端，经加法器再去控制烟气阀门，构成前馈-反馈控制系统，如图 7-55 所示。

7.4　精馏塔的自动控制

7.4.1　精馏装置及其工艺流程

精馏过程是化工、炼油生产过程中一个十分重要的环节，对精馏过程的控制质量直接影响到企业的产品质量、产量和能量的消耗量，因此精馏过程的控制一直是受到高度重视的典型控制系统之一。精馏过程是把混合液体中的不同组分利用各组分自身挥发度的不同实现组分分离并达到一定的纯度要求的过程，一般把混合液中的轻质组分分离成气态，重质组分分离为液态。被精馏的原料可以是两种或两种以上组分的混合液，称为二元组分或多元组分。由于多元组分精馏在一定情况下可以简化为二元组分精馏，所以一般以二元组分混合液作为模型讨论精馏过程。现以 A、B 两种液体混合物的蒸馏为例，简要介绍精馏的原理。

图 7-56 是对应于 A、B 两种成分的平衡曲线，A 的沸点是 140℃，B 的沸点是 173℃。两种液体的混合比变化时，混合液的沸点也将随之变化，图中还表示了各沸点处的气态成分比。现设 A 占 20%，B 占 80%，把 A、B 混合液加热到 164.5℃时，液体沸腾。这时，与液体共存的气态成分比是 A 占 39.5%，B 占 60.5%。这种蒸发的气体冷凝后，将形成具有新的成分比的混合液体，其中 A 占 39.5%，B 占 60.5%。如果再使此混合物沸腾，那么，沸点将变成 157℃，这时气态成分比又变成 A 占 62%，B 占 38%。这样反复

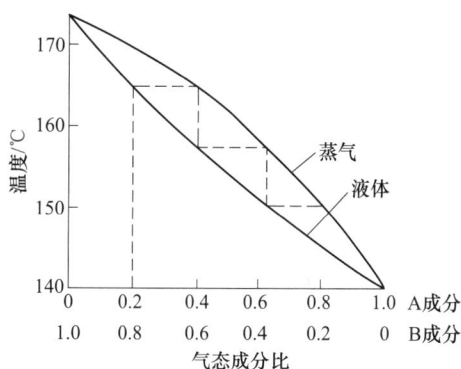

图 7-56　两种成分平衡曲线

进行上述操作，不断蒸发和冷凝，就可以使 A、B 分离开来。精馏是多次简单蒸馏的组合。

精馏工艺就是迫使混合物的气、液两相在精馏装置中做逆向流动，在相互接触的过程中，液相中的轻质组分逐渐吸收热量转入汽相，而汽相中的重质组分释放热量转入液相，所以精馏过程实质上是一种伴随有传热过程的传质过程。传质是精馏的目的，传热是精馏的手段。在精馏过程中混合液在精馏装置里反复地进行部分汽化和部分冷凝，转变为预期的多种产品。精馏塔是精馏过程的关键设备，此外还有再沸器、冷凝器、回流罐和回流泵等辅助设备。目前，工业上一般所采用的连续精馏装置的流程如图 7-57 所示。

原料（进料流量为 F）从精馏塔中段某一块塔板上进入，这块塔板称为进料板。精馏塔在进料板以上的部分称为精馏段，进料板以下部分称为提馏段。进入塔内的混合液中的低沸点组分（易挥发组分）较易汽化而向塔顶流动；高沸点组分（难挥发组分）则更多地以液体形态向塔底流动，在流动过程中不断地与塔内上升蒸汽在各层塔板上充分接触并且传热和传质。向下流动的液体到达塔釜后，一部分被连续地引出成为塔底产品（塔底采出量为

B）；另一部分则在再沸器中被加热，汽化后又返回塔中循环传质。塔内上升的蒸汽依次经过所有的塔板，蒸汽中易挥发组分的浓度逐渐增高，上升到塔顶后进入冷凝器被冷凝成液体，经回流罐和回流泵后一部分作为塔顶产品（塔顶馏出液为 D）连续引出，另一部分则引回到顶部的塔板上用作为塔内冷却液，称为回流量 L。

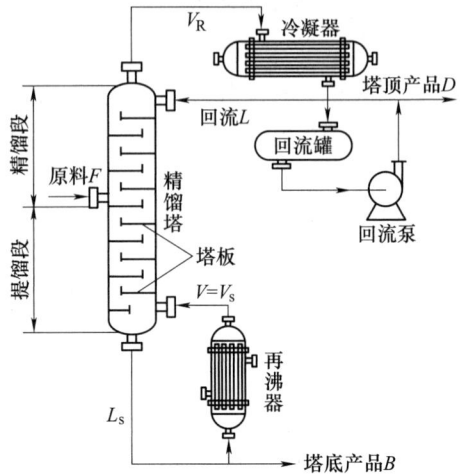

图 7-57　连续精馏装置的工艺流程

7.4.2　精馏过程的控制目标

精馏塔控制的首要目标就是要满足产品质量，即保证各种产品的纯度；同时还应该考虑生产过程的经济效益问题，要使总的收益最大或总的成本最小。因此，精馏塔的控制要求，体现在质量指标（产品纯度）、产品产量和能量消耗三个方面，这三个方面又是相互影响、相互制约的，因此必须进行综合考虑。除了这三个主要指标之外，还有一些附加的控制要求需要考虑。

1. 质量指标

对于一个正常操作的精馏塔，一般应当使塔顶或塔底产品中的一个产品达到规定的纯度要求，另一个产品的成分亦应保持在规定的范围内就可以了。只有在非常精细的精密精馏过程中，才要求做到塔顶、塔底产品纯度都满足规定值。为此，应当取塔顶或塔底的产品质量作为被控变量，这样的控制系统称为质量控制系统。

质量控制系统需要应用能测出产品成分的分析仪表。由于目前还不能相应地生产出多种测量滞后小而又精确的分析仪表，所以，直接质量控制系统目前所见不多，大多数情况下，是由能间接控制质量的温度控制系统来代替。

应当指出，对产品质量的控制应该要求在刚好能满足规定值即可，即处于"卡边"生产状态，完全没有必要超出规定值。超过规格的产品并不能提高售价，反而会导致能耗的增大和产量的降低，对提高经济效益是不利的。

2. 产品产量和能量消耗

任何精馏过程都是要消耗能量的，这主要是再沸器的加热量和冷凝器的冷却量消耗，此外，塔和附属设备及管线也要散失一部分能量。

应当指出，精馏塔的操作情况必须从整个经济收益来衡量。在精馏操作中，质量指标、产品回收率和能量消耗均是要控制的目标。其中质量指标是必要条件，在质量指标一定的前提下，应在控制过程中使产品产量尽量高一些，同时能量消耗尽可能低一些。

分析可知，产品纯度越高，产品产量越大，则所消耗的能量越多。产品产量、产品纯度及能量消耗三者之间存在着一定的数值关系。有数据表明，在一定的能耗下，随着产品纯度的提高，会使产品的产量迅速下降，纯度越高，下降速度越快。如果保持纯度不变，则增加能耗可以提高产品产量，但只在初始阶段有明显效果，当能耗达到一定程度以后，产量的增加幅度就明显下降。

3. 保证平稳操作

为了保证塔的平稳操作，必须把进塔之前的主要可控干扰尽可能预先克服，同时尽可能缓和一些不可控的主要干扰。例如，可设置进料的温度控制、加热剂和冷却剂的压力控制、进料量的均匀控制系统等。为了维持塔的物料平衡，必须控制塔顶馏出液和釜底采出量，使其之和等于进料量，而且两个采出量变化要缓慢，以保证塔的平稳操作。塔内的持液量应保持在规定的范围内。控制塔内压力稳定，对塔的平稳操作是十分必要的。

4. 约束条件

为保证正常操作，需规定某些参数的极限值为约束条件。例如对塔内气体流速的限制，流速过高易产生液泛；流速过低，会降低塔板效率。尤其对工作范围较窄的筛板塔和乳化塔的流速问题，必须更加注意。因此，通常在塔底与塔顶间装有测量压差的仪表，有的还带报警装置。塔本身还有最高压力限，超过这个压力，容器的安全就没有保障。

7.4.3 精馏塔的干扰因素

根据精馏装置的结构、原理及其工艺过程的特性分析，可用图 7-58 简要表示精馏塔塔身、冷凝器和再沸器的物料流程示意图。在精馏塔的操作过程中，影响其质量指标的主要干扰有以下几种。

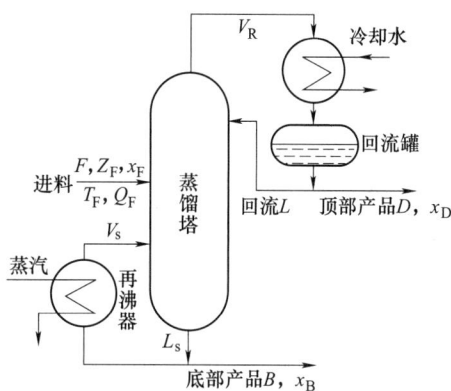

图 7-58　精馏塔的物料流程示意图

1. 进料流量 F 的波动

进料量的波动通常是难免的。如果精馏塔位于整个生产过程的起点，则采用定值控制是可行的。但是，精馏塔的处理量往往是由上一工序决定的，如果一定要使进料量恒定，势必要设置很大的中间贮槽进行缓冲。工艺上新的趋势是尽可能减小或取消中间贮槽，而采取在上一工序设置液位均匀控制系统来控制出料，使塔的进料流量 F 波动比较平稳，尽量避免剧烈的变化。

2. 进料成分 Z_F 的变化

进料成分是由上一工序出料或原料情况决定的，因此对塔系统来讲，它是不可控的干扰。

3. 进料温度 T_F 及进料热焓 Q_F 的变化

进料温度通常是较为恒定的。假如不恒定，可以先将进料预热，通过温度控制系统来使精馏塔进料温度恒定。然而，进料温度恒定时，只有当进料状态全部是气态或全部是液态时，塔的进料热焓才能一定。当进料是气液混相状态时，则只有当气液两相的比例恒定时，进料热焓才能恒定。为了保持精馏塔的进料热焓恒定，必要时可通过热焓控制的方法来维持恒定。

4. 再沸器加热剂（如蒸汽）加入热量的变化

当加热剂是蒸汽时，加入热量的变化往往是由蒸汽压力的变化引起的。可以通过在蒸汽总管设置压力控制系统来加以克服，或者在串级控制系统的副回路中予以克服。

5. 冷却剂在冷凝器内除去热量的变化

这个热量的变化会影响到回流量或回流温度，它的变化主要是由于冷却剂的压力或温度变化引起的。一般冷却剂的温度变化较小，而压力的波动可采用克服加热剂压力变化的同样方法予以克服。

6. 环境温度的变化

在一般情况下，环境温度的变化较小，但在采用风冷器作为冷凝器时，天气骤变与昼夜温差对塔的操作影响较大，它会使回流量或回流温度变化。为此，可采用内回流控制的方法予以克服。内回流通常是指精馏塔的精馏段内上一层塔盘向下一层塔盘流下的液量。内回流控制是指在精馏过程中，控制内回流为恒定量或按某一规律变化的操作。

由上述干扰分析可以看出，进料流量和进料成分的波动是精馏塔操作的主要干扰，而且往往是不可控的。其余干扰一般比较小，而且往往是可控的，或者是可以采用一些控制系统预先加以克服的。当然，有时可能并不一定是这样，还需根据具体情况做具体分析。

7.4.4 精馏塔的控制方案

精馏是一个非常复杂的现象。在精馏操作中，被控变量多，可以选用的操纵变量也多，它们之间又可以有各种不同组合，所以控制方案更多。由于精馏塔对象的通道很多，反应缓慢，内在机理复杂，变量之间相互关联，而且对控制要求又较高，因此必须深入分析工艺特性，总结实践经验，结合具体情况，才能设计出合理的控制方案。

精馏塔的主要控制方案有如下几种。

1. 精馏塔的提馏段温控

如果采用以提馏段温度作为衡量质量指标的间接指标，而以改变再沸器加热量作为控制手段的方案，就称为提馏段温控。

图 7-59 是常见的提馏段温控的一种方案。这种方案中的主要控制系统是以提馏段塔板温度为被控变量，加热蒸汽量为操纵变量。除了这个主要控制系统外，还设有以下辅助控制系统：对塔底采出量 B 和塔顶馏出液 D，按物料平衡关系分别设有塔底与回流罐的液位控制器做均匀控制；进料量 F 为定值控制（如不可控，也可采用均匀控制系统）；为维持塔压恒定，在塔顶设置压力控制系统，控制手段一般为改变冷凝器的冷剂量，提馏段温控时，回流量采

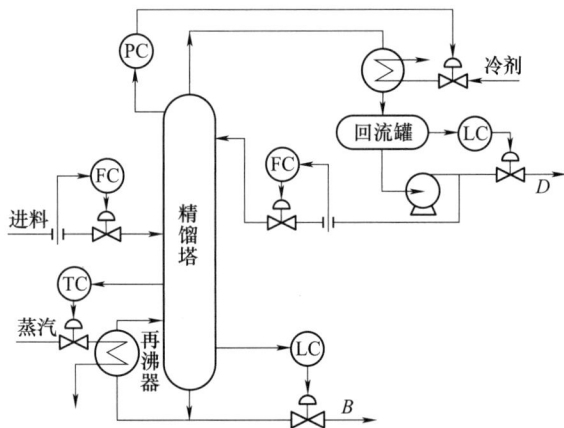

图 7-59 提馏段温控的控制方案示意图

用定值控制，而且回流量应足够大，以便当塔的负荷最大时，仍能保持塔顶产品的质量指标在规定的范围内。

提馏段温控的主要特点与使用场合如下：

1）由于采用了提馏段温度作为间接质量指标，因此，它能较直接地反映提馏段产品情况。将提馏段温度恒定后，就能较好地保证塔底产品的质量达到规定值。所以，在以塔底采出为主要产品，对塔釜成分的要求比对馏出液更高时，常采用提馏段温控方案。

2）当干扰首先进入提馏段时，例如在液相进料时，进料量或进料成分的变化首先要影响塔底的成分，故用提馏段温控就比较及时，动态过程也比较快。

由于提馏段温控时，回流量是足够大的，因而仍能使塔顶质量保持在规定的纯度范围内，这就是经常在工厂中看到的即使塔顶产品质量要求比塔底严格时，仍有采用提馏段温控

的原因。

2. 精馏塔的精馏段温控

如果采用以精馏段温度作为衡量质量指标的间接指标，而以改变回流量作为控制手段的方案，就称为精馏段温控。

图 7-60 是常见的精馏段温控的一种方案。它的主要控制系统是以精馏段塔板温度为被控变量，而以回流量为操纵变量。

除了上述主要控制系统外，精馏段温控还设有五个辅助控制系统。对进料量、塔压、塔底采出量与塔顶馏出液的控制方案与提馏段温控时相同。在精馏段温控时，再沸器加热量应维持一定，而且足够大，以使塔在最大负荷时，仍能保证塔底产品的质量指标在一定控制范围内。

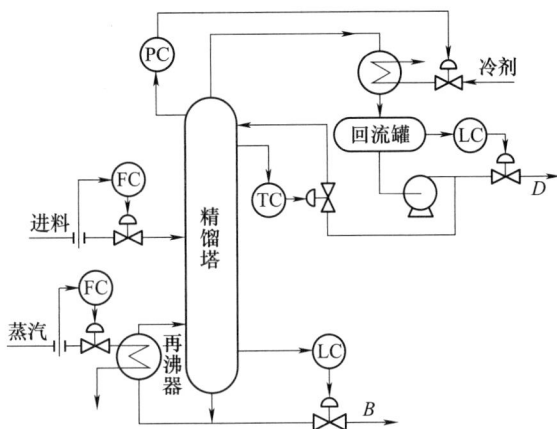

图 7-60　精馏段温控的控制方案示意图

精馏段温控的主要特点与使用场合如下：

1) 由于采用了精馏段温度作为间接质量指标，因此，它能较直接地反映精馏段的产品情况。当塔顶产品纯度要求比塔底严格时，一般宜采用精馏段温控方案。

2) 如果干扰首先进入精馏段，例如气相进料时，由于进料量的变化首先影响塔顶的成分，所以采用精馏段温控就比较及时。

在采用精馏段温控或提馏段温控时，当分离的产品较纯时，由于塔顶或塔底的温度变化很小，这时，即使塔顶或塔底温度仅变化 0.5℃，也可能造成产品质量不合格。因而，对测温仪表的灵敏度和控制精度都提出了很高的要求，但实际上却很难满足。解决这一问题的方法，是将测温元件安装在塔顶以下或塔底以上几块塔板的灵敏板上，以灵敏板的温度作为被控变量。

所谓灵敏板，是指在受到干扰时，塔内各板上的物料中各组分的质量浓度和温度都将发生变化，变化程度各不相同，当达到新的稳定状态后，温度变化量最大的那块塔板。由于灵敏板上的温度在受到干扰后变化比较大，因此，对温度检测装置灵敏度的要求就不必很高了。同时，也有利于提高控制精度。

3. 精馏塔的温差控制及双温差控制

以上两种方案都是以温度作为被控变量，这对于一般的精馏塔来说是可行的。但是在精密精馏时，产品纯度要求很高，而且塔顶、塔底产品的沸点差又不大时，应当采用温差控制，以进一步提高产品的质量。

采用温差作为衡量质量指标的间接变量，是为了消除塔压波动对产品质量的影响。因为系统中即使设置了压力定值控制，压力也总是会有些微小的波动，因而引起成分变化，这对一般产品纯度不太高的精馏塔是可以忽略不计的。但如果是精密精馏，产品纯度要求很高，微小的压力波动亦足以影响质量，使产品质量超出允许的范围，这时就不能再忽略压力的影响了。也就是说，精密精馏时，用温度作为被控变量就不能很好地代表产品的成分。温度的变化可能是成分和压力两个变量都变化的结果，只有当压力完全恒定时，温度与成分之间才具有单值对应关系（严格来说，只是对二元组分如此）。为了解决这个问题，可以在塔顶（或塔底）附近的一块塔板上检测出该板温度，再在灵敏板上也检测出温度，由于压力波动对每块塔板的温度影响是基本相同的，只要将上述检测到的两个温度值相减，压力的影响就消除了，这就是采用温差来衡量质量指标的原因。

值得注意的是，温差与产品纯度之间并非单值关系。图 7-61 是正丁烷和异丁烷分离塔的温差 ΔT 和塔底产品轻组分浓度 $x_{轻}$ 之间关系的示意图。由图可见，曲线有最高点，其左侧表示塔底产品纯度较高（即轻组分浓度 $x_{轻}$ 较小）情况下，温差随着产品纯度的增加而减小；其右侧表示在塔底产品不很纯的情况下，温差随产品纯度的降低而减小。为了使控制系统能正常工作，温差与产品纯度应该具有单值对应关系。为此，一般将工作点选择在曲线的左侧，并采取措施使工作点不至于进入曲线的右侧。

为了使控制器的正常工作范围在曲线最高点的左侧，在使用温差控制时，控制器的给定值不能太大，干扰量（尤其是加热蒸汽的波动）不能太大，以防止工作状态变到图 7-61 中曲线最高点的右侧，致使控制器无法正常工作。

温差控制可以克服由于塔压波动对塔顶（或塔底）产品质量的影响，但是它还存在一个问题：就是当负荷变化时，塔板的压降产生变化，随着负荷递增，由于两块塔板的压力变化值不相同，所以由压降引起的温差也将增大。这时温差和组分之间就不呈单值对应关系，在这种情况下可以采用双温差控制。

双温差控制亦称温差差值控制。图 7-62 是双温差控制的系统图。由图可知，所谓双温差控制就是分别在精馏段及提馏段上选取温差信号，然后将两个温差信号相减，作为控制器的测量信号（即控制系统的被控变量）。从工艺角度来理解选取双温差的理由是：由压降引起的温差，不仅出现在顶部，也出现在底部，这种因负荷引起的温差，在相减后就可相互抵消。从工艺上来看，双温差法是一种控制精馏塔进料板附近的组成分布，使得产品质量合格的办法。它以保证工艺上最好的温度分布曲线为出发点，来代替单纯地控制塔的一端温度（或温差）。

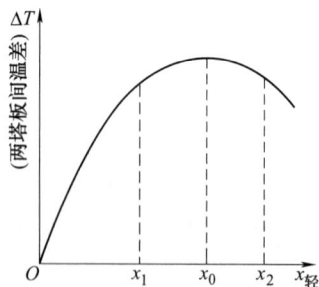

图 7-61 ΔT-$x_{轻}$曲线

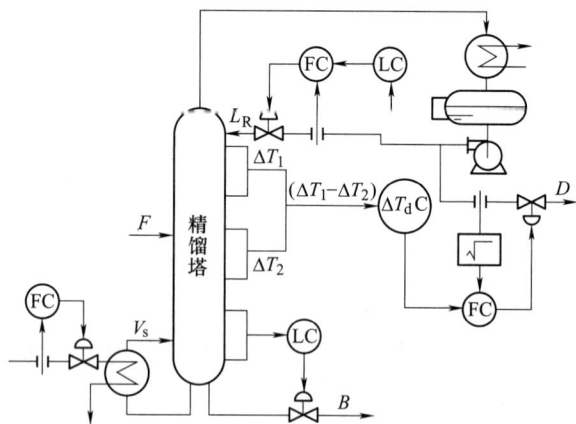

图 7-62 双温差控制系统图

4. 按产品成分或物性的直接控制方案

以上介绍的温度、温差或双温差控制都是间接控制产品质量的方法。如果能利用成分分析器，例如红外分析器、色谱仪、密度计、干点和闪点以及初馏点分析器等，分析出塔顶（或塔底）的产品成分并作为被控变量，用回流量（或再沸器加热量）作为控制手段组成成分控制系统，就可实现按产品成分的直接指标控制。

与温度控制的情况类似，塔顶或塔底产品的成分能体现产品的质量指标。但是当分离的产品较纯时，在邻近顶、底的各板间，成分差已经很小了，而且每块板上的成分在受到干扰后变化也很小了，这就对检测成分仪表的灵敏度提出了很高的要求。但是目前来讲，成分分析器一般精度较低，控制效果往往不够满意，这时可选择灵敏板上的成分作为被控变量进行控制。

按理来说，按产品成分的直接指标控制方案是最直接的，也是最有效的，但是，由于目前对产品成分的检测仪表准确度较差、滞后时间很长、维护比较复杂，致使控制系统的控制质量受到很大影响，因此这种方案使用还不普遍。将来在成分分析仪表性能得到改善以后，按产品成分的直接指标控制方案还是很有前途的。

7.4.5　蒸馏塔仪表控制系统

1. 蒸馏塔仪表控制系统

图 7-63 是蒸馏塔仪表控制系统。在热交换器中，原料与来自蒸馏塔的半成品交换热量，然后利用管式加热炉将原油的温度加热到一定数值。温度控制器 TIC/117 用来控制燃料系统。蒸馏过程中产生的甲烷、乙烷气体和重油还可以作为燃料来使用，可以把它们混合在一起燃烧，也可以把它们分开单独来燃烧。重油燃烧时，应使燃烧炉中喷雾用水蒸气压力与重油压力之间形成一定的压差。为达到这一目的，专门设置了现场用的压差控制器。用气体燃烧时，也设置了随气体压力下降而自动切断供气的控制回路和检测器等安全装置。

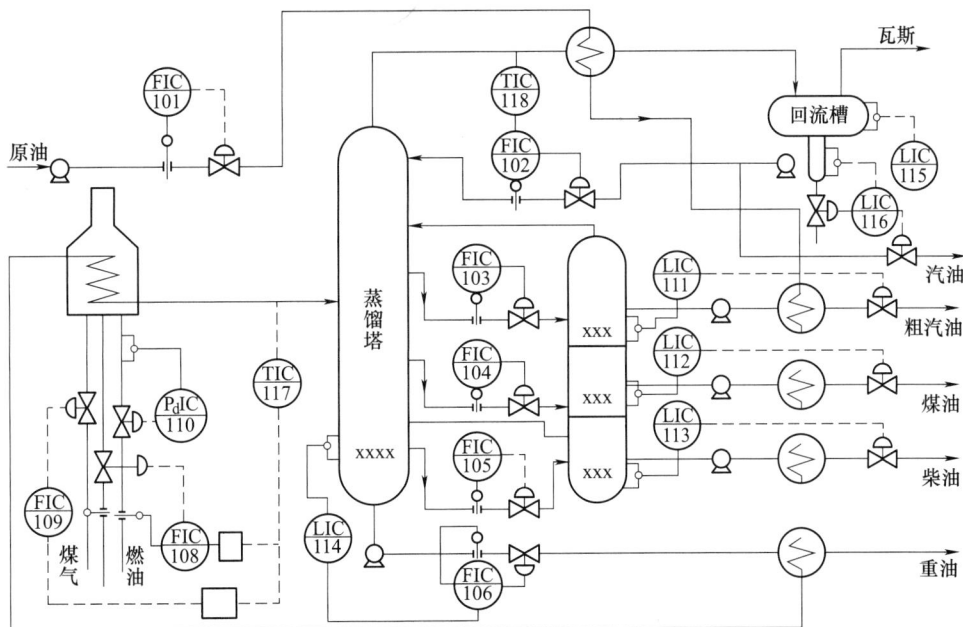

图 7-63　蒸馏塔仪表控制系统

FIC/101 控制原油流量，选用孔板流量计或容积式流量计；TIC/118、FIC/102 的串级控制回路为塔顶回流控制；LIC/114 和 FIC/106 组成的串级控制系统控制塔底重油液位，吹入蒸汽使之再蒸发出轻质成分，选用差压变送器检测液位高度；FIC/103～105 分别控制粗汽油、煤油和柴油的出口流量；LIC/111～113 控制汽提塔各段液位，吹入蒸汽，使馏分中的轻质油蒸发排出；LIC/115 控制排出液流量保持回流槽中液位在一定范围内；LIC/116 水位控制器是为了维持水和汽油有一定的分界面，又可以从中把下部的水分分离出来。

2. 蒸馏塔 YS-80 仪表控制系统

YS-80 SLPC 仪表控制系统进行前馈控制、解耦控制、非线性控制和高精度的计算操作。在蒸馏塔控制操作中，它有可能节约大量能量和资源。这种控制系统快速地自动补偿外界扰动的影响，保证蒸馏塔的稳定操作，能稳定产品的产量、提高质量，力求使塔操作在成分纯度允许变化的最小限度内，达到减少回流量和再沸器耗热量的目的，并希望系统能同时控制塔顶和塔底产品成分。

蒸馏塔仪表控制系统如图 7-64 所示，系统主要检测温度差 T_d，并将压力差 p_d 的信号输入到 $T_dRC/1$ 控制器中进行压力补偿，这样的控制使塔内温度变化较小。$T_dRC/1$ 的输出作为串级系统中流量控制器 FRC/2 的给定值。FRC/2 进行流量反馈控制。

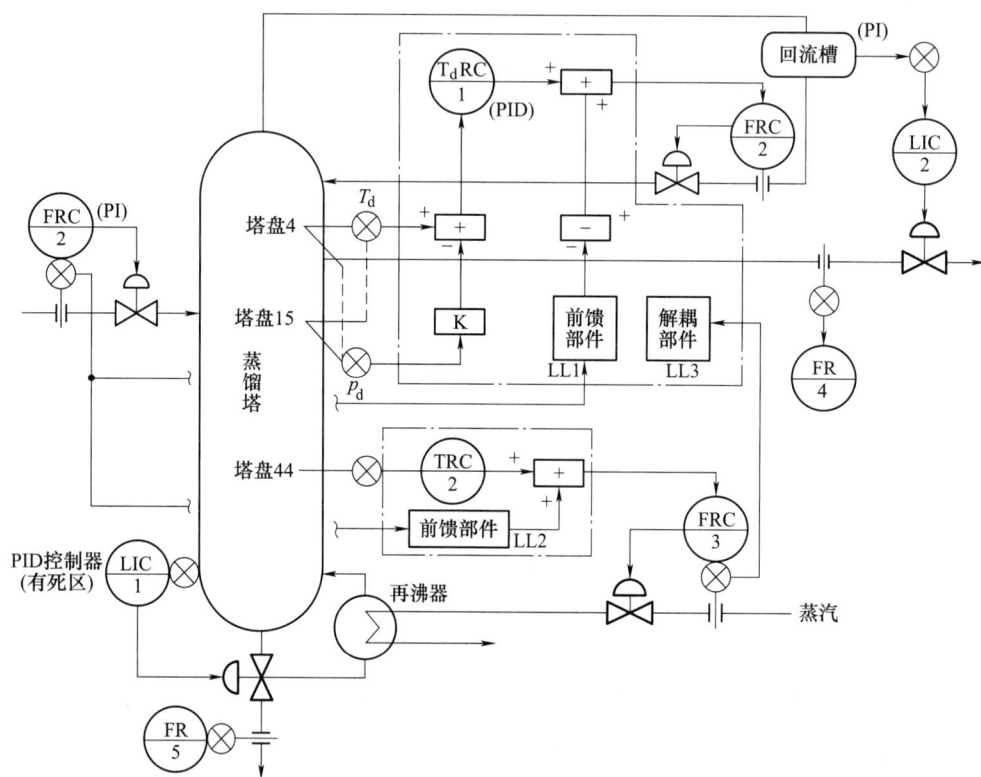

图 7-64　蒸馏塔 YS-80 仪表控制系统

另外，为了控制产品成分，间塔盘温度控制器 TRC/2 的输出控制再沸器的蒸汽流量 FRC/3 控制器的给定值，FRC/3 进行蒸汽流量反馈控制，这是一个典型串级控制系统。

整个系统还进行前馈、解耦和非线性控制。

（1）前馈控制　一般情况下，蒸馏塔的最大外界干扰是进料流量和进料成分的波动，因而采用前馈控制是抑制干扰的有效方法，根据检测进料扰动来控制回流量和再沸器的加热量有可能使系统不发生大的波动。这时，超前、滞后前馈部件 LL1 和 LL2 进行动态补偿，它控制输出变量变化的结果能及时消除外界扰动的作用。前馈控制是开环控制，它是一种粗略的控制，而任何其他干扰造成的温度（或成分）偏差可依靠闭环反馈控制进一步加以调整，这样可以保证产品成分稳定，克服加载或减载的外界干扰。

（2）解耦控制　如果有必要同时控制塔顶与塔底的产品质量，那么采用解耦控制是很有效的。生产实践中，由于对象特性经常改变，因此超前-滞后环节是作为解耦部件进行近似的时间补偿。在图7-64所示的情况下，只有单向的解耦部件LL3，它用于要求严格控制塔顶产品成分的场合。这里塔底温度指示控制器TRC/2只是进行简单的PI控制，它控制塔顶产品的成分，使之保持在一定的允许变化范围内。

（3）非线性控制　如果有必要将塔底流体送到下一级蒸馏塔去，希望保持流量恒定而没有流速的波动，非线性控制是非常有效的控制方法，系统中，LIC/1水位控制器是具有非线性死区的PI控制器，它使水位在预先规定的误差范围内保持流量稳定。这种水位控制能使下一级装置获得较均匀稳定的输入流速。

YS-80仪表控制系统可以获得较好的控制效果：该系统反应迅速，自动补偿外界的扰动，稳定产品质量；使回流流量和再沸器加热量能耗减少，稳定蒸馏塔的生产操作，节能效果比较显著；解耦控制使塔底与塔顶耦合影响减少，可进行产品成分控制。

7.5　化学反应器的自动控制

化学反应器是化工生产中重要的设备之一，反应器控制的好坏直接关系到生产的产量和质量指标。

由于化学反应器在结构、物料流程、反应机理和传热情况等方面的差异，自动控制的难易程度相差很大，自动控制的方案也千差万别。下面只对化学反应器的控制要求及几种常见的化学反应器控制方案做一简单的介绍。

7.5.1　化学反应器的控制要求

在设计化学反应器的自动控制方案时，一般要考虑下列要求。

1. 质量指标

化学反应器的质量指标一般指反应的转化率或反应生成物的规定浓度。显然，转化率应当是被控变量。如果转化率不能直接测量，就只能选取几个与它有关的参数，经过运算去间接控制转化率。如聚合釜出口温差控制与转化率的关系为

$$y = \frac{\rho g c(\theta_o - \theta_i)}{x_i H} \tag{7-15}$$

式中，y为转化率；θ_i、θ_o分别为进料与出料温度；ρ为进料密度；g为重力加速度；c为物料的比热容；x_i为进料浓度；H为每摩尔进料的反应热。

式（7-15）表明，对于绝热反应器来说，当进料浓度一定时，转化率与温度差成正比，即$y = K(\theta_o - \theta_i)$。这是由于转化率越高，反应生成的热量也越多，因此物料出口的温度亦越高。所以，以温差$\Delta\theta = \theta_o - \theta_i$作为被控变量，可以用来间接控制转化率的高低。

因为化学反应不是吸热就是放热，反应过程总伴随有热效应，所以，温度是最能够表征质量的间接控制指标。也有用出料浓度作为被控变量的，如焙烧硫铁矿或尾砂，取出口气体中SO_2含量作为被控变量。但是就目前情况，在成分分析仪表尚属薄弱环节的条件下，通常

是采用温度为质量的间接控制指标构成各种控制系统，必要时再辅以压力和处理量（流量）等控制系统，即可保证反应器的正常操作。

以温度、压力等工艺变量作为间接控制指标，有时并不能保证质量稳定。当有干扰作用时，转化率和反应生成物组分等仍会受到影响。特别是在有些反应中，温度、压力等工艺变量与生成物组分间不完全是单值对应关系，这就需要不断地根据工况变化去改变温度控制系统的给定值。在有催化剂的反应器中，由于催化剂的活性变化，温度给定值也要随之改变。

2. 物料平衡

为使反应正常，转化率高，要求维持进入反应器的各种物料量恒定，配比符合要求。为此，在进入反应器前，往往采用流量定值控制或比值控制。另外，在有一部分物料循环的反应系统中，为保持原料的浓度和物料平衡，需另设辅助控制系统，如氨合成过程中的惰性气体自动排放系统。

3. 约束条件

对于反应器，要防止工艺变量进入危险区域或不正常工况。例如，在不少催化接触反应中，温度过高或进料中某些杂质含量过高，将会损坏催化剂；在流化床反应器中，流体速度过高，会将固相吹走，而流速过低，又会让固相沉降等。为此，应当配备一些报警、联锁装置或设置取代控制系统。

7.5.2 釜式反应器的温度自动控制

釜式反应器在化学工业中应用十分普遍，除广泛用作聚合反应外，在有机染料、农药等行业中还经常采用釜式反应器来进行碳化、硝化、卤化等反应。

反应温度的测量与控制是实现釜式反应器最佳操作的关键问题，下面主要针对温度控制进行讨论。

1. 控制进料温度

图 7-65 是这类方案的示意图。物料经过预热器（或冷却器）进入反应釜，通过改变进入预热器（或冷却器）的热剂量（或冷剂量），可以改变进入反应釜的物料温度，从而达到维持釜内温度恒定的目的。

2. 改变传热量

由于大多数反应釜均有传热面，以引入或移去反应热，所以用改变引入传热量多少的方法就能实现温度控制。图 7-66 为一带夹套的反应釜。当釜内温度改变时，可用改变加热剂（或冷却剂）流量的方法来控制釜内温度。这种

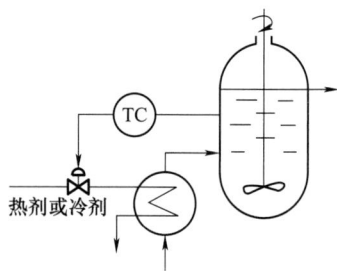

图 7-65 改变进料温度控制釜温

方案的结构比较简单，使用仪表少，但由于反应釜容量大，温度滞后严重，特别是当反应釜用来进行聚合反应时，釜内物料黏度大，热传递较差，混合又不易均匀，因此很难使温度控制达到严格的要求。

3. 串级控制

针对反应釜滞后较大的特点，可采用串级控制方案。根据进入反应釜的主要干扰的不同情况，可以采用釜温与热剂（或冷剂）流量串级控制（见图 7-67）、釜温与夹套温度串级控制（见图 7-68）及釜温与釜压串级控制（见图 7-69）等。

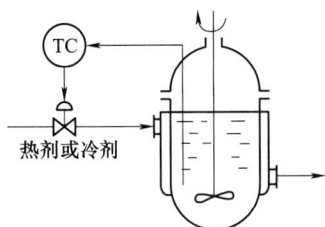

图 7-66　改变加热剂或
冷却剂流量控制釜温

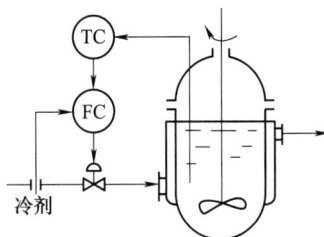

图 7-67　釜温与冷剂流量
串级控制示意图

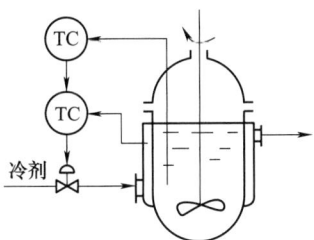

图 7-68　釜温与夹套温度串级控制示意图

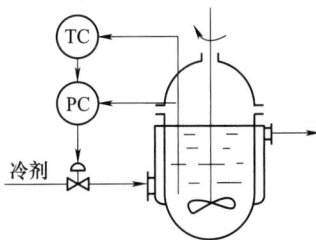

图 7-69　釜温与釜压串级控制示意图

7.5.3　固定床反应器的自动控制

固定床反应器是指催化剂床层固定于设备中不动的反应器，流体原料在催化剂作用下进行化学反应以生成所需反应物。

固定床反应器的温度控制十分重要。任何一个化学反应都有自己的最适宜温度。最适宜温度综合考虑了化学反应速度、化学平衡和催化剂活性等因素。最适宜温度通常是转化率的函数。

温度控制首要的是正确选择敏点位置，把感温元件安装在敏点处，以便及时反映整个催化剂床层温度的变化。多段催化剂床层往往要求分段进行温度控制，这样可使操作更趋合理。常见的温度控制方案有下列几种。

1. 改变进料浓度

对放热反应来说，原料浓度越高，化学反应放热量越大，反应后温度也越高。以硝酸生产为例，当氨浓度在 9%～11% 范围内时，氨含量每增加 1%，可使反应温度提高 60～70℃。图 7-70 是通过改变进料浓度以保证反应温度恒定的一个实例，改变氨和空气比值就相当于改变进料的氨浓度。

2. 改变进料温度

改变进料温度，整个床层温度就会变化，这是由于进入反应器的总热量随进料温度变化而改变的缘故。若原料进反应器前需预热，可通过改变进入换热器的载热体流量，以控

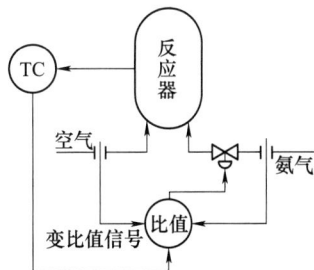

图 7-70　改变进料浓度
控制反应器温度

制反应床上的温度，如图 7-71 所示，也有按图 7-72 所示方案用改变旁路流量大小来控制床层温度的。

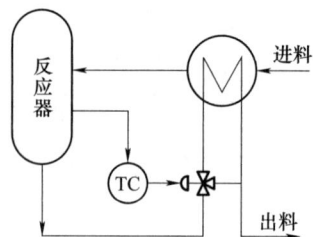

图 7-71　用载热体流量控制温度

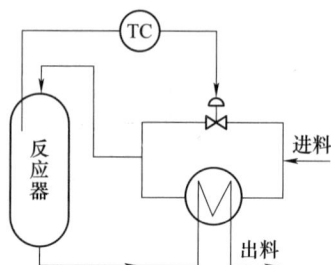

图 7-72　用旁路控制温度

3. 改变段间进入的冷气量

在多段反应器中，可将部分冷的原料气不经预热直接进入段间，与上一段反应后的热气体混合，从而降低下一段入口气体的温度。图 7-73 所示为硫酸生产中将 SO_2 氧化成 SO_3 的固定床反应器温度控制方案。这种控制方案由于冷的那一部分原料气少经过一段催化剂层，所以原料气总的转化率有所降低。另外有一种情况，如在合成氨生产工艺中，当用水蒸气与一氧化碳变换成氢气（反应式为 $CO+H_2O \rightarrow CO_2+H_2$）时，为了使反应完全，进入变换炉的水蒸气往往是过量很多的，这时段间冷气采用水蒸气则不会降低一氧化碳的转化率。图 7-74 所示为这种方案的原理图。

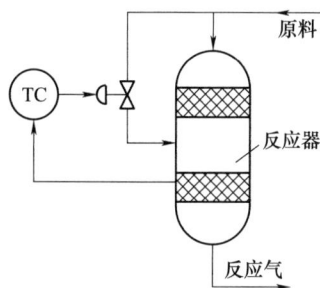

图 7-73　用改变段间冷气量控制温度

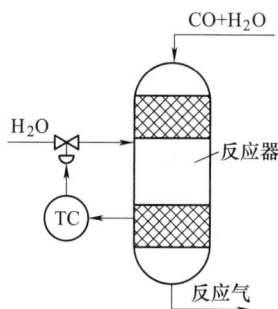

图 7-74　用改变段间蒸汽量控制温度

7.5.4　管式热裂解反应器的控制

管式热裂解反应器广泛应用在气相或液相的连续反应，它能承受较高的压力，也便于热量的交换，结构类似于列管式换热器。

根据化学反应的热交换性质，热交换可分为吸热和放热两大类。石油工业中的管式反应器多称管式炉，用于吸热反应居多。管内进行反应，管外利用燃料燃烧加热。在控制的特点方面，此类吸热反应对象是开环稳定的；由于反应器内部存在热量、动量、质量的传递过程，其扰动因素较多。下面以乙烯裂解炉为例，简单介绍一下管式热裂解反应器的自动控制。

1. 乙烯裂解炉工艺特点

裂解反应必须由外界不断供给大量热量，在高温下进行。其本质是用外界能量使原料中的碳链断裂，而断裂链又进行聚合缩合等反应，所以裂解过程中伴随着错综复杂的反应，并有众多的产物。例如原料中的丁烷可以裂解为丙烯、甲烷、乙烯、乙烷、碳、氢等，而乙烷又可以裂解为乙烯和氢,乙烯又可以脱氢成为乙炔和氢或转变为丁二烯等。

乙烯裂解炉为垂直倒梯台形。几十根裂解管在炉中垂直排列,炉体上部为辐射段,下部为对流段;炉顶、炉侧设置许多喷嘴,燃料油和燃料气由此喷出燃烧加热裂解管;原料油进入对流段预热部分预热,再和稀释蒸汽混合加热后,在裂解管通过并发生裂解反应,反应后的裂解气立即进急冷锅炉急冷,停止裂解反应,以免生成的乙烯、丙烯等进一步裂解。此后裂解气再经油淬冷器水冷等送到压缩分离工段,把产品分离出来。影响裂解的主要因素是反应温度、反应时间、蒸汽量。

2. 控制方案

图 7-75 为裂解炉的控制图,主要包括三个控制回路:原料油流量控制、稀释蒸汽流量控制和裂解管出口温度控制。

(1)原料油流量控制 原料油流量的变化使得进入反应器的反应物变化,既影响反应温度也影响反应时间,所以必须设置流量控制回路,采用定值控制。

(2)稀释蒸汽流量控制 为提高乙烯收率以及防止裂解管结焦,可将一定比例的蒸汽混入原料油。采用蒸汽流量控制回路后保证了蒸汽量的恒定。由于原料油流量采用定值控制,所以实际上是保证原料油和蒸汽量的比值控制。

(3)裂解管出口温度控制 当原料油流量和蒸汽流

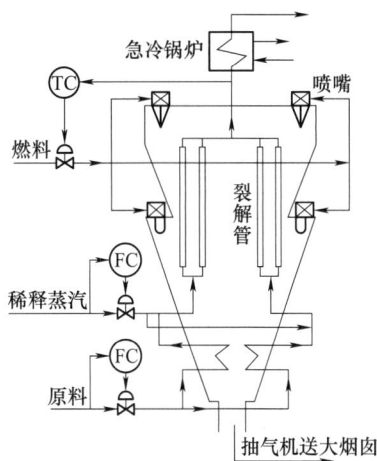

图 7-75 裂解炉的控制图

量稳定后,裂解质量主要由反应温度决定。由于反应温度在裂解管不同位置是不一样的,且同一位置不同裂解管结焦情况不一,反应温度也有所区别。一般选定裂解管出口温度作为被控变量,操纵变量为燃料气或燃料油的量。

该控制方案比较简单,在工况稳定的情况下可以满足要求。由于燃料油要通过燃烧加热炉膛,再加热裂解管才影响到出口温度,因此,控制通道较长,时间常数较大。当工况经常变化时,就难以满足控制要求,此时可采用出口温度对燃料油流量的串级控制加以解决。

3. 乙烯裂解炉的平稳控制

反应温度控制是控制裂解炉正常生产的关键。上述控制方案并不能保证炉内各裂解管的正常生产。裂解炉中有许多裂解管,通常按裂解管的排列情况分为若干组,每组对应若干喷嘴。裂解管总管出口温度是各裂解管出口温度的平均温度。由于安装、制造、结焦情况不同,各组裂解管的加热、反应情况都不同(严格讲,每根管子的情况也不一样),这就形成裂解管出口温度的不均匀性,温度高的容易结焦,因此工艺上要求各组炉管之间的温差不能太大。而上述方案显然满足不了这种要求。

对应每组裂解管设置一个温度控制回路,被控变量取自多组管的出口温度,操纵变量为每组对应的喷嘴的燃料油流量,通过控制阀门加以控制。此时就存在各组之间的相互关联的影响。由于裂解炉的结构非常紧凑,裂解管排列得很近,其中任意一个控制阀的变化,对其他组的炉管也有影响。

为了尽量减少各组炉管之间的温度差别,使它们出口温度相一致。在每个控制阀前配置一个偏差设定器称为 TXC,对控制阀开度进行修正。此时作用于控制阀的是控制回路信号和修正信号之和。修正信号对各组裂解管之间的影响进行修正，达到解耦控制的目的，如图7-76所示。当炉出口温度相差太大时，上述解耦控制不能实现炉管出口温度一致时，可采用在总负荷保持不变的前提下，借助于各组炉管原料油流量的改变，达到炉管温度的一致。这就叫作裂解炉的温度控制。

裂解炉的解耦控制和温度控制都是以保持同一裂解炉各组炉管的出口温度一致，且使负荷保持平衡为目的的。它使整个生产得以平稳运行，因而统称为裂解炉的"平稳控制"。

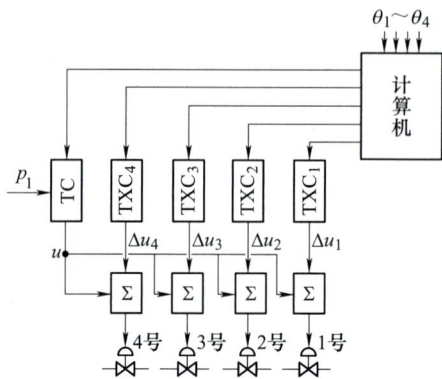

图 7-76 裂解炉炉管出口温度解耦控制原理框图

习题与思考题

7-1 离心泵的控制方案有哪几种？各有什么优缺点？

7-2 为了控制往复泵的出口流量，采用图7-77所示的方案行吗？为什么？

7-3 试述图7-78所示的离心式压缩机两种控制方案的特点。它们在控制目的上有什么不同？

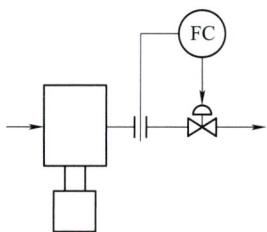

图 7-77 往复泵的流量控制

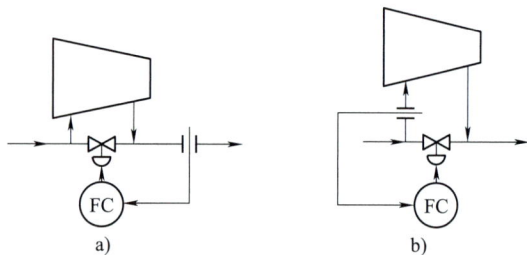

图 7-78 离心式压缩机的控制方案

7-4 试简述压缩机防喘振的两种控制方案，并比较其特点。

7-5 两侧均无相变的换热器常采用哪几种控制方案？各有什么特点？

7-6 某换热器，其载热体是工艺中的主要介质，其流量不允许控制。为了使被加热的物料出口温度恒定，采用了载热体旁路的控制方案如图7-79a、b所示。试问该两种方案是否合理？为什么？

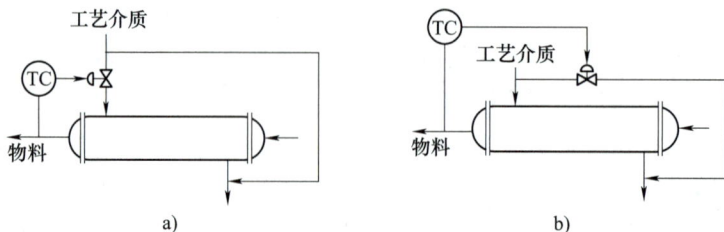

图 7-79 换热器控制方案

7-7 图7-80a、b表示蒸汽加热器，图7-80c、d表示氨冷器，都是属于一侧有相变的换热器。试从传热速率方程式来分析,上述各方案是通过什么方法来改变传热量,从而维持物料出口温度恒定的?

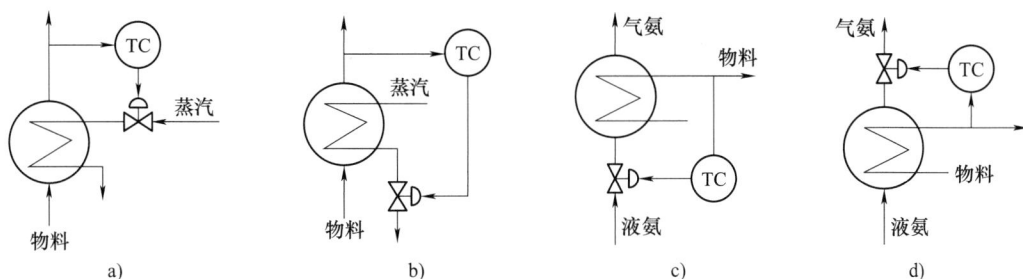

图 7-80 出口物料温度控制

7-8 图 7-81 所示蒸汽加热器,工艺要求出口物料温度稳定在（90±1）℃。已知主要干扰为进口物料流量的波动。

（1）确定被控变量,并选择相应的测量元件。

（2）设计合理的控制方案,以获得较好的控制质量。

（3）若物料温度不允许过低,否则易结晶,试确定控制阀的气开、气关型式。

（4）画出控制系统的原理图与框图。

（5）确定温度控制器的正、反作用。

7-9 图 7-82 所示的列管式换热器,工艺要求出口物料温度稳定,无余差,超调量小。已知主要干扰为载热体（蒸汽）压力不稳定。试确定控制方案,画出该自动控制系统的原理图与框图;若工艺要求换热器内不允许温度过高,试确定控制阀的气开、气关型式,并确定所选控制器的控制规律及正、反作用。

如果主要干扰为入口介质的流量不稳定,又该如何设计控制系统?

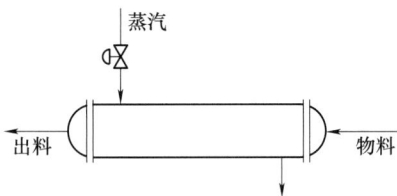

图 7-81 蒸汽加热器

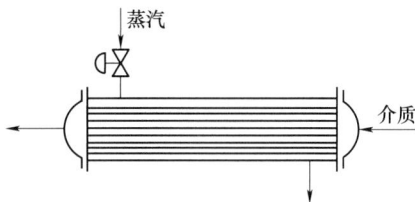

图 7-82 列管式换热器

7-10 改变加热蒸汽流量和改变冷凝水流量的加热器控制方案的特点各是什么?

7-11 氨冷器的控制方案有哪几种?各有什么特点?

7-12 什么是多冲量控制系统?

7-13 试说明在双冲量控制系统中,引入蒸汽流量这个冲量的目的。

7-14 试说明在三冲量控制系统中,引入供水流量这个冲量的目的。

7-15 试结合图 7-51 所示的锅炉液位的三冲量控制系统,分别分析当汽包水位、蒸汽流量、供水压力增加时,控制阀是怎么动作的。

7-16 精馏塔的自动控制有哪些基本要求?

7-17 精馏塔操作的主要干扰有哪些?哪些是可控的?哪些是不可控的?

7-18 精馏塔的被控变量与操纵变量一般是如何选择的?

7-19 精馏段温控与提馏段温控各有什么特点?分别使用在什么场合?

7-20 什么是温差控制与双温差控制?试述它们的特点与使用场合。

7-21 化学反应器对自动控制的基本要求是什么?

7-22 为什么对大多数反应器来说,其主要的被控变量都是温度?

7-23 釜式、固定床和流化床反应器的自动控制方案有哪些?

7-24 某原油加热炉系统如图 7-83 所示,工艺要求出口原油的温度稳定,无余差,已知燃料的入口压力波动频繁,是该控制系统的主要干扰。试根据上述要求设计一个温度控制系统,画出控制系统原理图和框图,确定调节阀的作用形式,选择合适的控制规律和控制器的正、反作用(加热器内不允许温度过高)。

如果原油的流量波动频繁,如何设计使原油出口温度稳定的控制系统?

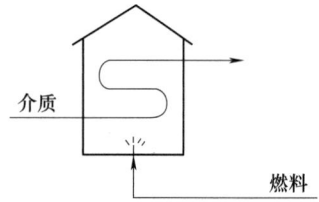

图 7-83 加热炉的温度控制

附　　录

附录 A　常用压力表规格、型号及热电偶、热电阻分度表

表 A-1　压力单位换算表

压力单位	帕（Pa）	兆帕（MPa）	工程大气压（kgf/cm²）	标准大气压（atm）	毫米汞柱（mmHg）	毫米水柱（mmH₂O）	磅力/英寸²（1bf/in²）	巴（bar）
帕（Pa）	1	1×10^{-6}	1.0197×10^{-5}	9.869×10^{-6}	7.501×10^{-3}	1.0197×10^{-4}	1.450×10^{-4}	1×10^{-5}
兆帕（MPa）	1×10^6	1	10.197	9.869	7.501×10^3	1.0197×10^2	1.450×10^2	10
工程大气压（kgf/cm²）	9.807×10^4	9.807×10^{-2}	1	0.9678	735.6	10.00	14.22	0.9807
标准大气压（atm）	1.0133×10^5	0.10133	1.0332	1	760	10.33	14.70	1.0133
毫米汞柱（mmHg）	1.3332×10^2	1.3332×10^{-4}	1.3595×10^{-3}	1.3158×10^{-3}	1	0.0136	1.934×10^{-2}	1.3332×10^{-3}
毫米水柱（mmH₂O）	9.806×10^3	9.806×10^{-3}	0.1000	0.09678	73.55	1	1.422	0.09806
磅力/英寸²（1bf/in²）	6.895×10^3	6.895×10^{-3}	0.07031	0.06805	51.71	0.7031	1	0.06895
巴（bar）	1×10^5	0.1	1.0197	0.9869	750.1	10.197	14.50	1

表 A-2　常用压力表规格及型号

名称	型号	结构	测量范围/MPa	准确度等级
弹簧管压力表	Y-60	径向	$-0.1\sim0$，$0\sim0.1$，$0\sim0.16$，$0\sim0.25$，$0\sim0.4$，$0\sim0.6$，$0\sim1.0$，$0\sim1.6$，$0\sim2.5$，$0\sim4$，$0\sim6$	2.5
	Y-60T	径向带后边		
	Y-60Z	轴向无边		
	Y-60ZQ	轴向带前边		
	Y-100	径向	$-0.1\sim0$，$-0.1\sim0.06$，$-0.1\sim0.15$，$-0.1\sim0.3$，$-0.1\sim0.5$，$-0.1\sim0.9$，$-0.1\sim1.5$，$-0.1\sim2.4$，$0\sim0.1$，$0\sim0.16$，$0\sim0.25$，$0\sim0.4$，$0\sim0.6$，$0\sim1.0$，$0\sim1.6$，$0\sim2.5$，$0\sim4$，$0\sim6$	1.5
	Y-100T	径向带后边		
	Y-100TQ	轴向带前边		
	Y-150	径向		
	Y-150T	径向带后边		
	Y-150TQ	轴向带前边		

（续）

名称	型号	结构	测量范围/MPa	准确度等级
弹簧管压力表	Y-100	径向	0~10，0~16，0~25，0~40，0~60	1.5
	Y-100T	径向带后边		
	Y-100TQ	轴向带前边		
	Y-150	径向		
	Y-150T	径向带后边		
	Y-150TQ	轴向带前边		
电接点压力表	YX-150	径向	−0.1~0.1，−0.1~0.15，−0.1~0.3，−0.1~0.5，−0.1~0.9，−0.1~1.5，−0.1~2.4，0~0.1，0~0.16，0~0.25，0~0.4，0~0.6，0~1.0，0~1.6，0~2.5，0~4，0~6	1.5
	YX-150TQ	径向带前边		
	YX-150A	径向	0~10，0~16，0~25，0~40，0~60	
	YX-150TQ	径向带前边		
	YX-150	径向	−0.1~0	
活塞式压力计	YS-2.5	台式	−0.1~0.25	0.02
	YS-6	台式	0.04~0.6	
	YS-60	台式	0.1~6	0.05
	YS-600	台式	1~60	

表 A-3　工业用铂热电阻（分度号为 Pt100）分度表

（$R_0 = 100.00\ \Omega$，$R_{100}/R_0 = 1.385$）

温度/℃	电阻/Ω									
	0	10	20	30	40	50	60	70	80	90
−200	19.84	22.80	27.08	31.32	35.53	39.71	43.87	48.00	52.11	56.19
−100	60.25	60.25	64.30	72.23	76.33	80.31	84.27	88.22	92.16	96.09
0	100.00	103.90	107.79	111.67	115.54	119.40	123.24	127.07	130.89	134.70
100	138.50	142.69	146.06	149.82	153.58	157.51	161.04	164.76	168.46	172.16
200	175.84	179.51	183.17	186.82	190.45	194.07	197.65	201.29	204.88	208.45
300	212.02	215.57	219.12	222.65	226.17	229.67	233.97	236.65	240.13	243.13
400	247.04	250.48	253.90	257.32	260.72	264.11	267.49	270.86	274.22	277.56
500	280.90	284.22	287.53	290.83	294.11	297.39	300.65	303.91	307.15	310.38
600	313.59	316.80	319.99	323.18	326.35	329.51	332.66	335.79	328.92	342.03
700	345.13	348.22	351.30	354.37	357.42	360.47	363.50	366.52	369.53	372.52

注：1. 对于分度号为 Pt50（$R_0 = 50\ \Omega$）的铂热电阻的分度表，将表中电阻值减半即可。

2. 电阻-温度特性：$R_t = R_0(1 + At + Bt^2)$　（$0℃ \leqslant t \leqslant 650℃$）

$R_t = R_0[1 + At + Bt^2 + C(t-100)t^3]$　（$-200℃ \leqslant t \leqslant 0℃$）

式中，$A = 3.96847 \times 10^{-3}℃^{-1}$；$B = -5.847 \times 10^{-7}℃^{-2}$；$C = -4.22 \times 10^{-12}℃^{-3}$。

表 A-4 工业用铜热电阻（分度号为 Cu100）分度表
（$R_0 = 100.00\ \Omega$，$R_{100}/R_0 = 1.428$）

温度/℃	电阻/Ω									
	0	−1	−2	−3	−4	−5	−6	−7	−8	−9
−50	78.49	—	—	—	—	—	—	—	—	—
−40	82.80	82.36	81.94	81.50	81.08	80.64	80.20	79.78	79.34	78.92
−30	87.10	86.68	86.24	85.82	85.38	84.95	84.54	84.10	83.66	83.22
−20	91.40	90.98	90.54	90.12	89.68	89.25	88.72	88.40	87.96	87.54
−10	95.70	95.28	94.84	94.42	93.98	93.56	93.12	92.70	92.26	91.84
−0	100.00	99.56	99.14	98.70	98.28	97.84	97.42	97.00	96.57	96.14

温度/℃	电阻/Ω									
	0	1	2	3	4	5	6	7	8	9
0	100.00	100.42	100.86	101.28	101.72	102.14	102.56	103.00	103.43	103.86
10	104.28	104.72	105.14	105.56	106.00	106.42	106.86	107.28	107.72	108.14
20	108.56	109.00	109.42	109.84	110.28	110.70	111.14	111.56	112.00	112.42
30	112.84	113.28	113.70	114.14	114.56	114.98	115.42	115.84	116.28	116.70
40	117.12	117.56	117.98	118.40	118.84	119.26	119.70	120.12	120.54	120.98
50	121.40	121.84	122.26	122.68	123.12	123.54	123.96	124.40	124.82	125.26
60	125.28	126.10	126.54	126.96	127.40	127.82	128.24	128.68	129.10	129.52
70	129.96	130.38	130.82	131.24	131.66	132.10	132.52	132.96	133.38	133.80
80	134.24	134.66	135.08	135.52	135.94	136.33	136.80	137.24	137.66	138.08
90	138.52	138.94	139.36	139.80	140.22	140.66	141.08	141.52	141.94	142.36
100	142.80	143.22	143.66	144.08	144.50	144.94	145.36	145.80	146.22	146.66
110	147.08	147.50	147.94	148.36	148.80	149.22	149.66	150.08	150.52	150.94
120	151.36	151.80	152.22	152.66	153.08	153.52	153.94	154.38	154.80	155.24
130	155.66	156.10	156.52	156.96	157.38	157.82	158.24	158.68	159.10	159.54
140	159.96	160.40	160.82	161.28	161.70	162.12	162.54	162.98	163.40	163.84
150	164.27	—	—	—	—	—	—	—	—	—

注：1. 对于分度号为 Cu50（$R_0 = 50\ \Omega$）的铜热电阻的分度表，将上表中电阻值减半即可。

2. 电阻-温度特性：$R_t = R_0(1 + \alpha t)$。式中，$\alpha = 4.28 \times 10^{-3}℃^{-1}$（一般纯度）。

表 A-5 铂铑₁₀-铂热电偶（分度号为 S）分度表（参考端温度为 0℃）

工作端温度/℃	热电动势/mV									
	0	10	20	30	40	50	60	70	80	90
0	0.000	0.055	0.113	0.173	0.235	0.299	0.365	0.432	0.502	0.573
100	0.645	0.719	0.795	0.872	0.950	1.029	1.109	1.190	1.273	1.356
200	1.440	1.525	1.611	1.698	1.785	1.873	1.962	2.051	2.141	2.232
300	2.323	2.414	2.506	2.599	2.692	2.786	2.880	2.974	3.069	3.164
400	3.260	3.356	3.452	3.549	3.645	3.743	3.840	3.938	4.036	4.135
500	4.234	4.333	4.432	4.532	4.632	4.732	4.832	4.933	5.034	5.136

（续）

工作端温度/℃	热电动势/mV									
	0	10	20	30	40	50	60	70	80	90
600	5.237	5.339	5.442	5.544	5.648	5.751	5.855	5.960	6.064	6.169
700	6.274	6.380	6.486	6.592	6.699	6.805	6.913	7.020	7.128	7.236
800	7.345	7.454	7.563	7.672	7.782	7.892	8.003	8.114	8.225	8.336
900	8.448	8.560	8.673	8.786	8.899	9.012	9.126	9.240	9.355	9.470
1000	9.585	9.700	9.816	9.932	10.084	10.165	10.282	10.400	10.517	10.635
1100	10.754	10.872	10.991	11.110	11.229	11.348	11.467	11.587	11.707	11.827
1200	11.947	12.067	12.188	12.308	12.429	12.550	12.671	12.792	12.913	13.034
1300	13.155	13.276	13.397	13.519	13.640	13.761	13.883	14.004	14.125	14.247
1400	14.368	14.489	14.610	14.731	14.852	14.973	15.094	15.215	15.336	15.456
1500	15.576	15.697	15.817	15.937	16.057	16.176	16.296	16.415	16.534	16.653
1600	16.771	—	—	—	—	—	—	—	—	—

表 A-6　镍铬-镍硅（镍铝）热电偶（分度号为 K）分度表（参考端温度为 0℃）

工作端温度/℃	热电动势/mV									
	0	−10	−20	−30	−40	−50	−60	−70	−80	−90
−0	−0.000	−0.392	−0.777	−1.156	−1.527	−1.889	−2.243	−2.586	−2.920	−3.242

工作端温度/℃	热电动势/mV									
	0	10	20	30	40	50	60	70	80	90
0	0.000	0.397	0.789	1.203	1.611	2.022	2.436	2.850	3.266	3.681
100	4.095	4.508	4.919	5.327	5.733	6.137	6.539	6.939	7.338	7.737
200	8.137	8.537	8.938	9.341	9.745	10.151	10.560	10.969	11.381	11.793
300	12.207	12.623	13.039	13.456	13.874	14.292	14.712	15.123	15.552	15.974
400	16.395	16.818	17.241	17.664	18.088	18.513	18.938	19.363	19.788	20.214
500	20.640	21.066	21.493	21.919	22.346	22.772	23.198	23.624	24.050	24.476
600	24.902	25.327	25.751	26.176	26.599	27.022	27.445	27.867	28.288	28.709
700	29.128	29.547	29.965	30.383	30.799	31.214	31.629	32.042	32.455	32.866
800	33.277	33.686	34.095	34.502	34.909	35.314	35.718	36.121	36.524	36.925
900	37.325	37.724	38.122	38.519	38.915	39.310	39.073	40.096	40.488	40.897
1000	41.269	41.657	42.045	42.432	42.817	43.202	43.585	43.968	44.349	44.729
1100	45.108	45.486	45.863	46.238	46.612	46.985	47.356	47.726	48.095	48.462
1200	48.828	49.192	49.555	49.916	50.276	50.633	50.990	51.344	51.697	52.049
1300	52.398	—	—	—	—	—	—	—	—	—

表 A-7　镍铬-铜镍热电偶（分度号为 E）分度表（参考端温度为 0℃）

工作端温度/℃	热电动势/μV									
	0	10	20	30	40	50	60	70	80	90
0	0	591	1192	1801	2419	3047	3683	4329	4986	5646
100	6317	6996	7683	8377	9078	9787	10501	11222	11949	12681
200	13419	14161	14909	15661	16417	17178	17942	18710	19481	20256
300	21033	21814	22597	23383	24171	24961	25754	26549	27345	28143

（续）

工作端温度/℃	热电动势/μV									
	0	10	20	30	40	50	60	70	80	90
400	28913	29744	30546	31350	32155	32960	33767	34574	35382	36190
500	36999	37808	38617	39426	40236	41045	41853	42662	43470	44278
600	45085	45891	46697	47502	48306	49109	49911	50713	51513	52312
700	53110	53907	54703	55498	56291	57083	57873	58663	59451	60237
800	31022	61806	32588	63368	64147	64924	65700	66473	67245	68015
900	68783	69549	70313	71075	71833	72593	73350	74104	74857	75608
1000	76358	—	—	—	—	—	—	—	—	—

附录 B　部分习题与思考题参考答案

第 1 章

1-13　最大偏差 $A = 50℃$；超调量 $B = 42℃$；衰减比 $n = 4.2:1$；余差 $C = 8℃$；振荡周期 $T = 36\text{min}$；过渡时间 $t_s = 47\text{min}$；该控制系统能满足题中所给的工艺要求。

1-20　控制系统框图如图 B-1 所示。

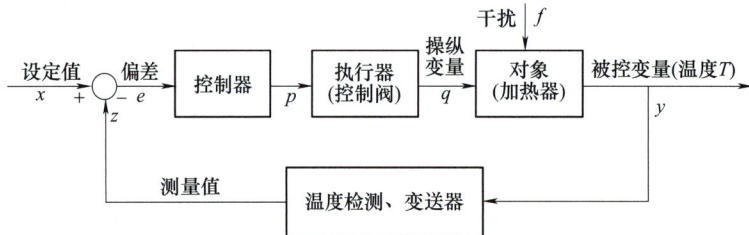

图 B-1　蒸汽加热器温度控制系统框图

最大偏差 $A = 0.5℃$；衰减比 $n = 4:1$；余差 $C = -0.3℃$。

1-23　$t_x = 75℃$；12mA。

第 2 章

2-11　该对象特性的一阶微分方程为 $5\dfrac{\mathrm{d}y(t+2)}{\mathrm{d}t} + y(t+2) = 10x(t)$（$t$ 的单位为 min）。

2-12　$u_o(T) = 3.16\text{V}$；$u_o(2T) = 4.32\text{V}$；$u_o(3T) = 4.75\text{V}$。变化曲线如图 B-2 所示。

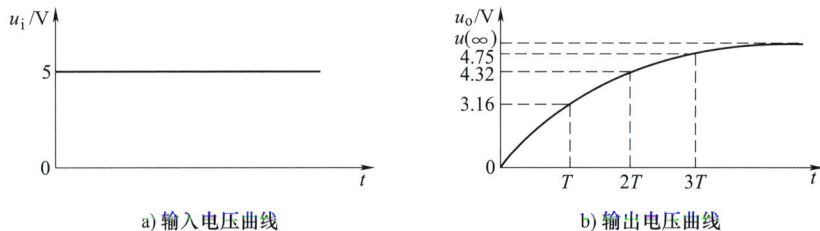

a) 输入电压曲线　　　　b) 输出电压曲线

图 B-2　RC 电路在阶跃输入下的输出变化曲线

2-13　$\Delta h = \dfrac{1}{A}\int Q_1 \mathrm{d}t = \dfrac{Q_1}{A}\int \mathrm{d}t = \dfrac{0.1}{0.5}t = 0.2t$。

2-14　系统微分方程为 $3.35\dfrac{\mathrm{d}y_\tau(t+2)}{\mathrm{d}t} + y_\tau(t+2) = 3.6x(t)$；

温度变化量的函数表达式为 $y_\tau(t) = y(t-\tau) = 3.6[1 - e^{-(t-2)/3.35}]℃$。

第 3 章

3-5　最大绝对误差值：$+6℃$；仪表的准确度等级应定为 1.0 级；不符合工艺上的误差要求。

3-6　该压力表的变差：1.2%；该压力表不符合 1.0 级准确度等级。

3-15　压力表允许的最大绝对误差为 0.01MPa；在校验点 0.5MPa 处，符合 1.0 级准确度等级。

3-17 0～1.6MPa、准确度等级为 1.0 级的压力表的基本误差 $\Delta_{1max}=0.016MPa>0.01MPa$（允许值），该表不符合工艺上的误差要求。

0～1.0MPa、准确度等级为 1.0 级的压力表的基本误差 $\Delta_{1max}=0.01MPa$（允许值），该表符合工艺上的误差要求。

3-18 选 YX-150 型、测量范围为 0～2.5MPa、准确度等级为 1.5 级的电接点压力表。

3-19 选 YX-150 型、测量范围为 0～25MPa、准确度等级为 1.5 级的电接点压力表。

3-20 准确度等级合格；能用于该空气贮罐的压力测量。

3-31 105L/s。

3-32 苯的流量测量范围为 0～11.1L/min；转子为铝时，测水的流量的测量范围为 0～5L/min，测苯的流量的测量范围为 0～5.75L/min。

3-55 设备温度 $t=508.4℃$；E 型热电偶测得的热电动势为 36.18mV。

3-56 不对，换热器内的温度 $t=422.5℃$。

3-58 实际温度为 157℃。

3-59 $R_{50}=60.5\ \Omega$；环境温度为 200℃。

3-66 最大应变 $\varepsilon=29.5\mu\varepsilon$；应力 $\sigma=4.79\times10^6\ N/m^2$。

3-67 应选量程为 0～0.4MPa、准确度等级为 0.4 级的压力表。

3-70 实际温度为 89.14℃。

3-71 实际温度是 505.34℃。

第 4 章

4-4 比例度 $\delta=83.3\%$，放大系数 $K_P=120\%$。

4-5 控制器的输出变化量 $\Delta p=2mA$。

4-9 积分时间 $T_1=10s$。

4-10 控制器的输出变化到 $p=5.7mA$。

4-11 输出变化到 $p=60\%$；1min 后输出变化到 $p=70\%$。

第 5 章

5-8 （1）最小流量 $Q_{min}=1.67m^3/h$；

（2）直线流量特性：$l/L=0.2$ 时，$Q_{0.2}=11.33m^3/h$；$l/L=0.8$ 时，$Q_{0.8}=40.33m^3/h$；

（3）等百分比流量特性：$l/L=0.2$ 时，$Q_{0.2}=3.29m^3/h$；$l/L=0.8$ 时，$Q_{0.2}=25.32m^3/h$。

5-9 直线流量特性，$l/L=0.2$ 和 $l/L=0.8$ 时，$K_{相对}=0.967$。

等百分比流量特性 $l/L=0.2$ 时，$K_{相对}=0.22$；$l/L=0.8$ 时，$K_{相对}=1.72$。

5-10 （1）直线流量特性：$Q_{0.1}=13m^3/h$，$Q_{0.2}=22.67\ m^3/h$，$Q_{0.8}=80.67\ m^3/h$，$Q_{0.9}=90.33m^3/h$；

相对行程由 10% 变化到 20% 时，流量变化的相对值为 74.4%；

相对行程由 80% 变化到 90% 时，流量变化的相对值为 12%。

（2）等百分比流量特性 $Q_{0.1}=4.68m^3/h$，$Q_{0.2}=6.58m^3/h$，$Q_{0.8}=50.65m^3/h$，$Q_{0.9}=71.17m^3/h$。

相对行程由 10% 变为 20% 和由 80% 变到 90% 时，流量变化的相对值均为 40%。

5-13 额定流量系数 $C=K_{max}=84.42$；实际的可调范围 $R_r=21.21$。

5-14 当 $\rho = 1.2 \text{g/cm}^3$ 时，$Q_{max} = 129 \text{m}^3/\text{h}$；当 $\rho = 0.8 \text{g/cm}^3$ 时，$Q_{max} = 158 \text{m}^3/\text{h}$。

5-15 阻力比 $s = 0.6$，实际可调范围 $R = 23.26$。

5-16 当压差变为 1.2MPa 时，$Q_{max} = 769.8 \text{m}^3/\text{h}$；当压差变为 0.2MPa 时，$Q_{max} = 314.3 \text{m}^3/\text{h}$。

第6章

6-12 执行器应为气开型式；控制器应为反作用。

6-13 （1）执行器应为气开阀，控制器应为反作用；（2）执行器应为气开阀，控制器应为正作用。

6-14 （1）执行器应为气开阀，控制器应为反作用；（2）执行器应为气关阀，控制器应为反作用。

6-15 控制阀应为气关型式，控制器应为正作用。

6-16 控制阀应为气开型式，控制器应为反作用。

6-18 PI 控制器：比例度 $\delta = 66\%$，积分时间 $T_I = 2.55\text{min}$；

PID 控制器：比例度 $\delta = 51\%$，积分时间 $T_I = 1.5\text{min}$，微分时间 $T_D = 0.375\text{min}$。

6-19 PI 控制器：比例度 $\delta = 60\%$，积分时间 $T_I = 2.5\text{min}$；

PID 控制器：比例度 $\delta = 40\%$，积分时间 $T_I = 1.5\text{min}$，微分时间 $T_D = 0.5\text{min}$。

6-30 （1）这是一个温度-流量串级控制系统，其框图略。

（2）控制阀应为气关型式。

（3）副控制器 FC 应为正作用；主控制器 TC 应为正作用。

（4）当冷却水压力变化（如压力增大）时，在控制阀开度不变时，其流量增大，聚合釜温度会降低。首先，流量增大，副控制器 FC 输出信号增大（正作用），使气关阀门开度减小，减小冷却水流量；其次，聚合釜温度降低，主控制器 TC 输出减小（正作用），FC 给定值减小，FC 输出增大，进一步关小控制阀，减小冷却水流量。这样可以有效地控制因冷却水压力增大，导致其流量增大所造成的聚合釜内温度降低的影响。

（5）如果冷却水温度经常波动，则应选择冷却水温度作为副变量，构成温度-温度串级控制系统，如图 B-3 所示。

（6）如果选择夹套内的水温作为副变量构成串级控制系统，其原理图如图 B-4 所示。框图如第（1）问所示，但其中的副对象是聚合釜夹套，副变量是夹套内的水温，副控制器是温度控制器 T_2C。副控制器 T_2C 为反作用，主控制器 T_1C 也为反作用。

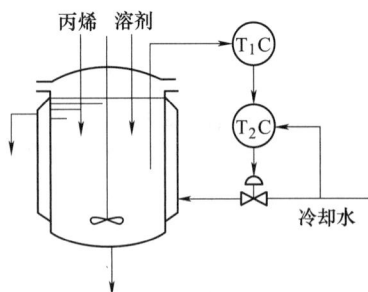

图 B-3 聚合釜温度-冷却水温度串级控制系统   图 B-4 聚合釜温度-夹套水温度串级控制系统

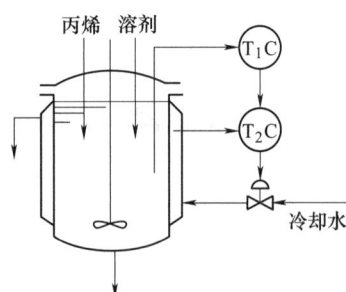

6-32 当控制阀选择为气开式时，LC 应为正作用，FC 应为反作用。

6-39 （1）该控制系统是温度-流量串级控制与液位简单控制构成的选择性控制系统（串级选择性控制系统）。系统框图如图 B-5 所示。

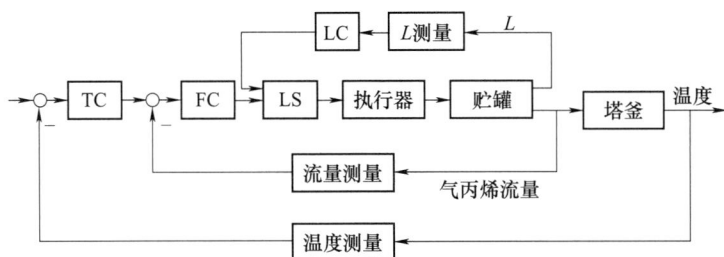

图 B-5 串级选择性控制系统框图

（2）调节阀应为气开式，液位控制器 LC 应为正作用，温度控制器为反作用，流量控制器为反作用。

（3）正常工况下，为一温度-流量串级控制系统，气态丙烯流量（压力）的波动通过副回路及时得到克服。若塔釜温度升高，则 TC 输出减少，FC 的输出减少，控制阀关小，减少丙烯流量，使温度下降，起到负反馈的作用。

异常工况下，贮罐液位过低，LC 输出降低，被 LS 选中，这时实际上是一个液位的单回路控制系统。串级控制系统的 FC 被切断，处于开环状态。

6-50 设计图 B-6 所示的原油管式加热炉分程控制系统。在该分程控制方案中采用了瓦斯、燃料油两台控制阀（假定根据工艺要求均选择为气开阀）。其中瓦斯阀在控制器输出压力为 20~60kPa 时，从全关到全开，燃料油阀在控制器输出压力为 60~100kPa 时由全关到全开。这样在正常情况下，即瓦斯充足时，燃料油阀处于关闭状态，只通过瓦斯阀开度的变化来进行控制。当瓦斯不足时，瓦斯阀已全开仍达不到原油出口温度的给定值，于是反作用式的压力控制器 TC 输出

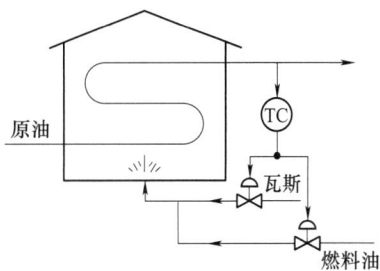

图 B-6 原油管式加热炉分程控制系统

增加，超过了 60kPa，使燃料油阀也逐渐打开，以弥补瓦斯供应量的不足。

第 7 章

7-7 图 7-80a、d 是通过改变冷热两流体的传热温差，来达到维持物料出口温度恒定的目的。

图 7-80b、c 是通过改变传热面积的方法，来达到维持物料出口温度恒定的目的。

7-8 （1）被控变量是出口物料的温度。测量元件应为热电阻体，可选 Pt100、Cu50 或 Cu100；也可选 K 型或 E 型热电偶测温元件。

（2）应设计前馈-反馈控制系统。

（3）控制阀应为气关型。

（4）控制系统原理图如图 B-7 所示；控制系统框图如图 B-8 所示。

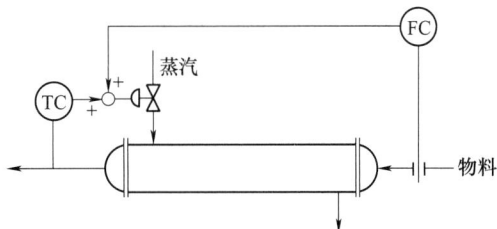

图 B-7 控制系统原理图

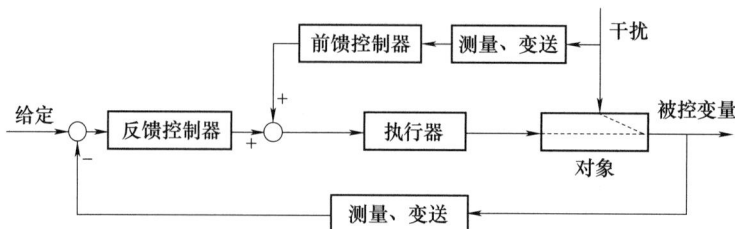

图 B-8　控制系统框图

图 B-7 中，反馈控制器为 TC，前馈控制器（或前馈补偿装置）为 FC。

（5）温度控制器 TC 应为正作用。

7-9　根据工艺要求，可以设计如图 B-9 所示的前馈-反馈控制系统。

其框图与图 B-8 相同。其中，被控对象是列管式换热器；被控变量是出口物料温度；操纵变量是蒸汽流量；主要干扰是蒸汽压力不稳定；前馈控制器是压力控制器 PC；反馈控制器是温度控制器 TC。

工艺要求换热器内温度不宜过高，则控制阀应确定为气开型，控制器 TC 应为反作用，PC 应为反作用。

温度控制器 TC 一般为比例积分控制规律；压力控制器 PC 一般为比例控制规律。

还可以设计温度-压力串级控制系统（读者可自行设计）。

如果工艺要求换热器内温度不宜过低，则控制阀应确定为气关型，控制器 TC 应为正作用，PC 应为正作用（读者可自行设计）。

如果主要干扰是入口介质流量不稳定，可以设计如图 B-10 所示的温度与流量的前馈-反馈控制系统。同样也可以设计成温度-流量串级控制系统。

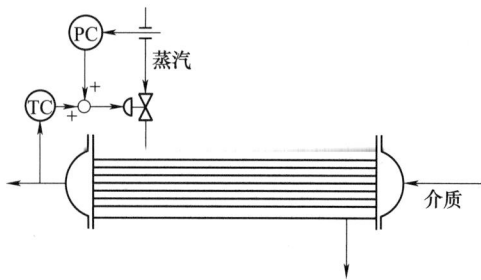

图 B-9　前馈-反馈控制系统原理图

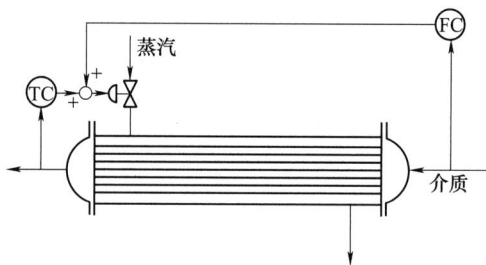

图 B-10　温度与流量的前馈-反馈控制系统原理图

7-15　该三冲量控制系统的框图如图 B-11 所示。

由图 B-11 可见，这实质上是前馈-串级控制系统。在这个系统中，是根据汽包水位、蒸汽流量和进水压力三个变量（冲量）来进行控制的。其中汽包水位是被控变量，也是串级控制系统中的主变量，是工艺的主要控制指标；给水流量是串级控制系统中的副变量，引入这一变量的目的是为了利用副回路克服干扰的快速性来及时克服给水压力变化对汽包水位的影响；蒸汽流量是作为前馈信号引入的，其目的是为了及时克服蒸汽负荷变化对汽包水位的影响。

当液位升高时，控制器 LC 输出信号增大，进水阀门关大（开小），进水量减少，汽包

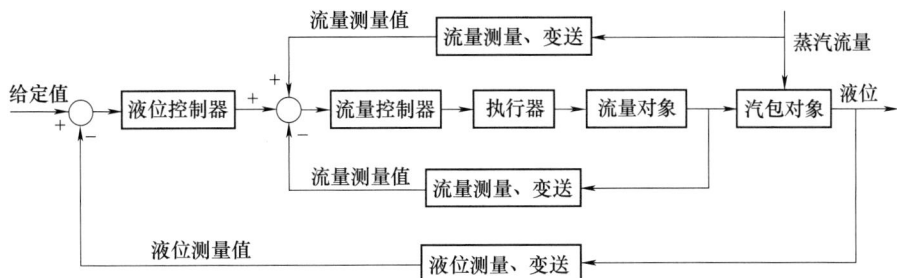

图 B-11 三冲量控制系统框图

水位下降；当蒸汽流量增大时，因蒸汽流量信号运算符号为负，以使蒸汽流量增加时关小（开大）进水阀，增大给水量，补充由于蒸汽负荷增加时汽包真实水位的降低；当供水压力升高时，进水流量会增大，从而使汽包水位升高，供水压力为正信号，会使进水阀关小，减小进水流量，不至于引起汽包水位的升高。

7-24 根据工艺要求，可以设计如图 B-12 所示的温度-压力串级控制系统。

控制系统框图如图 B-13 所示。

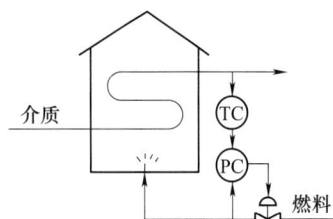

图 B-12 加热炉温度-压力
串级控制系统

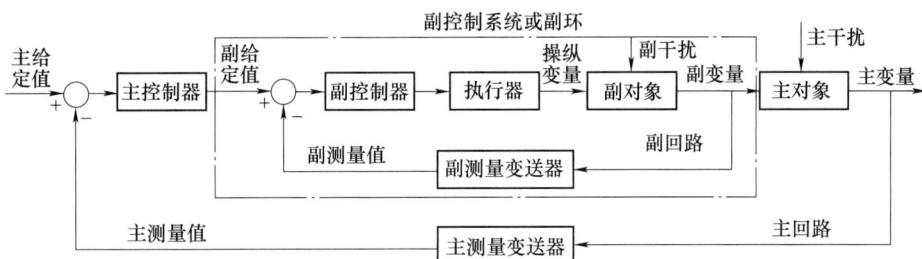

图 B-13 加热炉温度-流量串级控制系统框图

其中，主对象是加热炉，主变量是出料温度，主控制器是温度控制器 TC；副对象是加热燃料管道，副变量燃料压力，副控制器是压力控制器 PC。

工艺要求加热器内不允许温度过高，则控制阀应确定为气开型，主控制器 TC 应为反作用，副控制器 PC 应为反作用。主控制器 TC 一般为比例积分控制规律，副控制器 PC 一般为比例控制规律。

参 考 文 献

[1] 厉玉鸣. 化工仪表及自动化：化学工程与工艺专业适用 [M]. 5 版. 北京：化学工业出版社，2011.
[2] 杨延西，潘永湘. 赵跃. 过程控制与自动化仪表 [M]. 3 版. 北京：机械工业出版社，2017.
[3] 王再英，刘淮霞，陈毅静. 过程控制系统与仪表 [M]. 北京：机械工业出版社，2017.
[4] 潘永湘，杨延西，赵跃. 过程控制与自动化仪表 [M]. 2 版. 北京：机械工业出版社，2007.
[5] 何道清，张禾，石明江. 传感器与传感器技术 [M]. 4 版. 北京：科学出版社，2020.
[6] 王克华，油气集输仪表自动化 [M]. 北京：石油工业出版社，2012.
[7] 陈荣保. 工业自动化仪表 [M]. 北京：中国电力出版社，2011.
[8] 俞金寿，孙自强. 过程自动化及仪表：非自动化专业适用 [M]. 3 版. 北京：化学工业出版社，2015.
[9] 丁炜. 过程控制仪表及装置 [M]. 3 版. 北京：电子工业出版社，2014.
[10] 倪志莲，龚素文. 过程控制与自动化仪表 [M]. 北京：机械工业出版社，2014.
[11] 何道清，湛海云，石明江，等. 仪表自动化技术 [M]. 北京：高等教育出版社，2013.
[12] 杨丽明，张光新. 化工自动化及仪表：工艺类专业适用 [M]. 北京：化学工业出版社，2004.
[13] 王克华 张继峰. 石油仪表及自动化 [M]. 北京：石油工业出版社，2006.
[14] 陈夕松. 汪木兰. 过程控制系统 [M]. 北京：科学出版社，2005.
[15] 吴明，孙万富，周诗崇. 油气储运自动化 [M]. 北京：化学工业出版社，2005.
[16] 齐志才，刘红丽. 自动化仪表 [M]. 北京：中国林业出版社，2006.
[17] 杜鹃. 测量仪表与自动化 [M]. 3 版. 东营：中国石油大学出版社，2013.
[18] 张智贤. 沈永良. 自动化仪表与过程控制 [M]. 北京：中国电力出版社，2009.
[19] 张永红 天然气流量计量 [M]. 2 版. 北京：石油工业出版社，2001.
[20] 张永德. 过程控制装置 [M]. 3 版. 北京：化学工业出版社，2010.
[21] 王毅. 张早校. 过程装备控制技术及应用 [M]. 2 版. 北京：化学工业出版社，2007.
[22] 王大勋. 钻采仪表及自动化 [M]. 北京：石油工业出版社，2006.
[23] 郑明方，杨长春. 石油化工仪表及自动化 [M]. 北京：中国石化出版社，2009.
[24] JOHNSON C D，Process Control Instrumentation Technology [M]. New York：Wiley，2005.